미지수,
상상의 역사

UNKNOWN QUANTITY : A Real and Imaginary History of Algebra
by John Derbyshire ⓒ 2006
First published in English by Joseph Henry Press an imprint of the National Academies Press. All rights reserved.
This edition published under agreement with the National Academy of Sciences.

Korean translation copyright ⓒ 2009 by Seung San Publishers
Korean translation rights arranged with CHANDLER CRAWFORD AGENCY, INC.
through EYA(Eric Yang Agency).

이 책의 한국어판 저작권은 EYA(Eric Yang Agency)를 통한
CHANDLER CRAWFORD AGENCY, INC.사와의 독점계약으로 한국어 판권을
'도서출판 승산'이 소유합니다.
저작권법에 의하여 한국 내에서 보호를 받는 저작물이므로
무단전재와 복제를 금합니다.

인류의 상상력은 x에서 시작되었다

미지수, 상상의 역사

리만 가설의 저자 존 더비셔 지음 | 고중숙 옮김

승산

아마존 서평

이 책은 매우 흥미롭고 재미있는 책이다. 나는 솔직히 일부 수학책들이 나에겐 너무 어렵다는 생각을 종종 한다. 하지만 이 책은 단순히 대수의 개념에 대한 책이 아닌, 대수를 탄생시키고 발전시킨 사람들, 역사적 사건, 열망, 그리고 문화에 대한 이야기이다. 그리고 무엇보다 저자 존 더비셔의 뛰어난 글솜씨가 빛을 발한다. 고등학생 수준의 수학 실력이라면 무리 없이 책을 즐길 수 있다.

Emannep

존 더비셔의 『리만 가설』을 재미있게 읽었던 독자라면 리만 가설과 같이 비밀스럽고 난해한 개념을 대중적으로 풀어놓은 존 더비셔의 뛰어난 능력에 감탄했을 것이다. 『미지수, 상상의 역사』에서 그는 다시 한번 능력을 발휘했다. 그는 수학에서 가장 주요한 개념인 대수를 역사적인 이야기를 곁들여 흥미롭게 설명한다. 특히 흥미로운 것은 벡터공간과 대수의 본질, 해밀턴 사원수의 소개, 환, 체, 대수 기하학에 대한 짧은 소개이다. 뿐만 아니라 대수에 대한 역사적인 접근과 인물들에 대한 흥미로운 이야기가 손에 잡히지 않는 수학을 명확하고 쉽게 시각화시켜 더욱 흥미롭게 만들었다.

Mike Birman

수학은 읽거나 쓰기에 쉬운 주제가 아니다. 그런 면에서 존 더비셔가 고등 수학을 명쾌하고 정확하게 이야기로 풀어내는 그의 글쓰기 재능을 다시 한번 발휘했다는 것은 우리에게 큰 축복이다. 『미지수, 상상의 역사』에서 존 더비셔는 수학으로 읽기 쉬운 책으로 만드는 거의 불가능한 작업에 다시 한번 성공했다. 존 더비셔의 책은 우리에게 고등 수학의 가장 깊고 심원한 경지에 도달하는 장엄하고 경이로운 경험을 제공한다. 만약 당신이 수학이나 인류 사고의 변천 과정에 관심이 있다면, 『미지수, 상상의 역사』는 후회 없는 선택이 될 것이다.

R.Lighthizer

박식한 존 더비셔는 이번 책에서 고대 바빌로니아 시대부터 오늘에 이르기까지의 대수의 역사를 집대성했다. 더비셔는 0의 발견부터, 삼차·사차 방정식의 해법, 음수와 벡터의 발전, 그리고 오늘날 대수의 최신 연구에 이르기까지 복잡한 대수의 발전 과정을 다양한 시각에서 조명했다. 그는 책에서 이 학문의 발전에 크게 기여하거나 뛰어난 발견을 한 수학자들의 세부적인 이야기도 함께 다루고 있다. 존 더비셔를 아는 독자라면 그가 광범위한 주제를 독자들에게 흥미롭게 전달하는 능력이 있는 저자라는 사실을 의심치 않을 것이다.

Eric Mayforth

나는 역사적인 설명 없이 수학을 가르치고 있는 선생님들이 학생들에게 수학에 대한 흥미와 동기 부여를 주는 방법을 이 책에서 배워야 한다고 생각한다. 이 책은 내 전공을 공학에서 수학으로 바꾸고 싶게 만든다.

Matthew Reister

■ ς는 디오판토스가 사용한 기호로 미지수 x를 뜻한다.

로지에게

서론

§ 서론 1　대수(학)(algebra)의 역사에 관한 이 책은 호기심 많은 일반인을 위해 썼다. 내가 생각하기에 이런 책은 독자에게 대수가 무엇인지부터 이야기하면서 시작해야 할 것 같다. 그래서 말인데, 대수란 무엇일까?

최근에 공항의 한 서점을 들렀을 때 나는 고등학생과 대학생들이 많이 사용하는 편리한 '쪽지(crib sheet)', 즉 과목별로 기본 지식을 모으고 얇은 비닐을 입혀서 세 페이지로 접어 만든 작은 노트들이 진열된 게 눈에 띄었다. 그 가운데는 '대수-1'과 '대수-2'라는 두 개의 쪽지도 있었는데, 그 부제목에는 "대학 수준 대수의 기본·중급·고급 과정 원리들의 모음"이라고 써 있었다.[1]

나는 그것을 집어 들어 살펴보았는데, 거기에는 전문 수학자의 견지에서 대수에 포함된다고 보기 어려운 내용들도 포함되어 있었다. 예를 들어 '함수(functions)'나 '수열과 급수(sequences and series)'는 전문 수학자들이 해석학(analysis)이라고 부르는 분야에 속한다. 하지만 전체적으로 기본적인 대수학에 대한 꽤 좋은 요약이었으며, 오늘날 미국의 고등학교와 대학교에서 채택하는 기본적인 과정에 내포된 '대수'의 시행적 정의(working definition), 곧 대수는 고등 수학에서 미적분(calculus)을 제외한 분야라는 점을 잘 보여 주었다.

그러나 더 높은 수준의 수학에서 대수는 그 자체로 독립된 분야가 되는 고유의 특징을 드러낸다. 독일의 위대한 수학자 헤르만 바일(Hermann Weyl, 1885~1955)의 말은 20세기 수학의 가장 유명한 인용구 중 하나이다. 이는 1939년에 펴낸 글에 나온다.

> 오늘날 위상 수학(topology)의 천사와 추상대수(abstract algebra)의 악마가 각자의 수학적 영역의 혼을 두고 싸우고 있다.[2]

아마 여러분은 위상 수학이 기하(학)(geometry)의 한 분야로 때로 '고무판 기하학(rubber-sheet geometry)'이라고 불린다는 사실을 알고 있을 것이다. 이 기하학에서는 도형을 찢지 않은 채 줄이거나 늘려도 변하지 않는 성질들을 다룬다(이에 대해서는 §14.2 참조, 바일의 말과 관련된 내용에 대해서는 §14.6을 참조). 위상 수학은 예를 들어 끈으로 만든 보통의 고리와 꼬여진 고리 그리고 구와 도넛의 표면이 서로 어떻게 다른지를 알려 준다. 그런데 왜 바일은 이처럼 별 관계도 없을 것 같은 기하학적 탐구를 대수에 그토록 강하게 대조시키는 것일까?

또는 §15.1에 나오는 것으로 근래에 대수 분야의 프랭크넬슨콜상(Frank Nelson Cole Prize)[흔히 콜상(Cole Prize)으로 줄여 부른다. — 옮긴이]을 수여한 주제들의 목록을 살펴보자. 미분화 유체론(Unramified class field theory), …… 야코비 다양체(Jacobian variety), 함수체(function field), 계기 공동성(motivitic cohomology) ……. 분명 우리는 이차방정식과 그래프 등으로부터 먼 길을 떠나왔다. 그렇다면 이들의 공통점은 무엇일까? 이에 대한 답은 헤르만 바일의 말에 담겨 있으며, 그것은 바로 '*추상화*'이다.

§ 서론 2   물론 모든 수학은 추상적이다. **최초**의 수학적 추상화는 몇천 년 전 인간이 수를 발견했을 때 일어났다. 예를 들어 손가락 세 개, 소 세 마리, 별 세 개, 자식 세 명 등과 같은 관찰된 사물들로부터 '셋'이라는 정신적 대상으로 놀라운 도약을 한 것이 그것이며, 이를 통해 인간은 구체적인 대상 없이도 수를 이해하게 되었다.

추상화의 **둘째** 단계로 접어들게 된 계기는 1600년 무렵 문자기호의 사용이다. 이때 임의적인 수와 알려지지 않은 수를 각각 다타(*data* 주어진 것)와 콰에시타(*quaesita* 찾는 것)로 나타냈으며 아이작 뉴턴 경(卿)은 이를 보편산술(Universal arithmetic)이라고 불렀다. 이 단계까지의 길고도 험한 여정을 뒷받침한 원동력은 등식을 풀고자 하는, 곧 어떤 수학적 상황에서 미지수(*unknown quantity*)를 구하고자 하는 욕망이었다. 이 책의 제1부는 바로 이 여정에 대한 서술이며, 이 과정에서 우리의 집단의식(collective consciousness)에 '대수(algebra)'라는 단어가 심어지게 되었다.

1800년에 좋은 교육을 받은 사람에게 대수가 뭔지 묻는다면, 바로 위와 같이, 다시 말해서 계산을 하고 등식을 푸는 데에 "[고트프리트 라이프니츠(Gottfried Leibniz, 1646~1716)의 말을 빌리면]상상력을 해방"하기 위하여 문자기호를 사용하는 것이라고 대답할 것이다. 이 무렵 수학에서 쓰는 문자기호를 숙달하거나 최소한 알아두기라도 하는 것은 유럽의 일반적인 교육의 일부였다.

하지만 19세기가 지나는 동안[3] 문자기호들은 수의 세계에서 떨어져 나가기 시작했다. 그리고 이 과정에서 군(group), 행렬(matrix), 다양체(manifold) 등과 같은 기이하고도 새로운 수학적 대상들이[4] 많이 발견되었다.[5] 이를 계기로 수학은 다시 **더 높은** 단계의 추상화로 치솟기 시작했다. 이는 문자기호의 사용에 따른 자연적 발전 과정으로, 사람들이 한번 완전히 익숙해지게 되면 피할 수 없는 현상이었다. 따라서 이것도 대수의 역사가 전개되는 과정의 연장선에 있다고 보는 것도 부당한 것은 아니다.

이에 따라 나는 이 책을 다음과 같은 세 부로 나누었다.

제1부 : 가장 오래된 때부터 수를 나타내는 문자기호를 체계적으로 받아들이게 된 때까지의 기간. 대략 1600년까지가 이에 해당한다.

제2부 : 기호 체계가 이룩한 첫 수학적 승리들과 기호들이 전통적인 산술과 기하의 개념에서 서서히 떨어져나가 새로운 수학적 대상들의 발견으로 이어지는 과정에 대해 살펴본다.

제3부 : 현대 대수 — 새로운 수학적 대상들을 굳건한 논리적 기반 위에 세우고 더욱 높은 추상화의 단계들로 나아가고 있다.

대수의 발전은 인간사의 다른 모든 일처럼 불규칙적이고 우연적이므로 연대기적 접근법을 엄격히 따르기는 어려우며, 특히 19세기의 경우에는 더욱 그렇다. 하지만 나는 이 책이 여러분에게 이 발전의 큰 줄기를 명료하게 보여줄 수 있기를 바란다.

§ 서론 3 나의 목표는 여러분에게 높은 수준의 대수를 가르치는 데에 있지 않다. 이런 목적을 위해서라면 수많은 훌륭한 교재가 더 적절하고, 나도 앞으로 진행하면서 그중 몇 가지를 추천할 생각이다. 하지만 이 책은 교재가 아니며, 다만 대수의 아이디어들이 *대략* 무엇인지를 알려 줄 수 있기를 바랄 따름이다. 이 과정에서 어떤 사람이 어떤 아이디어를 만

들었고, 이전 것들에서 나중 것들이 어떻게 만들어졌으며, 당시의 역사적 상황은 어땠는지도 함께 살펴볼 것이다.

그런데 나는 대수학자들이 하고 있는 것들에 대한 최소한의 설명도 없이 대수의 역사를 서술하는 것은 불가능하다는 점을 깨달았다. 따라서 이 책에는 상당한 분량의 수학적 설명이 수반된다. 그 가운데 고교 과정에서 통상적으로 다루는 것보다 높은 수준의 설명이 들어갈 필요가 있다고 여겨지는 주제에는 책 이곳저곳에 입문 수준의 간단한 '수학 길잡이'를 배치했다. 이 길잡이들은 역사적인 서술을 계속 읽어가기 위해 필요한 곳들에 삽입해 두었다. 또 어떤 경우에는 본문에서 이 개념들을 더욱 확장해서 다루기도 했는데 이 길잡이는 대학 과정에서 이를 배운 독자들의 기억을 되살려 주는 기능을 하는가 하면, 그런 경험이 없는 독자들에게는 아주 기초적인 이해를 제시해 주는 기능을 한다고 하겠다.

§ 서론 4 이 책은 다른 사람들의 책들을 참조하여 만든 2차적인 저작물이다. 따라서 나는 본문과 뒤풀이에서 그 출처를 밝힘으로써 적절한 경의를 표할 것이다. 그런데 그중 세 가지는 매우 자주 인용할 정도로 신세를 많이 진 것이어서 시작 단계인 이곳에서 미리 밝혀두는 게 좋을 것 같다. 그 첫째는 헤아릴 수 없는 가치를 지닌 『과학전기사전(*Dictionary of Scientific Biography*)』으로 이후 DSB로 줄여서 부른다. 이 책은 수학자들의 자세한 전기는 물론 그들의 수학적 아이디어들이 어떻게 유래하고 전파되었는지에 대해 소중한 실마리들을 제공해 준다.

내가 참고한 다른 두 가지 책은 수학자들이 수학자들을 위해 쓴 대수의 역사에 관한 책들이다. 베르덴(Bartel Leendert van der Waerden, 1903~1996)이 쓴 『대수의 역사(*A History of Algebra*)』(1985)와 바시마코바(Isabella Bashmakova)와 스미르노바(Galina Smirnova)가 쓰고 셰니쳐(Abe Shenitzer)가 번역한 『대수의 시작과 진화(*The Beginnings and Evolution of Algebra*)』(2000)가 그것으로, 이 책들의 내용은 예를 들어 "베르덴은 ……라고 말했다"와 같이 저자의 이름을 앞세우며 인용할 것이다.

또 하나 특별히 고마움을 전할 게 있다. 내게는 아주 다행히도 시카고 대학교의 리처드 스완(Richard Swan) 교수가 마무리 단계의 원고를 검토해 주셨다. 스완 교수는 여러 가지의 논평, 비판, 수정, 제안을 해 주셨고, 그 결과로 이 원고는 더욱 좋은 책으로 탄생할 수 있게 되었다. 따라서 나는 그 분의 도움과 격려에 심심한 사의를 표한다. 하지만 더 나아졌다고 해서 완벽한 것은 아니며, 아직도 숨어 있는 오류들에 대한 책임은 전적으로 내게 있다.

§ 서론 5   이제 대수에 대한 이야기를 시작한다. 그 출발은 아득한 과거의 일인데, 단순하게도 이는 "이것에 이것을 더하면 이것이 된다"라는 평서문을 "이것에 무엇을 더하면 이것이 되는가?"라는 의문문으로 바꾼 '사고의 전환'이었다. 대수에서 누구나 x와 관련짓는 미지수는 바로 이곳에서 인간의 사고 속으로 처음 들어왔으며, 그로부터 한참 뒤에 미지수나 임의의 수를 나타낼 기호의 필요성을 느끼게 되었다. 그런데 한번 정립되자 이 기호 체계는 등식에 대한 연구를 더 높은 추상화 수준에서 행하도록 해주었다. 그 결과 새로운 수학적 대상들이 빛을 보게 되었고, 수학은 더욱 높은 수준으로 나아가게 되었다.

오늘날 대수는 모든 정신적 분야들 가운데 가장 심원하고도 난해한 영역으로 꼽힌다. 그 대상들은 추상화에 추상화에 추상화를 거듭한 것이 되었고, 그 결과는 강력하고도 아름답지만, 이 모든 내용은 전문 수학자들의 세계 밖으로는 거의 알려지지 않았다. 하지만 가장 놀랍고도 신비로운 점은 여러 겹의 추상화로 감싸진 이 영묘한 정신적 대상들 속에 우리가 사는 물질적 세계의 가장 깊고도 근본적인 비밀들이 담겨 있는 것 같다는 사실이다.

차례

서론   8

    수학 길잡이 1 : 수와 다항식 · 18

제1부   미지수

    제1장   4000년 전 · 31
    제2장   대수의 아버지 · 47
    제3장   이항과 소거 · 63
    수학 길잡이 2 : 삼차와 사차방정식 · 81
    제4장   상업과 경쟁 · 91
    제5장   상상력의 해방 · 113

제2부   보편산술

    제6장   사자의 발톱 · 133
    수학 길잡이 3 : 1의 거듭제곱근 · 149
    제7장   오차방정식의 공략 · 156

수학 길잡이 4 : 벡터공간과 대수 · 181

  제8장   사차원으로의 도약 · 194

  제9장   행렬 · 216

  제10장   빅토리아 시대의 영국 수학 · 237

제3부   추상화의 단계들

  수학 길잡이 5 : 체론 · 269

  제11장   여명의 결투 · 282

  제12장   환의 여인 · 304

  수학 길잡이 6 : 대수 기하학 · 328

  제13장   기하의 부활 · 343

  제14장   대수적 이것, 대수적 저것 · 376

  제15장   보편산술에서 보편대수로 · 401

  뒤풀이 · 431

  그림 출처 · 484

  옮긴이의 말 · 488

  찾아보기 · 494

차례   17

수학의 길잡이 1

수와 다항식

§ 길잡이 1.1   이 책을 진행하는 동안 가끔씩 역사적 서술을 멈추고 '수학 길잡이'를 배치하여 앞으로의 이야기를 이해하는 데에 필요한 수학의 주제들을 간단히 설명할 예정이다.

이 첫 번째 길잡이는 책 맨 앞에 실었다. 여기서는 이야기의 주된 흐름을 잘 파악하는 데에 필요한 두 가지의 개념을 다루었는데, 그것은 바로 수(number)와 다항식(polynomial)이다.

§ 길잡이 1.2   수의 현대적 개념은 19세기 말에 틀을 잡기 시작했고 1920년대와 30년대에 걸쳐 수학자들 사이에 널리 퍼졌다. 이 개념을 인형들이 겹겹이 포개 있는 러시아 인형(Russian dolls)으로 이해하자면 다섯 개의 러시아 인형이 있고 각각 속이 빈 글자인 $\mathbb{N}, \mathbb{Z}, \mathbb{Q}, \mathbb{R}, \mathbb{C}$로

나타낸다. 사람들은 흔히 이것을 "Nine Zulu Queens Ruled China(아홉 명의 줄루족 여왕들이 중국을 다스린다)"라는 간단한 암기문으로 외운다.

가장 안쪽의 인형은 *자연수(natural number)*로 그 전체를 $\mathbb{N}$이란 기호로 나타낸다. 이것은 1, 2, 3, ……을 가리키며,[6] 뭔가를 헤아리는 데에 쓰는 통상적인 수이다. 이 수들은 다음 그림처럼 오른쪽으로 무한히 늘어놓은 점들로 나타낼 수 있다.

○　○　○　○　○　○　○　○　○　○　○　…
1　2　3　4　5　6　7　8　9　10　11　…

그림 길잡이 1-1　자연수의 집합, $\mathbb{N}$.

자연수는 매우 유용하지만 단점들도 있는데, 가장 주된 단점은 뺄셈과 나눗셈을 자유롭게 할 수 없다는 것이다. 예를 들어 7에서 5를 뺄 수는 있지만 7에서 12를 뺄 수는 없다(여기서 "뺄 수 없다"라고 함은 그 답이 자연수가 아니라는 뜻이다). 이것을 전문적으로는 "$\mathbb{N}$은 뺄셈에서 닫혀있지 않다" 또는 "$\mathbb{N}$은 뺄셈에 관하여 닫혀있지 않다"라고 말한다. $\mathbb{N}$은 나눗셈에서도 닫혀있지 않다. 12를 4로 나누면 3이라는 자연수가 나오지만 5로 나누면 $\mathbb{N}$의 범위를 벗어난다는 점에서 알 수 있다.

이 가운데 뺄셈의 문제는 영(0)과 음수(negative number)를 도입함으로써 해결했다. 0은 600년 무렵 인도의 수학자들이 처음 발견했고, 음수는 유럽에서 일어난 르네상스(Renaissance)의 한 산물이다. 이 새로운 수들을 포함하면 첫 번째를 감싸는 두 번째 러시아 인형이 만들어진다. 이것이 바로 *정수(integer)*이고 그 전체는 $\mathbb{Z}$로 나타낸다(이 글자는 '수'를 뜻하는 독일어 *Zahl*에서 따왔다). 정수는 왼쪽과 오른쪽으로 무한히 늘어놓은 점들로 이해할 수 있다.

```
· · ·   ∘   ∘   ∘   ∘   ∘   ∘   ∘   ∘   ∘   · · ·
· · ·  -4  -3  -2  -1   0   1   2   3   4   · · ·
```

그림 길잡이 1-2　정수의 집합, $\mathbb{Z}$.

이제 우리는 덧셈, 뺄셈, 곱셈을 마음대로 할 수 있게 되었는데, 곱셈의 경우에는 다음과 같은 부호 규칙에 따라야 한다.

양수에 양수를 곱하면 양수이다.
양수에 음수를 곱하면 음수이다.
음수에 양수를 곱하면 음수이다.
음수에 음수를 곱하면 양수이다.

좀 더 간단하게는 "같은 부호끼리 곱하면 양수, 다른 부호끼리 곱하면 음수"라고 외우면 된다. 이 부호 규칙은 나눗셈에도 마찬가지로 적용되며, 예를 들어 -12를 -3으로 나누면 답은 4이다.

하지만 나눗셈은 언제나 가능하지는 않다. 곧 $\mathbb{Z}$는 나눗셈에서 닫혀 있지 않다. 이 문제를 해결하려면 우리는 수의 세계를 다시 확장해야 하며, 여기에 양과 음의 분수들이 덧붙여진다. 이렇게 하면 앞의 두 인형을 감싸는 세 번째 러시아 인형이 만들어진다. 이 수들은 유리수(*rational number*)라고 부르며 전체적으로 $\mathbb{Q}$로 나타낸다($\mathbb{Q}$는 '몫'을 뜻하는 quotient에서 따왔다).

유리수는 "조밀하다". 이것은 우리가 임의의 두 유리수 사이에서 다른 유리수를 언제나 발견할 수 있다는 뜻이다. 자연수나 정수에는 이런 성질이 없다. 예를 들어 11과 12 사이에는 다른 자연수가 없고, -107과 -106 사이에는 다른 정수가 없다. 하지만 유리수는 그렇지 않은데, 예를 들어 $\frac{1190507}{10292881}$과 $\frac{185015}{1599602}$의 경우 그 차이는 16조 분의 1보다 작지만 이 사이에서 다른 유리수를 찾을 수 있다. 구체적으로 $\frac{2300597}{19890493}$이라는 수는 위의 첫 번째 수($\frac{1190507}{10292881}$)보다는 크고 두 번째 수($\frac{185015}{1599602}$)보다는 작다. 나아가 어떤 두 유리수 사이에 반드시 다른 유리수가 존재하므로 그 사이에서 우리는 얼마든지 많은 유리수를 찾아낼 수 있다. 유리수가 "조밀하다"는 것은 바로 이런 뜻이다.

$\mathbb{Q}$는 이와 같은 조밀성을 가지므로 그림은 왼쪽과 오른쪽으로 무한히 뻗어 가는 직선으로 나타낼 수 있다. 모든 유리수들은 이 직선 위에 놓여 있다.

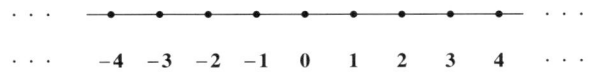

그림 길잡이 1-3 유리수의 집합, $\mathbb{Q}$.
(이 그림은 나중에 나오는 실수의 집합 $\mathbb{R}$을 나타내는 데에도 쓰인다.)

이 그림을 통해 정수들 사이의 틈이 어떻게 메워지는지를 알 수 있다. 예를 들어 27과 28이라는 두 수 사이에는 무수히 많은 유리수가 조밀하게 들어 있다.

러시아 인형들은 다층 구조를 가진다는 점을 되새기도록 하자. 곧 $\mathbb{Q}$는 $\mathbb{Z}$를 감싸고, $\mathbb{Z}$는 $\mathbb{N}$을 감싼다. 다른 식으로는 자연수는 '명예 정수'이고, 정수는(따라서 자연수도) '명예 유리수'라고 말할 수 있다. 이와 같은 '명예 수'는 그에 걸맞은 옷을 입을 수 있다. 예를 들어 자연수 12는 '+12'라는 정수로 쓰거나 '$\frac{12}{1}$'라는 유리수로 쓸 수 있다.

§ 길잡이 1.3   정수도 유리수도 아닌 수가 존재한다는 사실은 기원전 500년 무렵 그리스인들이 알아냈다. 이 발견은 그리스인들에게 심대한 영향을 미쳤는데, 이로부터 유래한 의문에 대해서는 심지어 오늘날까지도 모든 수학자들과 철학자들이 만족할 만한 답을 찾지 못하고 있다. 그 수들 가운데 가장 간단한 예는 2의 제곱근(square root), 다시 말해서 제곱하면 2가 되는 수이다. 기하학적으로 말하면 이 수는 어떤 정사각형의 한 변의 길이가 1이라 할 때 그 대각선의 길이와 같다. 어떤 유리수를 제곱하더라도 2가 되지 못한다는 점은 쉽게 알 수 있다.[7] 이와 비슷한 논증을 통해 어떤 자연수 N이 k차의 완전제곱이 아니라면 자연수 N의 k제곱근은 유리수가 아니란 사실도 알 수 있다.

명백히 우리는 이런 무리수(irrational number)들을 포함할 새로운 러시아 인형이 필요하다. 이 새로운 수들을 포함한 수의 세계는 실수(real number)라 부르고 $\mathbb{R}$로 나타낸다. 2의 제곱근은 유리수가 아닌 실수이며, 따라서 당연히 정수나 자연수도 아니다.

실수는 유리수와 마찬가지로 조밀하다. 따라서 임의의 두 실수 사이에서도 또 다른 실수를 찾을 수 있다. 그런데 유리수만으로도 이미 조밀하므로(이미 앞서 그린 '직선'을 다 채웠으므로) "왜 다시 그 안에 밀어 넣을 실수가 필요한가?"라는 의문이 제기된다. 이 문제의 배경에는 정수와 유리수는 셀 수 있지만 실수는 셀 수 없다는 사실이 깔려 있다. 가산집합(countable set)이란 것은 자연수와 일대일 대응시킬 수 있는 집합을 말한다. 곧 하나, 둘, 셋, ……과 같이 셀 수 있는 집합을 말하며, 이 번호표가 무한히 진행되더라도 "셀 수 있다"는 점에는 영향이 없다. 그런데 실수는 이처럼 셀 수가 없다. 이런 점에서 실수는 번호표를 붙이기에는 너무 많다고 말할 수 있으며, 다시 말해서 실수의 집합은 자연수나 정수는 물론 유리수의 집합보다 더 크다. 그렇다면 과연 어떻게 우리는 이 초무한적인 실수들을 유리수들 사이에 밀어 넣을 수 있을까?

이것은 매우 흥미로우면서도 오랫동안 수학자들을 혼란으로 몰아넣었던 문제이다. 하지만 이 문제는 사실 대수의 역사에는 포함되지 않는데, 그럼에도 여기서 이를 언급하는 이유는 나중에 §14.3과 §14.4에서 그 가산성(countability)을 언급하는 구절들이 나오기 때문이다. 우선 여기서는 $\mathbb{R}$을 나타내는 그림은 이미 제시한 $\mathbb{Q}$를 나타내는 그림과 같다는 점만 말하는 것으로 충분하다(그림 길잡이 1-3에 그려진 좌우로 무한히 뻗어가는 직선). 이 직선이 $\mathbb{R}$을 나타내는 데에 쓰일 때는 '실직선(real line)'이라고 부르는데, 좀 더 추상적으로는 "실직선은 $\mathbb{R}$과 동의어"라고 생각하면 된다.

§ 길잡이 1.4 $\mathbb{N}$ 안에서 덧셈과 곱셈을 자유롭게 할 수 있지만 뺄셈과 나눗셈은 그렇지 않다. $\mathbb{Z}$ 안에서는 덧셈, 뺄셈, 곱셈이 자유롭지만 나눗셈은 그렇지 않다. $\mathbb{Q}$에서는 덧셈, 뺄셈, 곱셈, 나눗셈이 모두 자유롭다(다만 수학에서 언제나 금지되는 '0으로 나누기'는 제외). 하지만 어떤 수의 제곱근을 구할 때 문제가 생긴다.

$\mathbb{R}$은 이 문제를 해결했지만 단지 양수의 경우에만 해결했을 뿐이다. 이미 살펴본 부호 규칙에 따르면 어떤 수든 제곱하면 양수가 나온다. 이

를 조금 바꿔보면 음수는 $\mathbb{R}$ 안에서 제곱근을 가질 수 없다는 점을 알 수 있다.

16세기 이래 이 문제는 수학자들을 가로막는 장애물이 되었으며, 이에 따라 새로운 러시아 인형을 추가해야 했다. 이 새로운 수의 세계는 복소수(*complex number*)라 부르고 $\mathbb{C}$로 나타낸다. 이 안에서는 모든 수가 제곱근을 가진다. 그런데 복소수의 세계는 우리가 이미 알고 있는 실수에 $\sqrt{-1}$이라는 단 하나의 새로운 수만 덧붙임으로써 얻어진다. 이 수는 'i'로 나타내는데, 따라서 예를 들어 -25의 제곱근은 $5i$이다($5i \times 5i = 25 \times (-1) = -25$). 그렇다면 i의 제곱근은 무엇일까? 그 답도 간단히 구해지며, 이를 위해서는 $(u + v) \times (x + y) = ux + uy + vx + vy$라는 식을 아래와 같이 사용하면 된다.

$$\left(\frac{1}{\sqrt{2}} + \frac{1}{\sqrt{2}}i\right) \times \left(\frac{1}{\sqrt{2}} + \frac{1}{\sqrt{2}}i\right) = \frac{1}{2} + \frac{1}{2}i + \frac{1}{2}i + \frac{1}{2}i^2$$

$i^2 = -1$이고 $\frac{1}{2} + \frac{1}{2} = 1$이므로 위 식의 우변은 i가 된다. 따라서 좌변의 괄호 안에 있는 것들이 바로 i의 제곱근이다.

앞서와 마찬가지로 러시아 인형은 다층 구조를 이룬다. 따라서 실수 x는 명예 복소수이며, 구체적으로는 $x + 0i$로 나타내진다. 실수인 y에 대해 $0 + yi$과 같은 모습으로 나타내지는 복소수는 순허수(*imaginary number*)라고 부른다. 이때 앞의 0은 생략하고 간단히 yi로 써도 된다.

복소수의 사칙연산에 대한 규칙은 $i^2 = -1$로부터 아래와 같이 모두 쉽게 얻어진다.

덧셈 : $(a + bi) + (c + di) = (a + c) + (b + d)i$
뺄셈 : $(a + bi) - (c + di) = (a - c) + (b - d)i$

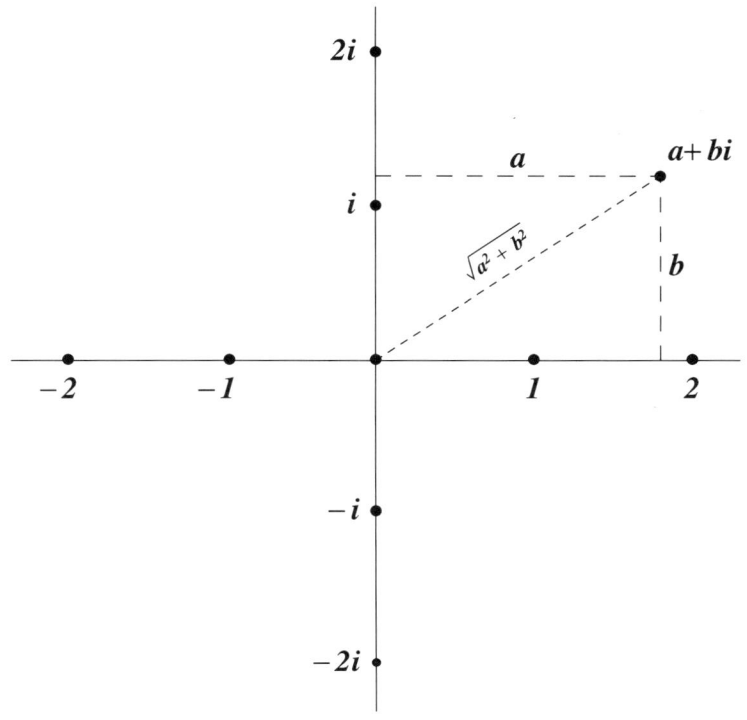

그림 길잡이 1-4 복소수의 집합, $\mathbb{C}$.

곱셈 : $(a + bi) \times (c + di) = (ac - bd) + (ad + bc)i$

나눗셈 : $(a + bi) \div (c + di) = \dfrac{ac + bc}{c^2 + d^2} + \dfrac{bc - ad}{c^2 + d^2} i$

복소수는 독립된 두 부분으로 이루어져 있으므로 $\mathbb{C}$는 하나의 직선으로 나타낼 수 없다. 이를 나타내려면 그림 길잡이 1-4에서 본 것처럼 사방으로 무한히 펼쳐지는 평면이 필요하며, 이를 복소평면(*complex plane*)이라고 부른다. 복소수 $a + bi$ (a, b는 실수)는 직교 평면 위의 한 점으로 나타내지고, 여기서 a와 b는 이를테면 동서남북의 위치를 표시하는 역할을 한다.

어떤 복소수 $a + bi$에는 아주 중요한 양의 실수가 결부되는데, 복소수의 절댓값(modulus)이라고 부르며 그 값은 $\sqrt{a^2 + b^2}$으로 주어진다. 그림 길잡이 1-4를 보면 알 수 있듯 이 값은 원점에서 해당 복소수까지의 거리를 나타내며, 피타고라스 정리(pythagoras's theorem)를 통해 구해진다.[8]

나중에 우리는 다른 수 체계들도 만나게 된다. 하지만 그 모두는 지금까지 이야기한 다섯 가지의 기본 체계, 곧 중층 구조를 가진 $\mathbb{N}$, $\mathbb{Z}$, $\mathbb{Q}$, $\mathbb{R}$, $\mathbb{C}$에서 나온다.

§ 길잡이 1.5 수에 대해서는 이 정도로 하고, 다음으로는 이 책 전체를 통해 자유롭게 언급할 *다항식*(*polynomial*)이란 것에 대해 살펴보자. 이 단어는 그리스어와 라틴어의 어원을 합쳐서 만들었는데, 그 뜻은 "여러 이름을 가진"이란 것이며, 여기서의 '이름'은 '이름이 붙여진 부분'들을 가리키는 것으로 이해하면 된다. 이것은 프랑스의 수학자 프랑수아 비에트가 16세기 말에 처음 사용한 것으로 보이는데, 영국에서는 이로부터 약 100년 뒤에야 사용되었다.

다항식은 수와 미지수들을 덧셈과 뺄셈과 곱셈으로만 결합하여 만든 수학적 *표현*(*expression*)으로(등호가 없으므로 등식은 아니다), 이런 연산(operation)들은 얼마든지 많이 사용할 수 있지만 무한히 많아서는 안 된다. 아래에는 그 몇 가지 예를 실었다.

$$5x^{12} - 22x^7 - 141x^6 + x^3 - 19x^2 - 245$$
$$9x^2 - 13xy + y^2 - 14x - 35y + 18$$

$$2x - 7$$

$$x$$

$$\frac{211}{372}x^4 + \pi x^3 - (7-8i)x^2 + \sqrt{3}x$$

$$x^2 + x + y^2 + y + z^2 + z + t^2 + t$$

$$ax^2 + bx + c$$

이와 관련하여 유의할 사항들은 다음과 같다.

미지수 : 다항식에 들어갈 미지수의 개수에는 제한이 없다.

미지수를 나타내는 알파벳 : 우리가 관심을 갖는 진짜 미지수, 곧 '찾는 것'을 뜻하는 라틴어 콰에시타(*quaesita*)에 해당하는 미지수는 대개 라틴 알파벳의 뒤쪽에 있는 것들을 사용한다. 그 가운데서도 x, y, z, t가 가장 널리 쓰인다.

미지수의 차수(*power*) : 유한한 횟수의 곱셈은 얼마든지 허용되므로 어떠한 자연수든 차수로 쓰일 수 있으며, 예를 들면 다음과 같다 : $x, x^2, x^3, x^2y^3, x^5yz^2, \cdots$.

주어진 수를 나타내는 알파벳 : 라틴어로 '주어진 것'을 뜻하는 다타(*data*)는 $\mathbb{N}, \mathbb{Z}, \mathbb{Q}, \mathbb{R}, \mathbb{C}$의 원소들을 선택한 숫자들일 때도 많다. 하지만 문자를 쓰면 이것들도 일반화할 수 있다. 여기에 쓰이는 문자들은 알파벳의 앞쪽이나($a, b, c, \cdots\cdots$) 가운데에서($p, q, r, \cdots\cdots$) 주로 택한다.

계수(*Coefficient*) : 라틴어 '다타'는 이제 영어의 고유 단어로 나타내며 '주어진 수'라고도 거의 부르지 않는다. 다항식에서 '주어진 수'는 '계수'라고 부른다. 앞에 예로 든 다항식 중에 세 번째 식의 계수는 2와 -7이며, 네 번째 다항식(엄밀히 말하면 이는 단항식이다)의 계수는 1이다. 그리고 마지막 다항식의 계수는 a와 b와 c이다.

§ 길잡이 1.6

다항식은 가능한 모든 수학적 표현들의 작은 부분집합일 뿐이다. 여기에 나누기까지 포함시키면 더 다양한 표현들을 얻을 수 있으며, 유리식(*rational expression*)이라고 부르는 이것의 한 예는 다음과 같다.

$$\frac{x^2 - 3y^2}{2xz}$$

이 유리식에는 미지수가 세 개 들어 있지만 다항식은 아니다. 한편 여기에 제곱근, 사인, 코사인, 로그 등을 추가하여 가능한 표현을 더욱 확장할 수 있는데, 그 결과도 다항식은 아니다.

다항식 만들기 : 어떤 주어진 수를, 예를 들어 17, $\sqrt{2}$, π, ……처럼 구체적으로 쓰거나, 아니면 a, b, c, ……이나 p, q, r, ……와 같은 알파벳의 첫 부분과 중간 부분의 문자들을 이용하여 나타낸다. 이것들을 유한한 횟수의 덧셈, 뺄셈, 곱셈을 사용하여 x, y, z, ……와 같은 미지수들과 섞는다. 그러면 그 결과는 다항식이 된다.

다항식은 가능한 수학적 표현들의 아주 작은 일부에 지나지 않지만, 수학 전체, 특히 대수에서 매우 중요한 위치를 차지한다. 수학자들이 '대수'란 말을 형용사처럼 사용할 때는 보통 "다항식과 관련하여"라는 뜻으로 받아들여도 좋다. 아주 높은 수준의 대수라도 좋으니 대수에 나오는 어떤 정리를 찾아서 살펴보도록 한다. 그 의미를 한 꺼풀씩 벗겨가면 결국 다항식에 이르는 경우가 다반사이다. 다항식은 고대부터 현대에 이르도록 대수에서 가장 중요한 개념이라고 해도 지나친 말은 아니다.

제1부
미지수

1

4000년 전

§ 1.1　서론에서 나는 넓은 의미의 대수가 기록된 역사의 아주 이른 시기에 산술의 평서문을 의문문으로 바꿈으로써 시작되었다고 말했다. 수학에 관련된 어떤 자료든 그 가장 오래된 것들에는 충분히 대수라고 부를 만한 내용들이 실려 있다. 가장 초기의 자료들은 기원전 2000년 경, 그러니까 지금으로부터 약 37 또는 38세기 전 무렵에[9] 메소포타미아와 이집트에 살았던 사람들이 남겼다.

　　오늘날 우리가 보기에 이 시기는 상상하기 어려울 정도로 멀게 느껴진다. 기원전 1800년은 우리가 율리우스 카이사르(Julius Caesar, BC 100∼BC44)를 돌이켜보는 만큼 카이사르가 더 과거로 돌이켜보아야 할 정도로 오래된 시절이다. 전문가들의 좁은 세계를 벗어나면 이 시대와 그 장소들에 대해 알려진 정보라곤 고작 성경의 창세기에 나오는 단편적이고도 혼란스런 내용들 정도였다. 따라서 이는 서구의 위대한 일신교를 믿는 교양 있는 사람들은 모두 잘 알고 있다. 그 세계는 바로 아브라함(Abraham)과 이삭(Isaac), 야곱(Jacob)과 요셉(Joseph), 우르(Ur)와 하란(Haran), 소돔(Sodom)과 고모라(Gomorrah)의 세계였다. 당시의 서구 문명은 비옥한 초승달(Fertile Crescent)의 전역에 걸쳐 있었는데, 이는 페르시아만(灣)(Persian Gulf) 북서쪽의 티그리스(Tigris) 강과 유프라테스(Euphrates) 강의 평야에서 시작하여 시리아고원(Syrian plateau)을 지나고 팔레스타인(Palestine)을 거쳐 이집트의 나일 강 삼각주까지 연속적으로 펼쳐진 경작 가능 지역을 가리킨다. 당시 이곳에서 살던 사람들은 서로 잘 알고 있었고, 유프라테스 하류의 우르부터 나일 강 중류의 테베(Thebes)에 이르기까지 비옥한 초승달 안의 모든 지역에 걸쳐 교통이 활발하게 발달했다. 우르에서 팔레스타인을 거쳐 이집트로 갔던 아브라함은 아마 많은 사람들이 오고가던 길을 따라 여행했을 것이다.

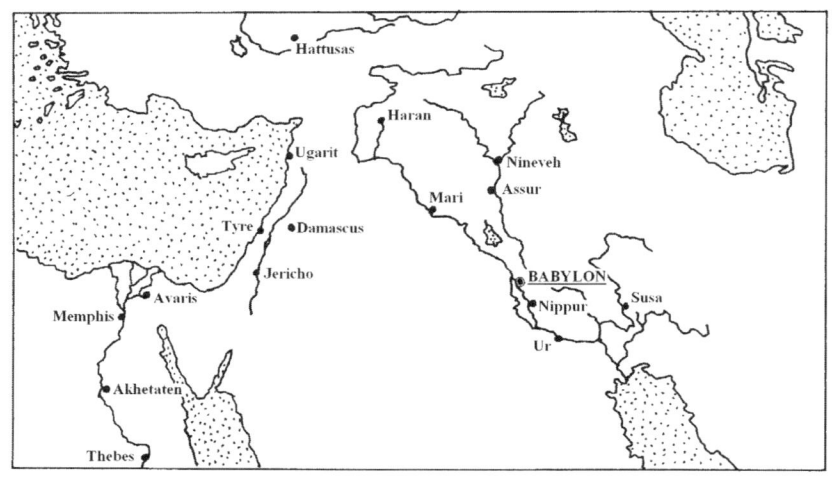

그림 1-1 비옥한 초승달(Fertile Crescent) 지역

비옥한 초승달의 세 군데 주요 지역은 정치적으로 사뭇 다르게 보

인다. 팔레스타인은 시골의 한 구석과 같아서 다른 곳으로 가고자 할 때 경유지로 들렀다 가는 지역이었다. 당시 사람들은 이곳이 이집트의 지배 아래 있는 것으로 여겼다. 이집트는 한 인종으로 된 나라였고 오랫동안 주변에 위협이 될 만한 이웃이 없었다. 이집트가 처음 외부의 침략을 받았을 때(이에 대해서는 나중에 다시 이야기한다) 이미 1,500년 정도 되었으므로 그 역사는 오늘날의 시점에서 보았을 때 영국보다 더 오래된 나라였다. 이처럼 자족적인 안정성을 가진 이집트는 일찍부터 중국과 비슷한 중앙집권적인 통치 체제를 갖췄다. 그리하여 능력에 따라 선발된 방대한 관료 기구를 통하여 그 영토를 다스렸다. 기원전 2500년부터 2350년 무렵까지 이어진 제5왕조 시대에 이미 거의 2,000가지에 이르는 직함을 썼을 정도였는데, 로버트 웨슨(Robert G. Wesson, 1920~1991)은 자신의 저서 『제국의 질서(*The Imperial Order*)』에서 이를 가리켜 "그 경이적인 위계질서 안에서 어느 누구도 다른 사람과 동등하지 않도록 하기 위함이었다"라고 썼다.

메소포타미아는 다른 모습을 보여 준다. 여기에는 여러 인종들이 섞여 있는데, 맨 처음의 수메르인(Sumerian)에 이어 아카드인(Akkadian), 엘람인(Elamite), 아모리인(Amorite), 히타이트인(Hittite), 카시트인(Kassite), 아시리아인(Assyrian) 그리고 차츰 강성해지는 아람인(Aramaean) 등이 그들이었다. 이집트처럼 메소포타미아에서도 지배자가 충분히 넓은 영토를 확보했을 때는 관료 체제가 위세를 떨치기도 했지만, 이와 같은 기간은 그다지 길지 않았다. 그 가운데 최초이면서도 가장 중요한 시기는 사르곤 대왕(Sargon the Great, BC2360?~2279?)이 세운 아카드 왕조였다. 이 왕조는 메소포타미아를 기원전 2340년부터 2180년까지 160년 동안 지배했지만 나중에 카프카스인(Caucasian)들의 침략을 받아 무너졌다. 이 책에서 다루려는 시기인 기원전 18세기에서 17세기 무렵에 사르곤 대왕의 영화는 기억 속에서 아득히 사라져가고 있었다. 하지만 그들이 사용했던 셈어(Semitic) 계통의 아카드어는 이 지역에서 일종의 공용어처럼 전해 내려왔다. 한편 남쪽 지방에서는 수메르어가 지식층에서 선택받은 언어처럼 쓰였는데, 이는 중세 유럽에서 그리스어와 라틴어가 차지했던 지위에 비유할 수 있다.

하지만 통상적으로 메소포타미아는 핵심적인 통제력이 없는 가운데 언어와 문화를 상당 부분 공유하는 나라들끼리의 지속적인 경쟁 체제였다. 그런데 창의력은 이런 상황에서 가장 잘 꽃핀다. 도시국가들이 모여서 이룬 고대 그리스의 황금기, 르네상스 시대의 이탈리아, 19세기의 유럽 등이 그 좋은 예들이다. 이런 상황에서도 통일은 간간이 찾아왔지만 오래가지 못했다. 의심할 바 없이 이런 시대는 분명 흥미로우며, 이는 바로 창의력의 대가이기도 하다.

§ 1.2 메소포타미아에서 좀 더 인상적인 통합의 시기는 기원전 1790년부터 1600년까지의 기간이다. 이 통일을 이룬 사람은 이 기간의 초기에 유프라테스 강 중류에 있는 도시 국가 바빌론(Babylon)의 통치권을 손에 넣은 함무라비(Hammurabi, BC1810?~1750?)왕이었다. 함무라비는 아카드어의 사투리를 쓰는 아모리인이었다.[10] 그는 메소포타미아 전역을 지배하게 되었고 바빌론은 당시의 가장 큰 도시가 되었는데, 이 왕조가 바로 바빌론 제1왕조이다.[11]

바빌론 제1왕조는 위대한 기록을 남긴 문명이었는데, 모양이 쐐기를 닮았다고 해서 쐐기문자(cuneiform 설형문자)라는 이름이 붙은 글자를 사용했다. 그들은 이 글자들을 날카로운 철필로 젖은 진흙판에 새겼으며, 그런 뒤 이를 구워 영구히 보존하도록 했다. 쐐기문자는 사르곤 대왕 때 아카디아인들이 채택하기 오래전부터 수메르인들이 발명하여 사용해 왔다. 함무라비 시대에 들어 이 필기법은 600가지 이상의 기호를 사용하는 것으로 발전했으며, 그 각각은 아카드어의 음절들을 나타냈다.

아래에는 아카어의 쐐기문자로 쓴 함무라비 법전(Hammurabi's Code)의 서문 한 구절을 옮겨 적었는데, 함무라비는 이 위대한 법전의 체계로 그의 제국을 다스렸다.

그림 1-2 쐐기문자

이 구절은 "엔-릴 베-엘 사-메-에 우 에르-스케-팀"으로 발음하며 (*En-lil be-el sa-me-e u er-sce-tim*), "엔릴(Enlil), 하늘과 땅의 지배자"라는 뜻을 나타낸다. 이것이 셈어 계통이라는 흔적은 be-el이란 단어에서 찾아볼 수 있다. 이 단어는 '파리대왕(Lord of the flies)'이란 뜻으로 한글 성경에 '바알세불'로 나오는 히브리어 'Ba'al Zebhubh'를 거쳐 '악마'나 '마왕'이란 뜻을 갖게 된 영어 단어 'Beelzebub'의 어원이다.

쐐기문자는 바빌론 제1왕조를 지나 기원전 2세기에 이르도록 오래 쓰였다. 또한 고대 세계의 여러 언어들에서도 쓰여, 기원전 500년 무렵의 키루스 대왕(Cyrus the Great)이 다스리던 이란의 유적들에서도 쐐기문자가 발견된다. 이 문자의 유적들이 유럽에 처음 알려지게 된 것은 15세기쯤에 그곳을 여행하던 사람들에 의해서였다. 유럽의 학자들은 18세기 말부터 이 기록들을 해독하려 했으며,[12] 1840년대에 들어서는 이를 이해하는 데에 필요한 기본적 지식을 상당히 갖추게 되었다.

　이 무렵 프랑스의 폴-에밀 보타(Paul-Émile Botta, 1802 ~1870)와 영국의 오스틴 레어드 경(卿)(Sir Austen Layard, 1817 ~1894) 같은 고고학자들은 메소포타미아의 고대 유적지를 발굴하기 시작했는데, 거기에서 쐐기문자가 새겨진 구운 진흙판들이 대량으로 발견되었다. 이 고고학적 작업은 오늘날까지도 계속되고 있으며, 현재 공공기관과 개인들이 세계적으로 50만 개가 넘는 이 진흙판들을 소장하고 있다. 그 연대는 쐐기문자가 처음 쓰였을 때에 해당하는 기원전 3350년쯤부터 기원전 1세기에 걸쳐 있다. 하지만 함무라비 시대의 것들이 아주 많으므로 바빌론 제1왕조는 쐐기문자가 쓰인 30여 세기 가운데 2세기도 채 채우지 못했지만 '바빌로니아의'라는 형용사가 붙으면 모두 쐐기문자로 쓰인 것과 관련짓는 경향이 있다.

§ 1.3　꽤 오래전, 적어도 1860년대 말부터 쐐기문자 진흙판들의 일부에는 숫자적 정보가 담겨 있다는 사실이 알려져 왔다. 이것들 가운데 처음 해독된 것에는 활발한 상업적 전통을 토대로 조직된 관료 체제에서나 예상할 수 있는 물품 명세서, 회계 기록 등과 같은 내용들이 담겨 있었다. 또한 역법에 관한 것들도 매우 많이 발견되었는데, 이를 통해서 바빌로니아인들은 천문학적 지식이 아주 풍부하고 그에 따라 복잡한 달력을 사용했다는 사실도 밝혀졌다.

　그런데 20세기 초에 이르러 분명 수학적 내용이기는 하지만 회계나 역법에 관한 것들이 아닌 내용을 담고 있는 진흙판들도 많이 있음을 알게 되었다. 하지만 이것들은 오스트리아 출신의 미국 수학자 오토 노이게바우어(Otto Neugebauer, 1899~1990)가 1929년에 관심을 기울이기 전까지는 거의 연구되지 않은 채 방치되었다.

노이게바우어는 1899년에 오스트리아에서 태어났다. 제1차 세계 대전에 참전한 그는 같은 나라 출신의 철학자 루트비히 비트겐슈타인(Ludwig Wittgenstein, 1889~1951)과 함께 이탈리아군의 포로가 되기도 했다. 군복무를 마친 그는 처음에 물리학자가 되었지만 수학으로 전공을 바꾸어 괴팅겐(Göttingen)에서 리처드 쿠랑(Richard Courant, 1888~1972), 에드문트 란다우(Edmund Landau, 1877~1938), 에미 뇌터와 같은 20세기 수학의 걸출한 인물들의 지도를 받으며 공부했다. 1920년대 중반에 노이게바우어의 관심은 수학에서 고대의 세계로 옮아갔다. 그는 고대 이집트를 연구하고 린드 파피루스(Rhind Papyrus)에 관한 논문도 펴냈는데, 이 문서에 대해서는 조금 뒤에 더 자세히 이야기한다. 그 뒤 그는 다시 바빌로니아로 옮겨가 아카드어를 공부했고, 결국 함무라비 시대의 진흙판에 대한 연구에 이르게 되었다. 그의 이 연구는 세 권으로 된 방대한 저술 『수학적 쐐기문서(*Mathematische Keilschrift-Texte*)』(독일어 '*keilschrift*'는 '쐐기문자'를 뜻한다)로 결실 맺었는데, 1935년부터 1937년까지 펴낸 이 책에 의해 바빌로니아 수학의 풍성한 내용들이 처음으로 현대의 세계에 알려지게 되었다.

나치가 정권을 쥐자 유태인이 아니지만 정치적으로 진보주의자였던 노이게바우어는 독일을 떠났다. 괴팅겐수학연구소(Mathematical Institute at Göttingen)에서 유태인들이 축출된 뒤 노이게바우어가 그 소장으로 임명되었다. 콘스탄스 리드(Constance Reid)는 자신의 저서 『힐베르트(*Hilbert*)』에서 "그는 충성 선언에 서명을 받으려는 목적으로 총장의 집무실에서 열린 회의에서 격렬한 논쟁을 거친 끝에 이를 거부하면서 이 이름 높은 자리를 정확히 하루만 지켰다"라고 썼다. 노이게바우어는 먼저 덴마크로 갔다가 다시 미국으로 떠났으며, 미국에서 새로운 진흙판들의 모음을 접할 수 있었다. 1945년 그는 미국의 아시리아 연구가 에이브러햄 삭스(Abraham Sachs, 1915~1983)와 함께 『수학적 쐐기문서(Mathematical Cuneiform Texts)』를 펴냈고, 이것은 영미권에서 바빌로니아 수학에 대한 표준적인 연구로 전해져 온다. 물론 이후에도 탐구는 계속되었으며, 이를 통해 모든 사람들이 바빌로니아인들의 탁월함을 인정하게 되었다. 특히 오늘날 우리는 그들이 충분히 대수적이라고 부를 만한 기법들에 대해 아주 뛰어났다는 사실을 잘 알고 있다.

§ 1.4 노이게바우어는 함무라비 시대의 수학 문서들이 '표'와 '문제' 두 종류라는 점을 발견했다. 표는 말 그대로 표를 모은 것들로, 여기에는 곱셈표, 제곱과 세제곱의 표 등이 포함되는데, 그중 좀 더 수준 높은 것으로는 현재 컬럼비아 대학교(Columbia University)에 보관되어 있는 유명한 플림프턴 322판(Plimpton 322 tablet)에 새겨진 피타고라스 삼중수(Pythagorean triple)의 표를 들 수 있다. 이 삼중수는 직각삼각형에 대한 피타고라스 정리, $a^2 + b^2 = c^2$을 충족하는 a, b, c의 세 수들을 가리킨다.

바빌로니아인들은 이런 표들이 매우 절실하게 필요했다. 그 이유는 그들이 사용한 진법이 당시로서는 아주 진보적인 것이었지만 오늘날 우리가 익숙한 십진법처럼 계산에 편리한 것은 아니었기 때문이었다. 그들은 60진법을 사용했는데, 십진법에서는 37이 세 개의 10과 일곱 개의 1을 나타내지만, 바빌로니아의 37은 세 개의 60과 일곱 개의 1을 나타내므로 십진법으로 말하자면 187이라는 수에 해당한다. 게다가 0이란 게 없어서 더욱 불편하고 곤란했는데, 이 어려움은 284, 2804, 208004처럼 단순히 '자릿수'를 나타내는 데에 쓰는 0만 생각해 봐도 쉽게 이해할 수 있다.

분수는 우리가 시간, 분, 초를 나타내듯 썼으며, 사실 이에 대한 표기법은 바빌로니아에서 유래한다. 예를 들어 2와 1/2은 "2 : 30"과 같은 방식으로 썼다. 바빌로니아인들은 2의 제곱근을 그들의 표기법에 따라 1 : 24 : 51 : 10로 나타냈는데, 이는 곧 "1 + (24 + (51 + 10 ÷ 60) ÷ 60) ÷ 60"과 같고 실제 값과의 차이는 천만 분의 6에 지나지 않는다. 그러나 자연수와 마찬가지로 자릿수를 나타내는 0이 없어서 그에 따른 부정확성이 있다.

이런 표들만 보더라도 그들의 대수적 사고방식을 뚜렷이 읽을 수 있다. 예를 들어 제곱근에 대한 표는 곱셈을 돕는 데에 사용했다고 알려져 있다. 다음과 같은 식은 곱셈을 뺄셈(과 사소한 나눗셈)으로 바꾸어 준다.

$$ab = \frac{(a+b)^2 - (a-b)^2}{4}$$

바빌로니아인들은 이 식을 알고 있었는데, 사실 그들은 아직 이와 같은 추상적인 식을 표현할 방법을 몰랐으므로 이 식의 용법을 '실질적으로' 알고 있었다고 말하는 게 더 정확하다. 다시 말해서 그들은 오늘날 우리가 알고리듬(algorithm)이라고 부르는 절차와 같이, 이 식을 구체적인 수에 실제로 적용하는 과정을 알고 있었다는 뜻이다.

§ 1.5   지금까지 이야기한 '표' 문서들도 그 자체로 충분히 흥미롭다. 하지만 대수의 진정한 시작은 '문제' 문서들에서 찾을 수 있다. 예를

들어 이 문서들에는 이차방정식(quadratic equation)은 물론 일부 삼차 방정식(cubic equation)에 대한 해법도 실려 있다. 물론 이것들은 모두 현대의 대수적 표기와 전혀 닮지 않은 방식으로 쓰여 있다. 곧 이 모두는 말로 나타낸 문제와 실제의 수를 다루는 것으로 꾸며져 있다.

바빌로니아 수학의 참맛을 느껴 보기 위해 『수학적 쐐기문서』에 나오는 문제들 가운데 하나를 본래의 쐐기문자, 그 번역, 그리고 현대적 대수법이라는 세 가지의 형태로 살펴보기로 하자.

본래의 쐐기문자 형태는 그림 1-3에 나타나 있다. 이것은 진흙판의 두 면에 쓰여 있는데, 여기에는 이 둘을 나란히 배치했다.[13]

노이게바우어와 삭스는 그 내용을 다음과 같이 번역했는데, 여기서 이탤릭체는 아카드어이고 보통체는 수메르어이며, 대괄호 안의 것들은 분명하지 않거나 이미 알고 있다고 보는 것들이다.

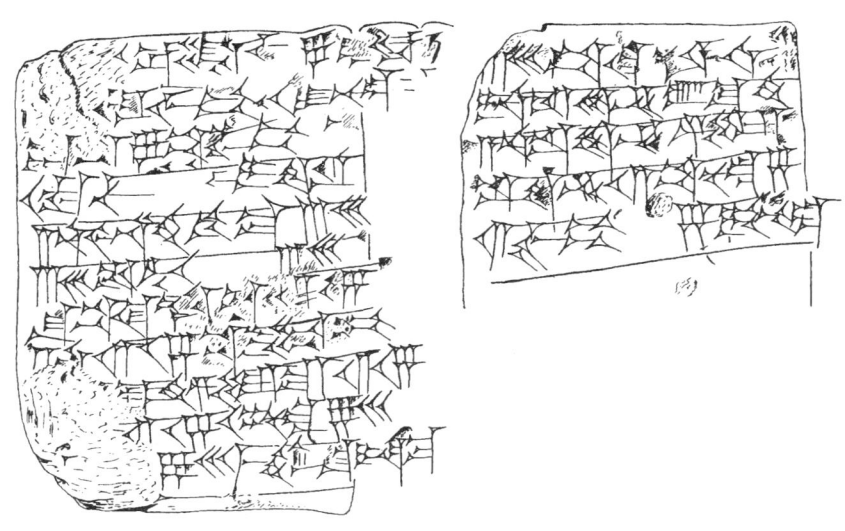

그림 1-3 쐐기문자로 쓰여 있는 문제.

40 미지수, 상상의 역사

(왼쪽 그림)

[이기]붐([igib]um)은 이굼(igum)보다 7만큼 더 크다.
[이굼과] 이기붐은 얼마인가?
이굼보다 이기붐이 7만큼 크므로 이것을 반으로 나누면
[그 결과는] 3 ; 30이다.
3 ; 30과 3 ; 30을 곱하면 [그 결과는] 12 ; 15이다.
이렇게 나온 12 ; 15에
[1,0을] 더하면 [그 결과는] 1,12 ; 15이다.
1,12 ; 15의 제곱근은 무엇인가? [답 :] 8 ; 30.
[8 ; 30]을 쓰고, 또 이와 같은 8 ; 30을 쓴다. 그리고

(오른쪽 그림)

그중 하나에서 3 ; 30을 빼고
이것을 [다른 하나에] 더한다.
하나는 12이고, 다른 하나는 5이다.
이기붐은 12이고, 이굼은 5이다.

(참고 : 노이게바우어와 삭스는 숫자를 구별하는 데에 콤마를 썼고, 정수와 분수 부분을 구별하는 데에는 세미콜론을 썼다. 그러므로 1,12 ; 15는 $1 \times 60 + 12 + \frac{15}{60}$, 곧 $72\frac{1}{4}$을 뜻한다.)

이 문제를 현대식으로 바꿔서 풀면 다음과 같다.

한 수가 그 역수보다 7만큼 더 크다. 그런데 바빌로니아 숫자의 모호한 자릿수 문제 때문에 어떤 수 x의 '역수'는 $\frac{1}{x}, \frac{60}{x}, \frac{3600}{x}$ 등을 뜻할 수 있다. 다시 말해서 60의 제곱수들 가운데 하나를 x로 나눈 것을 뜻한다. 여기 문제의 취지에 비춰볼 때 여기서의 '역수'는 $\frac{60}{x}$을 뜻

하는 것으로 보인다. 그러므로

$$x - \frac{60}{x} = 7$$

x와 그 '역수'는 얼마인가? 이 식은 다음과 같이 간단히 쓸 수 있다.

$$x^2 - 7x - 60 = 0$$

여기에 익숙한 다음 식을 적용한다.[14]

$$x = \frac{7 \pm \sqrt{7^2 + (4 \times 60)}}{2}$$

이것을 계산하면 답은 $x = 12$와 $x = -5$의 두 가지이다.

바빌로니아인들은 이로부터 3,000년이 지나서야 흔히 쓰이게 될 음수에 대해서는 알지 못했다. 따라서 그들 입장에서는 12만이 정답이며, 그 역수, 곧 $\frac{60}{x}$은 5이다. 사실 그들의 알고리듬은 이 이차방정식의 두 해가 아니며 이와는 조금 다른 다음 식의 것에 해당한다.

만일 아주 까다롭게 군다면 그들은 풀어야 할 이차방정식을 푼 게 아니라고 말할 수 있다. 하지만 그렇더라도 청동기 시대의 초기 수학이란 점을 고려하면 사뭇 인상적인 풀이라고 여기지 않을 수 없다.

§ 1.6 나는 함무라비 시대의 바빌로니아인에는 적절한 대수적 기호가 없었다는 점을 다시 강조한다. 이것은 언어의 문제로, 양은 원시적인 수 체계로 표현되었다. 그들은 '미지수'라는 용어로 생각하는 단계를 향해 이제 막 한 걸음 또는 두 걸음밖에 떼지 못한 상태였다. 그들은 이 목적으로

이굼이나 이기붐과 같은 수메르 용어를 그들의 아카드어 문장에 넣어 사용했던 것이다. 노이게바우어와 삭스는 이굼과 이기붐 모두 '역수'로 옮겼다. 하지만 다른 곳에서 이 수메르 용어들은 직사각형의 가로와 세로를 가리키는 것으로도 쓰였다. 한편 여기에 쓰인 알고리듬은 보편적인 효용성을 갖지 못한다. 그래서 다른 문제들에는 다른 알고리듬을 써야 했다.

이로부터 두 가지의 문제가 떠오른다. 첫째, 왜 그들은 이런 계산을 했을까? 둘째, 누가 처음 이런 풀이를 알아냈을까?

첫째 의문의 경우 바빌로니아인들은 왜 그들이 이런 계산을 하는지에 대한 설명을 후손에게 남길 생각은 하지 못했던 것으로 보인다. 따라서 우리는 추측만 할 수 있을 뿐인데, 아마 어떤 계산을 점검하기 위한 것으로 생각된다. 예를 들어 땅의 넓이를 측정한다거나, 어떤 크기의 도랑을 만들려면 땅에서 얼마나 이동해야 하는지를 알기 위해서였던 것 같다. 어떤 일정한 규격의 땅을 표시하고 그 넓이를 계산해 놓으면 그 넓이와 둘레의 길이를 여러 가지 이차방정식의 알고리듬들 가운데 하나에 거꾸로 대입하여 올바른 답을 얻었는지 점검할 수 있다.

둘째 의문의 경우 먼저 함무라비 시대의 진흙판에 새겨진 원시 대수는 사뭇 완숙한 단계의 것이란 점을 주목해야 한다. 아득한 고대에 지성이 발전한 속도에 대해 우리가 알고 있는 것에서 짐작해 보면 이런 기법들은 여러 세기에 걸쳐 무르익어 왔던 것으로 보인다. 하지만 누가 처음 생각해냈을까? 이에 대한 답은 모른다. 다만 이런 문제들에 수메르어가 쓰인 것으로 볼 때 수메르에서 유래한 것으로 여겨진다(현대 수학에 쓰이는 그리스 문자들과 비교된다). 함무라비 시대를 지나 4세기로 더 깊숙이 거슬러 올라가는 시점에서 만들어진 진흙판들도 있지만, 거기에 적힌 내용들은 모두 산술적인 것들이다. 대수적 사고는 기원전 18세기에서 17세기 무렵에 비로소 나타날 뿐이다. 어쩌면 더 고대와 이 시대를 연결해 줄 '잃어버린 고리(missing link)' 같은 게 있을 수도 있지만, 이미 파괴되어 버렸거나 아니면 아직 발견되지 않았는지도 모른다.

함무라비 시대의 진흙판도 어떤 사람들이 썼는지에 대해서는 알려진 게 없다. 그러므로 우리는 바빌로니아 수학에 대해서는 많이 알고 있지만 바빌로니아 수학자에 대해서는 아무도 모른다. 비옥한 초승달의 반대편 지역에 우리가 아는 최초의 수학자일 가능성이 높은 사람이 살았다.

§ 1.7 함무라비 왕조가 메소포타미아 지역에 대한 지배를 공고히 하고 있을 무렵 이집트는 첫 번째의 외침에 시달렸다. 이 침략자들은 힉소스(Hyksos)라고 불렸는데, 이는 '바깥 땅의 지배자'라는 이집트어 구절을 그리스어로 번역한 단어이다. 이들은 팔레스타인 지역에서 쳐들어왔지만, 어느 날 갑자기 침입한 게 아니라 조금씩 영토를 넓히고 식민지화함으로써 서서히 잠식해 들어왔다. 기원전 1720년 무렵 이들은 나일 강 삼각주의 동쪽 지역에 아바리스(Avaris)라 불리는 수도를 건설했다.

힉소스 왕조 시대에 아메스(Ahmes)라는 이름의 사람이 살았는데, 그는 수학과 분명한 관계가 있다고 보이는 최초의 사람이다. 우리는 그를 힉소스 왕조의 초기인 기원전 1650년 무렵의 것으로 보이는 한 장의 파피루스를 통해 알고 있을 뿐이어서 그가 실제로 수학자였는지는 확실하지 않다. 이 파피루스에서 아메스는 자신이 제12왕조(기원전 1990년 ~ 1780년 무렵) 때 쓰인 문서를 복제하는 서기라고 밝힌다. 그가 했던 일은 당시의 이집트 고대 문명을 존경한 힉소스의 지배자들이 시작했던 문서 보존 계획의 일환이었던 것으로 보인다. 어쩌면 아메스는 수학에 대해 전혀 모르면서 그냥 복제만 했을 수도 있지만 그럴 가능성은 낮은 것 같다. 이 파피루스에는 몇 가지의 수학적 실수가 눈에 띄는데, 잘못된 숫자들이 그 뒤에서도 사용된 점으로 볼 때, 이는 단순한 복제상의 실수가 아니라 계산상의 오류로 초래된 결과로 여겨지기 때문이다.

이 문서는 흔히 린드 파피루스(Rhind Papyrus)로 불려 왔다. 1858년 겨울에 스코틀랜드 사람인 알렉산더 린드(Alexander Rhind, 1833~1863)는 결핵 때문에 이집트에서 휴가를 보내고 있었다. 그러던 중 그는 룩소르(Luxor)에서 이 파피루스를 구입했고, 그가 세상을 뜬 뒤에는 대영박물관(British Museum)으로 넘어갔다. 오늘날 이 파피루스는 이것을 산 사람이 아니라 작성한 사람의 이름을 따서 불러야 더 적절할 것이라는 생각이 널리 퍼졌으며, 이에 따라 지금은 보통 아메스 파피루스(Ahmes Papyrus)로 불린다.

수학적으로 경이롭고도 놀라운 발견이기는 하지만 아메스 파피루스에 남아 있는 대수적 의미는 오직 흔적밖에 없다. 이 파피루스 안에서 가장 대수적이라고 할 문제 24는 다음과 같다 : "어떤 수의 4분의 1에 그 수를 더했더니 15가 되었다." 현대적 표기법으로 쓰면 이는

$$x + \frac{1}{4} x = 15$$

와 같으며, 오늘날의 우리는 쉽게 풀 수 있다. 하지만 아메스는 시행착오적 방법으로 접근하는데, 이는 바빌로니아식의 체계적인 알고리듬과는 거리가 멀다.

§ 1.8   제임스 뉴먼(James Newman, 1907~1966)은 자신의 저서

『수학의 세계(The World of Mathematics)』에서 "고대 과학의 연구자들은 이집트 수학을 평가하는 데에서 상당히 큰 견해차를 보인다"라고 썼는데, 이 차이는 지금도 남아 있다. 그런데 바빌로니아와 이집트의 대표적인 문서를 검토한 뒤에 나는 기원전 2025년에서 2050년 사이에 비옥한 초승달의 양쪽 끝에서 번영한 두 문명이 수학적으로 동등하다는 평가를 내리는 데에는 합당한 이유를 찾을 수 없다고 생각한다. 두 문명은 산술적으로 문제를 다루었기에 추상적 사고력의 증거는 거의 찾아볼 수 없다. 하지만 바빌로니아의 문제들이 이집트의 것들보다 더 깊고도 미묘했다(이는 또한 노이게바우어의 견해이기도 하다).

어쨌든 수의 표기법은 원시적이었지만 고대인들이 이처럼 바랄 수 있는 최선의 경지까지 올라섰다는 것은 경이로운 사실임이 틀림없다. 나아가 더욱 놀라운 것은 일단 이렇게 한 단계를 올라선 뒤에는 이후 여러 세기가 지나도록 거의 아무런 진보도 이루지 못했다는 사실이다.

§2

대수의 아버지

§ 2.1   이집트에서 이집트로 : 이 장의 제목은 디오판토스(Diophantos)의 공적을 기려 그의 별칭 '대수의 아버지(the father of algebra)'를 그대로 옮겨 적었다.[15] 그는 로마가 지배한 이집트의 알렉산드리아(Alexandria)에서 1세기부터 3세기까지의 어느 시기에 살았던 것으로 보인다.

디오판토스가 실제로 대수의 아버지였던가는 변호사들이 흔히 말하는 "좋은 지적"에 해당한다. 사실 이름 높은 몇 사람의 수학사가들은 이에 부정적이다. 예를 들어 쿠르트 포겔(Kurt Vogel, 1888~1985)이 DSB에 쓴 글에는 디오판토스의 업적이 고대 바빌로니아인과 아르키메데스(Archimedes, BC287?~212)(§2.3 참조)의 수학에 비해 대수적으로 특별히 뛰어나지 않다고 평가하면서 "따라서 디오판토스는 종종 불려 왔던 대수학의 아버지는 분명 아니다"라고 결론지었다. 베르덴은 대수의 탄생을 이후의 사건으로 보며, 디오판토스보다 600년 정도 뒤에 살았던 수학자 알콰리즈미(al-Khwarizmi, 780?~846?)와 함께 시작되었다고 말하는데, 그에 대해서는 다음 장에서 살펴본다. 나아가 디오판토스 해석학(Diophantine analysis)이라고 알려진 수학의 한 분야는 현대의 대학생들에게 대수가 아니라 (정)수론(number theory)의 한 과정으로 가르쳐지는 게 통례이다.

나는 디오판토스의 업적을 설명하면서 판단은 독자들이 내리도록 하겠는데, 나름의 가치가 있다고 여겨지므로 나의 견해는 결론 삼아 제시할 예정이다.

§ 2.2 메소포타미아인들은 인종적 및 정치적 뒤섞임 속에서도 기원전 141년 파르티아인(Parthian)들이 정복한 지역까지 쐐기문자로 많은 기록을 해 나갔다. 그리고 수학적 문서들도 이 시점에 이르도록 계속 발견된다. 그런데 이 분야를 연구하는 모든 사람들이 크게 놀라워하는 것은 함무라비 제국과 파르티아의 정복 사이의 1500년에 이르는 기간 동안 수학적 표기와 기법 또는 그 이해에 거의 아무런 진보가 없다는 사실이다. 쐐기문자판들을 연구했던 수학자 존 콘웨이(John Conway, 1937~)는 초기와 후기 진흙판을 비교할 때 눈에 띄는 유일한 차이는 '자릿수 0', 예를 들어 281과 2801을 구별하는 데에 쓰이는 '0'이라고 말했다. 이 점은 메소포타미아뿐 아니라 이집트도 마찬가지였다. 지금까지 나온 증거에 따르면 이집트의 수학은 기원전 16세기에서 기원전 4세기까지 주목할 만한 진보를 거의 이루지 못했다.

바빌론과 이집트의 수학이 그 지역 안에서는 발전하지 못했지만 눈부신 초기의 업적은 고대의 서구 사회에 널리 퍼졌고, 어쩌면 그 너머까지도 전해졌던 것으로 보인다. 그래서 이 시점, 실제로는 대략 기원전 6세기부터는 그리스가 고대 사회의 대수학에 대한 이야기의 중심지로 떠오른다.

§ 2.3　디오판토스 이전의 그리스 수학에서 특이한 점은 거의 기하 쪽으로 편중되었다는 사실이다. 이에 대해 적어도 내게 가장 그럴듯하게 여겨지는 설명은 피타고라스(Pythagoras, BC569?~475?) 학파의 수학관 때문이라는 것이다. 그들은 모든 수학은 물론 음악이나 천문학도 수에 기초를 두고 있다고 생각했는데, 무리수가 발견됨으로써 이런 믿음에 중대한 동요가 일어났다. 그리하여 그들은 쓸 수 없는 수를 담고 있는 산술을 멀리하고, 그런 수들이라도 직선의 길이로 정확히 나타낼 수 있는 기하 쪽 연구에 전념하게 되었다고 한다.

　이 때문에 초기 그리스의 대수적 관념들은 기하학적 형상으로 표현되었으며, 때로 아주 모호한 형태를 띠게 되었다. 예를 들어 바시마코바와 스미르노바는 유클리드(Euclid, BC300년 무렵)의 위대한 저작 『원론(*The Elements*)』 제6권의 28번과 29번 명제(proposition)가 이차방정식의 해법을 제시한다는 점에 주목했다. 나도 그렇게 여기기는 하지만, 누구나 처음 보았을 때 이를 알아차리기란 거의 어려울 것이다. 아래에는 이 가운데 28번 명제를 토머스 히스 경(卿)(Sir Thomas Heath, 1861~1940)의 번역을 토대로 옮겨 실었다.

　　주어진 한 직선에 주어진 사각형과 같은 크기의 평행사변형을 그리는 데 주어진 평행사변형과 닮은꼴만큼 작도록 한다. 그러면 주어진 사각형은 직선의 절반 위에 그려진 평행사변형보다 작은데 이 평행사변형은 주어진 평행사변형과 닮은꼴이다.

이해가 되는가? 바시마코바와 스미르노바에 따르면 이것은 "$x(a - x) = S$"라는 이차방정식의 해법에 해당하며, 나는 그들의 말을 기꺼이 믿고자 한다.

유클리드는 알렉산드리아에서 살고, 가르치고, 학교도 세웠는데, 당시 이집트는 알렉산드로스 대왕(Alexandros the Great, BC356~323)의 장수였던 프톨레마이오스 1세(Ptolemaeos I, BC367~283, 재위 BC306~283)의 통치를 받았다. 알렉산드리아는 유클리드가 태어나기 바로 얼마 전에 알렉산드로스 대왕이 나일 강 삼각주의 서쪽 끝에 건설하였으며, 지중해 건너편의 그리스와 마주보는 위치에 있다. 유클리드는 이집트로 가기 전에 플라톤(Platon, BC429?~347)이 아테네에 세운 학교에서 수학을 공부한 것 같다. 하지만 어쨌든 기원전 3세기의 알렉산드리아는 그리스보다 수학적으로 더 뛰어나고도 위대한 중심지 역할을 했다.

유클리드보다 40년가량 늦게 태어난 아르키메데스는 알렉산드리아에서 유클리드의 후계자에게 기하학을 배운 것으로 여겨진다. 하지만 그는 이와 같은 기하학적 접근법을 훨씬 심오한 경지로 끌어올렸다. 예를 들어 그가 쓴『코노이드와 스페로이드에 대하여(*On Conoids and Spheroids*)』는 평면과 복잡한 종류의 휘어진 곡면이 만나서 만드는 교선(intersection)을 다룬다. 이런 연구에 비춰볼 때, 유클리드가 어떤 이차방정식들을 풀 수 있었던 것과 비슷하게, 아르키메데스는 특정한 종류의 삼차방정식들을 풀 수 있었던 것으로 보인다. 하지만 이 모두는 기하학적 언어로 서술되었다.

§ 2.4　알렉산드리아의 수학은 기원전 3세기에 전성기를 지나 기울어져가기 시작했으며, 기원전 1세기 무렵에는(안토니우스(Marcus Antonius, BC82?~BC30)와 클레오파트라(Cleopatra VII, BC69~BC30)를 생각해 보라) 완전히 시들어진 듯 보였다. 하지만 로마 제국 초기의 안정된 시기에 부활의 움직임이 일어났다. 또한 이 시기에는 순수한 추상적 사고로부터 전환도 일어났으며, 디오판토스가 활약한 때도 바로 이 무렵이었다.

이 장의 시작 부분에서 내비쳤듯, 우리는 디오판토스의 생애에 대해 거의 아무것도 모르며, 심지어 그의 생몰 연대도 확실하지 않다.

디오판토스와 관련해서는 3세기 무렵의 시기가 가장 흔히 거론되며, 때로 200년부터 284년이란 연대가 제시되기도 한다. 여기서 우리의 관심은 그가 쓴 『수론서(*Arithmetica*)』에 모아지는데, 오늘날 13권 가운데 10권이 전해 내려온다. 이 가운데 주된 것에는 189개의 문제가 담겨 있고, 그 목표는 어떤 일정한 조건을 충족하는 하나의 수 또는 한 묶음의 수들을 구하는 것이다. 이 책의 첫머리에는 그가 사용하는 기호와 방법에 대한 요약이 실려 있다.

디오판토스가 사용한 기호는 우리의 눈에는 원시적으로 보이지만 당시로서는 아주 정교한 것이었다. 한 예를 보면 뚜렷이 알 수 있는데, 그중 하나를 현대적으로 고쳐 쓰면 다음과 같다.

$$x^3 - 2x^2 + 10x - 1 = 5$$

디오판토스는 이것을 다음과 같이 썼다.

$$K^Y \bar{a} \varsigma \bar{\iota} \pitchfork \Delta^Y \bar{\beta} \dot{M} \bar{a}\,'\iota \sigma \dot{M} \varepsilon$$

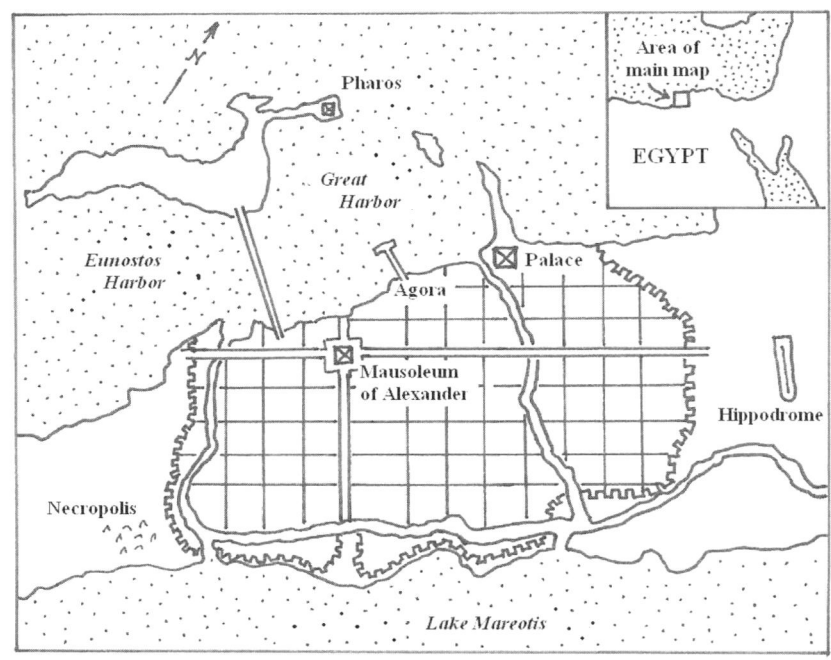

그림 2-1 고대의 알렉산드리아. 유명한 파로스 등대(The Pharos of Alexandria)는 고대 세계의 7대 불가사의 가운데 하나로 꼽히는데, 7세기에서 14세기에 일어난 여러 차례의 지진으로 파괴되었다. 거대한 도서관은 도시 북서부의 왕궁 근처에 있었던 것으로 보인다. 들쭉날쭉한 선은 기원전 331년 당시의 본래 성곽을 나타낸다.

여기서 가장 쉽게 꼬집어낼 수 있는 것은 숫자들이다. 디오판토스는 그리스어의 알파벳으로 숫자를 나타냈는데, 24개의 알파벳에 다른 3개를 만들어서 모두 27개의 기호를 사용했다. 이 기호들은 세 그룹으로 나뉘었고, 첫째 그룹은 1부터 9, 둘째 그룹은 10부터 90, 셋째 그룹은 100부터 900을 나타냈다. 그리스인들에게는 0에 대한 기호가 없었는데, 당시에는 세계 어느 곳에서나 마찬가지였다.[16]

위의 식에 보였다시피, $\bar{\alpha}$는 1, $\bar{\beta}$는 2, $\bar{\iota}$는 10, $\bar{\varepsilon}$는 5를 나타낸다. 기호들 위의 짧은 줄은 이 기호들이 숫자로 쓰였다는 뜻을 나타낸다.

다른 기호들 가운데 $'\iota\sigma$는 $'\iota\sigma o\varsigma$을 줄여 쓴 것으로 "같다"는 뜻이다. 그런데 여기에는 짧은 줄이 없다는 점을 주목하기 바란다. 이것은 숫자가 아니라 (줄여서 쓴)말이기 때문이다. 삼지창을 거꾸로 세운 ⋔은 이 기호의 바로 뒤부터 등호가 나올 때까지의 그 사이에 있는 모든 것을 빼라는 뜻이다.

이렇게 정리하고 나면 $K^Y, \varsigma, \Delta^Y, \dot{M}$라는 4개의 기호가 남는다. 이 가운데 둘째인 ς는 오늘날 흔히 쓰는 x로 미지수를 나타낸다. 이 밖의 다른 것들은 미지수의 제곱을 나타내는데, K^Y는 세제곱(그리스어로 $\kappa\acute{\upsilon}\beta o\varsigma$는 세제곱이란 뜻), Δ^Y는 제곱(그리스어로 $\delta\acute{\upsilon}\nu\alpha\mu\iota\varsigma$는 세기 또는 힘을 나타낸다), $\dot{M}$는 0제곱(오늘날 우리가 '상수항'이라고 부르는 것)을 나타낸다.

이렇게 구비한 지식에 따라 디오판토스의 식을 또박또박 옮겨 쓰면 다음 식을 얻는다.

$$x^3 1 \, x \, 10 - x^2 2 \, x^0 1 = x^0 5$$

여기에 덧셈 기호와 괄호를 좀 추가하면 이해하기가 조금 더 쉬워진다.

$$(x^3 1 + x \, 10) - (x^2 2 + x^0 1) = x^0 5$$

디오판토스는 계수를 변수 뒤에 썼으므로 우리 방식으로 고쳐 쓰고 (다시 말해서 그가 '$x \, 10$'이라고 쓴 것을 '$10x$'로 고쳐 쓰고), 어떤 수의 0제곱은 1이란 점을 반영하면 위의 식은 다음과 같이 바뀐다.

$$x^3 - 2x^2 + 10x - 1 = 5$$

    이 예에서 알 수 있듯 디오판토스는 상당히 복잡한 대수적 표기법을 자유롭게 사용했다. 이 가운데 어느 정도가 그의 독창적 발명인지는 분명하지 않다. 미지수의 제곱이나 세제곱을 나타내는 특수 기호는 디오판토스 자신의 발명으로 보인다. 그러나 미지수를 나타내는 기호 ς는 이전의 다른 사람, 미시간 대학교(University of Michigan)에 보존되어 있어 흔히 미시간 파피루스620(Michigan Papyrus 620)으로 부르는 문서를 쓴 사람에게서 물려받은 것으로 여겨진다.[17]

    하지만 디오판토스의 표기법에도 단점들이 있다. 그중 대표적인 것은 둘 이상의 미지수를 쓸 수 없었다는 점으로, 현대적으로 말하면 이는 x만 썼을 뿐 y나 z는 쓰지 못했다는 뜻이다. 이것은 디오판토스에게 심각한 문제였다. 왜냐하면 그가 쓴 책 내용의 대부분[독일의 수학자 가우스(Karl Gauss, 1777~1855)는 '전부'라고 잘못 말했다]이 부정방정식(*indeterminate equation*)에 관련되기 때문인데, 여기에는 약간의 설명이 필요하다.

§ 2.5   '등식(또는 방정식)(equation)'이란 말은 어떤 것이 다른 어떤 것과 같다는 상황을 나타내는 수학적 표현이다. 우리가 "둘 더하기 둘은 넷과 같다"라고 말하면 이는 등식을 서술한 것이다. 물론 디오판토스를 비롯한 수학자들이 관심을 가진 등식은 미지수가 포함된 것이다. 등식 속에 미지수가 포함되면 "이것은 이렇다"는 평서문이 "이것은 그런가?"라는 의문문으로 바뀌는데, 실제로는 "이것은 언제 그런가?"라는 표현이

더 자주 쓰인다. 아래의 등식

$$x + 2 = 4$$

에는 "무엇에 2를 더하면 4와 같아지는가?"라는 묵시적 질문이 들어 있다. 그 답은 물론 2이며, 따라서 이 등식은 $x = 2$일 때 그렇다.

하지만 이번에는 다음과 같은 질문을 했다고 하자.

$$x + y + 2 = 4$$

이에 대한 답은 무엇일까? 여기서 우리는 좀 더 깊은 곳으로 들어서게 된다.

먼저 수학자들은 우리가 어떤 종류의 답을 찾고 있는지를 알고 싶어 한다. 혹시 양의 정수인 답만을 원하는가? 그렇다면 답은 $x = 1$과 $y = 1$뿐이다. 혹시 음수가 아닌 정수 답을 원하는가(곧 0을 포함하는가)? 그렇다면 이제 두 가지의 답이 더 나온다 : (a) $x = 0$, $y = 2$, (b) $x = 2$, $y = 0$. 혹시 음수까지도 포함하기를 바라는가? 그렇다면 이제 가능한 답의 수는 무한이며, 예를 들면 $x = 999$와 $y = -997$도 답이 된다. 혹시 유리수도 포함하기를 바라는가? 그렇다면 역시 답의 수는 무한이며, 예를 들면 $x = \frac{157}{111}$과 $y = \frac{65}{111}$도 답이 된다. 물론 여기에 무리수나 복소수까지도 포함시킨다면 무한개의 답 위에 또 다른 무한개의 답들이 쌓이게 된다.

이런 종류의 등식, 곧 둘 이상의 미지수를 가지며, (어떤 종류의 답을 원하는가에 따라)가능한 답의 수가 무한인 등식을 가리켜 부정방정식이라고 부른다.

아마 부정방정식들 가운데 가장 유명한 것은 프랑스의 수학자 피에르 드 페르마(Pierre de Fermat, 1601 ~ 1665)가 제기한 페르마의 마지막 정리(Fermat's Last Theorem)에 나오는 것이라 하겠다.

$$x^n + y^n = z^n$$

여기서 x, y, z, n은 모두 양의 정수들이다. 이 등식은 n이 1 또는 2일 때는 무한개의 답을 가진다. 하지만 n이 3 이상이면 답이 없다는 게 이 정리의 내용이다.

페르마는 틈나는 대로 디오판토스가 쓴 『수론서』의 라틴어 번역판을 읽곤 했는데, 1637년 무렵 갑자기 그의 뇌리에 이 정리가 떠올랐다. 이를 연구하던 그는 마침내 자신이 보던 번역판의 여백에 이 정리의 내용과 함께 라틴어로 다음과 같은 유명한 구절을 덧붙였다. "나는 이 정리의 경이로운 증명을 찾아냈다. 하지만 여백이 너무 좁아 써넣을 수 없다." 언뜻 이 정리의 증명은 아주 간단할 것처럼 보인다. 그러나 실제로는 너무나도 어려워 수많은 수학자들을 괴롭혔는데, 결국 357년이란 긴 세월이 지난 1994년에 영국의 수학자 앤드루 와일즈(Andrew Wiles, 1953 ~)가 사실임을 증명했다.

§ 2.6 이미 말했듯 『수론서』의 대부분은 부정방정식에 대한 것이다. 그리고 또 말했듯, 이 때문에 하나의 미지수밖에 포함하지 못하는 디오판토스의 표기법은 (제곱이나 세제곱 등의 기호도 있기는 하지만)그에게 커다란 약점으로 작용했다.

디오판토스가 이 어려움을 어떻게 피해 갔는지 보기 위해 제2권의 문제8을 그가 제시한 답과 함께 살펴보자(페르마가 그 유명한 구절을 남긴 곳이 바로 이 문제의 여백이다).

디오판토스는 이 문제를 다음과 같이 제시했다. "어떤 수의 제곱을 다른 두 수의 제곱의 합으로 써라." 오늘날의 방식으로라면 이 문제는 "a란 수가 있을 때 $x^2 + y^2 = a^2$인 x와 y를 구하라"라고 주어질 것이다. 디오판토스는 우리가 쓰는 것과 같은 정교한 표기법을 갖지 못했으므로 위에 쓴 것처럼 말로 서술해야만 했다.

이 문제를 풀기 위해 그는 a에 특정한 값 4를 대입하였다. 따라서 이제는 $x^2 + y^2 = 16$을 충족하는 x와 y를 찾으면 된다. 다음으로 그는 y를 x의 식으로 나타냈는데, 분명 임의적으로 선택한 한 가지는 $y = 2x - 4$라는 것이었다. 그러면 풀어야 할 식은 다음과 같으며, 디오판토스는 이것을 자신의 방식으로 썼다.

$$x^2 + (2x - 4)^2 = 16$$

이것은 단순한 이차방정식이고 디오판토스는 그 해법을 알고 있었다. 그 답은 $x = \frac{16}{5}$과 $x = 0$인데, 그는 0에 대한 기호가 없었으므로 $x = 0$은 그냥 무시했다. 그러면 결과적으로 y의 값은 $\frac{12}{5}$가 된다.

여기까지는 별로 인상적일 게 없으며, 사실 너무 시시한 편이다. $x^2 + y^2 = a^2$에는 무한개의 답이 있는데, 디오판토스는 그저 하나만 구한 것에 지나지 않는다. 하지만 그가 여기서 사용한 방법은 쉽게 일반화할 수 있는 것이었다. 또한 그는, 책의 다른 곳에서 말했다시피, 여기에 무한개의 답이 있다는 점도 잘 알고 있었다.

§ 2.7   앞서 나는 수학자가 $x + y + 2 = 4$와 같은 부정방정식을 보았을 때 처음 갖게 되는 생각은 "어떤 종류의 답을 찾고 있는가?"라

는 의문이라고 말했다. 디오판토스는 앞 절에서 보았던 문제의 경우 $\frac{16}{5}, \frac{12}{5}$ 와 같은 양의 유리수로 된 답을 구하고자 했다. 당시에 0과 음수는 아직 알려지지 않았기 때문이었다. 디오판토스는 $4x + 20 = 4$와 같은 식은 "터무니없다"고 말했으며, 무리수에 대해서도 알고는 있었지만 아무런 관심도 보이지 않았다. 나아가 어떤 문제에서 무리수가 나타나면 항들을 조정함으로써 유리수의 답이 나오도록 했다.

디오판토스가 도전하고 나섰던 문제에서 유리수의 답을 구하고자 한 것은 이와 밀접하게 관련된 문제에서 정수의 답을 구하고자 하는 것과 사실상 동등하다. 곧 다음의 등식은

$$\left(\frac{16}{5}\right)^2 + \left(\frac{12}{5}\right)^2 = 4^2$$

실제로는 아래의 등식과 다를 게 없다.

$$16^2 + 12^2 = 20^2$$

이에 따라 오늘날 우리는 디오판토스 해석학을 다항방정식(polynomial equation)의 정수해를 찾는 분야라고 이해한다.

§ 2.8 아마 여러분은 아직 $x^2 + y^2 = a^2$에 대한 디오판토스의 공략에서 별 감흥을 받지 못했을 것이다. 이보다 2,000년 전에 바빌로니아가 보여주었던 이차방정식에 대한 해법과 다른 업적에 비춰 보면 거의 아무것도 두드러진 게 없다는 사실이 오히려 놀라울 정도이다.

디오판토스에게 공정한 기회를 주기 위해 나는 그가 앞서 제시했던

것보다 훨씬 어려운 여러 문제에 도전하고 나섰다는 점을 알려야겠다. $x^2 + y^2 = a^2$이라는 문제는 그의 방법을 간단히 설명하기에 좋을 뿐 아니라, 페르마의 마지막 정리와도 흥미로운 관계가 있다는 점을 보이기에도 좋다. 그래서 여러 책들이 이 문제를 통해 그의 해법을 설명한다. 하지만 다른 곳에서 디오판토스는 미지수가 하나인 삼차방정식과 사차방정식(quartic equation)도 다루며, 미지수가 둘, 셋, 넷인 연립방정식(simultaneous equations)도 다루고, 12개의 미지수를 가진 8개의 방정식과 같은 문제도 논의한다.

이처럼 디오판토스는 $x^2 + y^2 = a^2$의 해가 보여 주는 것보다 훨씬 많은 것들을 알고 있었다. 예를 들어 그는 부호 규칙과 비슷한 내용도 다음과 같이 제시했다.

결핍(곧 음수)의 결핍은 잉여(곧 양수)이다. 결핍의 잉여는 결핍이다.

사실 이것은 더한 것과 뺀 것을 곱하는 경우, 예를 들어 $(a + b)$와 $(a - c)$를 서로 곱하는 경우를 가리킨다. 하지만 음수가 아직 알려지지 않았다는 사실을 고려하면 이는 분명 놀라운 통찰이다.

그런데 음수가 "아직 알려지지 않았다"는 서술에는 약간의 보충 설명이 필요하다. 디오판토스는 분명 음수에 대한 관념도 갖지 못했고, 이것을 독립된 수학적 대상으로 여기지도 않았고, 등식의 해로도 인정하지 않았다. 하지만 그가 실제의 계산 속에서는 이를 자유롭게 사용했다는 점에 주목해야 한다. 예를 들어 $x^2 + 4x + 1$에서 $2x + 7$을 빼면 $x^2 + 2x - 6$이 나온다. 그는 -6이란 게 수학적 대상으로는 터무니없는 것이라고 여겼지만 어떤 수준에서는 $1 - 7 = -6$이란 점을 알고 있었던 것이다.

이런 상황에 마주칠 때면 우리는 수학적 사고라는 게 얼마나 부자연스러운 것인지를 깊이 깨닫게 된다. 음수와 같은 기본적 관념도 수학자의 마음속에서 선명한 존재로 자리 잡기까지는 이와 같은 중간적인 인식 단계를 여러 차례 거쳐야 했다. 한편 이로부터 1,300년 정도가 지난 뒤 허수에 대해서도 비슷한 일이 벌어진다.

디오판토스는 또한 어떤 양을 등식의 한 변에서 다른 변으로 넘길 때 부호를 바꾸어야 한다는 점, 동류항들을 모아 정리하면 식이 간단해진다는 점, 그리고 기본적인 전개와 인수분해의 원리들도 알고 있었다.

유리수의 해를 고집하는 그의 태도도 그로 하여금 먼 미래를 내다보도록 했으며, 그 귀결은 오늘날 대수적 수론(algebraic number theory)이라고 부르는 분야까지 와 닿는다. $x^2 + y^2 = a^2$이라는 식을 현대적으로 풀이하면 반지름이 a인 원의 방정식이다. 이 식의 유리수 해를 찾는 과정에서 디오판토스는 "원둘레의 점들 가운데 유리수의 좌표를 가진 것들은 어디에 있는가?"라고 물었다. 이것은 참으로 현대적인 의문이며, 실제로 우리도 앞으로 한참이 지난 §14.4에서 이런 내용을 살펴보게 될 것이다.

§ 2.9   그렇다면 과연 디오판토스는 대수의 아버지인가? 나는 기꺼이 그에게 그의 문자기호, 곧 미지수와 그 거듭제곱, 뺄셈과 등식을 위해 특별히 창안한 기호들에 합당한 칭호를 바치고 싶다. 디오판토스 표기법으로 쓰인 식을 처음 보았을 때 나의 반응은 "도대체 무엇을 말하는가?"라는 것이었으며, 아마 여러분도 마찬가지일 것이다. 하지만 그가 제시한 문제들을 읽어 내려가는 중에 나는 어느덧 그 표기법에 아주 익숙해졌으며, 사고의 흐름에 별다른 막힘이 없이 그의 방정식들을 쉽게 판독할 수 있었다.

마침내 나는 디오판토스가 자신의 문자기호로 이룩한 많은 진보에 대해 높이 평가하게 되었다. 나는 『수론서』에 일반적 해법이 없다는 포겔의 지적에 충분히 공감하며, 디오판토스가 선택한 주제들에 독창성이 부족하다는 지적도 옳다고 믿는다. 나아가 미지수에 대한 특수 기호를 처음 마련한 사람도 아마 그가 아니었을 것이다.

하지만 역사는 디오판토스 편이었다. 그는 우리들에게 그토록 폭넓고도 깊이 있는 문제들을 그토록 생생하게 전해준 최초의 사람이었다. 미지수에 대한 기호를 누가 처음 썼는지를 밝혀내지 못한 것은 아쉬운 일이다. 그러나 디오판토스는 이것을 그 이른 시기에 매우 잘 사용했으므로 마땅히 그에게 이 영예를 돌려야 할 것이다. 어쩌면 우리가 전혀 알지 못하고,

그림 2-2 네덜란드의 화가 마틴 헴스케르크(Martin Heemskerck, 1498 ~1574)가 그린 알렉산드리아 파로스 등대(The Pharos of Alexandria)의 상상화.

앞으로도 영원히 알지 못할 어떤 사람이 진정한 대수의 아버지일 수도 있다. 하지만 칭호는 공허한 것이므로, 고대부터 이름이 전해져 오는 사람들 가운데 가장 적절하다고 여겨지는 이에게 귀속되어야 하며, 그렇게 볼 경우 이는 디오판토스에게 바쳐져야 할 것이다.

§3

이항과 소거

§ 3.1 단어 'algebra(대수)'가 아랍어에서 유래했다는 사실은 잘 알려져 있다. 하지만 곧 살펴볼 이유 때문에 나는 이게 어딘지 부당하다고 생각해 왔다. 부당하든 아니든, 이에 대해서는 역사가들의 설명이 좀 필요할 것 같다.

§ 3.2 내가 제시한 200년~284년이라는 디오판토스의 생몰 연대가 옳다면 그는 아주 불행한 시기를 살았던 셈이다. 이집트를 한 지방처럼 다스렸던 로마 제국은 영국의 역사가 에드워드 기번(Edward Gibbon, 1737~1794)이 그토록 생생하고도 자세히 다루었듯 이 무렵 서서히 쇠망의 길을 가고 있었다. 디오판토스의 시대라고 불러도 좋을지 모르겠지만 그 시대가 처했던 역경에 대해서는 기번의 책 제7장에 기술되어 있다.

3세기 말에 로마 제국은 다시 기운을 조금 차렸는데, 이 시기의 디오클레티아누스(Gaius Aurelius Valerius Diocletianus, 245~316, 재위 284~305)와 콘스탄티누스 1세(Constantinus I, 274~337, 재위 306~337)는 로마의 위대한 황제들로 꼽힌다. 그런데 디오클레티아누스는 기독교를 극렬히 박해한 반면, 기독교도의 아들인 콘스탄티누스 1세는 313년에 밀라노 칙령(Edict of Milan)을 내려서 제국 전체에 걸쳐 기독교를 인정하도록 했고, 마지막 병고에 시달릴 때는 그 자신도 세례를 받았다.

처음에는 기독교를 그냥 용인했다가 나중에는 강제하기까지 했지만 이런 조치는 제국의 붕괴를 조금도 늦추지 못했으며, 어떤 면으로는 오히려 재촉하기도 했다. 초기 기독교의 장점 가운데 하나는 모든 계층을 포용한다는 것이었다. 하지만 그러기 위해서는 세련된 도회의 지식인들을 끄는 복잡하고 형이상학적 이론과 함께 평범한 대중들의 지지를 유지하기 위해 고대의 이교도적 신앙을 포용하고 다채로운 이야기들로 뒷받침된 신성한 힘과 분명한 구원의 메시지를 절충적으로 담아내야 했다. 그런데 이렇게 되자 대중들도 필연적으로 고답적인 형이상학적 논쟁에 빠져들었고 이를 사회적 및 인종적 보복의 전면에 내세우게 되었다.

디오판토스가 살았던 알렉산드리아도 이런 과정을 잘 보여 준다. 그리스의 도시로 300년을 지낸 뒤 다시 로마의 도시로 300년을 보냈지만 알렉산드리아는 여전히 화려하면서도 외딴 도회지라는 특징을 그대로 이어갔고, 콥트어(Coptic)를 사용하는 주변의 무지한 이집트 농부들에게서 먹을 것과 입을 것을 공급 받았다. 사막의 변방에 살면서 기독교를 믿는 콥트 사람들에게 '그리스인'과 '로마인'과 '이교도'는 거의 동의어로 여겨졌을 것이며, 학예의 여신인 뮤즈(Muse)의 사원이란 뜻의 멋들어진 무세이온(Mouseion)은 거대한 도서관을 곁에 두고 세속적인 학문을 연구하는 전통 때문에 사탄(Satan)의 거처로 비쳐졌을 것이다.

여자로서 처음으로 수학사에 상당히 의미 있게 등장하는 사람은 히파티아(Hypatia, 370?~415)이다. 그녀의 저작은 모두 사라졌기에 그 내용은 전해 오는 이야기로 파악할 수 있을 뿐이다. 따라서 그녀가 상당한 수준의 수학자였는지 제대로 판단하기는 어렵다. 하지만 적어도 중요한 지식인 가운데 한 사람이었음은 분명하다. 히파티아는 무세이온의 마지막 수장이었던 테온(Theon, 350?~400?)의 딸로서 무세이온의 교사였고, 수학을 비롯한 여러 학문들을 정리하고 편집하고 보존하는 일들을 했다. 그녀는 신플라톤주의(Neoplatonism)라 불리는 철학의 신봉자였으며 이에 대해 가르치기도 했다. 신플라톤주의는 질서와 정의와 평화가 다른 세계에 존재한다고 주장했는데, 이것들은 로마 제국의 말기에 너무나 뚜렷이 결핍된 특성들이었다.[18] 전해지는 바에 따르면 그녀는 아주 아름다운 처녀였다.

히파티아는 키릴로스(Kyrillos, 376?~444)가 알렉산드리아의 대주교로 있을 때 학문적 탐구와 강의에 열중하고 있었다. 나중에 성(聖) 키릴로스로 추앙 받은 키릴로스는 세월과 신학적 논쟁의 안개에 가려 정확하게 평가하기 어려운 인물이다. 기번은 그를 아주 부정적으로 그렸지만 기번이 기독교에 대해 편견을 품은 점을 고려하면 이것도 그대로 믿기는 곤란하다. 키릴로스는 알렉산드리아에서 유태인들을 몰아내려는 계획을 세웠던 게 분명하다. 그런데, 기번도 인정했듯, 그 전에 유태인들이 먼저 추악한 반기독교적 활동을 펼쳤던 것으로 보인다.[19] 당시의 알렉산드리아인은 『가톨릭백과사전(*Catholic Encyclopedia*)』에도 그려졌다시피 아주 폭력적이었다. 어느 땐가 키릴로스는 이집트의 로마 총독인 오레스테스(Orestes, ?~?)와 교회와 국가의 관계에 대한 논쟁을 벌였는데, 이 때문에 초래된 불화를 치유하는 데에 히파티아가 주된 장애라는 소문이 떠돌았다. 그러자 자발적이었는지 부추겨졌는지는 분명치 않지만 한 무리의 폭도들이 들고일어나 히파티아를 마차에서 끌어내려 교회까지 끌고 간 다음 거기서 (저술가나 번역자들의 자료에 따라 다르지만)굴 껍질 또는 도자기의 파편으로 그녀의 살을 저며내어 살해했다.[20]

히파티아는 무세이온에서 여러 학문을 가르친 마지막 인물로 여겨지며, 415년에 일어난 끔찍한 그녀의 살해 사건은 흔히 고대 유럽 세계의 수학에 마침표를 찍은 것으로 받아들여진다. 서쪽의 로마 제국은 이로부터 60년가량 더 지속되었다. 그런데 알렉산드리아는 이후 비잔티움(Byzantium)을 수도로 정한 동로마 제국의 지배를 164년이나 더 받았지만(도중에 페르시아가 616년~629년 사이에 잠시 지배했다[21]) 지적인 활력은 사실상 사라졌다. 대수의 역사에서 다음으로 주목할 만한 인물은 알렉산드리아에서 동쪽으로 1,500킬로미터쯤 떨어진 티그리스 강 유역에서 살았는데, 이곳은 이때부터 약 2,500년 전 대수의 모든 것이 시작되었던 메소포타미아의 평야 바로 그곳이었다.

§ 3.3   로마 제국의 북쪽과 서쪽 지방은 5세기 때 게르만(German)의 손에 들어갔다. 반면 동쪽과 남쪽 지방은, 그리스, 아나톨리아(Anatolia), 이탈리아와 발칸반도의 일부 지역을 제외하고는, 7세기에 이슬람 군대에 정복되었다. 알렉산드리아는 640년 12월 23일에 정복되었는데, 동로마 제국의 황제 헤라클리우스(Heraclius, 575~641, 재위 610~641)는 잃어버린 영토를 되찾고자 평생 노력했지만 7세기 초에 페르시아가 다시 부흥함에 따라 가슴 아프게도 이를 잃고 말았다.[22]

알렉산드리아를 실제로 정복한 사람은 아므르 이븐 알 아스(Amr ibn al-'As, 583?~664)로서[23], 제2대 칼리프[Caliph, 이슬람교를 창시한 무함마드(Muhammad, 570~632)의 사후 이슬람교도를 이끄는 지도자]인 우마르(Umar, 581?~644)의 심복이었다. 알렉산드리아는 14개월 동안이나 포위된 채 버티면서 싸웠지만 이집트는 속수무책으로 무너졌다. 이집트인들은 그리스도 단성설(monophysitism)이라는 이단적인 교리를 고집했는데, 동로마 제국의 헤라클리우스 황제는 페르시아의 일시적인 지배에서 알렉산드리아를 탈환한 뒤 이를 이유로 이집트인들을 무자비하게 박해했다.[24] 그리하여 이집트 원주민들은 동로마 제국에 반감을 품게 되었으며, 결국 좀 더 관용적인 지배자를 받아들이게 되었다.

제3대 칼리프인 우스만(Uthman, 580~656)은 무함마드 친족 가운데 우마이야(Umayyad) 계열에 속했다. 무함마드의 사위인 알리(Ali, 600?~661) 일파와 한동안 복잡한 내전을 거친 끝에[오늘날까지도 이슬람 세계를 분열시키고 있는 수니-시아파 분쟁(Sunni-Shiite split)의 한 간접적 기원이다] 그의 일파는 다마스쿠스를 수도로 정하고 이슬람 세계를 661년부터 750년까지 90년 동안 다스린 우마이야 왕조(Umayyad dynasty)를 세웠다. 이 왕조는 반란으로 분열되었지만 이후 에스파냐만을 다스리면서 300년간 더 지속되었다.

새로운 왕조의 혈통은 무함마드의 삼촌인 알 아바스(al-Abbas, 566?~653?)로 이어지며 이에 따라 이 왕조는 아바스 왕조(Abbasids)라고 불린다. 이 왕조는 762년 바그다드에 수도를 건설했는데, 고대의 바빌로니아와 페르시아 유적들을 건축 자재로 사용했다. 대수의 영어 단어인 'algebra'는 820년 무렵 이 바그다드에 살았던 아부 자파르 무함마드 이븐 무사 알콰리즈미(Abu Ja'far Muhammad ibn Musa al-Khwarizmi, 780?~850?)가 쓴 책의 제목에서 따온 것이다. 앞으로 그의 이름은 다른 자료들도 그렇듯 '알콰리즈미'로 줄여서 부르기로 한다.[25]

§ 3.4 바그다드는 아바스 왕조의 5대, 6대, 7대 칼리프가 지배하는 동안, 786년부터 833년 사이에 위대한 문화적 중심지가 되었다. 고관, 노예, 대상(隊商)들과 먼 길을 여행하는 상인들의 행렬 등, 오늘날 서구인들이 『아라비안나이트(*Arabian Nights*)』를 통해 어렴풋이 머릿속에 품고 있는 그림이 이 시대의 사회상과 비슷하다. 이 때문에 아랍인들은 이 시대를 황금기로 회고한다. 하지만 이때 이미 칼리프의 군사력은 초기의 정복 시대 때 발휘했던 활력을 잃고 쇠퇴하기 시작했으며, 이에 따라 곳곳에서 일어나는 반란으로 북부 아프리카와 카프카스 지방의 영토를 잃어가고 있었다.

페르시아는 아바스 왕조의 칼리프가 현실적 및 정신적으로 지배하는 영토의 한 부분이다. 그런데 페르시아는 1,400년 전에 세워졌던 메디아 제국(Median empire) 이래 높은 문명의 발상지였던 반면, 800년대의 지배 세력인 아랍인들이 실권을 쥔 이후의 역사는 황무지에서 살았던 무명의 선조들로부터 불과 몇 세대밖에 되지 않았다. 이 때문에 아바스 왕조는, 예전에 로마가 그리스에게 그랬던 것처럼, 페르시아에 대해 문화적 열등감 같은 것을 느껴 왔다.

페르시아 지역을 넘어선 곳에는 인도가 있는데, 이슬람인들이 초기에 영토를 확장할 때도 이곳까지는 침입하지 못했다. 4세기와 5세기에 북부 인도는 굽타 왕조(Gupta dynasty)의 지배를 받았다. 하지만 이후 여러 작은 나라들로 나뉘었고, 10세기에 들어 터키의 정복자들이 쳐들어와 지배하게 되었다. 이 당시의 중세 힌두 문명은 수, 특히 아주 큰 수에 매료되었고, 이에 대한 여러 이름들을 만들었다. 예를 들어 탈라크차나(tallakchana)라는 산스크리트어(범어)는 1조의 1조배의 1조배의 1조배의 10만 배에 해당하는 수의 이름이다. '0'은 인도인들이 발견한 수인데, 아마도 브라마굽타(Brahmagupta, 598 ~670?)라는 수학자에게 그 불멸의 영예가 돌아가야 할 것 같다. 또한 우리가 흔히 '아라비아 숫자'라고 부르는 수의 표기법도 실제로는 인도에 그 기원이 있다.

인도 너머에는 물론 중국이 있었다. 인도와 중국은 최소한 7세기 중엽 현장(玄奘, 602? ~664) 법사가 인도를 다녀온 때부터 문화적 접촉을 가져왔다. 중국은 또한 실크 로드를 통해서 페르시아와도 활발한 교역을 했다. 중국은 나름의 오래된 수학적 전통을 갖고 있으며, 이에 대해서는 §9.1에서 잠시 살펴보게 된다.

그러므로 당시에 바그다드에서 여유 있게 사는 사람으로서 마음만 먹는다면 동시대의 거의 모든 문명의 지식을 접할 수 있었다. 그리스와 로마의 문화는 이제 자신들의 도시가 된 알렉산드리아나 동로마 제국과의 무역을 통해서 익숙해져 있었다. 그리고 페르시아와 인도와 중국의 문화에도 쉽게 다가설 수 있었다.

이런 상황에서 아바스 왕조의 바그다드가 지식의 향상과 보존에 이상적인 중심지가 되기 위해 필요한 것은 모든 저작물들을 찾아볼 수 있고 강의와 토론을 할 수 있는 학교를 짓는 일이었다. 그런 학교는 얼마 가지 않아 마련되었고, '다르 알히크마(Dar al-Hikma)'라 불렸는데 이는 '지식의 전당'이란 뜻이었다. 이 학교는 아바스 왕조의 제7대 칼리프인 알마문(al-Mamun, 786 ~833)의 치세 때에 전성기를 맞이했다. 헨리 로린슨 경(卿)(Sir Henry Rawlinson, 1810 ~1895)의 표현에 따르면 알마문 시절의 바그다드는 "문학과 예술과 과학에서 …… 세계에 대한 지배를 코르도바(Cordoba)와 나눠 가졌지만 교역과 번영에서는 훨씬 앞섰다." 알콰리즈미가 연구에 열중했던 때는 바로 이 무렵이었다.

§ 3.5　알콰리즈미의 생애에 대해서 알려진 것은 거의 없다. 그의 생몰 연대조차도 대략 짐작할 뿐이다. 이슬람 역사가들과 서지학자들의 저술 속에 드문드문 별다른 감흥도 없는 언급들이 있는데 자세한 내용은 **DSB**를 참조하기 바란다. 하지만 그가 몇 권의 책을 썼다는 사실은 분명한데, 천문학, 지리학, 유태역법, 인도 기수법, 연대기 등에 대해 각각 한 권씩의 책을 남겼다.

　인도 기수법에 대한 저술은 라틴어의 번역으로만 전해져 내려오며, 그 첫 문장은 "알콰리즈미에 따르면 …"이다. 이 책은 인도인들이 발명한 현대적인 십진 기수법에 따른 계산법의 규칙을 정립하고 있는데, 그 파급 효과는 참으로 엄청난 것이었다. 그 첫머리의 글 때문에 이 새로운 산술을 터득한 중세 유럽의 학자들은 자신들을 '알고리스미스트(algorismist)'라고 불렀다(로마 숫자로는 이런 산술을 도무지 해낼 도리가 없었다). 오랜 세월이 지난 뒤 '알고리듬(algorithm)'은 잘 규정된 유한한 횟수의 계산 과정들을 통틀어 일컫는 말로 쓰이게 되었는데, 오늘날의 수학자들과 컴퓨터 과학자들이 바로 이런 뜻으로 이 용어를 사용하고 있다.

　여기서 우리가 특히 관심을 갖는 책은 『알키탑 알무크타사르 피 히삽 알자브르 왈무카발라(*al-Kitab al-mukhtasar fi hisab al-jabr w'al-muqabala*)』라는 것으로 '이항과 소거에 의한 계산 편람(A Handbook of Calculation by Completion and Reduction)'이라고 옮길 수 있다

(이 책의 제목은 여러 가지로 새긴다. 그런데 '*al-jabr*'와 '*al-muqabala*'의 실제 의미는 등식의 다른 쪽으로 항을 옮기는 '이항'과 등식의 양변에서 같은 것을 서로 없애는 '소거'의 뜻에 가장 가까우므로 여기서는 '이항과 소거'로 썼다. — 옮긴이). 이것은 대수와 산술에 대한 교과서인데, 약 600년 전에 디오판토스가 『수론서』를 펴낸 이래 이 분야에서 상당한 의미가 있는 책으로는 처음 나온 것이었다. 이 책은 주제에 따라 세 부분으로 나뉘어 있으며, 첫째는 이차방정식의 풀이, 둘째는 넓이와 부피의 측정, 셋째는 아주 복잡한 이슬람의 유산법에 따른 계산을 처리하는 데에 필요한 수학을 담고 있다.

엄밀히 말해서 이 세 부분 가운데 첫째만이 대수에 관한 것이지만, 이것마저도 약간은 실망스럽다. 우선 알콰리즈미는 아무런 문자기호를 쓰지 않았다. 그래서 등식을 나타낼 문자나 숫자도 없고, 미지수와 그 제곱에 대한 기호도 없었다. 오늘날 우리가 쓰자면 아래와 같고

$$x^2 + 10x = 39$$

디오판토스의 방식으로라면 아래와 같이 쓰일 문제가

$$\Delta^Y \overline{\alpha} \varsigma \overline{\iota} \, '\mathit{i} \, \sigma \mathrm{M} \overline{\lambda \theta}$$

알콰리즈미의 책에는 다음과 같이 주어져 있다.

> 어떤 것을 제곱한 것과 그것의 10배가 39디르헴(*dirhem* =디르함 *dirham*)이다. 다시 말해서 제곱을 하고 그것의 10배를 더하면 39가 되는 것은 무엇인가?

디르헴은 화폐의 단위이다. 알콰리즈미는 이것을 오늘날 우리가 상수

항이라 부르는 것, x^0의 항에 대한 이름으로 썼다.

디오판토스는 고대의 기하학적 방법에서 기호들의 조작을 중요시하는 역사적 전환을 이루어냈다. 하지만 알콰리즈미의 연구에는 이런 사실이 보이지 않는다는 것도 디오판토스와 다른 점이다. 하지만 이것은 그다지 놀라운 게 아닌데, 왜냐하면 알콰리즈미는 다루어야 할 기호들 자체가 없었기 때문이다. 그런데 알콰리즈미의 연구는 약 600년 전에 디오판토스가 찾은 돌파구로부터 유래한 것으로 봐야 한다. 베르덴의 말에 따르면 "우리는 알콰리즈미의 업적이 고전적인 그리스 수학에서 많은 영향을 받았을 것이라는 가능성을 배제해도 좋다."

사실 알콰리즈미의 주된 대수적 업적은 등식의 개념을 관심의 대상으로 내세우고, 이것들을 한 미지수에 대한 일차와 이차의 형태로 분류한 다음, 그 각각에 대한 해법을 제시했다는 것이다. 그는 모두 여섯 가지로 분류했는데, 오늘날의 표현으로 쓰면 다음과 같다.

(1) $ax^2 = bx$ (3) $ax = b$ (5) $ax^2 + c = bx$
(2) $ax^2 = b$ (4) $ax^2 + bx = c$ (6) $ax^2 = bx + c$

우리가 보기에 이것들 가운데 어떤 것들은 겉보기로만 다를 뿐 사실상 같은 종류이다. 하지만 이는 우리가 음수라는 것을 알고 있기 때문에 그러하며, 알콰리즈미는 이런 보조 수단을 갖지 못했다. 그는 물론 뺄셈에 대해서 알고 있었고, 어떤 수가 다른 수보다 더 크다든지 작다든지 하는 사실도 알고 있었다. 그러나 그의 입장에서 자연스런 산술이란 모든 것을 양수로 보는 것이었다.

'이항(al-$jabr$)'과 '소거(al-$muqabala$)'는 문제풀이의 기법에 관한 대목에서 등장한다. 예를 들어 다음과 같은 식을

$$x^2 = 40x - 4x^2$$

알콰리즈미는 "어떤 것의 거듭제곱이 그것의 40배에서 4개의 그것의 거듭제곱을 뺀 것과 같다"라고 썼을 것이다. 어떻게 하면 이 문제를 위의 여섯 가지 표준 형태 가운데 하나로 바꿀 수 있을까? 이항을 하기 위해 양변에 $4x^2$을 더하면 위의 식은 다음과 같이 (1)번 형태로 바뀐다.

$$5x^2 = 40x$$

이처럼 이항은 본질적으로 같은 양을 양변에 더하는 것이다. 이와 반대되는 것, 다시 말해서 양변에서 같은 양을 빼는 것이 소거이며, 예를 들어 다음과 같은 식은

$$50 + x^2 = 29 + 10x$$

양변에서 29를 같이 빼주면 다음과 같이 (5)번 형태로 바뀐다.

$$21 + x^2 = 10x$$

§ 3.6 이 가운데 어느 것도 실질적으로 새롭지는 않다. 사실 이항과 소거 모두 디오판토스의 저술에서 발견되며 그것도 조작을 돕기 위한 풍부한 문자기호들로 기술되어 있다. DSB에서 제럴드 투머(Gerald Toomer)는 "알콰리즈미의 과학적 성취는 그저 평범한 것에 지나지 않지만 그 영향력은 보기 드물게 컸다"라고 썼다.

이 시점에서 나는 독자들이 고대와 중세의 대수학자들은 그다지 뛰어나지 못하다는 생각을 갖게 되지 않을까 우려된다. 우리는 기원전 1800년

무렵에 바빌로니아인들이 말로 표현된 이차방정식을 풀었을 때부터 이야기를 시작했는데, 이제 그로부터 2,600년이 지난 알콰리즈미의 시대에 다시 말로 표현된 이차방정식의 풀이를 만나게 되었기 때문이다.

나는 이게 분명 어딘지 실망스럽다는 점에 동의한다. 하지만 어떤 점에서는 고무적인 측면도 있다. 대수에 기호를 도입하는 과정이 이처럼 극도로 느리게 이루어졌다는 사실은 거꾸로 이 체계가 얼마나 높은 수준의 것인지를 증명한다고 볼 수 있다. 아트 존슨(Art Johnson) 박사의 표현에 따르면 "놀라운 것은 이를 배우는 데 그토록 오랜 세월이 걸렸다는 게 아니며 오히려 우리가 이것을 할 수 있게 되었다는 사실이다."

나아가 알콰리즈미에 이어 이슬람 세계의 동쪽과 서쪽에서 주목할 만한 다른 수학자들이 나타남으로써, 중세 시대 때에도 어느 정도의 진보는 이루어졌다.[26] 타비트 이븐 쿠라(Thabit ibn Qurra, 836~901)는 알콰리즈미의 다음 세대에 속하는데 바그다드에서 활약하면서 수리 천문학과 순수 수론 분야에 상당한 업적을 남겼다. 그리고 약 한 세기 반이 지난 뒤 이슬람 세력이 지배하던 에스파냐의 코르도바에서는 무함마드 알자야니(Muhammad Al-Jayyani, 989~1079?)가 구면삼각법(spherical trigonometry)에 대한 첫 논문을 썼다. 하지만 이들 가운데 누구도 대수에서 의미 있는 발전을 이루지는 못했다. 특히 아무도 디오판토스가 한 위대한 문자기호의 도약을 복제하려는 시도를 하지 않았으며, 모든 문제들을 오직 문장들로만 나타냈다.

여기서 나는 중세 이슬람의 한 수학자를 더 살펴보고자 한다. 그 이유는 그의 연구가 그 자체로도 살펴볼 가치가 있으며, 또 정말로 중요한 진전이 이루어질 초기 르네상스의 유럽으로 이어지는 다리의 역할을 하기 때문이다.

§ 3.7   서구에서 우마르 하이얌(Umar Khayyam)은 『루바이야트(*Rubaiyat*)』의 저자로 가장 잘 알려져 있다. 이것은 매우 개인적인 인생관을 담은 사행시의 모음인데, 알코올 중독과 죽음의 관념에 붙들린 가운데 쾌락주의를 내세우는 작품으로, 어딘지 알프레드 하우스먼(Alfred Housman, 1859∼1936)을 나타내는 듯하다. 에드워드 피츠제럴드(Edward FitzGerald, 1809∼1883)는 그중 75개를 *a-a-b-a* 라는 운을 가진 영어 사행시로 옮겨 1859년에 펴냈다. 『우마르 하이얌의 루바이야트(*The Rubaiyat of Omar Khayyam*)』(Umar의 영어식 표현은 Omar이다. — 옮긴이)라는 제목의 이 책은 제1차 세계 대전 때까지 영어권 국가들 전체에서 커다란 인기를 끌었는데, 정교하게 보석으로 장식된 원본은 타이타닉(*Titanic*)호가 침몰할 때 함께 수장되었다.

DSB는 하이얌의 가장 믿을 만한 생몰 연대가 1048년∼1131년이라고 하며, 명확한 다른 근거도 없으므로 나도 이것을 채택하기로 한다. 그렇다면 하이얌은 알콰리즈미보다 최소한 250년 뒤의 인물이다. 중세의 지적 활동을 탐구할 때는 이와 같은 넓은 폭의 시간 간격을 머릿속에 미리 새겨둘 필요가 있다.

하이얌이 활동했던 지역은 이슬람의 첫 정복 시절에 얻었던 광대한 영역의 동쪽 끝 부분이었다. 그 가장 동쪽 지역은 메소포타미아와 현재의 이란 북쪽 지방과 (오늘날의 투르크메니스탄, 우즈베키스탄, 타지크스탄, 아프가니스탄이 자리한)중앙아시아의 남쪽 지방 등에 걸쳐 있었다. 하이얌이 살던 시절 이곳은 인종과 종교적 갈등에 시달렸다. 주요 인종은 페르시아인과 아랍인과 투르크인들이었고, 종교적 분쟁은 모두 이슬람교 내부에서 일어났다. 처음에 종교적 분쟁은 수니파와 시아파 사이에서 일어났는데, 나중에는 시아파 내부의 두 파벌, 곧 주류파와 갈라져 나온 이

스마일파(Ismailites) 사이의 분쟁으로 바뀌어 갔다.[27]

본래 중앙아시아의 오지에 사는 유목민이었던 투르크인들은 기울어 가는 아바스 왕조의 용병으로 고용되었다. 그런데 얼마 가지 않아 투르크인들은 상호 간의 진정한 세력 균형을 파악하게 되었고, 이에 따라 아바스 왕조는 9세기 말의 일시적인 부흥기를 제외하고는 투르크 용병들의 꼭두각시로 전락하고 말았다. 이 왕조의 유일한 위안거리는 그나마 투르크인들이 정통 이슬람교도, 곧 수니파로 개종했다는 사실이었다. 한편 메소포타미아 너머의 동쪽 영역은 10세기에 페르시아와 시아파가 부흥함에 따라 하릴없이 그들 손에 넘어가 버렸다. 그런데 이 단명한 페르시아 왕조들도 아바스 왕조처럼 투르크의 군대를 고용했다. 그리하여 또 얼마 지나지 않아 투르크 군대의 장군이 들고일어나 섬기던 왕을 축출하고 투르크의 첫 제국인 가즈나 왕조(Ghaznavid dynasty)를 세웠다.

우마르 하이얌이 태어나기 몇 해 전인 1037년, 가즈나 왕조의 투르크 용병 가운데 셀주크(Seljuk)라는 이름을 가진 사람이 반란을 일으켜 이 왕조의 군대를 무너뜨렸다. 이 새로운 투르크 세력은 매우 빠르게 커져서 하이얌이 일곱 살 때인 1055년에는 셀주크의 손자가 바그다드를 손에 넣고 스스로 '지배자'라는 뜻의 술탄(Sultan)이라고 불렀다. 그리하여 칼리프의 권세는 마치 교황처럼 단순히 영적인 것에 지나지 않게 되었다.

셀주크인들은 이슬람 영역의 동쪽 지방을 11세기 나머지 기간과 12세기 대부분 동안 지배했다. 그들의 지배력은 서쪽으로 성지(聖地 the Holy Land, 팔레스타인 지역)와 이집트의 경계까지 미쳤는데, 이집트는 이때 이스마일파의 하부 종파에 속하는 시아파의 지배를 받은 반면, 셀주크인들은 정통 수니파였다. 1071년 셀주크인들은 만지케르트 전투(Battle of Manzikert)에서 동로마 제국에게 승리를 거두고 아나톨리아를 획득하여 오늘날 터키의 첫 기초를 세웠다. 이때 아나톨리아를 잃은 것이 동로마 제국이 서유럽에 원조를 청하여 십자군 전쟁에 나서도록 한 계기가 되었는데, 십자군들이 아나톨리아를 지나 안티오크(Antioch)와 예루살렘(Jerusalem)이 있는 성지까지 가려면 바로 이 셀주크인들을 물리쳐야 했다.

§ 3.8   그러므로 우마르 하이얌은 그의 생애를 셀주크 투르크의 지배 아래 보냈다. 그를 후원한 제3대 술탄인 말리크 샤(Malik Shah, 1055~1092)는 현재 이란의 바그다드에서 동쪽으로 700킬로미터쯤 떨어진 이스파한(Esfahan)에 수도를 건설하고 1073년부터 1092년까지 다스렸다.[28] 하지만 말리크 샤는 자신의 신하이면서도 역사상 가장 위대한 재상의 한 사람이자 외교의 천재로 평가받는 니잠 알 물크(Nizam al-Mulk, 1018~1092)보다 덜 유명하다. 알 물크는 하이얌처럼 페르시아인이었다. 그리고 이 두 사람은 아사신파(Assassins)의[29] 창시자인 하산 사바흐(Hasan Sabbah, 1034~1124)와 함께 셀주크 제국에서 가장 중요한 페르시아인 세 명이란 뜻에서 '세 페르시아인'으로 불렸다.

말리크 샤의 궁전은 중세 이슬람 시대에 흔히 그랬듯 종교에 대하여 그다지 까다롭게 굴지 않았던 것으로 보이며, 이는 하이얌에게 아주 다행이었다. 하이얌의 시는 인생에 대해 회의적이고 불가지론적이었기에 동시대인들은 그를 자유사상가라고 불렀다. 하이얌은 이스파한에 있는 거대한 천문대를 떠맡았는데, 자신의 일과 연구에 매진하기 위해 될 수 있는 한 말썽거리에는 끼지 않으려 했다. 그래서 주변에서 요구하는 대로 정통적인 종교적 소고도 써주고 모든 이슬람교도들의 의무인 메카로의 순례 여

제3장 이항과 소거   77

행도 다녀왔던 것으로 보인다. 그의 시들과 이와 같은 전기적 일화들 때문에 후세 사람들에게 그는 사뭇 매력적인 인물로 여겨져 왔다.

하이얌에 대한 대수학자들의 주된 관심은 이스파한으로 가기 전 20대 무렵에 쓴 책에 쏠리는데, 그 제목은 '이항과 소거에 의한 문제풀이에 대하여'란 뜻의 『Risala fi'l-barahin 'ala masa'il al-jabr w'al-muqabala』이었다.

알콰리즈미 및 다른 모든 중세의 이슬람 수학자들과 마찬가지로 하이얌도 문자기호라는 디오판토스의 위대한 돌파구를 몰랐거나 아니면 완전히 무시하여, 모든 내용을 말로 풀어썼다. 또한 예전의 그리스인들처럼 그도 기하학적 접근법 쪽으로 크게 기울었다. 그리하여 자연스럽게 수와 관련된 문제들도 기하학적 방법으로 바꿔서 생각했다.

대수의 발전에 대한 하이얌의 중요한 기여 가운데 하나는 삼차방정식을 처음으로 진지하게 고찰해 보았다는 것이다. 적당한 기호도 없는 데다 음수를 의미 있는 수로 받아들이려 하지 않았으므로 그는 심각한 곤란을 겪어야 했다. 예를 들어 $x^3 + ax = b$와 같은 식을 그는 "어떤 수의 세제곱과 그 옆에 어떤 수를 쓴 것은 다른 어떤 수와 같다."라고 표현했다. 그는 주로 기하학적 방법으로 문제를 풀었지만, 몇 가지의 삼차방정식과 그 해법도 제시했다.

물론 이것이 역사상 처음으로 나타난 삼차방정식은 아니다. 이미 보았듯 디오판토스도 몇 가지를 다루었으며, 심지어 그 이전에 아르키메데스도 구의 부피를 주어진 비율의 두 부분으로 나누는 문제를 숙고하는 과정에서 삼차방정식에 마주친 적이 있었다[30](물에 뜬 물체들에 대한 아르키메데스의 관심을 고려해 보면 이 상황을 쉽게 이해할 수 있다). 하지만 삼차방정식이 독특한 종류의 문제라는 것을 처음 알아차린 사람은 하이얌으로 여겨진다. 그는 이것들을 14가지의 형태로 분류했고, 4가지를 기하학적 방법으로 풀 줄 알았다.

하이얌이 생각한 문제들 가운데 삼차방정식이 되는 한 예는 다음과 같다.

한 직각삼각형을 그리고, 그 직각에서 빗변으로 수선을 긋는다. 만일 이 수선의 길이가 본래 직각삼각형의 가장 짧은 변의 길이와 같다면, 이 직각삼각형은 어떤 모양이겠는가?

이 직각삼각형의 모양은 그 가장 짧은 변과 그 다음으로 짧은 변의 비율로 결정되며, 이 둘 사이의 비율은 다음의 삼차방정식을 충족해야 한다.

$$2x^3 - 2x^2 + 2x - 1 = 0$$

이 방정식의 실근(real root)은 하나이고 무리수이며 그 값은 0.647798871……인데, $\frac{103}{159}$이라는 유리수에 아주 가깝다. 따라서 독자들도 쉽게 확인해볼 수 있듯, 짧은 두 변의 길이가 103과 159인 직각삼각형은 주어진 문제의 조건에 잘 부합한다.[31] 하이얌은 간접적인 방법을 써서 이와 약간 다른 삼차방정식을 얻었는데, 그는 이것을 두 개의 고전적인 기하학적 곡선의 교점을 이용하여 수를 대입해 보는 방법으로 풀었다.

§ 3.9 이 시기까지의 발전을 아주 간결하게 요약하면 다음과 같다.

- 고대 바빌로니아인들은 미지수가 하나인 제한된 범위의 일차·이차방정식에 대한 해법의 일부를 개발했다.
- 나중에 고대 그리스인들은 비슷한 방정식들을 기하학적으로 공략했다.

- 3세기 무렵에 디오판토스는 여러 가지 종류의 방정식들로 문제의 시야를 넓혔다. 거기에는 고차방정식들과 미지수가 여러 개인 방정식들과 연립방정식들이 포함되었다. 또한 그는 대수적 문제들을 풀기 위해 처음으로 문자기호를 개발했다.
- '대수'의 영어 단어인 'algebra'는 중세 이슬람 학자들에게서 유래했다. 이들은 그 자체로 다룰 만한 가치가 있는 방정식들에 주목하기 시작하여, 알려진 기법들로 풀기 어려운 정도에 따라 일차·이차·삼차방정식 등으로 분류했다.

우마르 하이얌의 이야기를 하던 도중에 나는 만지케르트 전투를 언급했다. 이 때문에 유럽의 기독교 국가들은 크게 후퇴하였고, 그 뒤 이상하고 혼란스러우며 지금도 많은 논쟁거리가 되고 있는 반응이 있는데, 바로 십자군 운동이다. 이 운동이 진행되는 동안에 하이얌도 활약했으며, 이 무렵부터 서유럽의 문화는 암흑 시대를 딛고 일어서기 시작했다. 여명의 빛은 이탈리아에서 가장 일찍 밝아 왔는데, 다음에 살펴볼 몇몇 대수학자들도 그곳에서 만나게 된다.

수학의 길잡이 2

삼차와 사차방정식

§ 길잡이 2.1　대수에서 중세 이후의 위대한 첫 진보는 삼차방정식의 일반적 해법이며, 사차방정식의 일반적 해법도 곧이어 나왔다. 이에 대한 자세한 이야기는 다음 장에서 다루는데 그곳에서는 16세기의 관점에서 이 주제를 살펴볼 예정이다. 하지만 그에 앞서 같은 주제를 현대적 방법으로 간략히 살펴봄으로써 그 성격과 어려움을 이해하고 넘어가기로 한다.

먼저 찾고자 하는 게 무엇인지를 아는 게 중요하다. 삼차방정식의 대략의 수치해(numerical solution)를 구하기는 어렵지 않으며, 사실 그 어림값은 몇 차의 방정식이든 원하는 만큼의 정확도로 구해낼 수 있다. 때로 약간의 추측만으로도 정확한 답을 얻을 수도 있는데, 그래프를 그리면 더 쉽게 접근할 수 있다. 이미 고대 그리스와 아랍과 중국에서 사뭇 정교한 산술적 및 기하학적 방법이 개발되었다. 그래서 중세의 유럽 수학자들도 이런 방법들에 익숙했고, 삼차방정식의 실근은 일반적으로 아주 정확하게 얻어낼 수 있었다.

당시 그들이 알지 못했던 것은 대수해(*algebraic solution*), 곧 뒤풀이14에 나와 있는 이차방정식의 근의 공식에 해당하는 삼차방정식의 일반적인 근의 공식이었다. 다시 말해서 근대 초기의 수학자들이 찾았던 것은 이 일반해(general solution)였으며, 이것을 알아내야 비로소 삼차방정식은 완전히 해결되었다고 말할 수 있다.

§ 길잡이 2.2   한 미지수에 대한 삼차방정식의 일반형(general form)은 $x^3 + Px^2 + Qx + R = 0$으로 나타내진다.[32] 여기서 첫 번째로 할 일은 다음과 같은 방법을 통해 이차항을 없애는 것이다.

$$x^3 + Px^2 + Qx + R$$
$$= \left(x + \frac{P}{3}\right)^3 + \left(Q - \frac{P^2}{3}\right)\left(x + \frac{P}{3}\right) + \left(R - \frac{QP}{3} + \frac{2P^3}{27}\right)$$

또는 다음과 같이 쓸 수도 있다.

$$x^3 + Px^2 + Qx + R = X^3 + \left(Q - \frac{P^2}{3}\right)X + \left(R - \frac{QP}{3} + \frac{2P^3}{27}\right)$$

위에서 $X = x + P/3$이다. 이처럼 간단한 치환에 의해 모든 삼차방정식은 이차항이 없는 형태로 바꿀 수 있으므로, 이렇게 단순화된 식을 풀어 X를 구하면 여기서 $P/3$만 뺌으로써 x를 구할 수 있게 된다. 이차항이 없는 삼차방정식은 축약삼차방정식(*depressed cubic*)이라고 부르는데, 간단히 축약형(depressed form)이라고 부르기로 한다.[33]

요컨대 결국 우리가 상대할 것은 아래와 같은 형태의 축약형이다.

$$x^3 + Px + q = 0$$

§ 길잡이 2.3   이제까지는 좋았다. 하지만 축약형의 일반해는 무엇인가? 다시 이차방정식의 일반형을 돌이켜 보자.

$$x^2 + Px + q = 0$$

이것은 다음의 두 해를 가진다.

$$x = \frac{-p + \sqrt{p^2 - 4q}}{2}, \quad x = \frac{-p - \sqrt{p^2 - 4q}}{2}$$

음수는 실수 제곱근을 갖지 않으므로 $p^2 - 4q$의 값이 음이면 두 개의 해는 모두 복소수가 된다. 그리고 $p^2 - 4q$의 값이 0이면 위의 두 해는 서로 일치하며, 따라서 이 경우 해의 개수는 하나이다. 끝으로 $p^2 - 4q$의 값이 양이면 두 개의 실근이 나온다.

이 모든 경우는 이차다항식의 그래프를 그려봄으로써 쉽게 이해할 수 있다. 위 이차방정식의 근들은 $y = x^2 + px + q$라는 그래프가 $y = 0$이라는 직선, 수평축인 x축과 만나는 곳의 x좌표로 주어지기 때문이다. 위에서 설명한 세 경우, 곧 실근이 없거나, 하나의 실근을 갖거나, 두 개의 실근을 갖는 경우는 그림 길잡이 2-1, 2-2, 2-3에 나타나 있다.

삼차방정식의 경우도 그래프를 이용하여 미리 살펴보면 이해에 많은 도움이 되는데, 여기에도 그림 길잡이 2-4, 2-5, 2-6과 같은 세 경우가 있다. 그런데 이 세 그래프 모두 남서쪽(왼쪽 아래)에서 시작하여 북동쪽

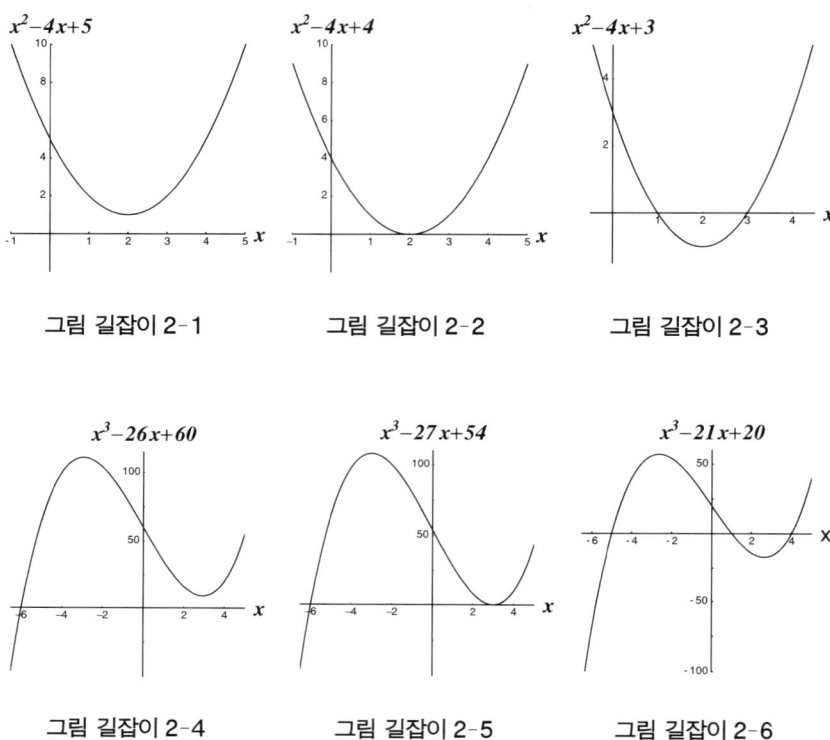

그림 길잡이 2-1

그림 길잡이 2-2

그림 길잡이 2-3

그림 길잡이 2-4

그림 길잡이 2-5

그림 길잡이 2-6

(오른쪽 위)으로 올라가며 끝난다는 점에 주목하기 바란다. 이는 왜냐하면 삼차방정식의 경우 x가 (양이든 음이든)매우 큰 값을 가질 때는 $x^3 + px + q$라는 식 안에서 x^3항이 다른 두 항을 압도하게 되기 때문이다. 따라서 x의 값이 충분히 큰 부분에서 $x^3 + px + q$는 x^3과 아주 닮은 모습이 된다. 한편 음수의 세제곱은 음수이고 양수의 세제곱은 양수이다. 그러므로 $x^3 + px + q$라는 식으로 나타내지는 삼차다항식의 그래프는 모두 남서쪽에서 북동쪽으로 진행한다. 그 결과 이 그래프는 어디선가 반드시 x축과 만나게 되며, 이는 곧 $x^3 + px + q = 0$이라는 삼차방정식이 적어도 하나의 실근을 가진다는 뜻이다.

그러므로 그림에서 보듯 삼차방정식은 하나 또는 둘 또는 세 개의 근을 가지며, 근이 하나도 없거나 셋보다 많을 수는 없다. 이차방정식에서 경험한 것에 비춰볼 때 삼차방정식의 경우 우리는 대개 하나의 실근과 두 개의 숨은 복소수 근을 가질 것으로 짐작할 수 있는데, 이는 올바른 예상이다.

§ 길잡이 2.4 삼차방정식 $x^3 + px + q = 0$의 세 가지 일반해를 정확히 써보면 다음과 같다.

$$x = \sqrt[3]{\frac{-q + \sqrt{q^2 + (4p^3/27)}}{2}} + \sqrt[3]{\frac{-q - \sqrt{q^2 + (4p^3/27)}}{2}}$$

$$x = \left(\frac{-1 + i\sqrt{3}}{2}\right)\sqrt[3]{\frac{-q + \sqrt{q^2 + (4p^3/27)}}{2}}$$
$$+ \left(\frac{-1 - i\sqrt{3}}{2}\right)\sqrt[3]{\frac{-q - \sqrt{q^2 + (4p^3/27)}}{2}}$$

$$x = \left(\frac{-1 - i\sqrt{3}}{2}\right)\sqrt[3]{\frac{-q + \sqrt{q^2 + (4p^3/27)}}{2}}$$
$$+ \left(\frac{-1 + i\sqrt{3}}{2}\right)\sqrt[3]{\frac{-q - \sqrt{q^2 + (4p^3/27)}}{2}}$$

이에 대해서는 약간의 설명, 아니 사실은 아주 많은 설명이 필요하다.

먼저 주목할 것은 세제곱근 기호 안의 두 식들이 모습은 같고 기호만 다르다는 점이다. 그리고 좀 더 자세히 살펴보면 이것들은 사실 다음 이차방정식의 두 근이란 점을 알 수 있다.

$$t^2 + qt - \frac{p^3}{27} = 0$$

(여기 주제와의 혼동을 피하기 위하여 위 식의 '명목변수(dummy variable)' x를 t로 바꿔 썼다.)(명목변수는 어떤 식에서 전체적으로 일관된 문자로 나타내면 될 뿐, 어떤 문자로 나타내든 실질적 의미는 달라질 게 없는 것을 가리킨다. — 옮긴이) 아래서는 편의상 세제곱근 기호 안의 두 식을 각각 α와 β로 쓴다.

다음으로, 위의 세 일반해 가운데 두 번째 해와 세 번째 해에 포함된 복소수들은 무엇일까? 이것들은 1의 세제곱근들이다. 실수의 세계에서는 $1 \times 1 \times 1 = 1$이라는 식에서 보듯 1의 세제곱근이 '1' 하나밖에 없다. 그러나 복소수의 세계에서는 이것 외에 두 개가 더 있고, 위의 두 복소수가 바로 이것들이다. 6장과 7장 사이에 있는 수학 길잡이 3을 잠깐 미리 보면 이 두 복소수를 보통 ω와 ω^2으로 쓰며, 이 둘은 서로 제곱과 제곱근의 관계에 있다고 나온다.

이상의 내용을 고려하면 일반적인 삼차방정식의 세 일반해는 아래처럼 사뭇 간결하게 나타낼 수 있다.

$$x = \sqrt[3]{\alpha} + \sqrt[3]{\beta}$$

$$x = \omega\sqrt[3]{\alpha} + \omega^2\sqrt[3]{\beta}$$

$$x = \omega^2\sqrt[3]{\alpha} + \omega\sqrt[3]{\beta}$$

위에서 ω와 ω^2은 1의 세제곱근들이고 α와 β는 $t^2 + qt - (p^3/27) = 0$이라는 이차방정식의 두 근이다.

§ 길잡이 2.5   위의 세 일반해를 잠깐 살펴보면 첫 번째 해는 실수이고 두 번째 해와 세 번째 해는 복소수처럼 여겨진다. 그런데 과연 정말로 그렇다면, 앞의 여섯 번째 그래프에서 보듯 삼차방정식이 세 개의 실근을 가질 수 있다는 경우는 어찌된 것일까?

그 설명은 α와 β 자체가 복소수일 수 있다는 데에서 얻어진다. 이 두 수는 모두 $q^2 + (4p^3/27)$의 제곱근을 품고 있는데, 이것이 음수가 될 수 있기 때문이며, 그럴 경우 α와 β는 모두 복소수, 그렇지 않을 경우 모두 실수가 된다. 여기서 모두 복소수인 경우를 가리켜 '기약(旣約)(의 경우)(*irreducible case*)'이라고 부른다.[34] 기약인 경우의 해를 구하려면 복소수의 세제곱근을 구해야 하는데, 이는 쉽지 않은 일이다. 이 때문에 삼차방정식의 일반해를 구하는 문제는 지적으로는 아주 흥미로운 것으로 여겨져 왔던 반면 실용적으로는 그 반대였다. 이상의 논의에서 보듯 세 일반해의 구체적인 값들은 $q^2 + (4p^3/27)$의 부호와 관계가 있으며, 이에 따라 나는 약간 우려되기는 하지만 이해의 편의상 이것을 '삼차방정식의 판별식(*discriminant*)'이라 부르고, 전체적인 상황을 아래의 표로 요약했다. 여기서 맨 아랫줄이 기약의 경우에 해당한다.

판별식 \ 해	첫 번째 해	두 번째 해	세 번째 해
양수	실수	복소수	복소수
0	실수	실수로서 서로 같다.	
음수	실수	실수	실수

판별식이 0이면 α와 β는 서로 같고, 세 근은 $2\sqrt[3]{\alpha}$, $(\omega + \omega^2)\sqrt[3]{\alpha}$,

$(\omega^2 + \omega)\sqrt[3]{a}$이 된다. 이 가운데 두 번째와 세 번째는 서로 같으며, 쉽게 알 수 있듯 $(\omega + \omega^2)$의 값은 -1이다.

§ 길잡이 2.6

위에서 나는 증명 없이 삼차방정식의 일반해를 제시했다. 그런데 현대적 표기법을 쓰면 이 증명은 어렵지 않다. $x^3 + px + q = 0$을 풀기 위해 먼저 x를 두 수의 합, 곧 $x = u + v$로 나타낸다. 물론 이렇게 나타낼 방법의 수는 무한인데, 어쨌든 이렇게 하면 삼차방정식은 $(u + v)^3 + p(u + v) + q = 0$과 같이 되고, 이는 다시 다음과 같이 쓸 수 있다.

$$(u^3 + v^3) + 3uv(u + v) = -q - p(u + v)$$

그러므로 무한 가지의 가능성 가운데 예를 들어 다음과 같은 값을 택하면

$$u^3 + v^3 = -q, \quad 3uv = -p$$

하나의 해를 얻게 된다. 위 두 번째 식에서 v를 구하고, 이것을 첫 번째 식에 대입하면 다음을 얻는다.

$$u^6 + qu^3 - \frac{p^3}{27} = 0$$

이것은 미지수 u^3에 대한 이차방정식이다. u에 대해서도 같은 방식으로 진행할 수 있으므로 u^3과 v^3은 이 이차방정식의 두 근이다. 그러면 u와 v는 각각 이 근들의 세제곱근들이며, 또는 이 세제곱근에 1의 세제곱근을 곱한 것들이기도 하다. 따라서 가능한 해는 $u + v$, $\omega u + \omega^2 v$,

$\omega^2 u + \omega v$ 세 가지이다. $u + \omega v$와 같은 결합은 $3uv = -p$라는 조건 때문에 불가능하다는 점을 주목하기 바란다. 이 조건은 '+'부호로 결합되는 두 항을 서로 곱하면 실수가 되어야 함을 뜻하기 때문이다. 예를 들어 uv가 실수일 경우 ωu와 $\omega^2 v$를 서로 곱하면, $\omega^3 = 1$이므로, 그 결과는 실수가 된다.

§ 길잡이 2.7 　사차방정식의 일반형은 아래와 같이 쓸 수 있다.

$$ax^4 + bx^3 + cx^2 + fx + g = 0$$

그런데 이에 대한 일반 해법은 삼차방정식의 일반 해법에 비해 큰 영광을 누리지 못했다. 삼차방정식의 해법을 응용하여 비교적 쉽게 구할 수 있었기 때문이었다. 삼차방정식의 경우처럼 이 식은 다음과 같은 축약형으로 고쳐 쓸 수 있다.

$$x^4 + px^2 + qx + r = 0$$

간단한 치환을 하면 이 식은 두 제곱식의 차로 나타내진다. 그리고 이것을 푸는 것은 결국 삼차방정식을 푸는 것과 같게 된다. 다시 말해서 사차방정식은, 삼차방정식이 이차방정식으로 귀결되는 것과 비슷하게, 삼차방정식으로 귀결된다.

사차방정식의 네 근은 p, q, r의 제곱근과 세제곱근을 포함한 식으로 표현된다. 이것들을 구체적으로 모두 쓰려면 넓은 지면이 필요하므로 아래에는 한 가지만 적어둔다.

$$x = \frac{1}{2}\sqrt{-\frac{2p}{3} + \frac{\sqrt[3]{2}\,t}{3\sqrt[3]{u}} + \frac{\sqrt[3]{u}}{3\sqrt[3]{2}}}$$

$$-\frac{1}{2}\sqrt{-\frac{4p}{3} - \frac{\sqrt[3]{2}\,t}{3\sqrt[3]{u}} - \frac{\sqrt[3]{u}}{3\sqrt[3]{2}} - \frac{2q}{\sqrt{-\frac{2p}{3} + \frac{\sqrt[3]{2}\,t}{3\sqrt[3]{u}} + \frac{\sqrt[3]{u}}{3\sqrt[3]{2}}}}}$$

위에서 $t = p^2 + 12r$이며 u는 다음과 같다.

$$u = 2p^3 + 27q^2 - 72pr + \sqrt{(2p^3 + 27q^2 - 72pr)^2 - 4t^3}$$

언뜻 이는 우리의 기를 꺾는 듯하지만 알고 보면 p, q, r의 제곱근과 세제곱근들이 결합된 것들일 뿐이다. 이차방정식에서 삼차방정식으로 올라갈 때 복잡한 정도가 한 단계 높아진 것처럼, 삼차방정식에서 사차방정식으로 올라가면서 다시 한 단계 더 복잡해진 것으로 이해하면 된다.

이상의 내용에서 오차방정식(quintic equation)에도 근의 공식이 존재한다면 제곱근, 세제곱근, 어쩌면 오제곱근까지도 여러 가지로 얽히고 설켜 매우 복잡하기 때문에 한 페이지를 가득 채우거나 심지어 그보다 더 많은 지면을 차지할 수 있겠지만, 어쨌든 대수적 표기법으로 나타낼 수 있는 일반해가 존재한다고 예상할 수 있다. 사실 이차, 삼차, 사차방정식에 관한 지금까지의 논의에 비춰 보면 이는 충분히 합리적인 예상이다. 하지만 놀랍게도 이는 사실이 아니다.

§4

상업과 경쟁

§ 4.1 역사에 관한 저술 가운데 묘하게 눈길을 끄는 책의 하나로 제임스 월시(James Walsh, (1865~1942)가 1907년에 펴낸 『가장 위대한 13세기(*The Thirteenth, Greatest of Centuries*)』가 있다. 월시는 예수회가 설립한 뉴욕 포드햄 대학교(Fordham University)의 교수였다는 점에서 짐작할 수 있듯, 이 책의 많은 부분은 로마 가톨릭을 옹호하는 내용으로 채워져 있다. 하지만 그는 13세기가 고전적 학문이 부활함에 따라 문화적으로 많은 발전과 진보를 이룬 시기 정도만으로 너무 낮게 평가되고 있다는 점을 사뭇 설득력 있게 설명하고 있다. 장엄한 고딕 성당들, 초기의 대학들, 치마부에(Cimabue, 1240?~1302?)와 조토(Giotto di Bondone, 1266?~1337), 성 프란체스코(Francesco d'Assisi, 1182~1226)와 토마스 아퀴나스(Thomas Aquinas, 1225?~1274), 단테와 『장미의 로맨스(*Romance of the Rose*)』, 루이 9세(Louis IX, 1214~1270),

에드워드 1세(Edward I, 1239〜1307), 프리드리히 2세(Friedrich II, 1712〜1786), 마그나카르타(Magna Carta)와 길드(Guild), 마르코 폴로(Marco Polo, 1254〜1324)와 오도리크 수사(修士)(Odoric da Pordenone, 1286?〜1331)(그는 티베트의 수도인 라싸까지 갔던 것으로 보인다) ……. 13세기는 이처럼 여러 면에 걸쳐 참으로 다채롭고도 풍성한 시기였는데, 피보나치(Fibonacci, 1170?〜1250?)라는 이름으로 더 널리 알려진 피사의 레오나르도(Leonardo of Pisa)가 활약한 때도 바로 이 13세기 초 무렵이었다.

피보나치는 다음과 같은 유명한 '피보나치 수열(Fibonacci sequence)' 덕분에 일반인에게 가장 많이 알려진 수학자 가운데 한 사람이 되었다.

1, 1, 2, 3, 5, 8, 13, 21, 34, 55, 89, 144, 233, 377, …

이 수열의 각 항은, 예컨대 "89 = 34 + 55"에서 보듯, 그 왼쪽에 있는 두 항의 합이다. 매력적인 '온라인 정수열 사전(*Online Encyclopedia of Integer Sequences*)'에서 'A000045'라는 번호를 가진 이 수열은 수학적 및 과학적으로 엄청난 의미를 갖고 있으며, 이에 따라 심지어 이 수열만 전문으로 다루는 《계간 피보나치(*Fibonacci Quarterly*)》라는 학술지가 나오고 있기도 하다. 한 예로 이 학술지의 2005년 8월호에는 「초기하함수를 이용한 피보나치 수열의 p겹적 보간법(*p*-Adic Interpolation of the Fibonacci Sequence via Hypergeometric Functions)」이란 제목의 논문이 실려 있다.

일반인에게는 놀랍게 보이겠지만 실제로 피보나치 수열의 n번째 항 a_n이 다음 식으로 주어진다는 점을 보이기는 그리 어렵지 않다.[35]

$$\frac{1}{\sqrt{5}}\left[\left(\frac{1+\sqrt{5}}{2}\right)^n - \left(\frac{1-\sqrt{5}}{2}\right)^n\right]$$

예를 들어 이항정리(binomial theorem)를 사용하여 n이 4일 경우를 써 보면[36]

$$\frac{1}{\sqrt{5}}\left[\left(\frac{1+4\times\sqrt{5}+6\times 5+4\times 5\sqrt{5}+25}{16}\right)\right.$$
$$\left.-\left(\frac{1-4\times\sqrt{5}+6\times 5-4\times 5\sqrt{5}+25}{16}\right)\right]$$

와 같이 되고, 간단한 계산을 통해 3이 나옴을 알 수 있다.

피보나치 수열은 피사의 레오나르도가 쓴 『산반서(*Liber abbaci*)』에 처음 나오는데,[37] 다음과 같은 토끼에 관한 문제를 통해 제시되었다.

> "토끼 한 쌍은 생후 두 달이 지나면 매달 암수 한 쌍의 토끼를 낳는다. 갓 태어난 한 쌍의 토끼가 있는데, 토끼들이 죽지 않고 이대로 계속 번식한다면 1년 뒤에 토끼는 모두 몇 쌍이 될까?"

내가 생각해본 바로는 이 문제를 잘 나타낼 유일한 표기법은 각 달을 A, B, C, D ……로 쓰는 것이다. 처음에 우리는 A쌍으로 시작한다. 두 번째 달에는 A쌍도 있지만 이 쌍에서 다른 한 쌍, 곧 AB란 쌍이 생기므로 모두 두 쌍이 있다. 세 번째 달에는 A쌍이 AC란 쌍을 낳는데, AB쌍은 아직 새끼를 낳지 않으므로 모두 세 쌍이 있다. 네 번째 달에는 A쌍이 있고, 이게 또 AD란 쌍을 낳는다. AB쌍도 이제 새끼를 낳아서 ABD란 쌍이 생긴다. 반면 AC쌍은 아직 새끼를 낳지 않는다. 그러므로 네 번째 달에는 모두 다섯 쌍(A, AD, AB, ABD, AC)이 되며, 이후의 달들에 대해서는 이런 식으로 계속 진행하면 된다.

§ 4.2　지은이는 『산반서』의 머리말에서 그때까지 살아온 과정을 매우 자세히 밝혔다. 당시 서유럽에서는 이름과 성을 결합해서 쓰는 현대적 명명법이 아직 정착되지 않았으므로 그는 공식적으로는 피사의 레오나르도라고 불렸으며 때로는 이탈리아어 방식에 따라 레오나르도 피사노(Leonardo Pisano)라고 불리기도 했다. 그런데 그는 보나치(Bonacci)라는 고유의 이름을 가진 가문에 속했다는 점 때문에 주로 '보나치의 아들'이란 뜻의 'fi'Bonacci'가 변형된 피보나치(Fibonacci)라고 불리게 되었다.

레오나르도는 1170년 무렵에 보나치 가문의 고향인 피사에서 태어났다.[38] 당시 피사는 독일, 곧 신성 로마 제국의 영역들에 둘러싸여 있었지만 독립적인 공화국이었다. 레오나르도의 아버지는 이 공화국의 관리였으며 1192년 무렵에 북아프리카 해안 지방에 있는 피사의 식민지 부기아(Bugia)의[39] 상인을 대표하는 직책에 임명되었다. 그뒤 아버지는 곧 사람을 보내 아들도 그곳으로 불러들였는데, 이는 그를 훈련시켜 상인으로 만들려는 생각 때문이었다.

부기아는 이슬람 세력의 영역에 세워졌다. 당시 이슬람의 시아파에 속하는 무와히드 왕조[Muwahid dynasty, 알모하드 왕조(Almohad dynasty)로도 쓴다]는 에스파냐의 삼분의 일 정도에 해당하는 남부 지방과 마라케시(Marrakesh)에서 서쪽 멀리 있는 아프리카 북부 지방까지 지배했다. 그리하여 어린 레오나르도는 커다란 이슬람 도시에서 많은 것을 배울 수 있었는데, 그 가운데는 알콰리즈미와 우마르 하이얌과 같은 중세 이슬람 수학자들의 업적도 포함되었을 것이다. 아버지는 업무와 관련하여 그를 이집트와 시리아로부터 비잔티움(Byzantium)과 시칠리아(Sicilia) 섬을 거쳐 프랑스에 이르는 지중해 연안의 여러 지역들을 두루 여행하도록 했다.

　아마 이탈리아 각지의 상업 도시 출신으로 비슷한 목적을 갖고 이런 여행을 하는 젊은이들도 많았을 것이다. 하지만 타고난 수학자였던 레오나르도는 이 여행을 통해 당시 이슬람 세계와 동로마 제국의 지배를 받았던 그리스 학문들의 정수(精髓)를 섭취했으며, 이슬람 세계를 통해 페르시아, 인도, 중국의 것들도 배우게 되었다. 그리하여 1200년 무렵에 피사로 돌아와 항구적으로 정착하게 되었을 무렵 그는 아마 서유럽의 누구보다, 나아가 전 세계의 누구보다 당시의 산술과 대수에 더 정통해 있었을 것으로 여겨진다.

§ 4.3　『산반서』는 당시의 기준에 비춰볼 때 놀라울 정도로 혁신적이었고 영향력도 엄청났다. 그래서 이후 300년 정도에 걸쳐 고대 이래 가장 뛰어난 수학 교재로 활용되었다. 이 책은 0을 포함한 아라비아(곧 인도) 숫자를 서구에 알린 책으로 널리 알려져 있는데, 실제로 다음과 같은 문구로 시작한다.

> 인도인들은 9 8 7 6 5 4 3 2 1이라는 아홉 개의 숫자를 쓴다. 여기에 아라비아인들이 제피룸(zephirum)이라고 부른 0을 추가하면 아래에서 보이는 것처럼 어떤 수라도 나타낼 수 있다.

　이 책의 15개 장 가운데 첫 7개 장은 기초적인 부분으로, 수많은 예제를 통해 이 새로운 숫자들을 사용한 계산에 대해 설명한다. 나머지 부분들은 산술, 대수, 기하, 그리고 상인들이나 장인들이 흥미를 가질 만한 문제들을 담고 있다. 또한 여기에는 편히 즐길 수 있는 퀴즈들도 실려 있으며, 앞서 살펴본 토끼 문제는 제12장에 나온다.

『산반서』는 산술적 및 역사적으로는 아주 중요하지만, 대수적 관점에서 보자면 피보나치의 가장 흥미로운 저술이라고 할 수 없다. 그의 대수적 기교를 가장 잘 보여주는 것은 1225년에 쓴 것으로 보이는 두 권의 책을 들 수 있다. 이 가운데 첫 번째 책만 살펴보기로 하는데, 여기에 삼차방정식에 관한 내용이 있어서 이 장 나머지의 주된 내용과 관련되기 때문이다.

§ 4.4   1225년 또는 그 무렵에 독일의 황제는 피사에서 자신이 평소 흠모하는 사람들과 환담을 나눌 시간을 마련했다. 그는 바로 프리드리히 2세였는데, 당시 그 나이의 사람들 가운데 가장 매혹적인 인물이라 할 수 있으며, 때로 유럽의 왕좌에 오른 최초의 근대인이라고 불리기도 한다. 영국의 역사가 스티븐 런시먼 경(卿)(Sir Steven Runciman, 1903~2000)이 쓴 『십자군의 역사(*History of the Crusades*)』 제3권에는 그의 성격에 관한 간략한 묘사가 나온다. 프리드리히 2세는 이 시기에 교황과의 권력 다툼이 악화되었기 때문에 교황이 직접 자신을 두 번이나 파문시켰다는 특출한 사건을 아주 흡족히 여겼다(그가 이렇게 여겼다고 생각하지 않을 사람은 없을 것이다). 그래서 로마 가톨릭에서는 이후 그를 끝까지 달갑지 않은 존재로 보았다. 앞서 언급한 월시 교수는 13세기에 바친 찬사의 429쪽에서 단 한번이지만 프리드리히 2세를 그 세기의 가장 지적이고 교양 있는 지배자 가운데 한 사람이라고 평가했다.

이 무렵 피보나치의 수학적 재능은 피사에 널리 알려져 있었다. 또한 프리드리히 2세의 궁정에 있는 몇몇 학자들과 가까이 지냈기에 황제가 피사에 왔을 때 피보나치도 그를 알현하게 되었다.

프리드리히 2세는 이 궁정에서 팔레르모의 요하네스(Johannes of Palermo)라는 사람도 거느리고 있었다. 그는 조반니 다 팔레르모(Giovanni da Palermo)라고도 불리며, 영어로는 'John of Palermo'로 쓴다. 그에 관한 자료는 거의 찾지 못했는데, 한 자료에 따르면 그는 마라노(Marrano), 곧 박해에 못 이겨 기독교로 개종한 에스파냐 유태인의 한 사람이라고 한다. 어쨌든 요하네스는 수학에 대해 얼마간의 지식을 가진 것으로 보이며, 그래서 프리드리히 2세는 그에게 몇 가지 문제를 내서 피보나치의 능력을 시험해 보라고 했다.

이때 제기된 한 문제는 $x^3 + 2x^2 + 10x = 20$이라는 삼차방정식이었다. 피보나치가 이 문제를 그 자리에서 풀었는지는 알 수 없다. 하지만 이 문제는 1225년에 그가 펴낸 책에 실렸는데, 라틴어로 된 이 책의 제목은 너무 길어서 보통 『플로스(Flos)』라고 부른다.[40] 이 문제의 답은 1.3688081078213726……이며, 피보나치는 여기에 아주 가까운 값, 소수점 이하 11번째에서야 틀리는 답을 내놓았다.

피보나치는 어떻게 이를 얻었는지 설명하지 않았으므로 그 해법은 알 수 없다. 어쩌면 우마르 하이얌이 썼던 서로 교차하는 곡선들과 같은 기하학적 방법을 이용했을 것도 같다. 그런데 여기서 주목할 것은 사실 이 삼차방정식의 해법보다 그 답에 대한 그의 분석이다. 먼저 그는 세심한 추론을 통해 이 답이 유리수일 수 없다는 점을 알았다. 그런 다음 그는 이게 어떤 수의 제곱근이나, 유리수와 어떤 수의 제곱근을 결합한 수가 아니라는 점도 알았다. 삼차방정식에 대한 이런 분석은 중세 대수의 걸작이라고 말할 수 있다. 어떤 수의 실제 값보다 그 본질을 더욱 중요시 여기고 깊이 파고든 이 분석은 이로부터 600년 뒤에야 펼쳐진 방정식의 해에 대한 사고에서 위대한 혁명을 예시하는 듯싶다. 이에 대해서는 나중에 살펴볼 것이다.

§ 4.5   피보나치는 위 삼차방정식에 대한 자신의 해답을 우리에게 낯익은 십진법이 아니라 고대 바빌로니아인들처럼 60진법(sexagesimal system)을 써서 $1°\,22'\,7''\,42'''\,33^{IV}\,4^{V}\,40^{VI}$로 나타냈다. 다시 말해서 이는 아래의 식을 계산한 값과 같다.

$$1 + (22 + (7 + (42 + (33 + (4 + 40 \div 60) \div 60) \div 60) \div 60) \div 60) \div 60$$

그 구체적인 값은 1.3688081078532235……로서, 앞서 이미 말했듯 소수점 이하 10째 자리까지는 정확하다. 중세 시대에 대수의 발전을 가로막은 커다란 장애는 수와 미지수와 산술적 연산을 잘 나타낼 표기법이 없었다는 점이었다. 인도-아라비아 숫자를 유럽에 퍼뜨린 피보나치의 노력은 큰 진보를 이룩했지만, 십진법이 소수점 이하의 수까지 나타내지는 못했다. 또한 아직 첫 번째 '숫자 혁명'은 완성되지 않았다.

미지수와 그 제곱들을 나타내는 데에서는 더욱 곤란했다. 이미 말했다시피 이슬람 대수학자들은 순수하게 기하학적으로 설명하는 것을 제외하고는 모든 것을 말로 나타냈다. 이들은 아랍어를 써서 미지수는 *샤이*(*shai* '어떤 것') 또는 *지지르*(*jizr*, '근')로 나타냈고, 그 제곱은 *말*(*mal*, '풍부함' 또는 '재산'), 세제곱은 *캅*(*kab*, '입방체')으로 나타냈으며, 예를 들어 다섯제곱은 *말*-*말*-*샤이*로 쓰는 것처럼, 그 이상의 거듭제곱은 이것들을 서로 결합해서 나타냈다. 디오판토스의 훨씬 탁월한 표기법은 콘스탄티노플(Constantinople)에[41] 있는 그리스 도서관에 분명 보존되어 있었지만 이슬람과 서구 기독교 세계에서는 이를 알지 못했거나 아니면 이를 사용할 필요를 느끼지 못했던 것 같다.

피보나치와 같은 초기 이탈리아 대수학자들은 이슬람 학자들이 고안한 말들을 라틴어나 이탈리아어로 번역하여 사용했는데, 그 예로는 '근'을 뜻하는 라딕스(*radix*), '어떤 것'을 뜻하는 레스(*res*)와 카우사(*causa*)와 코사(*cosa*), '재산'을 뜻하는 첸수스(*census*), '입방체'를 뜻하는 쿠부스(*cubus*) 등이 있다. 14세기 말에는 이 가운데 끝의 세 가지를 *co*와 *ce*와 *cu*로 줄여 썼다. 이와 같은 발전은 이탈리아의 수학자 루카 파치올리(Luca Pacioli, 1445?~1510?)가 1494년에 펴낸『산술집성(Summa de arithmetica)』에 체계적으로 설명되어 있다.[42] 파치올리의 표기법은 디오판토스의 ς, Δ^Y, K^Y보다 광범위한 반면 상상력은 뒤떨어진다. 독창적 업적은 별로 없지만『산술집성』은 상업적 산술을 하는 사람들에게는 아주 편리한 책이었기에 오랫동안 널리 활용되었다. 파치올리는 또한 '복식부기의 아버지(the father of double-entry bookkeeping)'로 여겨지기도 한다.[43]

§ 4.6   나는 269년의 세월을 그동안 뭐가 일어났는지에 대해 한 마디도 하지 않고 가볍게 건너뛰었다. 이는 저자의 권한을 조금 발휘해 일반적인 삼차방정식의 해법과 지롤라모 카르다노(Girolamo Cardano, 1501~1576)에게로 곧장 뛰어들고자 했기 때문인데, 그는 이 책에서 처음 만나는 아주 개성적인 인물이다. 또 다른 이유로는 사실 피보나치와 파치올리 사이에 특별히 주목할 만한 게 없기 때문이란 점도 있다.

13세기와 14세기 그리고 15세기 초 사이에도 여러 연구를 한 대수학자들이 물론 있었다. 그래서 대수의 역사에 대한 좀 더 전문적인 책들은 이들의 기여에 대해서도 기술한다. 예를 들어 베르덴은 피사의 마에스트로 다르디(Maestro Dardi of Pisa, ?~?)에 대해 6쪽 정도 할애하였는데, 다르디는 14세기 중반에 이차, 삼차, 사차방정식에 대해 연구하면서 이것들을 198가지로 분류하고, 그중 어떤 것들에 대해서는 아주 독창적인 해법을 쓰기도 했다.

   전문가들은 주목할 필요가 있겠지만 이처럼 이차적인 인물들은 이미 알려진 것에 덧붙일 게 별로 없다. 그래서 15세기 중반에 여러 책들이 나온 뒤에야 비로소 대수의 발전에는 어느 정도 속도가 붙기 시작했다.

   이런 모든 활동들이 이탈리아에서만 일어난 것도 물론 아니었다. 프랑스의 니콜라스 쉬케(Nicolas Chuquet, ?~?)는 1484년에 『수의 과학에 있어서의 세 부분(Le triparty en la science des nombres)』이라는 책의 원고를 썼는데, 실제로 출판된 것은 1880년이었다. 그는 여기에서 위첨자로 미지수의 거듭제곱을 나타냈고(다만 우리가 지금 쓰는 방식은 아니며, 예컨대 $12x^3$을 12^3으로 썼다), 음수를 의미 있는 요소로 취급했다. 독일의 수학자 요하네스 비드만(Johannes Widman, 1462~1498)은 독일에서 처음으로 대수에 관한 강의를 했으며(1486년 라이프치히), 1489년에는 현대적인 덧셈과 뺄셈 기호를 처음 사용한 책을 펴냈다.[44]

   거의 알려지지 않은 쉬케의 원고를 제외한 모든 저술들은 미지수와 그 거듭제곱들을 중세 말기의 표기법으로 나타냈으며, 미지수 자체는 프랑스어의 *chose* 또는 독일어의 *coss*로 나타냈다.[45] 또한 1540년에 이르도록 일반적인 삼차방정식의 해법도 이렇다 할 두드러진 발전이 없는데, 이제부터는 바로 이에 관한 이야기로 들어간다.

§ 4.7   이 이야기의 중심에는 지롤라모 카르다노가 자리 잡고 있다. 그는 1501년 파비아(Pavia)에서 태어나 1576년 로마에서 세상을 떴지만 자라나고 생애의 대부분을 보낸 곳은 밀라노(Milano)와 그 주변이었기에 이곳을 고향으로 여겼다. 카르다노는 오늘날 '걸물'이라고 불러도 좋을 만한 대단하고도 놀라운 성격을 가진 인물이었다. 그에 대해서는 여러 전기가 쓰였는데, 그중 맨 처음 것은 바로 그 자신이 말년에 쓴 『나의 생애(*De Propria Vita*)』이다. 이 자서전에는 여러 페이지에 걸쳐 자신이 쓴 책들의 목록이 실려 있다. 그는 펴낸 연구가 131편, 원고 형태로 된 것은 111편, 그리고 만족스럽지 못해 파기해 버린 원고가 170편에 이른다고 밝혔다.

이 가운데 많은 책들이 전 유럽에 걸친 베스트셀러가 되었다. 예를 들어 슬픔에 젖는 데 대한 충고를 담은 『위안(*Consolation*)』이란 책은 1573년에 영어로 번역되어 윌리엄 셰익스피어(William Shakespeare, 1564~1616)도 읽었다. 햄릿(Hamlet)의 유명한 "사느냐 죽느냐, 그것이 문제로다"라는 독백에 흐르는 정취는 『위안』에 담긴 잠에 관한 몇 가지 내용들과 아주 비슷하다. 아마 햄릿이 무대에서 이 독백을 할 때 전통적으로 손에 지니는 책은 바로 이것이 아닐까 여겨진다.

카르다노가 처음 흥미를 느꼈고, 이후로도 주된 관심사가 되었던 것은 의학으로서, 그가 보인 활력의 원천이었다. 그가 처음으로 펴낸 책도 의학에 관한 것이었으며(그는 이 책을 단 2주 만에 썼다고 주장했다), 거기서 그는 상식적인 치료법을 제시하는 한편, 당시의 괴이하고도 분명히 해로운 의학적 치료법들을 비웃었다. 50살이 되었을 때 카르다노는 유럽에서 안드레아스 베살리우스(Andreas Vesalius, 1514~1564)에 이어 두 번째로 유명한 의사로 이름을 날렸다. 당시의 상류 사회 사람들은, 세속인이든 성직자든 모두 그의 치료를 받으려고 아우성이었다. 하지만 카르다노는 여행을 싫어해서 멀리 다니지 않았는데, 1552년에 단 한번 존 해밀턴(John Hamilton, 1511?~1571)의 천식을 치료하기 위해 스코틀랜드까지 갔다. 해밀턴은 그곳의 마지막 로마 가톨릭 대주교였으며, 치료비로 카르다노에게 금화 2,000크라운(crown)을 지불했다. 이 치료는 완전히 성공적이어서 1571년까지 살았다. 이 해에 해밀턴은 스코틀랜드의 여왕 메리(Mary Queen of Scots, 1542~1587)의 남편인 단리 경(卿)(Lord Darnley, 1545~1567)의 암살 사건에 공모한 혐의로 몰려 스털링(Stirling)에서 완전한 주교의 정장을 갖춰 입은 채 공개적으로 교수형에 처해졌다.

저작권법이 생기기 전의 저술은 베스트셀러가 된다 하더라도 부를 쌓는 데에는 별 도움이 되지 않았으며, 단지 간접적으로 저자 자신을 홍보하는 효과만 있었을 뿐이었다. 카르다노의 두 번째 주요 수입원은 도박과 점성술이었다. 스코틀랜드로에서 고향으로 돌아가는 길에 런던에 들른 카르다노는 별점을 쳐서 헨리 8세(Henry VIII, 1491~1547)의 아들인 소년왕 에드워드 6세(Edward VI, 1537~1553)가 23, 24, 55세에 병고에 시달리겠지만 장수할 것이라고 예언했다. 하지만 불행히도 에드워드 6세는 16살에 세상을 떴다. 카르다노는 다른 종류의 점들에도 관심이 많았으며, 심지어 그 자신이 면상학(metoposcopy), 곧 얼굴에 있는 여러 요소들을 이용하여 성격과 운명을 읽어낼 방법을 개발했다고 주장하기도 했다. 그 책에 나오는 내용의 한 예는 다음과 같다 : "왼쪽 뺨 보조개의 약간 왼쪽 부분에 사마귀나 작은 혹이 있는 여자는 언젠가 남편에게 독살당한다."

카르다노의 도박에 대한 끌림은 아마 중독 단계까지 갔던 것으로 보인다. 그런데 그는 체스를 아주 분석적으로 두었으며 수학적 확률에 대해서도 뛰어난 이해를 하고 있었기 때문에 겨우 파멸의 단계까지 가지는 않았던 것 같다(당시에 체스는 흔히 돈을 목적으로 두었다). 그는 『우연의 게임(Liber de ludo aleae)』이라는 책을 썼는데, 여기에는 주사위와 카드 게임에 대한 주의 깊은 분석들이 담겨 있다.[46]

진정한 르네상스의 정신에 입각한 카르다노는 학문의 이론적 측면은 물론 실용적 측면에도 뛰어났다. 그의 책에는 장치와 도구의 작동 원리, 거리의 측정, 가라앉은 배를 끌어올리는 방법 등에 관한 그림들이 풍부하게 들어 있었다. 1548년 신성 로마 제국의 카를 5세(Karl V, 1500～1558, 재위 1519～1556)가 밀라노를 방문했을 때 카르다노는 황제의 마차에 설치된 현가(懸架)장치를 설계한 공로 덕분에 황제의 행렬에 참여하는 영예를 누렸다. 카를 5세는 통풍(痛風)의 고통 때문에 여행을 달가워하지 않았는데, 이는 대서양에서 발트해까지의 영역을 지배하는 인물에게 불행스런 일이었다.[47] 카르다노의 이름은 오늘날의 자동차에 쓰이는 유니버설 조인트(universal joint)에도 반영되어 있다. 프랑스에서는 이를 'le cardan' 독일에서는 'das Kardangelenk'으로 부르기 때문이다.

카르다노의 긴 생애에서 가장 영락했던 시기는 총애하고 기대를 많이 했던 아들 지암바티스타(Giambatista)가 사형을 당했을 때였다. 이 젊은 이는 보잘것없는 여자와 사랑에 빠지고 결혼까지 했는데, 아내가 세 아이를 낳은 뒤 그중 아무도 그의 자식이 아니라고 조롱하자 비소(砒素)를 사용하여 그녀를 독살하고 말았다(남편에게 독살당하는 것은 16세기 이탈리아 부인들이 감수해야 할 위험이었던 모양이다). 아들은 곧바로 체포되었고, 고문을 받고 수족의 일부가 절단된 뒤에 사형에 처해졌으며, 그때 26세가 채 되지 않았다. 이 끔찍한 사건 때문에 카르다노는 남은 16년의 세월을 고통 속에서 보냈다. 한편 말년에 접어든 카르다노도 반종교 개혁의 세력들에게 이단으로 몰려서 투옥 당했다. 그의 자서전에 죄목에 대한 이야기가 나오지 않아서 정확한 혐의가 무엇인지는 알 수 없는데, 아마 그는 이에 대해 침묵하기로 맹세했던 것 같다. 그는 몇 달 동안 갇힌 끝에 가택연금으로 감형되어 석방되었다. 하지만 그 뒤로는 공개적으로 강연하거나 책을 출판하는 것이 금지되었다.

수많은 모험과 불행에도 불구하고 카르다노는 거의 75년의 생애를 산 끝에 1576년 9월 20일 자신의 침대에 누워 평화롭게 세상을 떴다. 그런데 이 날은 몇 년 전 스스로 자신이 죽을 날에 대한 별점을 쳐서 예언한 바로 그 날이었다. 이 때문에 사람들은 그가 이 날에 맞추어 세상을 뜨려고 음독했거나 굶어서 죽었다고 말하기도 하는데, 전혀 터무니없는 말이라고 할 수는 없을 것이다.

§ 4.8   대수의 역사에서 카르다노는 '위대한 술법, 대수의 규칙에 관한 첫 책'이라고 풀이할 수 있는 『*Artis magnae sive de regulis algebraicis liber unus*』라는 책을 통해 두드러진 위치를 차지한다. 이 책에는 삼차와 사차방정식의 일반해가 실려 있으며, 복소수가 처음으로 진지한 형태로 등장하기도 한다. 오늘날 모두 『위대한 술법(*Ars magna*)』로 부르는 이 책은 1545년 뉘른베르크(Nürnberg)에서 처음 발간되었다.

루카 파치올리는 『산술집성』에 가능한 해가 없는 다음 두 가지의 삼차방정식을 실었다.

$$(1)\ n = ax + bx^3$$
$$(2)\ n = ax^2 + bx^3$$

이것들은 각각 "코사(cosa)와 쿠베(cube)가 어떤 수와 같은 것" 그리고 "첸시(censi)와 쿠베(cube)가 어떤 수와 같은 것"이라는 방식으로 불렀다. (왜 그랬는지는 모르지만) 파치올리가 불가능한 것으로 열거하지 않은 세 번째의 것은 "코사(cosa)와 어떤 수가 어떤 쿠베(cube)와 같은 것"이며, 식으로 쓰면 다음과 같다.

$$(3) \quad ax + n = bx^3$$

우리가 보기에 이 식은 첫 번째 형태와 다를 게 없는데, 그 이유는 우리가 음수를 수의 일종으로 받아들이기 때문이다. 하지만 카르다노 시대에서 음수는 이제 막 독립적인 존재로 받아들여지기 시작하는 단계에 있었다.

15세기 초 이탈리아 볼로냐(Bologna) 대학교의 수학 교수였던 스키피오네 델 페로(Scipione del Ferro, 1465~1526)는 첫 번째 형태의 삼차방정식에 대한 일반해를 얻어냈다. 그가 어떻게 이 해를 얻었는지, 그리고 두 번째 형태의 일반해도 얻었는지는 확실히 알 수 없다. 또한 그는 자신의 해를 출판하지도 않았다.

페로는 죽기 전에 '코사와 쿠베'에 대한 비밀스런 해법을 제자 가운데 한 사람인 베네치아 출신의 안토니오 마리아 피오르(Antonio Maria Fior)에게 알려 주었다. 그런데 이 어설픈 인물은 모든 역사책에서 그저 평범한 수학자로 그려져 있다. 나는 역사가들의 판단을 의심하지 않지만, 피오르가 이처럼 대수학적으로 중요하고도 결정적인 사건에 촉매와 같은 존재로 얽혀들어 자신의 수학적 능력이 미흡하다는 점만 남기게 된 것은 참으로 불행한 일로 여겨진다. 아무튼 '코사와 쿠베'의 해법을 손에 넣은 그는 이것으로 돈을 좀 벌어보기로 마음먹었다. 이는 당시 북부 이탈리아의 왕성한 지적 분위기 아래서는 그다지 어려운 일이 아니었다. 그 무렵에는 후원자를 만나기도 어려웠고, 대학 교수의 수입도 변변찮았으며, 정년 보장과 같은 제도도 없었다. 따라서 학자가 어떻게든 생계를 꾸려 가려면 자신을 널리 알릴 필요가 있었는데, 다른 학자들과 공개적인 시합을 벌이는 것도 한 방법이었다. 만일 그런 시합에 많은 상금이 붙는다면 널리 알리기에도 그만큼 더 좋다.

이런 종류의 시합에서 이름을 날린 수학자 가운데 한 사람으로 니콜로 타르탈리아(Nicolo Tartaglia, 1500?~1557)가 있다. 베네치아에서 서쪽으로 160킬로미터쯤 떨어진 브레시아(Brescia)에서 태어난 그는 베네치아에서 여러 계층의 사람들에게 수학을 가르치며 살았다. 그가 13살 때 프랑스의 군대가 브레시아를 침략하고 약탈했는데, 그는 이때 한 군인이 찌른 칼에 큰 부상을 입었다. 그는 가까스로 살아났지만 턱 부분의 상처 때문에 평생 고통을 겪어야 했다. 이 상처 때문에 언어 장애를 얻게 된 그는 '말더듬이'란 뜻의 타르탈리아로 불리게 되었는데, 당시에는 이처럼 지역이나 아버지 이름이나 별명이 성으로 곧잘 쓰였다. 타르탈리아는 상당히 넓은 시야를 가진 수학자로 유클리드의 『원론』을 이탈리아어로 처음 번역했고 대포와 관련된 수학을 다룬 책도 썼다.

1530년에 타르탈리아는 같은 브레시아 출신으로 그곳에서 수학을 가르치며 살아간 주안 데 토니 다 코이(Zuanne de Tonini da Coi)와 삼차방정식에 대해 의견을 나누었다. 이 과정에서 타르탈리아는 두 번째 형태의 삼차방정식에 대한 일반해를 알아냈지만 첫 번째 형태는 아직 풀지 못했다고 밝혔다.

그런데 그저 그런 수학자인 피오르가 이들 사이의 의견 교환과 타르탈리아의 주장을 어찌어찌 전해 듣게 되었다. 그래서 그는, 타르탈리아가 허풍을 떨고 있다고 믿었는지 아니면 첫 번째 형태의 해법을 페로에게서 물려받은 자신만 알고 있다고 믿었는지 모르지만, 타르탈리아에게 시합을 벌이자고 도전하고 나섰다. 이 시합에서 두 사람은 서로 상대방에게 30개의 문제를 내놓았고, 그 답은 1535년 2월 22일까지 통보하도록 했으며, 패자는 승자에게 연회를 30번 베풀어주기로 했다.

처음에 타르탈리아는 피오르의 수학적 재능을 높이 평가하지 않은 탓에 그다지 진지하게 대비하지 않았다. 그러나 피오르는 별 볼 일 없는지 모르지만 세상을 뜬 훌륭한 수학자였던 스승에게서 '코사와 쿠베'의 비밀 해법을 물려받았다는 소문이 들려 왔다. 이에 정신을 차린 타르탈리아는 자신의 재능을 쏟아 첫 번째 형태의 삼차방정식에 대한 일반해도 찾기 시작했으며, 마침내 2월 13일 이른 아침에 이를 발견해냈다. 예상했던 대로 피오르의 문제들은 모두 첫 번째 형태였는데, 그의 능력으로는 이 형태밖에 풀 수 없다는 점에 비춰볼 때 이는 당연한 일이었다.

이에 반해 타르탈리아가 내놓은 문제들은(그중 네 개만 전해 온다) 두 번째 형태와 세 번째 형태가 섞인 것으로 보인다. 타르탈리아는 이 시점에서 하나의 실근을 가진 모든 삼차방정식, 곧 판별식의 값이 양수인 모든 형태에 통달했음이 틀림없다. 판별식의 값이 음수여서 세 개의 실근이 나오는 경우는 복소수가 들어간 식을 계산해야 하는데, 당시에는 아직 이를 다룰 수 없었다.

결과적으로 타르탈리아는 피오르의 문제를 모두 해결했지만 피오르는 타르탈리아의 문제를 하나도 풀지 못했다. 그런데 승리를 거둔 타르탈리아는 내기에 걸린 연회는 포기했다. 이에 대해 카르다노의 전기 작가 중 한 사람은 다음과 같이 썼다. "슬픔에 찬 패자의 얼굴을 마주보며 서른 번의 환대를 받는다는 것은 그에게 그다지 마음 내키는 일이 아니었을 것

이다."⁴⁸

§ 4.9   카르다노는 타르탈리아와 같은 브레시아 출신으로 1530년에 타르탈리아와 삼차방정식에 대한 의견을 교환한 코이를 통해 타르탈리아가 피오르에게 승리를 거두었다는 소식을 전해 들었다. 코이가 그 뒤 밀라노로 옮겨 왔기 때문이었다. 북부 이탈리아에서 수학을 가르치는 사람은 별로 흔하지 않았으므로 카르다노는 코이에게 자신의 강좌 하나를 맡겼다. 카르다노는 코이를 통해 피오르-타르탈리아 대결(Fiore-Tartaglia duel)은 물론 그보다 5년 전에 이루어졌던 코이와 타르탈리아 사이의 의견 교환에 대해서도 자세히 알게 되었을 것이다. 이 무렵 카르다노는 『산술과 기하와 대수 익히기(*The Practice of Arithmetic, Geometry, and Algebra*)』라는 제목의 책을 쓰려던 중이었는데, 만일 삼차방정식에 관한 타르탈리아의 해법을 여기에 끼워 넣는다면 아주 적절할 것이라고 생각했던 것 같다. 그래서 그는 타르탈리아를 구슬려 어떻게든 그 비밀을 얻어 내려고 했다.

그 뒤 둘 사이에 이루어진 거래는 아주 흥미로운 읽을거리이다.⁴⁹ 카르다노는 노련한 낚시꾼이 걸려든 고기를 다루듯 여러 번에 걸쳐서 쓴 편지로 타르탈리아의 마음을 교묘하게 움직여 갔다. 이 편지들은 1939년 1월부터 3월까지 이어졌는데, 그 내용은 타르탈리아의 업적을 교만하게 비하한 것부터 달콤하게 꼬여내는 것에 이르기까지 다채롭다. 카르다노의 낚시 바늘에 끼워진 최고의 미끼는 타르탈리아를 알폰소 다발로스(Alfonso d'Avalos, 1502~1546)에게 소개시켜 주겠다는 언질이었다. 이때 다발로스는 이탈리아에서 가장 영향력 있는 인물들 가운데 한 사람으로 카를 5세 아래에서 롬바르디아(Lombardia) 지방을 다스리는 총독이었고, 밀라노 부근에 주둔하고 있는 제국군의 사령관이었다. 대포에 대한 타르탈리아의 책은 나온 지 얼마 되지 않았는데, 카르다노는 두 권을 사서 한 권은 자신이 갖고 다른 한 권은 친구인 다발로스 총독에게 선사했다고 말했다. 이에 총독은 저자를 직접 만나보기를 고대하며, 기회가 되면 그렇게 하겠다는 약속도 했다고 카르다노는 타르탈리아에게 전했다(하지만 사실 여부는 알 길이 없다).

타르탈리아는 서둘러 밀라노로 가서 카르다노의 집에 며칠 동안 머물렀다. 비유하자면 파리가 거미줄에 직접 날아든 격이었다. 불행하게도 총독은 다른 지방으로 여행 중이었는데, 카르다노는 이 손님을 극진히 환대하였고, 결국 3월 25일 타르탈리아는 '코사와 쿠베'에 관한 비밀을 털어놓고 말았다. 다만 타르탈리아는 카르다노에게 이 해법을 절대로 누설하지 않겠다는 맹세를 하도록 했다. 카르다노가 정식으로 맹세하자 타르탈리아는 삼차방정식에 대한 자신의 해법을 25줄에 이르는 시로 표현하여 넘겨 주었는데, 이는 아래와 같은 구절로 시작한다.

Quando che'l cubo con le cose appresso
Se agguaglia a qualche numero discreto ······
쿠베와 코사를 더했을 때
어떤 자연수와 같아진다면 ······

타르탈리아는 카르다노의 집을 떠난 뒤 스스로 제공한 해답 때문에, 바꿔 말하자면 꼬임에 넘어간 후유증인 자책 때문에 고통을 겪었다. 그는 베네치아의 집으로 돌아가 깊은 시름에 잠겼다. 이후 카르다노는 해법을 풀어쓴 시의 몇 구절이 모호하여 분명한 설명을 요청했는데, 이에 대한 타르탈리아의 답은 퉁명스러웠다. 5월이 되어 카르다노의 산술책이 나왔지만 거기에는 삼차방정식의 해법이 실려 있지 않아서 타르탈리아의 마음은 조금 누그러졌다. 하지만 그해 여름 카르다노가 또 다른 책을 쓰기 시작했는데, 이번에는 전적으로 대수만 다룰 예정이란 소식을 들었다. 이로부터 1540년에 이르도록 몇 차례의 편지가 또 오고 갔으며, 타르탈리아의 편지는 분노와 의심으로 채워진 반면 카르다노의 편지는 달래는 내용으로 채워졌다.

『위대한 술법』은 1545년에 출판되었다. 1540년 초의 서신 교환과 이 책이 출판된 사이의 5년 동안은 대수의 역사에서 매우 중요하다. 코사와 쿠베의 비밀을 손에 넣은 카르다노는 삼차방정식의 일반해도 얻으려고 노력을 기울였다.

이 당시, 복소수도 잘 몰랐기 때문에 삼차방정식 근의 실제 값을 구하려면 넘을 수 없는 장벽에 부딪히곤 했다. 카르다노도 이 문제를 감지했고 따라서 복소수의 필요성을 느꼈을 것으로 보인다. 이 때문이었든지 그는 의혹을 떨치지 못해 주저하면서도 불완전하게나마 이를 받아들였다. 아직 음수도 어딘가 수수께끼처럼 여겨졌던 시절이란 점을 고려하면 이는 놀랄 일이 아니다. 음수에 비하면 허수와 복소수는 더욱 불가사의한 것이기 때문이다(어떤 사람들에게는 오늘날에도 그렇다).

『위대한 술법』 제37장에는 카르다노가 삼차방정식도 아닌 이차방정식을 두고 고심하는 대목이 나오는데, 관련된 문제는 10을 곱이 40인 두 부분으로 나누는 것이었다.

> 머리 아픈 생각은 잠시 접어 두고 $5 + \sqrt{-15}$와 $5 - \sqrt{-15}$를 곱해 보면 $25 - (-15)$가 되며, 여기의 뒤 부분은 $+15$이다. 그러므로 이 곱은 40인데 …… 이는 참으로 교묘하다 …….

사실 그랬다. 카르다노는 이런 돌파구를 얻기 위해 오랫동안 힘든 시간을 보냈음이 틀림없다. 한편 그의 생각은 다른 방향으로도 흘러갔다. 그는 근들의 어림값을 얻는 방법도 개발했고, 이를 통해 계수와 근들의 관계에 대해서도 생각해 보았는데, 이는 150년 뒤에야 다른 대수학자들이 탐험하러 나서게 될 영역이었다.

이 힘든 과정에서 카르다노는 다른 사람의 도움도 받았다. 1536년에 그는 로도비코 페라리(Lodovico Ferrari, 1522~1565)라는 14살짜리 소년을 하인으로 받아들였다. 그런데 이 소년은 보기 드물게 영특하여 이미 읽고 쓰기를 할 수 있었기에 카르다노는 그의 지위를 개인 비서로 격상시켰다. 페라리는 카르다노가 1539년에 펴낸 책의 원고를 교정하면서 수학을 배웠다. 이런 점에서 볼 때 카르다노는 삼차방정식과 씨름하는 동안 이 젊은 비서의 도움을 받으며 탐구했던 것으로 여겨진다.

이렇게 추측하는 이유 중 하나는 1540년에 페라리가 사차방정식의 일반해를 얻어냈기 때문이다. 앞서 수학 길잡이에서 말했듯 이를 얻으려면 삼차방정식을 풀 수 있어야 한다. 따라서 사차방정식의 일반해를 출판하려면 삼차방정식의 해법도 공개해야 하는데, 카르다노는 타르탈리아에게 이것을 배우면서 공개하지 않겠노라고 맹세했다.

한편 1526년에 스키피오네 델 페로가 세상을 뜨고 1535년에 피오르-타르탈리아 대결이 펼쳐지는 동안 항간에는 피오르가 코사와 쿠베에 대한 해법을 페로에게서 배웠다는 소문이 떠돌았다. 여기서 도덕적 멍에를 벗어날 틈을 발견한 카르다노는 1543년 비서 페라리와 함께 볼로냐 대학교로 가서 페로의 후계자이자 사위이며 저작물의 사후 관리인인 사람을 만나 이에 대한 이야기를 나누었다. 이 과정에서 페로의 저술을 검토한 카르다노와 페라리는 코사와 쿠베에 대한 해법을 처음 발견한 사람은 타르탈리아가 아니라 페로임을 알게 되었다. 이렇게 하여 도덕적 출구를 찾게 된 두 사람은 곧바로 일을 진척시켜 삼차와 사차방정식의 완전한 해법을 『위대한 술법』에 실어 펴냈다. 카르다노는 이 책에서 코사와 쿠베에 대한 해법을 처음 발견한 공적은 페로에게 돌리고 타르탈리아는 이를 재발견한 사람이라고 썼다.

5년의 세월 동안 유클리드와 아르키메데스의 저작을 번역하며 조용히 지내던 타르탈리아는 이 사실을 알게된 뒤 격노했다. 그리하여 이로부터 3년이 지나도록 이들 사이에 서로를 헐뜯는 논쟁이 펼쳐졌는데, 카르다노는 자신이 직접 나서지 않고 페라리가 이에 맞서도록 했다. 마침내 이 싸움은 1548년 8월 10일 밀라노에서 타르탈리아와 페라리 사이의 또 다른 학술 시합을 통해서 판가름하기로 귀결되었다. 이 시합의 진행에 대해서는 타르탈리아가 남긴 간단하면서도 의심스런 설명으로 헤아려볼 수밖에 없는데, 여기서 그는 가장 최악의 결과를 맞았던 게 분명한 것으로 보인다.

타르탈리아는 1557년 분노와 쓰라림 속에서 세상을 떴다. 그는 삼차방정식의 해법을 직접 출판하지도 않았고, 남겨진 자료들 가운데서도 이에 관한 것이 발견되지 않았다. 그러나 그가 코사와 쿠베의 해법을 독자적으로 발견했다는 데 대해서는 의문의 여지가 없다. 하지만 그의 이 영광은 이를 처음 얻어낸 페로는 물론, 삼차방정식을 가장 일반적으로 다루었고 사차방정식 해법의 대부이기도 한 카르다노도 함께 나누어 가진다.

§5

상상력의 해방

§ 5.1 근대 초기를 지나는 동안 유럽은 대수에서 위대한 발전을 두 가지 이루었다. 여기서 내가 말하는 기간은 콘스탄티노플의 함락(1453년)부터 베스트팔렌 조약(Peace of Westfalen 1648년)이 맺어진 때까지를 가리킨다. 이 동안에 유럽에서는 (1)삼차방정식과 사차방정식의 일반해 그리고 (2)근대적 문자기호, 곧 수를 문자로 나타내는 체계적인 방법이라는 두 가지의 발전을 이룩하였다.

이 가운데 첫째는 1520년에서 1540년 사이에 북부 이탈리아 수학자들에 의해 진척되었다. 그 가운데서도 창의력이 꽃핀 때는 카르다노와 페라리가 함께 일했던 1539년~1540년 사이로 여겨진다. 이상의 내용에 대해서는 바로 앞의 제4장에서 살펴보았다.

둘째는 대부분 두 프랑스 사람의 업적으로, 프랑수아 비에트(François Viéte, 1540~1603)와[50] 르네 데카르트(René Descartes, 1596~

1650)가 그 주인공들이다. 이 업적은 느리게 진행된 다른 사건과 나란히 진행되었는데, 그것은 복소수의 발견과, 이를 표준적인 수학 도구로 받아들인 것이었다. 이 가운데 복소수와 관련된 내용은 (다항식과 방정식을 중심으로 한)대수보다는 (수를 중심으로 한)산술에 더 가깝다고 보는 게 타당하다. 하지만 이미 보았듯 그 계기는 대수에서 나왔다. 기약 삼차다항식의 그래프를 그려 보면(그림 길잡이 2-6 참조) 거기에는 분명 3개의 실근이 있다. 하지만 이에 해당하는 방정식을 대수적으로 풀면서 복소수를 받아들이지 않으면 어떤 실근도 나오지 않는다!

복소수에게 대수의 역사라는 파티에 들어올 수 있는 입장권을 주는 데에는 다른 이유들도 있다. 그중 하나는 대수의 핵심 개념에 속하는 일차독립으로, 나중에 현대 물리학의 발전에 중대한 기여를 한 벡터와 텐서의 이론을 다루면서 설명할 것이다. 하지만 우선 간단히 살펴보면 다음과 같다. 예를 들어 3과 5를 더하면 8이 나오는데, 이때 3과 5는 '셋이라는 특성'과 '다섯이라는 특성'을 잃고 합류하여 '여덟이라는 특성'을 만들어 낸다. 비유하자면 마치 크기가 다른 두 물방울이 합쳐져서 더 큰 물방울을 만드는 것과 같다. 그러나 3이라는 실수와 $5i$라는 허수를 더하면 $3+5i$라는 복소수가 나오는데, 비유하자면 이는 하나의 물방울과 하나의 기름방울이 모인 것과 같아서, 각 요소가 고유의 특성을 잃지 않는 구조, 곧 일차독립의 구조를 가진다.

그러므로 나는 여기서 복소수의 발견과 관련하여 필요하고도 흥미로운 것들에 대해 이야기하고자 한다. 이 기이한 존재를 절반 정도는 미심쩍어 하면서도 받아들일 생각을 한 첫 수학자는 보았다시피 카르다노였는데, 이에 대해 조금이나마 확신을 갖고 공략하고 나선 첫 사람은 이탈리아의 수학자 라파엘 봄벨리(Rafael Bombelli, 1526~1572)였다.

§ 5.2 봄벨리는 볼로냐에서 스키피오네 델 페로가 세상을 뜬 1526년에 태어났다. 따라서 그는 분명 카르다노보다 한 세대 뒤의 인물이다. 한 세대가 아주 힘들게 파악해야 했던 것이 다음 세대에게는 쉽게 받아들여지는 일은 흔히 보는 현상이다. 『위대한 술법』이 나왔을 때 봄벨리는 19살로, 그 영향력에 감화되기에는 아주 알맞은 나이였다.

봄벨리의 직업은 토목 기사였다. 그가 맡은 첫 번째 큰 임무는 중부 이탈리아에 있는 페루자(Perugia) 부근 늪지대의 물을 빼내고 매립하는 공사였다. 이 일은 1549년부터 1560년까지 걸려 완성되었는데, 여기서 큰 성공을 거두었기에 봄벨리는 자신의 전문 분야에서 크게 이름을 떨쳤다.

봄벨리는 『위대한 술법』을 높이 평가했지만 카르다노의 설명이 어딘지 명료하지 않다고 느꼈다. 그래서 그는 20대의 어느 무렵에 스스로 대수에 관한 책을 써서 백지 상태의 초보자라도 이를 통달할 수 있도록 하겠다는 생각을 품게 되었다. 『대수학 개론(*l'Algebra*)』이라는 이름의 이 책은 그가 세상을 뜨기 몇 달 전인 1572년에야 발간되었다. 이로 미루어볼 때 그는 20대 초반부터 40대 중반까지 무려 25년 동안 이 책을 쓰는 일에 매달렸던 것 같다. 따라서 그 내용은 여러 번의 변화와 수정을 거쳤을 게 분명한데, 그중 하나는 특히 주목할 만하다.

1560년 무렵 봄벨리는 로마에 있었는데, 그곳의 대학에서 대수를 가르치는 안토니오 마리아 파치(Antonio Maria Pazzi)를 만났다. 파치는 바티칸 도서관(Vatican Library)에서 고대 그리스의 저자로 '디오판토스'라고 생각되는 사람이 쓴 대수와 산술에 관한 원고를 보았다고 그에게 말해 주었다. 두 사람은 이 원고를 검토한 끝에 번역을 하기로 결정했다. 결국 이는 완성되지 못했지만, 봄벨리가 이 작업을 통해 디오판토스에게서 많은 영감을 받았다는 데에는 의문의 여지가 없다. 봄벨리는 디오판토스의 문제들 가운데 143개를 자신이 쓴 『대수학 개론』에 포함시켰으며, 당시 유럽에 디오판토스의 업적이 처음 알려지게 된 것은 바로 이 책을 통해서였다.

디오판토스도 음수를 수학적 대상으로는 무의미한 것이라고 여겼다는 사실을 되새겨 보자. 이에 따라 그는 음수를 어떤 문제의 답으로 삼지는 않았다. 하지만 그는 음수가 계산 과정에서는 잠정적인 존재성을 가진다고 보고 그에 대한 부호 규칙을 만들었다. 카르다노는 복소수에 대하여 이와 비슷한 생각을 했다. 그래서 이것들이 독자적인 존재로서 의미를 갖지는 못하지만 실제 문제에서 실근을 구하는 데에는 유용한 도구가 될 수 있다고 여겼다.

봄벨리는 음수와 복소수에 대해 훨씬 성숙한 태도로 대했다. 그는 음수를 액면 그대로 받아들였고, 이에 따라 부호 규칙도 다음과 같이 디오판토스보다 더욱 명료하게 서술했다.

피우 비아 피우 파 피우 (*piú via piú fa piú*)
메노 비아 피우 파 메노 (*meno via piú fa meno*)
피우 비아 메노 파 메노 (*piú via meno fa meno*)
메노 비아 메노 파 피우 (*meno via meno fa piú*)

여기서 '피우'는 '양수', '메노'는 '음수', '비아'는 '곱하기', '파'는 '…가 된다'는 뜻을 나타낸다.

『대수학 개론』에서 봄벨리는 $x^3 = 15x + 4$라는 기약 삼차방정식을 택하여 카르다노의 해법을 이용해 다음의 답을 얻었다.

$$x = \sqrt[3]{2 + \sqrt{-121}} + \sqrt[3]{2 - \sqrt{-121}}$$

봄벨리는 독창적인 방법으로 이 세제곱근을 계산하여 이것들이 각각 $2+\sqrt{-1}$과 $2-\sqrt{-1}$임을 보였고, 이것들을 더함으로써 4라는 하나의 근을 얻어냈다. 그가 구하지 않은 다른 두 근은 $-2+\sqrt{3}$과 $-2-\sqrt{3}$이다.

여기서 복소수는 디오판토스의 음수처럼 실제 문제에서 실근을 얻기 위한 내부적 기교와 같다. 또는 다른 말로 촉매와도 같은데, 봄벨리는 "궤변적인 것"이라고 말했다. 하지만 그는 이것을 정당한 작업 도구로 여겼으며, 심지어 그 곱에 대한 일종의 부호 규칙을 제시하기도 했다.

피우 디 메노 비아 피우 디 메노 파 메노
(*piú di meno via piú di meno fa meno*)

피우 디 메노 비아 메노 디 메노 파 피우
(*piú di meno via meno di meno fa piú*)

메노 디 메노 비아 피우 디 메노 파 피우
(*meno di meno via piú di meno fa piú*)

메노 디 메노 비아 메노 디 메노 파 메노
(*meno di meni via meno di meno fa meno*)

여기서 '피우 디 메노'는 "음수의 양수"로서 $+\sqrt{-N}$, 그리고 '메노 디 메노'는 "음수의 음수"로서 $-\sqrt{-N}$를 뜻하며, N은 임의의 양수를 나타낸다. 그리고 '비아'와 '파'는 위에서 설명한 것과 같다. 따라서 예를 들어 위의 셋째 줄은 $-\sqrt{-N}$ 와 $+\sqrt{-N}$ 를 곱하면 양수가 된다는 뜻이다. 이는 사실로서, 실제로 그 결과는 N이다. 통상적인 부호 규칙에 따르면 음수 곱하기 양수는 음수이다. 그러나 제곱근을 제곱하면 $-N$이 나오고, $-(-N)$은 양수이다.

봄벨리의 『대수학 개론』는 수학적 이해의 여정에서 하나의 큰 발걸음에 해당하지만 그는 아직도 좋은 기호 체계를 갖지 못했다. 예를 들어 아래와 같은 식을

$$\sqrt[3]{2+\sqrt{-3}} \times \sqrt[3]{2-\sqrt{-3}}$$

그는 다음과 같이 썼다.

Moltiplichisi, R.c. ⌊2 *più di meno* R.q.3⌋ per
R.c. ⌊2 *meno di meno* R.q.3⌋

여기서 'R.q.'는 제곱근, 'R.c.'은 세제곱근을 뜻한다. 한편 괄호의 사용에 주목하기 바란다. 이것은 카르다노의 세대에 비해 발전된 기호 체계이지만 그다지 큰 발전은 아니었다.

§ 5.3 16세기는 프랑스인들에게 행복한 시절이 아니었다. 프랑수아 1세(1494~1547, 재위 1515~1547)의 통치 기간 중 국토와 국부의 많은 부분을 신성 로마 제국 카를 5세와의 전쟁에 바쳐졌다. 1559년에 카토-캉브레지 조약(Treaty of Cateau-Cambresis)을 맺을 무렵에는 싸울 사람들이 모두 고갈되었는가 싶었지만 그러기가 무섭게 이번에는 구교도와 신교도[흔히 위그노(Huguenot)라고 부른다[51]] 사이에 전쟁이 일어나 서로 상대방을 대량으로 학살했다.

이 전쟁은 1598년 낭트 칙령(Edict of Nantes)으로 종결 또는 적어도 87년 동안은 중지되었다. 이전의 36년 동안 프랑스는 여덟 차례의 내전을 겪었고 그 와중에 왕조도 1589년 발루아 왕조(Valois dynasty)에서

부르봉 왕조(Bourbon dynasty)로 바뀌었다. 이 전쟁들은 성격상 완전히 종교적이지는 않았다. 지역감정, 사회적 계급 의식, 국제적 정치 환경 등의 요소들이 나름대로 상당한 영향을 미쳤기 때문이다. 모든 시대를 통틀어 가장 말썽 많은 군주 가운데 한 사람인 에스파냐의 펠리프 2세(Felipe II, 1527~1598)는 온 힘을 다해 사태를 들끓게 만들었다.[52] 사회 계층에 대해 보자면 위그노는 도시의 중산층에서 위세를 떨쳤지만 아마도 절반 정도의 귀족들 역시 신교도에 속했다. 반면 대부분의 지역에서 농민들은 압도적으로 구교도에 속했다.

프랑수아 비에트는 1540년 아버지가 법률가인 위그노 집안에서 태어났으며, 1560년 법학으로 학위를 받고 푸아티에 대학교(University of Poitiers)를 졸업했다. 이로부터 2년이 채 되지 않아 샹파뉴(Champagne) 지방에서 일어난 바시의 학살(Massacre of Vassy), 곧 다수의 위그노를 학살한 사건을 계기로 위그노 전쟁(Huguenots Wars, 1562~1598)이 시작되었다.

비에트의 이후 경력은 여러 전쟁 때문에 형성되었다. 먼저 그는 귀족 가문의 가정 교사가 되기 위해 법률가의 길을 포기했으며, 1570년에는 행정부의 일자리를 얻으려는 희망을 품고 파리로 올라갔다. 이 시절의 왕은 젊은 샤를 9세(Charles IX, 1550~1574, 재위 1560~1574)였지만 그의 어머니인 카트린 드 메디시스(Catherine de Medicis, 1519~1589)(에스파냐 펠리프 2세의 장모이기도 하다)가 실권을 쥐고 있었다. 그녀는 왕권을 강화하고 모든 파벌에서 독립하기 위하여 위그노를 조종하여 가톨릭에 맞서도록 하는 정책을 폈다. 이 정책은 1560년대부터 1580년대까지 프랑스의 진로를 결정했는데, 그 와중에 가끔씩 모순적인 결과들이 나오기도 했다. 샤를 9세가 성바르톨로메오 축일전야(St. Bartholomew's

Eve)인 1572년 8월 23일 밤 위그노들에 대한 학살을 승인하여 성바르톨로메오의 학살(Massacre de la Saint-Bartholomew)이 일어났을 때 비에트도 파리에 있었다. 그런데 위그노였던 그는 다행히 이를 모면했고, 이듬해 왕이 브르타뉴(Bretagne)의 정부 관리로 임명하였다.

샤를 9세가 1574년에 세상을 뜨자 카트린의 셋째 아들인 앙리 3세(Henri III, 1551～1589, 재위 1574～1589)가 권좌를 물려받았다. 비에트는 6년 뒤 이 왕의 고문이 되어 파리로 돌아왔다. 카트린의 막내아들은 발루아 왕조에 후손을 남기지 못한 채 1584년 세상을 떴다. 앙리 3세는 결혼도 하였고, 33살의 젊은 나이였지만, 방탕한 동성애자였고 궁정의 의식에 여장으로 나타나기도 했다. 따라서 그가 아들을 남기리라고 생각하기는 어려웠으며, 부르봉 가문의 먼 친척인 나바르의 앙리(Henry of Navarre)가 적법한 후계자로 남았다. 그런데 그는 신교도였기에 프랑스 안팎의 구교도들은 긴장했고, 궁정 안에서의 다툼도 갈수록 격렬해졌다. 비에트는 이 와중에 힘에 밀려 고향 가까이의 부르네프만(灣)(Bay of Bourgneuf)에 있는 비부르쉬르메르(Beauvoir-sur-Mer)라는 작은 마을에서 5년 동안 안식년을 보내게 되었다. 1584년부터 1589년까지의 기간에 비에트는 수학적으로 가장 창조적인 활동을 펼쳤는데, 나이가 이미 40대 후반에 들어섰다는 점에서 보자면 사뭇 예외적인 일이라고 할 수 있다. 당시 프랑스 궁정의 정치는 너무나 복잡했으므로 수학사가들이 누구에게 고마워해야 할지는 알기 어렵다.

앙리 3세는 비에트가 궁정으로 돌아온 지 넉 달 만에 의자에 앉은 채 칼에 찔려 살해되었다. 그 뒤를 이어 나바르의 앙리가 앙리 4세(Henri IV, 1553～1610, 재위 1589～1610)로 즉위하여 부르봉 왕조의 첫 왕이 되었다. 새 왕이 신교도였기에 비에트는 기꺼이 그 측근으로 합류했다.

하지만 구교도들은 앙리 4세에 맞설 후계자를 내세우는 데에 합의하지 못했으면서도 그가 쉽사리 왕위를 계승하도록 방관하지 않았다. 에스파냐의 펠리프 2세는 자신의 딸을 내세웠고, 그녀를 위해 프랑스 궁정의 한 당파와 음모를 꾸몄다. 암호로 작성된 이 음모는 앙리 4세의 손에 들어갔는데, 그는 수학자인 비에트를 불러 이 암호문을 해독하라고 지시했다. 비에트는 몇 달 동안 노력한 끝에 결국 이를 풀어냈다. 해독이 불가능할 것으로 믿었던 암호가 독파되었다는 소식을 전해들은 펠리프 2세는 교황에게 앙리 4세가 마법을 사용했다고 헐뜯었다.

§ 5.4 비에트는 1602년 12월 궁정을 물러날 때까지 앙리 4세를 섬겼는데, 그 뒤 고향으로 돌아와 이듬해에 그곳에서 세상을 떴다.

암호를 해독한 후 궁정에 기여할 기회는 1593년에 다시 찾아왔다. 그 해에 플랑드르(Flanders)의 수학자 아드리안 반 루멘(Adriaan van Roomen, 1561~1615)은 『수학의 아이디어(Ideae mathematicae)』라는 책을 썼는데, 여기에는 당시의 저명한 수학자들을 섭렵한 내용이 담겨 있었다. 어느 날 앙리 4세를 알현한 네덜란드의 대사는 그 안에 프랑스의 수학자가 한 사람도 없다고 말했다. 자신의 논지를 더욱 확고히 하기 위해 그는 루멘이 상을 내건 문제 하나를 냈는데, 이는 x에 대한 45차방정식으로 $x^{45} - 45x^{43} + 945x^{41} - 12300x^{39} \cdots$ 이란 형태를 가진 것이었다. 분명 그다지 뛰어난 외교관 같지는 않은 이 대사는 어떠한 프랑스 수학자도 이를 풀 수 없을 것이라고 비웃었다. 하지만 앙리 4세의 부름을 받고 이 문제를 살펴본 비에트는 즉석에서 한 해를 발견했고, 다음 날에는 22개를 더 찾아냈다.

비에트는 물론 루멘이 임의로 예전 방식의 문제를 내놓은 것은 아니라는 사실을 알고 있었다. 분명 이는 루멘 자신이 해법을 알고 있는 문제였을 것이다. 그 시대의 한 사람으로서 비에트는 당시에 한창 크게 발전하고 있던 삼각법(trigonometry)이라는 수학을 잘 이해하고 있었다.[53] 그가 쓴 첫 두 권의 책은 삼각 함수표(trigonometric table)를 가득 실은 것들이었다. 원의 현(chord)과 호(arc) 길이 사이의 관계를 다루는 삼각법에는 사인(sine)과 코사인(cosine) 및 그 거듭제곱을 포함하는 기다란 식들이 넘쳐난다. 이 방정식의 처음 몇 가지 계수를 재빨리 암산으로 점검해 본 비에트는 이것이 $x = 2\sin\alpha$라고 했을 때의 $2\sin 45\alpha$에 관한 다항식이란 점을 간파했을 것이다. 이렇게 파헤치고 나면 삼각법을 이용하여 답을 구하는 것은 쉬운 일이다. 비에트는 여기에서 23개의 양수 해들을 얻었는데, 이 밖에 22개의 음수 해들도 있지만 그는 아마 이것들이 무의미하다는 이유로 무시한 것으로 보인다.

§ 5.5   40대에 해안가로 추방된 비에트가 5년의 세월을 투자한 노력은 『해석학 입문(*In artem analyticem isagoge*)』이란 제목의 책으로 결실을 맺었다. 이 책은 대수의 발전에서 큰 진보를 이룬 반면 작은 퇴보도 초래했다. 큰 진보는 처음으로 문자를 이용하여 수를 체계적으로 나타냈다는 데에서 비롯된다. 이 아이디어의 씨앗은 디오판토스까지 거슬러 올라가지만 수많은 양들을 여러 가지의 문자들로 나타냄으로써 실질적으로 활용한 사람은 비에트가 처음이다. 실로 현대적 문자기호의 기원은 이로부터 시작된다.

이전의 문자기호들은 미지수에만 쓰였지만 비에트의 것들은 이에 한

정되지 않는다. 그는 수량을 모르기 때문에 찾는 것(콰에시타 *quaesita* 미지수)과 주어져서 알려진 것(다타 *data* 기지수)의 두 종류로 나누었다. 그런 다음 그는 미지수는 모음의 대문자인 A, E, I, O, U, Y, 기지수는 B, C, D, ······와 같은 자음의 대문자들로 나타냈다. 예를 들어 $bx^2 + dx = z$를 비에트의 방식으로 쓰면 다음과 같다.

B in A Quadratum, plus D plano in A, aequari Z solido.

그가 A로 쓴 것은 우리의 관점에서 보는 미지수 x이며, 다른 것들은 모두 기지수인 *다타*이다.

여기의 '플라노(plano)'와 '솔리도(solido)'가 위에서 말한 작은 퇴보에 해당한다. 고대의 기하학에서 강한 영향을 받은 비에트는 자신의 대수학을 엄밀한 기하학적 개념들 위에 세우기를 바랐다. 그래서 스스로 파악했듯 동차성 법칙(law of homogeneity), 곧 방정식 안의 모든 항들이 같은 차원이 되어야 한다고 보았다. 이에 따라 특별히 달리 규정되지 않는 한 모든 기호들은 고유의 길이를 가진 선분을 나타낸다. 위에 제시한 식에서 b와 x(비에트의 식에서 B와 A)는 모두 일차원의 양들이다. 그러면 bx^2은 삼차원이므로 dx와 z도 삼차원의 양이어야 한다. 그런데 x는 일차원의 선분이므로 d는 이차원이다. 그래서 그는 D를 플라노(이차원의 평면이란 뜻. — 옮긴이), z를 솔리도(삼차원의 입체라는 뜻. — 옮긴이)라고 불렀다.

이와 같은 비에트의 생각은 충분히 이해할 수 있다. 하지만 동차성 법칙 때문에 그의 표기법은 속박을 받게 되었고 그의 대수학도 난해하게 되고 말았다. 사실 45차에 이르는 다항식을 그토록 능숙하게 다루었던 사람이 단지 삼차원 밖에 나타내지 못하는 고전 기하학(classical geometry)

에 그토록 얽매였다는 사실은 어딘지 기이하게 여겨진다.

§ 5.6 비에트가 방정식을 다루는 방법은 어떤 면에서 보자면 봄벨리보다 덜 현대적이다. 이미 말했듯 비에트는 음수를 수로 보기를 꺼려하여 방정식의 해로 받아들이지 않았다. 나아가 복소수에 대해서는 더욱 심했다. 그는 삼차방정식을 다루기는 했지만 기하에 관한 책에서 다뤘는데, 거기서 그는 $\sin 3\alpha$의 식을 $\sin \alpha$를 이용하여 나타내는 삼각법 해(trigonometric solution)를 제시했다.

하지만 한 가지 점에서 비에트는 방정식 연구의 개척자였고, 여기서 그가 밝힌 촛불은 200년이 지난 뒤 강한 횃불로 불타올랐다. 그런데 이 발견은 그의 생전에 출판되지 않았다. 비에트가 세상을 뜨고 12년이 지났을 때 그의 스코틀랜드 친구 알렉산더 앤더슨(Alexander Anderson, 1582?~1620)은 방정식의 이론에 대한 비에트의 논문 두 편을 발간했다. 그중 「방정식의 완전화에 대하여(*De equationem emendatione*)」라는 제목의 두 번째 논문에서 비에트는 방정식 해들의 대칭성에 대한 연구로 이어질 일련의 의문들을 제기하는데, 이로부터 갈루아 이론(Galois theory)과 군론(group theory)과 현대 대수의 모든 것들이 흘러나온다.

$x^2 + px + q = 0$이라는 이차방정식을 생각해 보자. 그리고 이 방정식의 두 해, 곧 이 식이 참이 되게 할 두 수가 α와 β라고 해보자. 만일 x가 α 또는 β일 뿐 다른 게 절대로 아니라면 다음 식은 반드시 참이어야 한다.

$$(x - \alpha)(x - \beta) = 0$$

α와 β 외의 다른 어떤 x도 이 식을 충족시키지 못한다면 이 식은 우

리가 처음에 썼던 식을 다른 모습으로 쓴 것에 지나지 않는다. 이제 위 식의 괄호를 풀어써서 정리하면 다음과 같은 모습으로 바뀐다.

$$x^2 - (\alpha + \beta)x + \alpha\beta = 0$$

이 식과 본래의 식을 비교하면 우리는 다음 관계를 얻는다.

$$\alpha + \beta = -p$$
$$\alpha\beta = q$$

이 결과는 방정식의 해들과 그 계수들 사이의 관계식이다. 이런 일을 $x^3 + px^2 + qx + r = 0$이라는 삼차방정식에 대해서도 같은 방식으로 해볼 수 있다. 이 방정식의 세 근을 α, β, γ라고 하면

$$\alpha + \beta + \gamma = -p$$
$$\beta\gamma + \gamma\alpha + \alpha\beta = q$$
$$\alpha\beta\gamma = -r$$

마찬가지로 $x^4 + px^3 + qx^2 + rx + s = 0$이라는 사차방정식에 대해서도 해보면 다음 결과가 나온다.

$$\alpha + \beta + \gamma + \delta = -p$$
$$\alpha\beta + \beta\gamma + \gamma\delta + \alpha\gamma + \beta\delta + \alpha\delta = q$$
$$\beta\gamma\delta + \gamma\delta\alpha + \delta\alpha\beta + \alpha\beta\gamma = -r$$
$$\alpha\beta\gamma\delta = s$$

$x^5 + px^4 + qx^3 + rx^2 + sx + t = 0$이라는 오차방정식의 경우는 다음과 같다.

$$\alpha + \beta + \gamma + \delta + \varepsilon = -p$$
$$\alpha\beta + \beta\gamma + \gamma\delta + \delta\varepsilon + \varepsilon\alpha + \alpha\gamma + \beta\delta + \gamma\varepsilon + \delta\alpha + \varepsilon\beta = q$$
$$\gamma\delta\varepsilon + \alpha\delta\varepsilon + \alpha\beta\varepsilon + \alpha\beta\gamma + \beta\gamma\delta + \beta\delta\varepsilon + \alpha\gamma\varepsilon + \alpha\beta\delta + \beta\gamma\varepsilon$$
$$+ \alpha\gamma\delta = -r$$
$$\beta\gamma\delta\varepsilon + \gamma\delta\varepsilon\alpha + \delta\varepsilon\alpha\beta + \varepsilon\alpha\beta\gamma + \alpha\beta\gamma\delta = s$$
$$\alpha\beta\gamma\delta\varepsilon = -t$$

이상의 내용을 올바르게 읽는 방법은 다음과 같다.

가능한 모든 원소의 합은 $-p$

가능한 모든 서로 다른 두 원소의 곱의 합은 q

가능한 모든 서로 다른 세 원소의 곱의 합은 $-r$

······

이 관계들은 비에트가 처음으로 썼다. 그는 미지수가 하나인 다섯 차수의 방정식들에 대해 이 관계를 기술했다. 다음 세대의 프랑스 수학자 가운데 한 사람인 알베르 지라르(Albert Girard, 1595～1632)는 이것을 모든 차수의 방정식으로 확장하여 자신의 책 『대수의 새 발견(*New Discoveries in Algebra*)』에 실어 펴냈으며, 이는 앤더슨이 비에트의 논문을 발표한 지 14년 만의 일이었다. 그리고 이후 뉴턴이 다시 이것을 새롭게 확장했는데, ······ 이런 일들에 대해서는 나중에 진도에 맞추어 살펴보기로 한다.

§ 5.7 사회자들이 흔히 쓰는 표현을 빌리자면 르네 데카르트는 소개가 필요 없는 사람이다. 그는 군인이고 정신(廷臣)이었으며(다만 군인으

로는 살아남았지만 정신으로는 그렇지 못했다), 철학자이고 수학자였다. 그는 부르봉 왕가의 첫 세 왕을 모신 신하로, 성년 시절을 삼십 년 전쟁 (Thirty Years War, 1618～1648), 영국 내란(English Civil War, 1642 ～1651), 순례시조(Pilgrim Fathers)(1620년 메이플라워호(Mayflower 號)로 미국에 건너가 플리머스(Plymouth)에 정착한 102명의 영국 청교도 단. ― 옮긴이), 프랑스의 리슐리외 주교(Cardinal Richelieu, 1585 ～1642), 스웨덴의 왕 구스타브 2세(Gustav II, 1594～1632, 재위 1611 ～1632), 존 밀턴(John Milton, 1608～1674), 갈릴레오 갈릴레이(Galileo Galilei, 1564～1642) 등의 시대에서 보냈다. 그는 프랑스의 국민적 영웅들 가운데 한 사람이었지만 자신은 네덜란드에서 살기를 좋아했다. 그가 태어날 때의 고향 이름은 라에(La Haye)였지만 프랑스 혁명 이후 그를 기려 '데카르트'로 바꾸었다. 이곳은 푸아티에에서 북동쪽으로 50킬로미터쯤 떨어져 있는데, 56년 전에 비에트가 그랬던 것처럼 데카르트도 푸아티에 대학교에서 법학으로 학위를 받고 사회생활을 시작했다.

데카르트는 무엇보다 다음 두 가지로 널리 알려져 있다. 그 첫째는 "나는 생각한다, 고로 존재한다(*Cogito ergo sum*. I think, therefore I am)"란 말이고, 둘째는 데카르트 좌표(Cartesian coordinates)이다. 'Cartesian coordinates'는 데카르트의 라틴어 이름 카르테시우스 (Cartesius)에서 따온 것이며, 평면 위의 어떤 점을 직각으로 교차하는 두 직선까지 거리로 나타내는 방법이다(우리는 흔히 '직교좌표'라고 부른다. ― 옮긴이). 이때 동서로 달리는 직선은 x축, 남북으로 달리는 직선은 y축으로 나타내는 것이 관례이다.

사실 "나는 생각한다, 고로 존재한다."는 말은 데카르트가 한 게 맞지만, 엄밀히 말하자면 그가 데카르트 좌표를 발명한 것은 아니다. 그 기

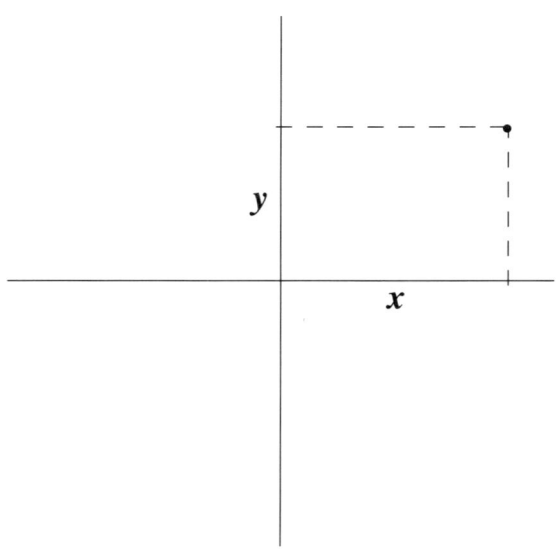

그림 5-1 데카르트 좌표(직교좌표).

본 아이디어는 1637년에 펴낸 『기하학(*La géométrie*)』에 담겨 있는데, 여기서 그가 사용한 두 직선은 직각으로 교차하지 않는다.

하지만 『기하학』에 담긴 아이디어는 대수와 기하 모두에서 혁명을 일으키기에 충분했으며, 한마디로 표현하자면 이는 바로 '기하의 대수화(algebraization of geometry)'였다. §5.5에서 말한 비에트의 동차성 법칙을 돌이켜 보자. 이는 수가 근본적으로 기하학적 대상이라는 생각의 그림자라고 말할 수 있다. 45차라는 고차원의 경우를 보면서도 비에트의 마음은 곧장 원주를 45등분한다는 기하학적 관점으로 내달렸다. 데카르트는 이것을 거꾸로 뒤집어 보았다. 그는 기하학적 대상들이란 어쩌면 단순히 수를 나타내기 위한 편리한 수단에 지나지 않을지 모른다고 생각했다. 이런 생각이 옳다면 두 선분의 길이의 곱을 반드시 어떤 직사각형의 넓이로 여길 필요는 없다. 이것은 단순히 또 다른 선분의 길이를 나타낸다고 볼 수도 있으며, 데카르트는 이에 대해 설득력 있는 한 예를 내놓았다.

이것은 그 자체로 특히 독창적인 생각이라고 볼 수는 없다. 하지만 기하학의 전 체계를 이 위에 세우는 과정에서 데카르트는 대수와 고전 기하학 사이를 연결하는 마지막 고리를 끊어냄으로써 그의 새로운 '해석 기하(학)(analytic geometry)'가 하늘 높이 치솟을 수 있도록 했다. 나아가 그는 좀 더 간결하고도 편리한 대수적 표기법을 채용하여 이 과정을 더욱 촉진시켰다. 데카르트는 한 세기 전 독일의 대수학자들이 썼던 덧셈과 뺄셈 기호는 그대로 받아들였지만 제곱근 기호는 '√' 위에 옆줄을 덧붙여 '$\sqrt{}$'로 고쳐서 썼다. 또 그는 위 첨자를 써서 거듭제곱을 나타냈지만 제곱의 경우만은 a^2 대신 aa로 썼다(어떤 수학자들은 19세기 말까지도 이를 따랐다).

데카르트가 우리에게 전해준 현대적 문자기호 표기법 가운데 가장 중요한 것은 아마도 알파벳의 앞부분에 있는 소문자들로 주어진 수인 다타(*data*)를 나타내고 뒷부분에 있는 것들로 찾는 수인 콰에시타(*quaesita*)를 나타내도록 한 것이라고 하겠다. 아트 존슨은 그의 책 『고전 수학(*Classic Math*)』에서 이에 관한 이야기를 다음과 같이 들려준다.

미지수를 거의 대부분 x를 써서 나타내게 된 연유는 사뭇 흥미롭다. 『기하학』을 출판하는 중에 …… 인쇄업자는 한 가지 딜레마에 빠졌다. 원고를 활자로 짜 가는 동안 알파벳 끝 부분 글자들에 대한 활자들이 차츰 동이 나기 시작했던 것이다. 그는 데카르트에게 수많은 방정식들을 나타내는 데에 x, y, z 가운데 어느 것을 써도 상관없는지 물어보았다. 데카르트는 미지수를 나타내는 데에 그중 어느 것을 써도 무방하다고 대답했다. 그러자 인쇄업자는 대부분의 미지수를 x로 나타냈는데, 일반적인 프랑스어에서는 y와 z가 x보다 더 자주 쓰였기 때문이었다.

사실 『기하학』을 읽다 보면 마치 현대의 수학책을 보는 듯한 느낌이 든다. 내가 보기에 이 책은 이런 느낌을 주는 초기의 책으로 여겨진다. 다만 한 가지 이상한 것은 오늘날의 등호 기호가 보이지 않는다는 점이다. 데카르트는 그 대신 오늘날의 무한대 기호에서 왼쪽 끝을 잘라낸 것 같은 기호를 썼다.

충분히 잘 사용할 만한 문자기호를 도입한 것은 수학에서 하나의 위대한 진보에 해당한다. 물론 이것을 데카르트 혼자서 이룩한 것은 아니었다. 이미 보았듯 미지수의 표기에 대한 본래의 영감은 디오판토스까지 거슬러 올라가며, 체계적인 문자기호들로 수를 나타낸 것은 비에트에서 비롯되었다.

그런데 이 대목에서 비에트와 데카르트의 중간 세대로 살았던 영국의 토머스 해리엇(Thomas Harriot, 1560?~1621)을 언급하지 않는다면 온당하지 못할 것이다. 그는 여러 해 동안 월터 롤리 경(卿)(Sir Walter Raleigh, 1552?~1618)을 도왔으며 적어도 한 번은 롤리의 버지니아(Virginia) 탐사에 따라 나서기도 했다. 예리한 수학적 감각을 지녔던 해리엇은 *다타*와 *콰에시타*를 알파벳 문자로 나타냈는데, 아마도 이는 비에트의 영향을 받은 것으로 보인다. 방정식의 이론에 능통했던 그는 음수와 복소수 해들을 모두 고려했다. 하지만 불행하게도 살아 있는 동안에는 아무런 수학적 저술도 펴내지 않아 이런 업적들은 모두 그가 세상을 뜬 뒤에야 빛을 보았다.[54] 데카르트의 『기하학』은 해리엇의 대수적 저술들이 서투른 편집으로 발간된 지 6년이 지나서야 나왔다. 그래서 역사가들은 데카르트가 해리엇의 영향을 얼마나 받았는지에 대해 자주 논쟁을 벌인다.

하지만 적어도 내가 아는 한 이 점에 대해서 누구도 명확한 결론을 내리기는 어렵다.

아무튼 문자기호 체계를 이후 400년이 지나도록 별다른 변화 없이 널리 쓰일 수 있을 정도로 처음으로 튼튼하게 정립한 사람은 바로 데카르트였다. 이것은 수학자들에게 아주 은혜로운 선물임이 틀림없다. 라이프니츠는 이로부터 영감을 받아 인간의 모든 생각을 기호화할 꿈을 품었는데, 그에 따르면 참과 거짓에 대한 모든 논증은 계산으로 판가름할 수 있다. 그래서인지 그는 이런 체계를 가리켜 "상상력을 해방시켜 주는 것"이라고 말했다. 데카르트의 기호적 표현과 예전의 대수학자들이 썼던 장황한 문장적 표현을 비교해 보면 우리는 문자기호가 정말로 상상력을 해방해 주며, 이에 따라 고난도의 사고 과정이 누구나 쉽게 숙달할 수 있는 기호 다루기로 단순화된다는 점을 절실히 깨달을 수 있다.

구스타프 2세의 딸로 스웨덴의 여왕이 된 크리스티나(Queen Christina, 1626~1689)는 1649년 데카르트에게 철학을 가르쳐 달라고 부탁했다. 그녀는 데카르트를 위해 배를 보내왔고, 데카르트는 스톡홀름의 프랑스 대사와 함께 지내기로 했다. 데카르트는 어렸을 때부터 오전 11시까지는 침대에서 빈둥거리며 지내는 게 습관이 되어 있었는데 불행하게도 여왕은 그와 정반대로 아침에 일찍 일어나는 체질이었다. 1649년과 50년 사이의 혹독한 스웨덴 겨울 날씨 속에서 새벽 5시에 바람 많은 궁정을 가로질러 다니던 데카르트는 결국 폐렴에 걸리고 말았다. 그는 이 때문에 1650년 2월 11일 세상을 떴는데, 이때 아이작 뉴턴은 겨우 7살의 어린이였다.

제2부
보편산술

6

사자의 발톱

§ 6.1 섬나라 영국은 영국 내란(1642~1651), 군사 독재(1651~1660), 명예혁명(1688), 그리고 두 차례의 왕조 교체로 분주했지만[1602년에 튜더(Tudor)에서 스튜어트(Stuart), 1714년에 스튜어트에서 하노버(Hanover) 왕조로 바뀌었다] 16세기 말부터 18세기 초 사이에 몇몇 일류 수학자들을 배출했다.

토머스 해리엇에 대해서는 이미 이야기했는데, 그의 정교한 문자기호는 (아마 데카르트를 제외하고는)거의 알려지지 않은 채 지나쳐 버렸다. 스코틀랜드 사람 존 네이피어(John Napier, 1550~1617)는 대수학자로는 중요하지 않지만 로그(logarithm)를 발명하여 1614년에 발표했으며, 소수점(decimal point)을 널리 보급했다. 시골의 목사였던 윌리엄 오트레드(William Oughtred, 1574~1660)는 대수와 삼각법에 대한 책을 쓰고 우리에게 곱셈기호 '×'를 남겨 주었다. 존 월리스(John Wallis, 1616~

1703)는 해석기하에 대한 데카르트의 기법과 표기를 처음 채택했다. 그는 이미 세상을 뜬 지 오래된 해리엇의 숭배자로서 데카르트의 표기법들은 해리엇에게서 얻은 것이라고 강력히 주장했다.

하지만 이 모든 인물들은 이제 도래할 아이작 뉴턴(Isaac Newton, 1642~1727)에 대한 서막에 지나지 않았다. 대다수의 사람들이 과학 사상 최고의 인물로 평가하는 참으로 경이로운 이 천재는 1642년[55] 크리스마스에 링컨셔(Lincolnshire)의 한 부유한 과부에게서 태어났다(뉴턴의 아버지는 뉴턴이 태어나기 석 달 전에 세상을 떴다. ― 옮긴이). 그의 삶과 성품은 수많은 책을 통해서 잘 알려져 있는데, 아래에는 이에 대해 내가 쓴 글의 일부를 옮겨 실었다.

> 뉴턴의 삶에 대한 이야기는 …… 그다지 매혹적이지 않다. 그는 영국 밖으로 여행한 적이 없다. 또한 사업을 하거나 전쟁에 나서지도 않았다. 영국 헌정사의 주요 사건들이 벌어지는 시대에 살았으면서도 그런 세상사에는 아무런 관심도 보이지 않았다. 케임브리지 대학교를 대표하는 하원 의원으로 잠시 재직한 적이 있지만 정치적 물결은 전혀 일으키지 않았다. 뉴턴은 다른 사람들과 가까운 관계를 맺은 적이 없다. 그 자신의 증언에 따르면 그는 동정(童貞)인 채로 세상을 떴다. 심지어 그는 때로 책도 익명으로 펴냈는데 이토록 자신을 드러내기를 꺼린 이유에 대해서는 다음과 같이 밝힌 적이 있다. "내가 세속적으로 높은 평가를 얻고 유지할 수 있다면 …… 교제의 범위도 넓어질 것이다. 하지만 이는 내가 적극적으로 정중하게 사양하고자 하는 일이다." 동료들과의 관계는 어이없을 정도로 무관심할 때가 아니면 작은 말다툼으로 이어졌는데, 그것마저도 신경이 곤두설 정도로 격렬한 수준에 이른 적은 없었다. 영국인들이 흔히 말하듯 그는 '쌀쌀맞은 사람'이었다.[56]

이쯤에서 나는, 널리 알려진 것이기는 하지만, 뉴턴에 관한 이야기들 가운데 내가 좋아하는 것 하나를 이야기하고 싶은 마음을 억누르기가 힘들다. 1696년 스위스의 수학자 요한 베르누이(Johann Bernoulli, 1667~1748)는 유럽의 수학자들에게 어려운 문제를 두 가지 내놓았다. 하지만 뉴턴은 이를 받아본 날에 모두 풀었고, 그 답을 런던에 있는 왕립학회(Royal Society)의 회장에게 보냈으며, 회장은 누가 해결했는지 밝히지 않은 채 이를 베르누이에게 보냈다. 익명의 해답을 살펴본 베르누이는 곧바로 이게 뉴턴의 솜씨라는 것을 간파하고서 *"tanquam ex ungue leonem"*이라고 말했는데, 이는 "사자는 발톱만으로도 알 수 있다"는 뜻이다.

이 강력한 발톱은 대수의 역사에서도 하나의 위대한 획을 그어 놓았다.

§ 6.2 뉴턴은[57] 과학에서 공적과 미적분을 창안한 사실로 유명하지만, 대수학자로서는 그다지 잘 알려져 있지 않다. 그러나 사실 그는 케임브리지 대학교에서 1673년부터 1683년까지 대수를 가르쳤으며, 그의 강의 노트도 그곳 도서관에 보존되어 있다. 세월이 흘러 뉴턴이 학교를 떠나 왕립조폐국(Royal Mint) 국장으로 취임한 뒤 케임브리지 대학교에서 그의 뒤를 이은 윌리엄 휘스턴(William Whiston, 1667~1752)이 뉴턴의 강의 노트를 『보편산술(*Arithmetica Universalis*)』(영어로는 Universal Arithmetic)이란 제목의 책으로 펴냈다. 뉴턴은 내켜하지 않으면서도 마지못해 그 출판을 허락했으며 그 뒤로도 이 책을 좋아하지는 않았던 것으로 보인다. 그는 자신의 이름이 저자로 오르기를 거절했고, 심지

어 출판된 책을 자신이 전부 사서 폐기할 생각을 하기도 했다. 그래서 1720년에 나온 영어판에는 물론, 1722년에 나온 라틴어판에도 그의 이름은 실리지 않았다.[58]

하지만 대수 역사가들의 관심을 가장 많이 끄는 것은 『보편산술』이 아니라, 오히려 1665년 또는 1666년에 어린 뉴턴이 썼던 간략한 메모들인데, 이는 그의 『수학 연구 전집(Collected Mathematical Works)』 중 제1권에 실려 있다. 이것들은 라틴어가 아닌 영어로 쓰였고 다음과 같은 말로 시작된다.

$x^8 + px^7 + qx^6 + rx^5 + sx^4 + tx^3 + vxx + yx + z = 0$과 같은 모든 방정식은 그 차수와 같은 수의 근을 갖는데, 각각의 합은 $-p$, 두 개씩의 곱의 합은 $+q$, 세 개씩의 곱의 합은 $-r$, 네 개씩의 곱의 합은 $+s$, …… 등이다.

이 서술 자체는 어떤 정리를 직접적으로 이야기하지는 않는다. 하지만 한 가지 정리가 암시되어 있으며, 그 암시된 정도가 놀라울 정도로 강하기에 『수학 연구 전집』의 편집자들을 포함한 여러 수학자들은 이것을 뉴턴 정리(Newton's theorem)라고 부르게 되었다.

이 정리를 제시하기 전에 먼저 '대칭다항식(symmetric polynomial)'의 개념을 알아둘 필요가 있다. 너무 복잡해지는 것을 피하기 위해 세 개의 미지수만 고려하고 이를 각각 α, β, γ로 부르기로 하자. 아래와 같은 식들이 이 세 미지수들로 이루어진 대칭다항식들이다.

$$\alpha\beta + \beta\gamma + \gamma\alpha$$
$$\alpha^2\beta\gamma + \alpha\beta^2\gamma + \alpha\beta\gamma^2$$
$$5\alpha^3 + 5\beta^3 + 5\gamma^3 - 15\alpha\beta\gamma$$

그리고 다음 식들은 α, β, γ로 이루어진 비대칭다항식들이다.

$$\alpha\beta + 2\beta\gamma + 3\gamma\alpha$$
$$\alpha\beta^2 - \alpha^2\beta + \beta\gamma^2 - \beta^2\gamma + \gamma\alpha^2 - \gamma^2\alpha$$
$$\alpha^3 - \beta^3 - \gamma^3 + 2\alpha\beta\gamma$$

대칭다항식과 비대칭다항식들은 서로 어떻게 다른가? 두 그룹의 식들을 차분히 살펴보면 그 차이는 대략 다음과 같다. 첫째 그룹의 경우 α에서 볼 수 있는 것들은 모두 β나 γ에서도 볼 수 있고, β에서 볼 수 있는 것들은 모두 α나 γ에서도 볼 수 있으며, γ에서 볼 수 있는 것들은 모두 α나 β에서도 볼 수 있다. 곧 덧셈, 곱셈, 조합 등의 연산들이 세 미지수들에 대해 모두 똑같은 형태로 나타난다. 반면 둘째 그룹의 경우 이런 현상이 없다.

기본적인 이해는 이것으로 충분하다. 하지만 수학적으로 좀 더 정확하게 묘사한다면 대칭다항식이 될 조건은 다음과 같다 : α, β, γ를 어떠한 방식으로 치환(permute·permutation)하든 언제나 같은 표현이 나온다.

α, β, γ를 치환하는 방법은 모두 다섯 가지이며, 구체적으로 쓰면 아래와 같다.

- α는 그대로 두고 β와 γ를 서로 바꾼다.
- β는 그대로 두고 α와 γ를 서로 바꾼다.
- γ는 그대로 두고 α와 β를 서로 바꾼다.
- α를 β로, β를 γ로, γ를 α로 바꾼다.
- α를 γ로, β를 α로, γ를 β로 바꾼다.

[주의 : 수학자들은 여섯 가지의 치환이 있다고 말할 것이며, 남은 한 가지는 모든 것을 각자 그 자신으로 치환하는 것 또는 모든 것을 그대로 두는 것, 곧 '항등치환(identity permutation)'이다. 나도 다음 장에서는 이런 관점을 취할 것이다.]

첫째 그룹에 있는 식들에 위 다섯 가지 중 어느 것을 행하더라도 그 결과는 다시 본래 식이 된다(물론 조금 정리해야 한다). 예를 들어 맨 끝의 치환을 $\alpha\beta + \beta\gamma + \gamma\alpha$에 행하면 그 결과는 $\gamma\alpha + \alpha\beta + \beta\gamma$가 되는데, 이것은 본래의 식을 약간 달리 쓴 것에 지나지 않는다.

이 밖에 다항식이 너무 복잡해서 다루기 어려울 때 유용하면서 절대로 틀리지 않는 방법이 있다. 그것은 α, β, γ에 임의의 수를 배정하는 것으로, 이렇게 하고 다항식을 계산하면 어떤 수가 나오는데, 이 수들을 다른 다섯 가지 순서로 치환하든 그 값이 항상 일정하다면 그 다항식은 대칭이다. 예를 들어 α, β, γ에 0.55034, 0.81217, 0.16110을 배정하고, 가능한 여섯 가지의 방법으로 $\alpha\beta^2 - \alpha^2\beta + \beta\gamma^2 - \beta^2\gamma + \gamma\alpha^2 - \gamma^2\alpha$의 값을 계산하면 0.0663536과 -0.0663536을 각각 세 번씩 얻는다. 따라서 이 다항식은 대칭이 아니다. 여기서 여섯 가지의 치환에 대해 서로 다른 두 가지 답이 나왔다는 점을 주목하기 바란다. 사실 서로 다른 값이 나온다는 점보다 두 가지밖에 나오지 않는다는 점이 더 흥미롭다고 할 수 있는데, 이에 대해서는 나중에 다시 이야기한다.

이상의 아이디어들은 미지수와 차수가 아무리 많고 높더라도 모두 그대로 적용된다. 아래의 예는 두 개의 미지수를 가진 11차의 대칭다항식이다.

$$\alpha^8\beta^3 + \alpha^3\beta^8 - 12\alpha - 12\beta$$

아래의 예는 11개의 미지수를 가진 2차의 대칭다항식이다.

$$\alpha^2 + \beta^2 + \gamma^2 + \delta^2 + \varepsilon^2 + \zeta^2 + \eta^2 + \theta^2 + \iota^2 + \kappa^2 + \lambda^2$$

모든 대칭다항식들이 똑같이 중요한 것은 아니다. 그 가운데에는 기본대칭다항식(elementary symmetric polynomial)이라고 부르는 부분집합이 있는데, 세 개의 미지수들에 대한 기본대칭다항식들은 아래와 같다.

$$1차 : \alpha + \beta + \gamma$$
$$2차 : \beta\gamma + \gamma\alpha + \alpha\beta$$
$$3차 : \alpha\beta\gamma$$

앞에서 대칭다항식의 예로 든 것에서 첫째는 기본대칭다항식이지만 다른 둘은 아니다.

미지수가 몇 개이든 그 기본대칭다항식은 다음과 같은 것들을 가리킨다고 이해하면 된다.

1차 : 미지수들을 모두 더한 것
2차 : 미지수들의 가능한 두 개 묶음들을 모두 더한 것
3차 : 미지수들의 가능한 세 개 묶음들을 모두 더한 것

n개의 미지수로 시작한다면 이 목록은 n번째 줄에서 끝난다. n개의 미지수로는 $(n + 1)$개의 원소로 이루어진 항을 만들 수 없기 때문이다. 이제 뉴턴 정리를 다음과 같이 제시한다.

> ### 뉴턴 정리(Newton's Theorem)
> n개의 미지수를 가진 모든 대칭다항식은 n개의 미지수를 가진 기본대칭다항식들로 나타낼 수 있다.

대칭다항식의 첫 예로 내세운 세 식 가운데 뒤의 두 식은 기본대칭다항식이 아니지만 이것들은 위에 보인 세 개의 기본대칭다항식으로 나타낼 수 있다. 먼저 그중 쉬운 둘째 식은 다음과 같다.

$$\alpha^2\beta\gamma + \alpha\beta^2\gamma + \alpha\beta\gamma^2 = \alpha\beta\gamma(\alpha + \beta + \gamma)$$

셋째 식의 경우는 조금 까다롭지만 어쨌든 다음과 같이 쓸 수 있다는 점은 쉽게 확인할 수 있다.

$$5\alpha^3 + 5\beta^3 + 5\gamma^3 - 15\alpha\beta\gamma$$
$$= 5(\alpha + \beta + \gamma)^3 - 15(\alpha + \beta + \gamma)(\beta\gamma + \gamma\alpha + \alpha\beta)$$

관례상, 우리가 다루고 있는 미지수의 개수를 알고 있다는 전제 아래 (위 예의 경우는 셋) 기본대칭다항식을 그리스 문자 시그마의 소문자로 쓰고 거기에 붙이는 아래 첨자로 차수를 나타낸다. 그러면 미지수가 세 개인 위 예의 경우 1차, 2차, 3차 기본대칭다항식은 각각 σ_1, σ_2, σ_3로 나타내지므로 위에 썼던 식은 다음과 같이 고쳐 쓸 수 있다.

$$5\alpha^3 + 5\beta^3 + 5\gamma^3 - 15\alpha\beta\gamma = 5\sigma_1^3 - 15\sigma_1\sigma_2$$

이제 뉴턴 정리를 다시 쓰면 다음과 같다 : 임의의 개수의 미지수를 가진 모든 대칭다항식은 기본대칭다항식 σ로 나타낼 수 있다.

§ 6.3 이 모든 것들이 방정식을 푸는 것과 무슨 관계가 있을까? 왜 다항식들을 §5.6에서 비에트가 대충 손댔던 것처럼 그냥 α와 β와 γ에 관한 식으로 쓰지 않을까? 사실 그것들은 바로 기본대칭다항식들 아닌가 말이다! $x^5 + px^4 + qx^3 + rx^2 + sx + t = 0$과 같은 일반적인 오차방정식의 경우 그 해들을 $\alpha, \beta, \gamma, \delta, \varepsilon$이라 하면 $\sigma_1 = -p$, $\sigma_2 = q$, $\sigma_3 = -r$, $\sigma_4 = s$, $\sigma_5 = -t$라고 쓸 수 있는데, 여기의 시그마들은 다섯 개의 미지수들에 대한 기본대칭다항식들이고 실제로는 이미 §5.6에서 제시했다. 나아가 이런 관계들은 x에 대한 모든 차수의 방정식들에서 마찬가지로 성립한다.

뉴턴 정리로 이어지는 이런 메모들은 앞서 이야기했다시피 뉴턴의 수학적 경력이 아직 얼마 되지 않았던 때인 1665년 또는 1666년에 쓰였다. 학사 학위를 막 받은 이때 뉴턴의 나이는 21세였는데, 흑사병이 창궐하여 케임브리지 대학교가 휴교에 들어가자 그는 시골에 있는 어머니의 집으로 돌아가 머물렀다. 2년 뒤 학교가 다시 문을 열자 그는 석사 학위를 받고 연구원이 되기 위해 대학으로 돌아왔다. 그런데 시골에 머물던 이 2년 동안에 뉴턴은 이후 수학과 과학 분야에서 펼칠 놀라운 위업들에 대한 기본 아이디어들을 사실상 모두 확보했다. 사람들은 흔히 수학자들이 30세가 넘으면 독창적인 연구를 거의 해내지 못한다고 말하지만 이는 사실이 아니다. 그러나 특유의 사고방식이나 가장 흥미로운 주제에 대한 관심의 형성이 그들의 초기 저술들에 나타난다는 점은 일반적인 사실이다.

뉴턴은 위의 메모들을 남길 무렵에 실제로 어떤 특정한 문제를 마음속에 품고 있었는데, 이는 바로 두 개의 삼차방정식이 언제 공통근을 가질 것인가 하는 문제였다. 그런데 이와 관련하여 제기되는 다음 주제들에 대한 연구는 이후 방정식 이론의 발전에 결정적인 도움을 주었으며, 이로부터 흘러나온 결론들에 힘입어 대수는 전혀 새로운 영역으로 들어서게 되었다.

(1) 일반적인 대칭다항식
(2) 방정식의 계수들과 그 근들로 만들어지는 대칭다항식들 사이의 관계

대칭성 …… 계수들과 근들로 표현되는 다항식 …… 이런 것들이 삼차와 사차방정식이 해결된 지 120년이 지난 17세기 말 무렵에 다항방정식의 이론과 관련하여 제기된 특출한 문제의 해결에 대한 관건이었다. 그 문제는 바로 일반적인 오차방정식의 대수해를 찾는 것이었다.

§ 6.4 아주 대략적으로 말하자면 18세기의 대수는 17세기나 19세기에 비해 여러모로 느리게 발전했다. 1660년대와 1670년대에 뉴턴과 라이프니츠가 발견한 미적분은 엄청나게 광대하고 새로운 탐사 영역을 열었지만 이 책에서 다루는 의미에서 보면 대수와는 별 관계가 없다. 우리가 오늘날 해석학(analysis)이라고 부르는 이 영역은 극한, 무한수열, 무한급수, 함수, 도함수, 적분 등을 다루며, 당시에 아주 새롭고도 매력적인 분야로 여겨졌기에 수많은 수학자들은 열광적으로 여기에 달려들었다.

이 밖에도 이 시기에는 수학의 일반적인 각성이 일어났다. 비에트와 데카르트가 대수를 위해 개발한 현대적인 문자기호는 상상력을 해방시켜 줌으로써 모든 수학적 연구를 훨씬 쉽게 할 수 있도록 해주었다. 나아가 복소수도 일반적으로 받아들여짐으로써 수학적 상상력의 범위는 더욱 확

장되었다. 프랑스 출신의 영국 수학자 에이브러햄 드무아브르(Abraham de Moivre, 1667~1754)가 1722년에 아래와 같이 완성된 형태로 처음 제시한 드무아브르 정리(De Moivre's theorem)는 18세기 초의 순수 수학을 대표하는 한 예로 보아도 좋을 것이다.

$$(\cos\theta + i\sin\theta)^n = \cos n\theta + i\sin n\theta$$

위에서 보듯 이 식은 삼각법과 해석학 사이에 다리를 놓아준 셈이며, 이렇게 하여 복소수는 해석학의 연구에 필수적인 도구가 되었다.

순수 수학에 대해 이야기할 것은 고작 이 정도뿐이다. 과학이 떠오르고, 산업 혁명의 물결이 일렁이는 한편, 종교 전쟁을 거친 뒤 현대적인 국가 체제가 유럽 대륙에 뿌리를 내리게 되자 수학자들에 대한 왕들과 장군들의 수요는 갈수록 증가했다. 스위스의 수학자 레온하르트 오일러(Leonhard Euler, 1707~1783)는 프리드리히 대왕이라고도 불린 프리드리히 2세(Friedrich II, 1712~1786)가 상수시에 세운 궁전의 배관을 설계했으며, 프랑스의 수학자 장 푸리에(Jean Fourie, 1768~1830)는 나폴레옹 1세(Napoleon I, 1769~1821)가 이집트 원정을 떠날 때 과학 고문으로 따라나서기도 했다.

프랑스의 수학자 장 달랑베르(Jean d'Alembert, 1717~1783)는 18세기 중반에 미분방정식들에 대해 선구적인 업적을 쌓았다. 또한 같은 프랑스 수학자인 피에르 라플라스(Pierre Laplace, 1749~1827)는 $\nabla^2\phi = 0$으로 주어지는 유명한 라플라스 방정식(Laplace's equation)을 세웠는데, 이것은 밀도, 온도, 전기 퍼텐셜(electric potential)과 같은 양이 어떤 평면이나 입체에서 매끄럽지만 균일하지 않게 분포하는 양상을 묘사하는 것으로, 18세기 말 응용 수학에서 대표적인 업적의 하나로 여겨진다.

이와 같은 현란한 발전 과정에서 대수는 어딘지 구경꾼과 같은 처지에 머물렀다. 삼차와 사차방정식의 일반해는 밝혀졌지만 이 방향으로 어떻게 계속 더 나아갈 수 있을지에 대해서는 어떤 실마리도 찾지 못했다. 비에트와 뉴턴은 물론, 상상력이 넘치는 다른 수학자들 가운데서도 다항방정식들의 근들이 보여주는 기이한 대칭성에 주목한 사람들이 있었다. 하지만 여기에서 수학적으로 가치 있는 결과를 얻어낼 아이디어를 떠올린 사람은 아무도 없었다.

그런데 18세기 내내 많은 수학자들이 분투했던 문제 한 가지를 이쯤에서 다루어야 할 것 같다. 이것은 이른바 대수(학)의 근본 정리(fundamental theorem of algebra)라고 부르는데, 앞으로는 FTA로 줄여서 쓰기로 한다. 여기서 '이른바(so-called)'라고 한 것은 이 정리가 언제나 '그렇게' 불리지만, 이게 과연 이 이름에 어울리는 지위를 갖는지는 상당한 논란거리이기 때문이다. 어떤 수학자들은, 신성 로마 제국에 대한 볼테르의 유명한 풍자를 본떠, FTA가 근본적이지도 않고 정리도 아니며 대수에 속하지도 않는다고 말한다. 나는 이런 논란들이 조금 뒤에는 모두 깨끗이 해소되기를 바란다.

FTA는 약간 거칠지만 다항방정식의 맥락에서 아주 간단하게 "모든 방정식은 해를 가진다."라고 말할 수 있는데, 좀 더 정확히 표현하자면 다음과 같다.

대수(학)의 근본 정리(fundamental theorem of algebra)
한 미지수 x에 대한 다항방정식 $x^n + px^{n-1} + qx^{n-2} + \cdots = 0$의 계수 $p, q, \cdots$ 등이 복소수이고 n이 자연수이면 이 방정식은 어떤 복소수 해를 가진다.

여기서 보통의 실수는 복소수의 특수한 경우, 다시 말해서 임의의 실수 a는 $a + 0i$라는 복소수로 이해한다. 따라서 지금까지 계속 다루어왔던 계수가 실수인 방정식들에는 모두 FTA가 적용된다. 이 모든 방정식들은 (복소수일 수도 있지만 어쨌든) 해를 가진다. 예를 들어 $x^2 + 1 = 0$이란 방정식은 i와 $-i$라는 두 개의 복소수 해를 가진다.

FTA는 데카르트가 『기하학』에서 처음으로 서술했다. 하지만 그는 복소수를 완전히 받아들이지 않았으므로 그 형태는 잠정적인 것이었다. 18세기의 위대한 수학자들은 모두 이 정리를 증명하려고 나서 보았다. 라이프니츠는 1702년에 자신이 이 정리를 증명했다고 생각했지만 40년 뒤 추론에 오류가 있다는 점을 오일러가 밝혀냈다. 1799년 참으로 위대한 수학자 가우스는 이것을 박사 학위 논문의 주제로 삼았다. 하지만 최종적인 완벽한 증명은 1816년에야 나왔으며, 이것 또한 가우스가 증명하였다.

FTA의 수학적 지위를 판단하려면 그 증명을 공부할 필요가 있는데, 복소평면(complex plane)(그림 길잡이1-4 참조)에 대한 이해만 갖추면 이를 이해하는 것은 그다지 어렵지 않다. 그 자세한 내용은 고등 대수에 대한 훌륭한 교재들에서 쉽게 찾아볼 수 있으므로,[59] 아래서는 간략히 그 개요만 설명한다.

§ 6.5 대수(학)의 근본 정리에 대한 증명

실수에서와 마찬가지로 복소수도 고차의 거듭제곱이 저차의 것을 쉽사리 압도한다(§길잡이 2.3 참조). 삼차의 경우 이차보다 빠르게 더 커지고, 사차의 경우 삼차보다 빠르게 더 커지며, 오차 이상의 경우들에서도 마찬가지이다. 여기서 주의할 점은 복소수의 경우 '크다'고 함은 원점에서 복소수까지의 거리가 크다는 뜻으로, 다른 식으로는 "큰 절댓값(modulus)을 가진다"라고도 말한다. 그러므로 큰 값의 x에 대하여 앞서 말한 근본 정리 상자 안에 쓴 식은 기본적으로 x^n이란 뼈대에 다른 낮은 차수의 항들을 약간의 수정항(修正項)들로 첨가해준 것으로 여길 수 있다.

하지만 x가 0일 때는 다항식의 상수항을 제외한 모든 항이 0이 된다. 따라서 x의 값이 아주 작을 때는 모든 다항식이 사실상 상수항과 같아진다. 예를 들어 $x^2 + 7x - 12$는 x가 아주 작을 때 사실상 -12와 같다.

x가 균일하고 매끄럽게 변해 가면 x^2, x^3, x^4 및 이보다 고차의 모든 항들의 값은, 구체적인 속도들은 서로 다르지만, 역시 균일하고 매끄럽게 변화한다. 다시 말해서 이 항들의 값이 어떤 값에서 다른 값으로 갑자기 '도약'하는 경우는 없다.

이와 같은 세 가지 사실을 배경에 깔고 큰 절댓값 M을 가진 모든 복소수들을 생각해 보자. 이 수들을 복소평면에 모두 표시하면 반지름이 M인 원의 둘레가 그려진다. 그러면 그에 상응하는 다항식들은 대략 M^n이라는 반지름을 가진 더욱 커다란 원을 그린다(어떤 복소수의 절댓값이 M이면 그 제곱의 절댓값은 M^2이 되며, 그 세제곱의 절댓값은 M^3 …… 등이 된다). 이는 앞서 말했듯 x^n이 이보다 낮은 차수의 항들을 압도하기 때문이다.

이제 완전한 원을 그리는 M을 연속적으로 천천히 0으로 수축시킨다고 생각해 보자. 그러면 절댓값 M을 가진 모든 복소수들은 원점으로 모여든다. 그리고 이에 따라 다항식의 값들도 마찬가지로 줄어든다. 그런데 다항식에는 상수항이 있으므로 이 수축 과정의 종착점은 원점이 아니라 그 상수항이 위치하는 점이다. 따라서 다항식을 나타내는 원은 이 수축 과정의 어느 단계에 이르면 그 원둘레 가운데 한 점이 반드시 원점을 지나가야 한다. 그렇지 않다면 다항식을 나타내는 원둘레의 모든 점들이 어떻게 상수항의 한 점으로 모여들 수 있겠는가?

이것으로 위의 정리는 증명이 된 셈이다! 줄어드는 원둘레의 점들은 어떤 값을 가진 복소수 x에 대한 다항식의 값들을 나타낸다. 이 고리가 줄어들면서 원점을 스치는 순간 이 다항식의 값은 어떤 x값에 대해 0이 되며, 이것으로 증명은 끝난다(물론 다항식의 상수항이 0일 때도 있는데, 이런 경우에 대해서는 각자 숙고해 보기 바란다).

§ 6.6   하지만 이 증명은 대수적 관점에서는 조금 불만스러우며, 그 이유는 이게 '연속'이라는 관념에 의지하기 때문이다. 위에서 나는 x가 점진적으로 천천히 변화한다고 말했고, 이 때문에 다항식의 값도 그런 식으로 변화한다. 이 현상 자체는 완벽하게 옳은데, 그 이유는 복소수라는 수의 체계가 본질적으로 연속성을 갖기 때문이다. 다시 말해서 복소수 체계 안에서 우리는 갑작스런 도약이나 추락 없이 어떤 수에서 다른 수로 부드럽게 미끄러지듯 변화해갈 수 있는데, 그 이유는 이 수들 사이에 다른 수들이 무한히 많이 밀집해서 존재하기 때문이다.

그러나 다른 수 체계들도 모두 그런 것은 아니다. 현대 대수에 나오는 수 체계는 무척 다양하고, 그 모두에서 우리는 다항식과 다항방정식들을 만들어낼 수 있다. 하지만 그런 체계들이 모두 복소수 체계만큼 우리에게 우호적인 것은 아니며, 따라서 FTA가 그 모두에서 성립하지는 않는다.

그러므로 현대 대수의 관점에서 볼 때 FTA는 복소수 체계의 성질에 대한 서술로 볼 수 있고, 오늘날의 전문 용어로는 이를 대수적 닫힘(성)

(algebraic closure)이라고 부른다. 복소수 체계는 대수적으로 닫혀 있는데, (이는 미지수가 하나인 어떤 다항식이든) 그 안에서 해를 가진다는 뜻이다. 따라서 FTA는 수 체계와 다항식과 방정식 모두에 대한 일반적인 이야기는 아니다. 그리고 바로 이 이유 때문에 어떤 수학자들은 자못 의기양양하게 이것이 '근본'정리는 아니라고 말한다. 또한 그들은 이것이 '정리'일 수는 있지만 대수학이 아니라 해석학의 정리라고 말하는데, 이는 '연속'이란 관념은 본질적으로 해석학에 속한다고 보는 게 더욱 타당하다고 여기기 때문이다.[60]

수학의 길잡이 3

1의 거듭제곱근

§ 길잡이 3.1   삼차방정식의 일반해에 대한 수학 길잡이에서 나는 1의 세제곱근에 대해서도 이야기했다(§길잡이2.4 참조). 1의 세제곱근은 기이하게도 세 개가 있다. 명백하게도 1은 그중 하나이며 $1 \times 1 \times 1 = 1$과 같이 바로 확인된다. 그리고 다른 두 근은 다음과 같다.

$$\frac{-1 + i\sqrt{3}}{2}, \quad \frac{-1 - i\sqrt{3}}{2}$$

이 두 복소수는 흔히 ω와 ω^2으로 쓴다. $i^2 = -1$이란 점을 고려하면서 이것들을 세제곱해 보면(실제로 해보기를 권한다) 그 결과는 모두 정말로 1이 된다. 나아가 이 두 가지 가운데 두 번째는 첫 번째의 제곱이고, 첫 번째는 두 번째의 제곱이다. 여기서 ω^2이 ω의 제곱이란 점은 명백하다. 그런데 이처럼 명백하지는 않지만 ω는 실제로 ω^2의 제곱이다. 왜냐하면 ω^2의 제곱은 ω^4이고, 이것은 $\omega^3 \times \omega$인데, 정의에 따라 $\omega^3 = 1$이므로 결국 ω^2의 제곱은 ω이다.

§ **길잡이 3.2** 1의 n제곱근의 연구는 아주 흥미로우며 고전 기하학과 수론을 비롯한 수학의 여러 분야와 관련된다. 이 문제는 복소수에 대한 수학자들의 거부감이 모두 걷힌 다음에야 비로소 본격적으로 탐구되었는데, 대략 말하자면 그 시기는 18세기 중반 정도이다. 스위스의 위대한 수학자 레온하르트 오일러는 1751년에 「무리수의 거듭제곱근 구하기에 대하여(On the Extraction of Roots of Irrational Quantities)」라는 제목의 논문을 써서 그 문을 활짝 열어 젖혔다.

1의 제곱근은 물론 1과 -1이다. 1의 세제곱근은 1과 위에 제시한 ω와 ω^2 세 가지이다. 그리고 1의 네제곱근은 1, -1, i, $-i$ 네 가지로, 이 가운데 어느 것이든 네제곱을 해보면 실제로 1이 나온다. 오일러는 1의 다섯제곱근이 아래와 같다는 점을 보였다.

$$1, \quad \frac{(-1+\sqrt{5})+i\sqrt{10+2\sqrt{5}}}{4}, \quad \frac{(-1-\sqrt{5})+i\sqrt{10-2\sqrt{5}}}{4},$$

$$\frac{(-1-\sqrt{5})-i\sqrt{10-2\sqrt{5}}}{4}, \quad \frac{(-1+\sqrt{5})+i\sqrt{10+2\sqrt{5}}}{4}$$

이 수들의 값을 구체적으로 구해서 써보면 1, $0.309017+0.951057i$, $-0.809017+0.587785i$, $-0.809017-0.587785i$, $0.309017-0.951057i$이다. 이 수들을 실수축이 동서, 허수축이 남북으로 달리도록 그려진 복소평면에 나타내 보면 그림 길잡이 3-1과 같다.

그림에서 보듯 이 수들의 위치는 원점을 중심으로 한 원의 둘레 위에

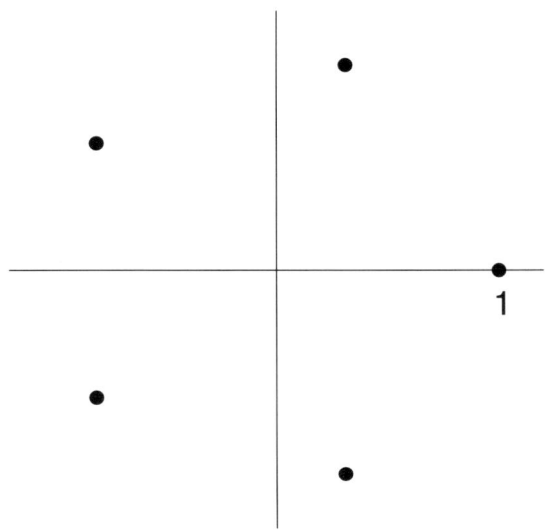

그림 길잡이 3-1 1의 다섯제곱근들.

그려진 정오각형의 꼭짓점들이다. 바꿔 말하면 이 점들은 반지름이 1인 원, 곧 단위원(unit circle)의 둘레를 오등분한 곳들에 위치해 있다. 이와 같은 '원 자르기'를 그리스어로 나타내고자 한다면 'cyclotomic'이란 단어를 얻게될 것이다. 이 때문에 복소평면 위에서 이런 관계를 가진 점들을 원분점(cyclotomic point)이라고 부른다.[61]

§ 길잡이 3.3   그런데 이 원분점들은 도대체 어떻게 얻어졌을까? 1의 세제곱근이 1과 ω와 ω^2의 세 가지란 점은 어떻게 알아냈을까? 그 답은 "방정식을 풀어서"라는 것이다.

x가 1의 세제곱근이라면 물론 $x^3 = 1$이다. 이것을 약간 달리 말하

면 $x^3 - 1 = 0$이다. 그런데 이것은 삼차방정식이므로 일반해를 구할 수 있다. 사실 $x = 1$이 세 근 가운데 하나여야 하므로 위의 식은 $(x - 1)$을 포함한 식으로 인수분해가 되며, 그 결과는 다음과 같다.

$$(x - 1)(x^2 + x + 1) = 0$$

따라서 다른 두 근을 구하려면 위의 인수분해에 나타난 이차방정식을 풀면 된다. 이 두 개의 근은 이차방정식의 근의 공식을 이용해서 구하면 되며, 그 결과는 바로 이미 제시한 ω와 ω^2이다(뒤풀이 14 참조).

이 내용을 확장해서 생각해 보면 1의 n제곱근을 구하는 문제는 $x^n - 1 = 0$이란 식을 푸는 것으로 귀결되는데, 이 식은 언제나 다음과 같이 인수분해된다.

$$(x - 1)(x^{n-1} + x^{n-2} + x^{n-3} + \cdots + x + 1) = 0$$

그러면 1을 제외한 1의 다른 n제곱근들은 다음 식을 풀어서 구할 수 있다.

$$x^{n-1} + x^{n-2} + \cdots + x + 1 = 0$$

이 식에 대한 일반해를 구하기 위하여 18세기와 19세기의 수학자들은 엄청난 노력을 쏟았다. 가우스도 1801년에 펴낸 그의 고전적인 책 『산술연구(*Disquisitiones Arithmeticae*)』에서 한 장(章)이 넘는 분량을 할애하여 이를 논하였는데, 영어 번역판에서는 54페이지에 이른다. 이것은 때로 n차의 원분방정식(cyclotomic equation)이라고 불리지만 오늘날 수학자들은 대부분 이 용어를 좀 더 제한적인 의미로 사용한다.

§ 길잡이 3.4   가우스의 눈부신 업적 가운데 하나는 정십칠각형 (regular heptadecagon)을 자와 컴퍼스만을 사용하는 고전적인 방법으로 작도할 수 있다는 사실을 증명한 것이다.

지금껏 내가 사용한 용어로 표현하자면 정다각형은 복소평면의 원분점들로 나타나는 그 꼭짓점들의 좌표가 정수들의 제곱근들로 표현될 수 있을 때에만 자와 컴퍼스만으로 작도할 수 있다. 이 내용은 $n=5$, 곧 이미 제시한 1의 다섯제곱근을 살펴봄으로써 선명하게 이해할 수 있다. 이 식에 나오는 수들은 모두 정수와 그 제곱근들이며, 따라서 정오각형은 자와 컴퍼스만으로 작도할 수 있다. 가우스는 정십칠각형의 경우도 이와 마찬가지라는 점을 증명했다. 나아가 그는 1의 17제곱근 가운데 하나의 실수 부분을 다음과 같이 계산해냈다.

$$\frac{-1+\sqrt{17}+\sqrt{34-2\sqrt{17}}+2\sqrt{17+3\sqrt{17}-\sqrt{34-2\sqrt{17}}-2\sqrt{34+2\sqrt{17}}}}{16}$$

위 식에 나오는 수들은 제곱근 기호가 세 단계까지 쓰였지만, 어쨌든 정수와 그 거듭제곱근들로만 구성되어 있으며, 따라서 정십칠각형은 자와 컴퍼스만으로 작도할 수 있다. 이 사실은 청년 가우스가 이룬 첫 번째 위대한 업적으로 널리 알려졌으며, 이에 따라 그의 고향인 독일 브라운스바이크(Braunschweig)에서는 그의 기념관에 정십칠각형을 새겨 놓았다.

가우스는 이 사실이 $2^{2^k}+1$이라는 형태로 쓸 수 있는 모든 소수들에 대해서도 마찬가지로 성립한다는 점도 증명했다(이 형태로 쓸 수 있는 '모든 수'들에 대해 성립한다고 잘못 쓴 자료들이 있다). $k=0, 1, 2, 3, 4$일 경우 이 식의 값은 3, 5, 17, 257, 65537로서 모두 소수들이다. 하지만 k가 5일 경우에는 4,294,967,297이 나오며, 가우스는 이에 대해 "특출한 오일러가 이 수는 소수가 아니란 점을 처음으로 증명하였다"고 썼다.

§ **길잡이 3.5**   1의 거듭제곱근에는 흥미로운 성질들이 많으며, 이는 고전 기하학뿐 아니라 소수, 인수, 나머지 등을 다루는 수론과도 긴밀한 관계가 있다.

이 사실에 대해 어렴풋이나마 알아보기 위해 1의 여섯제곱근을 살펴보자. 여기에는 $1, -\omega^2, \omega, -1, \omega^2, -\omega$의 여섯 가지가 있는데, ω와 ω^2은 낯익은 1의 세제곱근이다. 이 여섯 가지 가운데 하나를 택해서 그것을 여섯 번까지 제곱하면 그 결과는 다음의 표와 같다. 이 표에서 여섯 개의 거듭제곱근은 맨 왼쪽 칸에 있는 a의 아래쪽으로 죽 나열했다. 그리고 그것들의 거듭제곱은 각 행의 오른쪽으로 가면서 $a^2, a^3, \cdots\cdots$의 아래로 나열했다. 당연한 이야기지만, 각 수의 '일제곱'은 그 수 자체이며, 각 근들의 여섯제곱은 모두 1로서 맨 오른쪽 칸에 나타나 있다.

여섯 개의 근 가운데 $-\omega^2$과 $-\omega$만이 거듭제곱을 되풀이함에 따라 차례로 여섯 개의 근을 모두 만들어낸다. 반면 다른 것들은 이 여섯 개의 근 가운데 일부만 만들어낸다. 이 사실은 $-\omega^2$과 $-\omega$만이 1의 순수한 여섯제곱근이며, 다른 것들은 1의 제곱근이거나(-1의 경우) 세제곱근이(ω와 ω^2의 경우) 되기도 한다는 점에서 직관적으로 쉽게 이해할 수 있다.

$n=6$일 경우의 $-\omega^2$과 $-\omega$처럼 거듭제곱을 되풀이할 때 다른 모든 근들을 만들어내는 근을 1의 n차 원시근(primitive root)이라고 부른다.[62] 복소평면에 그린 단위원에서, x축 양의 방향에서 반시계 방향으로 돌아갈 때 처음으로 만나는 근은 언제나 원시근이다. 그리고 다른 원시근들은 이로부터 k번째에 있는 근들인데, 여기서 k는 n과 공약수를 갖

지 않는 수를 가리킨다. 예를 들어 $n = 9$일 경우 첫 번째, 두 번째, 네 번째, 다섯 번째, 일곱 번째, 여덟 번째 근이 원시근이다. 만일 n이 소수라면 1을 제외한

α	α^1	α^2	α^3	α^4	α^5	α^6
$1:$	1	1	1	1	1	1
$-\omega^2:$	$-\omega^2$	ω	-1	ω^2	$-\omega$	1
$\omega:$	ω	ω^2	1	ω	ω^2	1
$-1:$	-1	1	-1	1	-1	1
$\omega^2:$	ω^2	ω	1	ω^2	ω	1
$-\omega:$	$-\omega$	ω^2	-1	ω	$-\omega^2$	1

n거듭제곱근들이 모두 원시근이다. 앞서 1의 거듭제곱근들이 소수와 인수 등, 수론과 긴밀한 관계가 있다고 한 말은 바로 이런 내용들을 가리킨다.

§7

오차방정식의 공략

§ 7.1 지금까지 삼차와 사차방정식의 일반해가 16세기 초반에 이탈리아 수학자들에 의해서 발견된 과정을 이야기했다. 그렇다면 다음 차례는 분명 오차방정식의 일반해일 것이다.

$$x^5 + px^4 + qx^3 + rx^2 + sx + t = 0$$

먼저 우리가 찾고자 하는 게 무엇인지부터 밝히고 시작하자. 어떤 특정한 오차방정식에 대해서도 단순히 수치해만 구하고자 한다면 10세기와 11세기의 이슬람 수학자들이 알고 있었던 방법만으로도 어느 정도 정확한 값을 얼마든지 구할 수 있다.

여기서 알려지지 않았던 것은 다음과 같은 형태로 주어지는 대수해였다.

$$x = [p, q, r, s, t\text{로 표현되는 어떤 대수식}]$$

위 괄호 속에서 말하는 '대수식(algebraic expression)'은 '어떤 문자들의 거듭제곱과 거듭제곱근을 더하기, 빼기, 곱하기, 나누기로 연결하여 표현한 식'을 가리킨다. 이 표현을 좀 더 완전히 매듭짓기 위해 나는 위 괄호 속의 연산들이 유한한 횟수여야 한다는 점을 덧붙이고자 한다. §길잡이 2.7에 나오는 사차방정식의 일반해도 이런 대수식의 한 예이다.

그런데 오차방정식에는 그런 일반해가 존재하지 않는다는 점이 알려져 있다. 적어도 내가 조사한 바에 따르면 이 사실을 처음 믿은 사람은 또 다른 이탈리아의 수학자 파올로 루피니(Paolo Ruffini, 1765~1822)였다. 그는 18세기가 거의 저물 무렵, 아마도 1798년에 이 사실을 깨달았던 것 같으며, 이듬해에 이에 대한 증명을 발표했다. 가우스도 같은 해인 1799년에 자신의 박사 학위 논문에 동일한 견해를 밝혔지만 증명은 내놓지 않았다. 루피니는 1803년, 1808년, 1813년에 각각 두 번째, 세 번째, 네 번째 증명을 잇달아 발표했다. 하지만 이 증명들은 동료 수학자들을 만족시키기에는 뭔가 부족했으며, 이에 따라 누구도 별다른 눈길을 주지 않았다. 오차방정식의 일반해가 존재하지 않는다는 점을 확정적으로 증명한 공로는 노르웨이의 수학자 닐스 아벨(Niels Abel, 1802~1829)에게 돌리는 게 일반적인데, 그는 자신의 증명을 1824년에 발표했다.

그러므로 사실상 18세기에는 오차방정식의 일반해가 존재한다는 믿음이 널리 퍼져 있었다. 하지만 이를 증명하기 위해서는 엄청나게 어려운 문제를 해결해야 했다. 1700년에는 페라리가 사차방정식의 일반해를 발견한 지 이미 160년이 지났지만 오차방정식에 대해서는 전혀 아무런 진전이 없었다. 삼차와 사차방정식을 해결하는 데 쓰였던 기법은 오차방정식에는 통하지 않았으며, 따라서 뭔가 완전히 새로운 아이디어가 필요했다.

이런 탓이었는지 17세기와 18세기 초까지 이 문제는 나락으로 빠져들었다. 새롭고도 강력한 문자기호가 확보되었고, 미적분도 발견되었고, 복소수도 잘 길들여졌으며, 이론적인 과학들이 갈수록 크게 발전하고 있었으므로, 수학자들은 손을 조금만 내밀어도 많은 성과들을 거둬들일 수 있었다. 하지만 수많은 도전을 받고서도 요지부동일 뿐 아니라 실용적인 응용성도 거의 없을 듯한 이런 문제는 아무런 흥미를 끌지 못하게 되었다. 게다가 수치해만 찾고자 한다면 누구나 원하는 만큼의 정확한 값을 별 어려움 없이 얻어낼 수 있었다. 요컨대, 다음에 나올 표현을 미리 말하자면, 이런 문제는 정말로 '전형적인' 순수 수학의 문제였다.

§ 7.2　스위스의 위대한 수학자 레온하르트 오일러는 1732년 러시아의 상트페테르부르크(Saint Petersburg)에 있을 때 오차방정식의 일반해에 처음으로 도전했다. 이때 그는 별 진전을 이루지 못했지만 30년 뒤 베를린에서 프리드리히 대왕을 위해 일할 때에는 약간의 성과를 거두었다. 그는 「임의의 차수의 방정식의 해에 대하여」라는 논문에서 n차방정식의 해가 다음과 같은 형태를 가질 것이라고 말했다.

$$A + B\sqrt[n]{\alpha} + C(\sqrt[n]{\alpha})^2 + D(\sqrt[n]{\alpha})^3 + \cdots$$

여기서 α는 $n - 1$차의 보조방정식에 대한 해이고, $A, B, C \cdots\cdots$는 본래 방정식에 들어 있는 계수들로 만들어진 대수식들이다. 이 식 자체는 그럴 듯하다. 하지만 $n - 1$차의 보조방정식의 해가 구해질 수 있으리라는 점은 어떻게 알아낼까?

우리는 이를 알지 못하는데, 18세기의[63] 위대한 수학자들과 19세기의 가우스도 사실상 아무런 성과를 거두지 못했다. 그러나 오일러의 노력이 전혀 헛된 것은 아니었다. 1824년에 아벨이 내놓은 오차방정식의 일반해가 존재하지 않는다는 사실에 대한 증명은 위의 식과 아주 비슷한 모습의 식을 제시하면서 시작한다.

§ 7.3 세상사가 때로 아주 기이하게 이루어지듯 이 문제에 대한 결정적인 통찰도 18세기 위대한 수학자들 가운데 한 사람이 아니라 어쩌면 가장 초라한 수학자라 할 사람에게서 나왔다.

이름으로는 그렇지 않은 듯 하지만 알렉상드르-테오필 방데르몽드(Alexandre-Théophile Vandermonde, 1735∼1796)는 프랑스의 본토박이인데, 35살 때인 1770년 11월 파리의 프랑스아카데미(French Academy)에[64] 한 논문을 제출했다. 이후 그는 세 편의 논문을 더 제출했으며 이에 힘입어 1771년에 이 학회의 회원으로 선출되었다. 그런데 이 네 편의 논문이 그가 이룬 수학적 업적의 전부였고, 그의 삶은 주로 음악에 바쳐졌다. DSB는 이에 대해 "당시 음악가들은 방데르몽드를 수학자로 여긴 반면 수학자들은 그를 음악가로 여겼다"고 썼다.

방데르몽드는 그의 이름을 덧붙인 행렬, 곧 방데르몽드 행렬(Vandermonde matrix)로 가장 유명한데, 나도 나중에 이에 대해 이야기할 예정이다. 하지만 실제 그의 논문들에는 이 행렬이 나오지 않으며, 따라서 이는 오해의 결과인 것으로 보인다. 전반적으로 방데르몽드의 삶은 어딘지 기이하고 환상적이어서 마치 블라디미르 나보코프(Vladimir Nabokov, 1899∼1977)가 창출한 인물들 가운데 한 사람 같기도 하다. 말년에 그는 프랑스 혁명을 열렬히 지지하는 자코뱅(Jacobin) 당원이 되었는데, 건강

이 악화되어 1796년에 세상을 떴다.

방데르몽드의 핵심적 통찰은 방정식의 각 답을 모든 답들을 사용하여 표현한다는 것이었다. 예를 들어 $x^2 + px + q = 0$이라는 이차방정식을 생각해 보자. 그 두 해를 α와 β라고 하면 다음 식이 성립한다는 점은 쉽게 확인할 수 있다.

$$\alpha = \frac{1}{2}\left[(\alpha + \beta) + (\alpha - \beta)\right]$$

$$\beta = \frac{1}{2}\left[(\alpha + \beta) - (\alpha - \beta)\right]$$

이것을 약간 달리 써보자. 제곱근 기호가 양과 음의 두 값들을 나타낸다고 생각한다면 이차방정식의 두 근은 아래와 같은 하나의 식으로 쓸 수 있다.

$$\frac{1}{2}\left[(\alpha + \beta) + \sqrt{(\alpha - \beta)^2}\right]$$

여기서 주목할 점은 무엇일까? $(\alpha - \beta)^2$을 풀어쓰면 $\alpha^2 - 2\alpha\beta + \beta^2$이 된다. 그런데 이것은 α와 β의 대칭다항식인 $(\alpha + \beta)^2 - 4\alpha\beta$와 같다. 이제 해들의 대칭다항식은 언제나 계수들의 대칭다항식으로 고쳐 쓸 수 있다는 사실을 되새겨 보자. 그러면 이 예의 마지막 식은 $p^2 - 4q$가 된다.

이로부터 이차방정식의 낯익은 일반해가 얻어진다. 하지만 물론 이게 주안점은 아니다. 여기의 주안점은 이 방법이 모든 차수의 방정식에 대한 일반적인 공략법이 될 수 있을 것 같다는 사실이다. 반면 이보다 앞서 살펴보았던 이차, 삼차, 사차방정식의 일반해를 구하는 방법들은 모두 임시방편이어서 일반화할 수 없는 것들이었다.

이에 따라 이 방법을 축약삼차방정식 $x^3 + px + q = 0$에 적용해 보자. 지금까지와 마찬가지로 1의 세제곱근을 1, ω, ω^2으로 쓰고, §길잡이 3.3에서 이것들이 $1 + \omega + \omega^2 = 0$이란 식을 충족한다고 말한 점을 돌이켜 보면, 여기 축약삼차방정식의 일반해는 다음과 같이 쓸 수 있다.

$$\frac{1}{3}\left[(\alpha + \beta + \gamma) + \sqrt[3]{(\alpha + \omega\beta + \omega^2\gamma)^3} + \sqrt[3]{(\alpha + \omega^2\beta + \omega\gamma)^3}\right]$$

이것은 축약삼차방정식에 대한 것이므로 $(\alpha + \beta + \gamma)$의 값은 0이다 (§5.6 참조). 따라서 우리는 두 개의 세제곱근만 해결하면 된다. 그런데 여기에는 한 가지의 단점이 있는 것 같다. 위에서 이차방정식의 해를 구할 때 제곱근 안의 다항식은 대칭이었지만 여기 세제곱근 안의 다항식은 α와 β와 γ에 대하여 대칭이 아니라는 것이다. 이 점을 좀 더 자세히 살펴보기 위해 $(\alpha + \omega\beta + \omega^2\gamma)^3$과 $(\alpha + \omega^2\beta + \omega\gamma)^3$을 각각 U와 V로 놓자. 그러면 α와 β와 γ의 가능한 6가지의 치환에 대해 U와 V는 어떻게 변할까? 이 치환들과 그 결과들을 다음과 같이 정리해 실었는데, 아마 큰 어려움 없이 쉽게 파악할 수 있을 것이다.

치환	U	V
$\alpha \to \alpha, \beta \to \beta, \gamma \to \gamma$:	$(\alpha + \omega\beta + \omega^2\gamma)^3$	$(\alpha + \omega^2\beta + \omega\gamma)^3$
$\alpha \to \alpha, \beta \to \gamma, \gamma \to \beta$:	$(\alpha + \omega^2\beta + \omega\gamma)^3$	$(\alpha + \omega\beta + \omega^2\gamma)^3$
$\alpha \to \gamma, \beta \to \beta, \gamma \to \alpha$:	$(\omega^2\alpha + \omega\beta + \gamma)^3$	$(\omega\alpha + \omega^2\beta + \gamma)^3$
$\alpha \to \beta, \beta \to \alpha, \gamma \to \gamma$:	$(\omega\alpha + \beta + \omega^2\gamma)^3$	$(\omega^2\alpha + \beta + \omega\gamma)^3$
$\alpha \to \beta, \beta \to \gamma, \gamma \to \alpha$:	$(\omega^2\alpha + \beta + \omega\gamma)^3$	$(\omega\alpha + \beta + \omega^2\gamma)^3$
$\alpha \to \gamma, \beta \to \alpha, \gamma \to \beta$:	$(\omega\alpha + \omega^2\beta + \gamma)^3$	$(\omega^2\alpha + \omega\beta + \gamma)^3$

(아무 변화도 없는 첫째 줄은 바로 '항등치환'에 의한 것이다.)

이것만으로는 눈에 띄는 게 거의 없다. 하지만 ω는 1의 세제곱근이라는 점을 잊지 말자. 우리는 이 사실을 이용하여 ω와 ω^2을 괄호 밖으로 빼낼 수 있다. 예를 들어 다섯 번째 행의 첫째 항은 다음과 같이 쓰인다.

$$(\omega^2 \alpha + \beta + \omega\gamma)^3 = \left[\omega^2(\alpha + \omega\beta + \omega^2\gamma)\right]^3 = \omega^6(\alpha + \omega\beta + \omega^2\gamma)^3$$

그런데 이것은 단순히 U이다. 실제로 위의 어떤 치환이든지 그 결과는 다시 U 아니면 V가 되며, 그 수는 반반이다. 이처럼 U나 V에 어떤 치환을 하면 그 결과는 다시 그대로 또는 서로 뒤바뀐 모습이 된다.

이 결과를 약간 달리 표현하면 다음과 같다. 위의 U와 V에 가능한 모든 치환을 하면 절반의 U와 V는 그대로 남고 다른 절반의 U와 V는 서로 뒤바뀐다.

이상에서 핵심적 개념은 *대칭성*이다. 해의 다항식에서 α와 β와 γ는 비에트나 뉴턴이 탐구했던 것들처럼 완전히 대칭일 수 있으며, 이런 경우 가능한 여섯 가지의 치환 모두에 대해 다항식의 값은 변하지 않는다. 따라서 이때는 한 가지 값만 가진다. 한편 어떤 다항식은 완전히 비대칭일 수도 있는데, 이런 경우 가능한 여섯 가지의 치환에 대해 서로 다른 여섯 가지의 값을 내놓는다. 또는 위의 예와 같이 *부분적*으로 대칭일 수도 있으며, 이런 경우 이 해들에 대해 가능한 여섯 가지의 치환을 하면 1보다 크지만 6보다 작은 어떤 값들이 나온다.

이제 해답으로 들어가 보자. 지금까지의 내용에서 α와 β와 γ의 모든 치환에 대해 $U + V$와 UV는 물론 U와 V의 어떤 대칭다항식들도 변하지 않는다는 점이 증명된다. 그러므로 $U + V$와 UV 자체도 α와 β와 γ의 대칭다항식이며, 따라서 삼차방정식의 계수 p와 q의 식으로 나타내진다. $\alpha + \beta + \gamma$는 이차항의 계수와 같은데 축약삼차방정식에서는 이게 0이 된다는 점을 고려하면서 이와 관련된 계산을 실제로 해보면 다음 결과를 얻는다.

$$U + V = -27q, \quad UV = -27p^3$$

그러므로 미지수 t에 대한 다음의 이차방정식을 풀면 U와 V를 구할 수 있다.

$$t^2 + 27qt - 27p^3 = 0$$

그러면 결국 삼차방정식을 해결한 셈이 되는데, 이것을 §길잡이 2.6에서 설명한 방법과 비교해 보기 바란다.

한편 여기에는 또 다른 단점이 있다. 앞서 이차방정식에서 그랬던 것처럼 여기의 세제곱근 기호도 가능한 모든 경우를 포괄하는 것으로 이해해야 하며, 따라서 세제곱근의 경우에는 세 가지 값, 곧 어떤 값과 이것에 ω를 곱한 값과 ω^2을 곱한 값들을 모두 가리키는 것으로 봐야 한다. 그런데 위의 식에는 세제곱근 기호가 2개 있으므로 이 식은 실질적으로 9개의 값을 나타낸다. 그러므로 이 가운데 셋은 삼차방정식의 근이지만 나머지 여섯은 무의미한 값이라는 뜻이 된다. 하지만 어느 게 근이고 어느 게 아닌지는 또 어찌 구별할 것인가?

방데르몽드는 이 문제를 완전히 해결하지 못했다. 그러나 그는 실마리를 제시했는데, 삼차방정식의 경우에 이를 적용해 보면 다음과 같다.

하나의 일반해를 모든 해들의 대칭 또는 부분적으로 대칭인 다항식들로 표현한다.

질문 : 이 다항식들은 α와 β와 γ의 가능한 6가지 치환에 대해 몇 가지의 서로 다른 값을 나타내는가?

답 : 두 가지로, 나는 이것을 U와 V로 썼다. 그리고 이를 통해 우리는 새로운 이차방정식을 얻는다.

지금까지 설명한 방법이 해들의 치환으로 방정식을 해결하려는 첫 시도였으며, 이 과정에서 어떤 식(위 예에서는 $\alpha + \omega\beta + \omega^2\gamma$)을 변화시키지 않는 치환들만으로 이루어진 *부분집합*을 찾는 게 중요한 의미를 가진다. 이와 같은 아이디어들이 오차방정식에 대한 공략에서 핵심적으로 쓰인다.

§ 7.4   그런데 불행하게도 방데르몽드의 연구는 그보다 훨씬 뛰어난 재능을 가진 라그랑주(Joseph-Louis Lagrange, 1736∼1813)의 업적에 의해 완전히 가려져 버렸다. 해럴드 에드워즈(Harold Edwards) 교수는 이 두 사람에 대해 "방데르몽드는 프랑스 이름 같지 않은 이름을 가진 프랑스인이었고 라그랑주는 프랑스 이름 같은 이름을 가졌지만 프랑스인이 아니었다[65]"라고 썼다(하지만 나중에 프랑스 국적을 취득했다. ― 옮긴이).

주세페 로도비코 라그란지아(Giuseppe Lodovico Lagrangia)는 1736년 프랑스의 국경에서 50킬로미터밖에 떨어지지 않은 북부 이탈리아의 토리노(Torino)에서 태어났다. 프랑스인은 아니지만 선조 중에 프랑스인이 있었던 그는 프랑스어로 쓰는 것을 좋아했고 일찍부터 성(姓)을 프랑스식으로 썼다. 하지만 그의 프랑스어에는 평생 강한 이탈리아 악센트가 섞여 있었다. 그는 1787년에 프랑스아카데미의 회원이 되었고 1813년에 세상을 뜰 때까지 파리에서 살았다. 프랑스 혁명을 잘 견뎌낸 그는 무게와 길이의 표준을 새롭게 정하는 미터법(metric system)의 체계를 세우는 데에 핵심적인 역할을 했다. 따라서 그가 조제프 루이 라그랑주(Joseph-Louis Lagrange)로 더 널리 알려진 것은 그다지 부당한 일이 아니다. 파리에는 그의 이름을 딴 작고도 아름다운 공원이 있는데, 거기에는 파리에서 가장 오래된 나무가 있다.[66]

라그랑주는 처음에 토리노에서 연구 생활을 했는데 그는 거기서 16살에 이미 수학 교수가 되었다. 1770년 방데르몽드가 프랑스아카데미에 논문을 제출할 때 라그랑주는 베를린에 있는 프리드리히 대왕의 궁전에서 연구하며 지내고 있었다. 라그랑주는 1766년에 오일러가 상트페테르부르크로 떠나자 베를린으로 와서 그의 자리를 물려받았다. 프리드리히 대왕은 라그랑주를 좋아했던 것 같다. 오일러는 순수한 성품으로 아무런 꾸밈이 없었음에 비해 라그랑주는 당시의 정치와 철학에 통달했고, 익살맞고도 풍자적인 유머도 잘 구사했으며, 다채로운 모습으로 자신을 두드러지게 함으로써 훨씬 즐거운 상대가 되어주었기 때문이었다.

대수에 대한 라그랑주의 위대한 기여는 방데르몽드가 파리의 프랑스아카데미에 논문을 제출한 지 몇 달이 지난 1771년에 나왔다. 이는 베를린에 있는 프리드리히 대왕의 아카데미에서 출판되었는데 그 제목은「방정식들의 대수해에 대한 고찰(Reflections on the Algebraic Solution of Equations)」이었다. 이미 이름 높은 수학자였던 그가 다른 여러 수학자들의 마음에 해들의 치환을 이용한 해법을 제시한 것은 바로 이 논문을 통해서였다.

하지만 두 사람이 겪은 과정은 아주 공정하지 못했다. 방데르몽드는 이 방법을 처음 떠올렸고 현대의 교재들에는 그 업적이 정당하게 평가되어 있다. 하지만 그의 논문은 주의를 끌지 못했고, 이에 따라 바시마코바와 스미르노바는 그것이 "대수학의 발전에 아무런 기여를 하지 못했다"고 썼다. 심지어 그의 논문은 1774년이 되도록 출판되지도 않았는데, 라그랑주의 논문은 이미 널리 알려져 있었다. 라그랑주가 방데르몽드의 연구를 알고 있었다는 증거는 없다. 나아가 그는 비뚤어진 마음을 가진 사람이 아니었으므로 이를 알고 있었다면 분명 언급했을 것이다. 따라서 두 사람의 연구는 위대한 지성들, 더 정확히 말하자면 한 위대한 지성과 그보다는 못하지만 나름대로 훌륭한 지성이 우연히 동시에 비슷하게 일궈낸 결과이다.

라그랑주는 방데르몽드와 같은 사고 과정을 거쳤지만 더욱 뛰어난 수학자였기에 논증도 더욱 깊이 파헤쳤다. 아래에서는 편의상 축약삼차방정식 $x^3 + px + q = 0$을 들어 설명하기로 한다.

방데르몽드가 사용했던 것과 같은 $\alpha + \omega\beta + \omega^2\gamma$라는 식으로 시작하는데, 전문 용어로는 이것을 라그랑주 분해식(Lagrange resolvent)이라고 부른다. 라그랑주는 α와 β와 γ를 서로 치환하면 아래와 같은 여섯 가지의 다른 값들을 갖지만 그 세제곱은 앞서 보인 바와 같이 두 가지 값만 가진다는 점을 주목했다.

$$t_1 = \alpha + \omega\beta + \omega^2\gamma \quad t_2 = \alpha + \omega^2\beta + \omega\gamma \quad t_3 = \omega^2\alpha + \omega\beta + \gamma$$
$$t_4 = \omega\alpha + \beta + \omega^2\gamma \quad t_5 = \omega^2\alpha + \beta + \omega\gamma \quad t_6 = \omega\alpha + \omega^2\beta + \gamma$$

앞서 했던 것처럼 ω는 1의 세제곱근이란 점을 이용하여 α의 항들에서 ω를 빼낼 수 있다. 그러면 $t_3 = \omega^2 t_2$, $t_4 = \omega t_2$, $t_5 = \omega^2 t_1$, $t_6 = \omega t_1$이 된다.

이제 위의 t들을 근으로 갖는 6차의 다항식을 아래와 같이 만든다.

$$(X - t_1)(X - t_2)(X - \omega^2 t_2)(X - \omega t_2)(X - \omega^2 t_1)(X - \omega t_1)$$

라그랑주는 이것을 *분해방정식(resolvent equation)*이라고 불렀는데, 이는 아래와 같이 간단히 정리된다.

$$(X^3 - t_1^3)(X^3 - t_2^3)$$

그런데 이것은 앞서 얻었던 이차방정식으로 그 해는 $U = t_1^3$와 $V = t_2^3$이다.

라그랑주는 같은 과정을 사차방정식의 일반해를 얻는 데에도 적용했는데, 여기서의 분해방정식은 24차식이 된다. 삼차방정식의 분해식이 6차식이었지만 이차방정식으로 귀결되듯, 사차방정식의 24차 분해식도 6차식으로 귀결된다. 언뜻 이는 별로 좋지 않아 보이지만 X에 대한 6차식은 실제로는 X^2에 대한 3차식이어서 결국 해결된다.

다섯 가지 대상을 뒤섞는 방법의 수는 $1 \times 2 \times 3 \times 4 \times 5$로서 그 값은 120이다. 오차방정식에 대한 라그랑주의 분해방정식은 따라서 120차식이다. 이것을 교묘한 방법으로 재편하면 24차식으로 귀결된다. 그러나 라그랑주는 여기서 막혀 더 이상 나아가지 못했다. 다만 그는 방데르몽드처럼 한 가지 중요한 점을 발견했다. 어떤 방정식의 해결 가능성을 이해하려면 그 해들의 치환을 조사하고 이 치환들에 대해 그중 어떤 핵심적인 식, 곧 분해식에 어떤 일이 일어나는지를 살펴보아야 한다는 게 그것이었다.

라그랑주는 또 한 가지 중요한 정리를 증명했는데 이것에는 라그랑주 정리(Lagrange's theorem)라는 이름이 붙어서 오늘날에도 대수를 공부하는 학생들이 배우고 있다. 그 현대적 구성은 본래 모습과 사뭇 다르고 더 일반적이지만 여기서는 라그랑주가 이해했던 대로 설명한다.

n개의 미지수를 가진 다항식이 있다고 하자.[67] 그러면 이 미지수들을 치환하는 방법의 수는 $1 \times 2 \times 3 \times \cdots \times n$가지이다. 이미 알고 있는 독

자들이 많겠지만 이런 수들은 n의 계승(factorial)이라 부르고 '$n!$'과 같이 느낌표를 찍어서 나타낸다. 예를 들어 $2! = 2$, $3! = 6$, $4! = 24$, $5! = 120$, …… 등이다. 주의할 점은 관습적으로 $1!$의 값은 1로 보는데, 흥미롭고 중요하게도 $0!$의 값도 1이다. 앞서 α와 β와 γ에 대해 그랬던 것처럼, 미지수들을 가능한 $n!$가지의 방법에 따라 모두 치환한다고 생각해 보자. 이 다항식은 얼마나 많은 서로 다른 값들을 가질 수 있을까? 앞의 예에서는 그 답이 2였고, 이를 U와 V로 불렀다. 하지만 이것을 확장하여 일반화할 수는 없을까? 곧 어떤 다항식이 A가지의 서로 다른 값을 가진다면 우리는 A에 대해 어떻게 설명할 수 있을까?

라그랑주 정리는 A가 $n!$의 약수 가운데 하나라고 말한다. 이제 α와 β와 γ를 사용하여 다항식을 만들고, 이 미지수들을 여섯 가지의 가능한 방법으로 섞어서 얼마나 많은 값들이 나오는지 살펴본다고 하자. 먼저 다항식이 대칭이라면 답은 1이다. 다항식이 앞서 본 예와 같은 경우라면 답은 2이다. 한편 $\alpha + \beta - \gamma$와 같은 다항식의 경우에는 답이 3이며, $\alpha + 2\beta + 3\gamma$와 같은 경우에는 답이 6이다. 하지만 답이 4나 5가 되는 경우는 없다. 라그랑주가 증명한 것은 바로 이런 현상인데, 다만 그는 $n = 3$인 경우뿐 아니라 다른 일반적인 모든 경우에 대해 증명했다.

라그랑주 정리를 좀 더 정확히 이해하도록 하자. 이에 따르면 A는 $n!$의 약수이기는 한데, 그렇다고 해서 $n!$의 모든 약수들이 A가 될 수 있다는 뜻은 아니다. 예를 들어 $n = 5$의 경우를 보자. 그러면 $n! = 120$이고 4는 120의 약수이므로 5개의 미지수로 만들어진 어떤 다항식은 그 미지수들을 120가지의 모든 방법으로 치환할 때 서로 다른 4가지의 값을 내놓을 것이라고 예상할 수도 있다. 하지만 실제로는 그렇지 않다. 이런 일이 있을 수 있다는 사실은 다음 절에서 좀 더 살펴볼 프랑스의 수학자 오귀스탱 코시(Augustin Cauchy, 1789~1857)가 밝혔는데, 이는 오차방정식의 일반적 대수해를 찾는 문제에서 핵심적인 역할을 한다.

라그랑주 정리는 현대적 군론(group theory)에서 하나의 초석과도 같은 지위를 차지한다. 하지만 라그랑주가 살던 시절에 이 이론은 존재하지도 않았다.

§ 7.5 이 장에서 처음 언급된 이름은 파올로 루피니였으며 그는 오차방정식의 대수해가 존재하지 않는다는 것을 증명하기 위해 여러 번의 시도를 했다. 이 시도들에서 루피니는 라그랑주의 아이디어를 따랐다. 삼차방정식의 경우 분해방정식은 우리가 이미 해법을 알고 있는 이차방정식이다. 사차방정식의 분해방정식은 삼차방정식이지만 우리는 그 해법도 알고 있다. 라그랑주는 오차방정식의 일반적 대수해를 얻으려면 삼차나 사차의 분해방정식을 얻어내야 한다는 점을 알았다. 루피니는 미지수들을 치환할 때 다항식이 가질 수 있는 값들을 면밀히 조사한 끝에 이게 불가능하다는 점을 증명하였다.

루피니의 전기 작가 가운데 한 사람은 "우리는 루피니에 대해 참으로 깊이 유감스럽게 여겨야 한다"라고 썼다.[68] 그의 첫 증명은 잘못되었지만 이후 그는 적어도 세 가지 증명을 더 내놓았다. 루피니는 이 증명들을 당시의 선배 수학자들에게 보냈으며, 그 가운데는 라그랑주도 들어 있었다. 하지만 그들은 그냥 무시하거나 아니면 짐짓 겸손해 하면서 이해할 수 없다는 식의 답변만 보내왔을 뿐이었다. 이탈리아인들은 라그랑주를 같은 나라 사람으로 여겼기에 그로부터 온 답변은 더욱 쓰라렸을 것이다. 루피니는 자신의 증명들을 프랑스학술원(French Institute)(프랑스 혁명으로 잠시 해체된 프랑스아카데미를 대신한 기관)에도 보냈고 영국의 왕립학회에도 보냈지만 결과는 마찬가지였다.

1822년에 세상을 뜰 때까지 가엾은 루피니는 자신의 업적을 인정받기 위해 노력했지만 별다른 성공을 거두지 못했다. 다만 한 가지 있다면 1821년에 프랑스의 위대한 수학자 오귀스탱 코시가 보내온 편지를 들 수 있을 것이다. 루피니가 몇 달 남은 생애 동안 소중히 아꼈을 이 편지에서 코시는 루피니의 연구를 칭찬하면서 자기 생각에는 루피니가 오차방정식에는 일반적인 대수해가 존재하지 않는다는 점을 증명한 것으로 여겨진다고 밝혔다. 실제로 코시는 1815년에 루피니의 업적을 토대로 쓴 게 분명한 그 나름의 논문을 발표하기도 했다.[69]

여기서 잠시 코시에 대해 조금 살펴보고 넘어가야겠다. 이 이야기를 하는 동안 그의 이름이 또 나오기 때문이다. 그는 수학사의 빛나는 위인들 가운데 한 사람이다. DSB에서 코시에 대해 쓴 네덜란드의 수학자 한스 프로이덴탈(Hans Freudenthal, 1905～1990)에 따르면 그의 이름이 붙은 정리나 개념들의 수는 다른 어느 수학자보다 더 많은데, 프로이덴탈이 쓴 코시에 대한 지면은 17쪽에 이르러 가우스에 대한 지면과 같은 쪽수를 차지한다.

그런데 코시와 가우스의 연구 스타일은 아주 달랐다. 가우스는 자신의 연구를 완벽에 가깝도록 다듬은 뒤에야 펴냈기 때문에(그의 논문이 극히 읽기 어려운 것도 이 때문이다) 그의 논문들은 드문드문 나왔다. 150년에 걸쳐 수학계에서는 놀랍도록 뛰어난 아이디어가 떠올랐을 때 맨 처음에 할 일은 가우스가 펴내지 않은 저술들 가운데 어딘가에 그게 들어있지 않은지 점검해 보는 것이라는 조크가 널리 퍼졌다. 이와 대조적으로 코시는 뭔가 머리에 떠오르면 바로 논문을 썼으며 어떤 때는 단 며칠 만에 펴내기도 했다. 사실 그는 자신의 논문만을 펴낼 개인적인 잡지를 따로 창간했을 정도였다.

코시는 성격적으로도 많은 이야깃거리를 만들어냈다. 어떤 전기 작가는 그가 경건하고 고결하고 자비롭다고 서술한 반면 다른 작가는 권력과 특권을 쫓는 교활한 냉혈한으로 묘사하기도 했다. 또 어떤 이는 그가 이른바 백치천재(idiot savant)의 한 사람으로 비현실적이고 혼란스러운 생애 때문에 많은 실수를 저질렀다고 썼다. 독실한 가톨릭교도였던 코시는 완고한 군주주의자이기도 했는데, 그의 이런 정신적 배경은 당시 유럽의 지식 계급들이 세속적이고도 진보적인 정치학에 오래도록 심취하기 시작하는 경향과 비교하면 반동적인 성격의 것이었다.[70]

현대의 자료들은 한때 비난의 대상이었던 코시의 여러 측면들에 대해 호의적인 의심의 눈길을 보내는 편이다(§8.6을 참조). 심지어 스코틀랜드 출신의 유명한 수학 저술가 에릭 벨(Eric Bell, 1883~1960)도 코시를 공정한 인물로 여겨서 "그는 온화한 성품을 지녔고, 수학과 종교만 빼놓고는 어느 것에 대해서나 온건한 입장을 취했다"라고 썼다. 하지만 프로이덴탈은 백치천재라는 관점에 기울어 "그의 돈키호테적인 행동은 너무나 예측하기 힘들어서 사람들은 그가 극히 멜로드라마적인 성격의 인물이라고 서슴없이 단정 짓곤 했다"라고 서술했다. 하지만 코시의 진짜 성품이야 어쨌든 그가 참으로 위대한 수학자였다는 점에는 의문의 여지가 없다.

§ 7.6 이런 상황에서라면 우리는 가엾은 루피니를 동정하는 한편 오차방정식의 대수해가 존재할 수 없다는 점을 증명했다는 공적을 인정받

는 닐스 아벨에 대해서는 비난의 화살을 돌려야 할 것이다.

하지만 실제로 그렇게 생각하는 사람은 아무도 없다. 먼저, 코시의 견해에도 불구하고, 당시의 수학자들은 모두 루피니의 증명에 오류가 있다고 보았다[오늘날의 관점은 루피니에게 더 호의적이어서 오차방정식의 대수해가 없다는 사실은 때로 '아벨-루피니 정리(Abel-Ruffini theorem)'로 불리기도 한다]. 또 한 가지 문제점은 루피니의 증명들이 파악하기가 아주 힘든 방식으로 쓰였다는 것이었다. 게다가 아벨은 루피니보다 훨씬 더 많은 동정심을 끌 만한 삶을 살았다는 점도 크게 작용했는데, 이에 대해서는 아래서 더 살펴볼 것이다. 하지만 아벨의 실제 성격은 사뭇 명랑하고 사교적이었던 것으로 여겨진다.

아벨의 19세기 노르웨이의 위대한 세 명의 수학자들 가운데 첫째로 꼽히는 인물이다. 다른 두 사람도 나중에 살펴볼 것이다. 그는 바람 거센 유럽 북부의 노르웨이의 끝자락에 있는 스타방에르(Stavanger)와 가까운 곳에서 태어났다. 이 지역은 그 자체로도 빈곤한 곳이었는데 당시의 불안정한 정세 때문에 더욱 힘든 곤경으로 빠져들었다. 그의 아버지와 할아버지는 모두 시골의 목사여서 가난하지만 품위 있는 집안이라고 할 수 있었다. 하지만 불행히도 아버지는 정치적 난관에 부딪혀 술을 마시게 되더니 "아홉 명의 자식과 아내를 남기고 알코올 중독으로 세상을 떴는데, 아내 역시 술을 위안으로 삼고 지냈다. 남편의 장례를 마친 뒤 목사들이 찾아왔을 때 그녀는 농사꾼 정부와 침대에서 뒹굴고 있었다."[71]

남은 짧은 생애 동안 아벨은(그는 27살이 되기 몇 주 전에 세상을 떴다) 돈이 궁할 때가 그나마 형편이 좋은 것이였으며 그조차 안 될 때에는 많은 빚을 지곤 했다. 그런데 이런 사정은 그의 조국도 마찬가지였다. 아벨이 십대가 되었을 무렵 노르웨이는 스웨덴과 결합된 왕국에서 부분적으로 독립된 지역이었는데, 당시에는 크리스티아니아(Christiania)라고[72] 불렸던 오슬로(Oslo)에 수도를 두고 있었다. 이때 노르웨이는 독자적인 의회도 가졌지만 인구도 많고 경제적으로 부유하고 군사력도 강한 스웨덴의 그늘에 가려 살아야 했다. 이런 상황에서 노르웨이 사람들이 이 젊은 무명의 수학자가 1825년부터 1827년까지 유럽을 두루 여행할 수 있도록 경비를 긁어모아 준 것은 분명 높이 평가해야 할 일이다. 하지만 이 경비가 너무 적었을 뿐 아니라 그 사용에 대한 감독도 너무 까다로웠기 때문에 아벨의 전기 작가들 가운데는 이에 분개한 사람들도 있었고 나중에 노르웨이의 정부도 죄책감을 느꼈던 것으로 보인다.

아벨은 아주 일찍 수학에 눈을 떴으며 베른트 홀름보(Bernt Holmboë, 1795~1850)라는 훌륭한 교사의 지도를 받게 되는 행운을 누렸다. 아벨의 수학적 재능을 간파한 홀름보는 창의적인 수학자는 아니었지만 당시에 널리 사용된 교재를 썼다. 홀름보의 격려와 재정적 도움을 받아 아벨은 1821년부터 22년까지 크리스티아니아 대학교에 다니게 되었다.

아벨은 1820년부터 이미 오차방정식의 대수해에 대해 연구했으며, 결국 그 불가능성에 대한 증명을 얻어냈다. 그런데 1824년 자비를 들여 이를 인쇄해야 했던 그는 비용을 절약하기 위해 내용을 최대한 압축하여 6쪽으로 줄였다. 그는 이 정도만으로도 유럽의 위대한 수학자들이 자기에게 길을 열어주기에 충분하리라고 믿었다.

하지만 실제 과정은 그렇게 전개되지 않았다. 위대한 수학자 가우스는 아벨이 개인적으로 방문하기에 앞서 보내온 논문의 사본을 제대로 읽어 보지도 않고 짜증을 내면서 치워 버렸다. 그런데 그의 이런 행동을 마냥 비난할 수만은 없다. 지금도 그렇지만 당대에 이미 저명한 수학자였던 가우스는 수많은 사람들이 특출한 문제를 증명했노라고 보내오는 어이없는 편지들에 시달려 왔기 때문이다.[73] 가우스는 한창 시절에 이런 일을 기꺼이 감내할 성품을 가진 사람이 아니었으며, 또한 다항방정식의 대수해에 거의 아무런 흥미도 느끼지 못했던 것으로 보인다. 그리하여 아벨은 결국 가우스와 만날 계획을 취소해 버렸다.

그런데 아벨은 베를린에서 이 좌절을 만회할 커다란 행운을 얻었다. 거기서 그는 수학사에서 독특한 지위를 차지하는 아우구스트 크렐레(August Crelle, 1780～1855)를 만났던 것이다. 크렐레는 수학자는 아니지만 이를테면 수학의 지휘자라고 부를 만하다. 그는 수학적 재능에 날카로운 안목을 가졌으며, 그런 재능의 소유자를 발견하면 적극적으로 도와주었다. 크렐레는 가난한 집안에서 자라나 자수성가한 사람으로 공부도 대부분 독학으로 마쳤다. 프로이센(Preußen)의 정부에서 토목 기사로 일하던 그는 이 분야의 최고 직위까지 오르게 되었다. 그는 독일의 첫 철도 건설에도 부분적으로 기여했는데, 베를린과 포츠담(Potsdam)을 잇는 이 노선은 1838년에 완공되었다. 사교적이고 관대하고 정력적이었던 크렐레는 수학적 재능이 탄생하도록 돕는 산파의 역할을 했다. 이와 같은 간접적 경로를 통해 그는 19세기 수학의 발전에 엄청난 기여를 했다.

아벨은 1825년에 베를린에 도착했는데, 때마침 크렐레는 독자적인 수학 학술지를 창간하기로 마음먹었다. 이 젊은 노르웨이 수학자의 재능을 간파한 크렐레는(이때 두 사람은 프랑스어로 대화한 것으로 보인다) 그를 베를린의 수학자들에게 두루 소개해 주었다. 또한 아벨의 논문을 1826년 자신이 창간한 순수응용수학지(*Journal of Pure and Applied Mathematics*)의 창간호에 실었고, 이후 아벨의 다른 논문들도 많이 펴냈다. 사실 오차방정식의 대수해는 아벨이 품은 드넓은 수학적 관심사의 작은 부분에 지나지 않았으며, 그의 주된 업적은 해석학과 함수론에 관한 것들이었다.

1827년 봄 빈털터리가 되어 크리스티아니아로 돌아온 아벨은 1829년 결핵으로 세상을 떴다. 결핵은 이 당시 커다란 저주와 같았는데, 이 때문에 그는 노르웨이를 다시 떠날 필요가 없게 된 셈이었다. 그가 세상을 뜬 이틀 뒤에, 물론 아벨의 죽음을 모른 채로, 크렐레는 베를린 대학교가 그에게 교수직을 제안했다고 쓴 편지를 보냈다.

아벨의 증명은 오일러, 라그랑주, 루피니, 코시 등의 아이디어를 한데 엮어 매우 훌륭한 통찰과 독창성으로 구성한 것이다. 기본적으로 이는 귀류법(*reductio ad absurdum*)을 사용하는데, 이는 처음에 증명하려는 것과 반대되는 가정을 내세운 뒤 이로부터 논리적 모순을 이끌어내는 방법이다.

아벨이 보이고자 한 것은 일반적인 오차방정식이 대수해를 갖지 않는다는 사실이었다. 따라서 그는 반대로 그런 해가 존재한다고 가정하면서 시작했다. 아벨은 일반적인 오차방정식을 다음과 같이 나타냈다.

$$y^5 - ay^4 + by^3 - cy^3 + dy - e = 0$$

그런 다음 그는 말한다. 좋다. 여기에 대수해가 있다고 하자. 그러면 y의 모든 해는 a, b, c, d, e와 이것들의 거듭제곱 및 거듭제곱근의 식으로 표현되는데, 이것들을 결합하는 사칙연산의 횟수는 유한이다. 물론 거듭제곱근은 삼차방정식의 대수해에서 보듯 여러 겹이 될 수도 있다.

아벨은 §7.2에서 보였던 오일러가 예상했던 해답과 아주 닮은 모습의 일반해를 떠올렸다. 라그랑주의 아이디어를 빌려(아벨은 몰랐지만 물론 방데르몽드의 것까지도) 아벨은 이 일반해가 §7.3, §7.4에서 보인 1의 다섯제곱근과 다른 모든 해들을 결합한 다항식으로 주어져야 한다고 논증했다. 그런 다음 그는 §7.4의 끝 부분에서 언급했던 코시의 결과, 곧 다섯 개의 미지수를 가진 다항식은 미지수들을 치환하면 두 가지 또는 다섯 가지의 서로 다른 값을 가질 수는 있지만 세 가지 또는 네 가지의 서로 다른 값을 가질 수는 없다는 사실을 이용한다. 이렇게 진행함으로써 아벨은 결국 처음 내세운 전제에서 모순을 이끌어냈다.[74]

§ 7.7 오차방정식의 일반적 대수해는 없다는 아벨의 증명, 또는 좀 더 정확히 말하자면 아벨-루피니의 증명은 대수의 역사에 나오는 위대한 사건들 가운데 첫 번째 사건에 대한 종막에 해당한다.

이 사건의 마무리에 대해 쓰면서 나는 아주 큰 의의를 부여했지만 이는 어디까지나 후세의 평가라는 점을 주목하기 바란다. 사실 1826년에는 아무도 그렇게 여기지 않았으며, 아벨의 증명이 널리 알려지기까지는 상당한 세월이 걸렸다. 그의 증명이 나온 지 9년 뒤인 1835년 더블린(Dublin)에서 열린 영국과학진흥연합회(British Association for the Advancement of Science)의 첫 학회에서 영국의 수학자 조지 제러드(George Jerrard, 1804~1863)는 오차방정식의 대수해를 얻어냈다고 발표했다! 뿐만 아니라 그는 이로부터 20년이 더 지나도록 자신의 주장을 굽히지 않았다.

아벨의 증명에도 불구하고 하나의 미지수를 가진 다항방정식의 일반 이론에 대한 논의는 종식되지 않았다. 일반적 오차방정식의 대수해가 존재하지 않는다는 사실은 이제 알게 되었지만 특별한 형태의 오차방정식은 대수해를 갖는다는 것 또한 분명한 사실이다. 예를 들어 1의 거듭제곱근에 대한 수학 길잡이에서 우리는 $x^5 - 1 = 0$이라는 방정식을 풀었는데, 이는 분명 오차방정식의 하나이다. 그러므로 다음과 같은 의문이 떠오른다. 오차방정식 가운데 어떤 것들의 해가 계수들과 그 거듭제곱근들의 사칙연산과 다항식의 표현으로 얻어질 수 있는가? 이에 대한 완전한 답은 프랑스의 또 다른 수학 천재 에바리스트 갈루아가 내놓았는데 그에 관해서는 제11장에서 이야기한다.

한편 19세기 초에 대수의 세계에서는 느리지만 새로운 커다란 흐름이 감지되고 있었다. 사실 이 흐름은 아벨이 6쪽 짜리 증명을 내놓기 훨씬 전부터 물밑에서 진행되고 있었는데, 나는 이 새로운 사고방식을 '새로운 수학적 대상의 발견'이라고 규정지었다. 18세기 전체와 19세기 초까지 대수는 뉴턴의 책 제목에 쓰인 것처럼 '보편산술'로 여겨져 왔다. 곧 이는 기본적으로 기호를 이용하여 수를 다루는 산술이었다.

하지만 이 세월 동안 유럽의 수학자들은 17세기의 거장들이 물려준 이 경이로운 기호 체계를 새롭게 변화시키고 있었다. 이 과정에서 기호는 수와의 관계에서 차츰 떨어져 나와 나름의 생명력을 갖고 자유롭게 떠돌게 되었다. 두 수를 더하면 새로운 수가 나온다. 그렇다면 수 이외에도 어떤 둘을 합치면 종류는 같지만 합쳐진 것들과는 다른 게 나오는 것들이 없을까? 분명 그런 게 있었다. 1801년에 가우스는 그의 고전적인 『산술연구』에서 아래와 같은 두 미지수에 대한 이차 형식(quadratic form)에 대해 논의했다.

$$AX^2 + 2BXY + CY^2$$

그런데 이차 형식들을 서로 결합(composition)하여 새로운 것을 얻는 데에 대한 연구는 수식들을 단순히 더하거나 곱하는 것보다 훨씬 미묘한 아이디어로 그를 이끌어 갔다. 가우스는 이에 대해 "아직 아무도 생각 해본 적이 없는 주제이다"라고 썼다.

그러던 차에 1815년 코시는 미지수들을 서로 치환했을 때 다항식이 가질 수 있는 값들의 수에 대한 논문을 펴냈으며, 아벨은 자신의 증명에서 이를 이용했다. 그런데 코시는 이 논문에서 '치환의 합성(compounding permutations)'에 대한 아이디어도 내놓았다.

간단한 예를 들어 살펴보자. α, β, γ라는 세 미지수가 있는데, 이 가운데 β와 γ의 치환을 X, α와 β의 치환을 Y로 부르기로 한다. 이제 먼저 X라는 치환을 하고 이어서 Y라는 치환을 하면 결과는 어찌될까? (α, β, γ)에 대해 X를 실행하면 (α, γ, β)가 되며, 여기에 또 Y를 실행하면 (β, γ, α)가 된다. 그러므로 알짜 효과는 (α, β, γ)를 (β, γ, α)로 바꾼 것인데, 이것은 또 다른 치환이다! 이 새로운 치환을 Z라고 부르면 우리는 X와 Y라는 치환을 합성하여 Z라는 치환을 얻었다고 말할 수 있다. 실제로 이는 코시가 설명했던 것과 똑같은 것이며, 따라서 그는 실질적으로 군론을 개발한 셈이었다(다만 그는 '군론'이란 용어까지 만들지는 않았다).

이렇게 함으로써 코시는 기이한 신세계로 들어섰다. 수를 더하는 것과 치환을 합성하는 게 어떻게 달라질 수 있는지를 알아보기 위해 다시 위의 예를 보자. 위 예에서 먼저 X를 실행하고 이어서 Y를 실행했더니 (β, γ, α)가 나왔지만, 치환의 순서를 바꿔 먼저 Y를 실행한 다음에 X를 실행하면 (γ, α, β)가 나온다. 따라서 치환의 경우 실행의 순서가 결과에 영향을 미친다. 하지만 수를 서로 더할 경우, 예를 들어 $5+7=7+5$에서 보듯, 결과는 더하는 순서와 무관하다. 이처럼 결과가 순서와 무관한 경우를 가리켜 '가환성(commutativity)'이 있다고 말하는데, 코시가 발견한 치환의 합성은 바로 '비가환성(noncommutativity)'을 가진 경우의 한 예이다.

　　이 모든 것들이 19세기의 수학계에 널리 떠돌았다. 비에트와 데카르트가 문자기호 체계를 내놓은 지 몇 세대가 지난 뒤 수학자들을 다음과 같은 사실을 이해하게 되었다. 수를 덧셈과 곱셈으로 결합하여 새로운 수를 얻는 것은 훨씬 넓은 의미를 갖는 조작의 특수한 예에 지나지 않는다는 사실, 곧 이런 조작의 대상이 반드시 수일 필요는 전혀 없다는 사실을 말이다. 그동안 그토록 익숙해져 있었던 기호들은 알고 보니, 수, 치환, 수의 배열, 집합, 회전, 변환, 명제 등등 말 그대로 무엇이든 나타낼 수 있는 것이었으며, 실로 현대의 대수는 바로 이 터전 위에서 탄생했다.

§ 7.8　　앞으로 나올 몇 개의 장에서 나는 엄격한 연대기적 서술을 벗어날 생각이다. 이제 우리는 새로운 대수학적 아이디어들이 흘러 넘치는 19세기의 중반에 들어섰다. 군뿐 아니라 다른 많은 수학적 대상들이 이 시기에 발견되었으므로 '대수'는 이제 단수가 아니라 복수의 의미를 가진 명사가 되었다. 체(field), 환(ring), 벡터공간(vector space), 행렬(matrix) 등의 현대적 개념들이 이 무렵에 모습을 갖추었다. 조지 불(George Boole, 1815〜1864)은 논리를 대수적 기호 체계 안으로 끌어들였고 기하학자들은 대수에 힘입어 삼차원을 넘어선 공간들까지 탐색할 수 있게 되었다.

　　이처럼 급변하는 시기에서 역사가들은 선택의 기로에 처한다. 이런 때도 그들은 엄격한 연대기적 구도를 고수하면서 해마다 어떤 아이디어들이 떠오르고 서로 어떻게 영향을 미쳤는지 살펴볼 수 있다. 반면 어떤 한 흐름을 좇아 어느 시기까지 진행했다가 다시 처음으로 돌아와 다른 흐름을 따라 진행할 수도 있다. 나는 이 가운데 뒤의 방법을 따르기로 한다. 그리하여 이 격동의 세월에서 대수와 대수학적 사고에 어떤 급격한 변화들이 일어났는지를 몇 가지의 경로를 따라가며 둘러보고자 한다. 첫 번째 주제는 사차원으로의 여행인데, 이에 앞서 벡터공간에 대한 길잡이를 살펴보자.

수학의 길잡이 4

벡터공간과 대수

§ 길잡이 4.1   수학에서 벡터(vector)의 개념에 대한 역사는 사뭇 뒤얽혀 있는데, 나중에 본문에서는 이를 차분히 풀어보기로 한다. 하지만 여기 길잡이에서는 1920년대 무렵에 개발되기 시작한 현대적 관점에서 이야기한다.

§ 길잡이 4.2   벡터공간(vector space)은 수학적 대상의 하나를 가리키는 이름이다. 이 대상은 벡터와 스칼라(scalar)라는 두 요소로 구성되어 있다. 스칼라의 예로는 실수의 집합 $\mathbb{R}$과 같이 사칙연산을 자유롭게 할 수 있는 수를 들 수 있으므로 사실 우리에게 이미 익숙한 대상이다. 하지만 벡터는 이보다 조금 더 미묘하다.

먼저 벡터공간의 아주 간단한 예를 살펴보자. 이를 위하여 무한한 평면을 상상하고, 그 평면 위에 한 점을 잡아 원점으로 삼는다. 그러면 이 원점에서 임의의 다른 점까지의 선이 벡터의 한 예이다. 그림 길잡이4-1에는 이와 같은 벡터를 몇 개 나타냈다. 이로부터 우리는 길이와 방향이 벡터의 중요한 두 가지 특성이란 점을 알 수 있다.

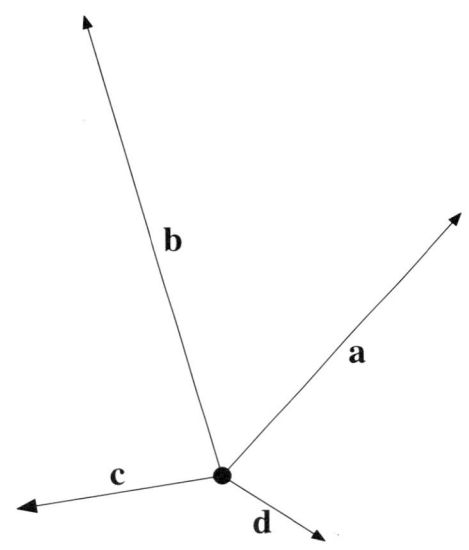

그림 길잡이 4-1 몇 개의 벡터들.

벡터공간에서 모든 벡터는 그 역(inverse)을 가진다. 어떤 벡터의 역벡터는 본래 벡터와 길이는 같지만 방향이 반대인 것을 가리킨다(그림 길잡이4-2 참조). 원점은 그 자체로 하나의 벡터가 된다고 보는데, 특히 이를 영벡터(zero vector)라고 부른다.

임의의 두 벡터는 서로 더해질 수 있다. 두 벡터를 더할 때는 그 각각을 평행사변형의 이웃한 두 변으로 본다. 그런 다음 다른 두 변을 그리고,

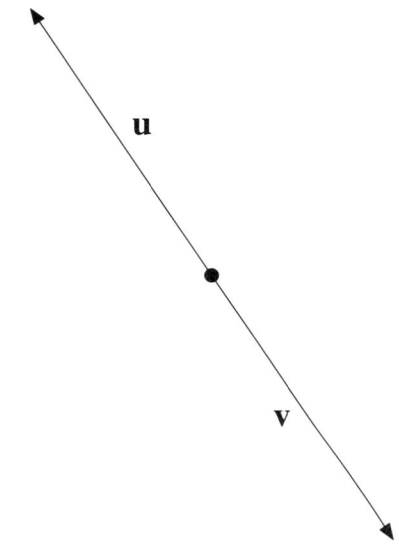

그림 길잡이 4-2 역벡터.

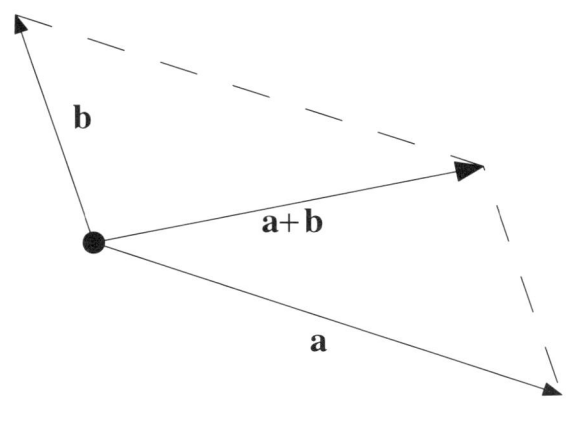

그림 길잡이 4-3 벡터 더하기.

첫 두 변이 만나는 꼭짓점에서 대각선을 그리면, 이 대각선이 두 벡터의 합을 나타낸다(그림 길잡이 4-3 참조).

어떤 벡터와 영벡터를 더하면 그 결과는 어떤 벡터 자체가 된다. 어떤 벡터와 그 역벡터를 더하면 영벡터가 된다. 모든 벡터는 스칼라로 곱할 수 있다. 이때 벡터의 길이는 곱하는 스칼라만큼 늘어나거나(스칼라의 절댓값이 1보다 클 경우) 줄어들며(스칼라의 절댓값이 1보다 작을 경우) 벡터의 방향은 그대로이거나(스칼라가 양수일 경우) 반대이다(스칼라가 음수일 경우).

§ 길잡이 4.3 기본적으로 필요한 것은 이 정도이다. 물론 여기서 제시한 평면 벡터는 하나의 그림에 지나지 않는다. 조금 뒤에 살펴보겠지만 벡터공간에는 이 밖에도 많은 것들이 있다. 하지만 이 그림은 앞으로도 얼마쯤은 좋은 길잡이가 된다.

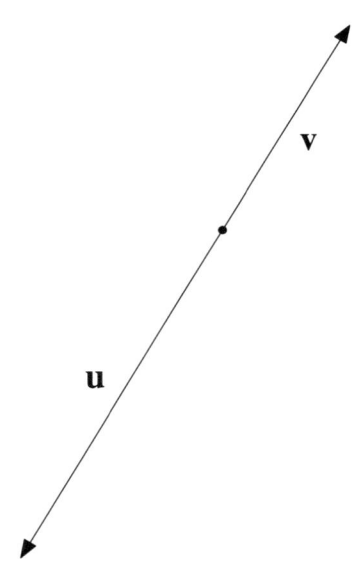

그림 길잡이 4-4 일차종속.

벡터공간에서 한 가지 중요한 개념은 일차종속(*linear dependence*)이다. 벡터공간에서 **u**, **v**, **w**, ······ 등의 벡터를 골랐는데, 이때 다음 식이 성립할 수 있는 스칼라 p, q, r, ······의 값으로 이것들 모두가 동시에 0은 아닌 경우가 있다고 하자.

$$p\mathbf{u} + q\mathbf{v} + r\mathbf{w} + \cdots = \mathbf{0} (곧, 결과가 영벡터)$$

그런 경우 우리는 **u**, **v**, **w**, ······들이 일차종속이라고 말한다. 그림 길잡이 4-4의 두 벡터를 보자. 벡터 **v**는 **u**와 정반대로 놓여있지만 길이는 $\frac{2}{3}$이다. 그러면 $2\mathbf{u} + 3\mathbf{v} = \mathbf{0}$이라는 식이 성립하며, 이에 따라 **u**와 **v**는 일차종속이다. 이 상황을 다른 방식으로는, $\mathbf{v} = -\frac{2}{3}\mathbf{u}$와 같이, "**v**를 **u**의 식으로 표현할 수 있다"고 말하기도 한다.

다음으로 그림 길잡이 4-5의 두 벡터 **u**와 **v**를 보자. 이 두 벡터는 일차종속이 아닌데, 그 이유는 $a\mathbf{u} + b\mathbf{v} = \mathbf{0}$이 되도록 하려면 a와 b의 값은 동시에 0이 되는 수밖에 없기 때문이다. 이를 확인하는 좋은 방법은 다음과 같다. 만일 a와 b가 모두 0이 아니라면 $a\mathbf{u} + b\mathbf{v}$라는 식을, 예를 들어 b로 나누어, $c\mathbf{u} + \mathbf{v}$이라는 식으로 고칠 수 있다. 이제 여기서 **u**와 **v**라는 두 벡터를 더하는 그림 길잡이 4-3을 참조한다. $c\mathbf{u} + \mathbf{v}$에서 c의 값을 크거나 작게 그리고 양수나 음수로 바꾸면, **u**라는 벡터의 크기를 본래 방향과 그 반대 방향으로 임의로 바꾸어 **v**에 더하는 셈이 된다. 하지만 이처럼 c를 어떻게 조절하더라도 **v**의 크기가 0이 되지 않으므로 그림 길잡이 4-3에 나오는 대각선의 길이도 결코 0이 될 수 없다. 다시 말해서 이 상황에서 $a\mathbf{u} + b\mathbf{v} = \mathbf{0}$이 되도록 하는 경우는 a와 b가 동시에 0인 경우밖에 없다

그러므로 그림 길잡이 4-5의 두 벡터 **u**, **v**는 일차종속이 아니라 일

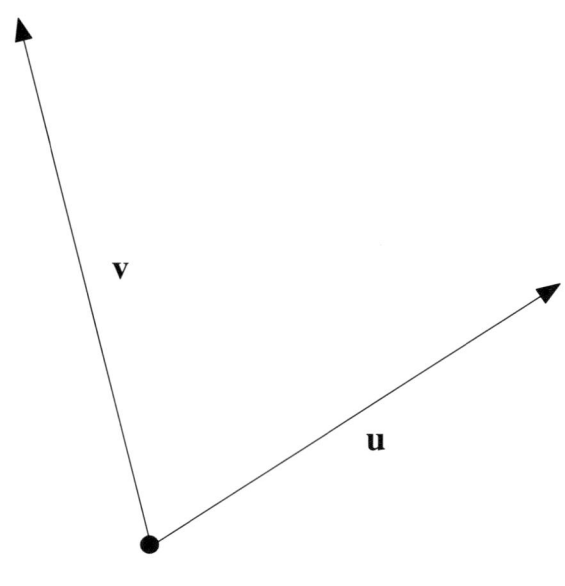

그림 길잡이 4-5 일차독립.

차독립(*linearly independent*)이어서, 두 벡터 가운데 한 벡터를 다른 벡터로 나타낼 수 없다. 이에 비해 그림 길잡이 4-4의 경우에는, $\mathbf{v} = -\frac{2}{3}\mathbf{u}$ 와 같이, 두 벡터 가운데 한 벡터를 다른 벡터로 나타낼 수 있다.

일차독립의 아이디어를 이용하면 벡터공간의 *차원*(*dimension*)을 정의할 수 있다. 곧 벡터공간의 차원은 그 공간에서 일차독립의 식으로 나타낼 수 있는 벡터들의 총 수와 같다. 위에서 예로 든 벡터공간의 경우 서로 다른 방향을 향하는 두 벡터로는 그림 길잡이 4-5와 같이 일차독립의 식을 나타낼 수 있다. 하지만 서로 다른 방향을 향하는 세 벡터로는 그렇게 할 수 없다. 그림 길잡이 4-6에 그려진 벡터 $\mathbf{w}$는 다른 벡터 $\mathbf{u}$와 $\mathbf{v}$를 이용하여 나타낼 수 있다. 실제로 나는 $\mathbf{w} = 2\mathbf{u} - \mathbf{v}$가 되도록 그려놓았으며, 이것을 $2\mathbf{u} - \mathbf{v} - \mathbf{w} = 0$로 쓸 수도 있다. 따라서 여기의 $\mathbf{u}, \mathbf{v}, \mathbf{w}$의 세 벡터는 일차종속이다.

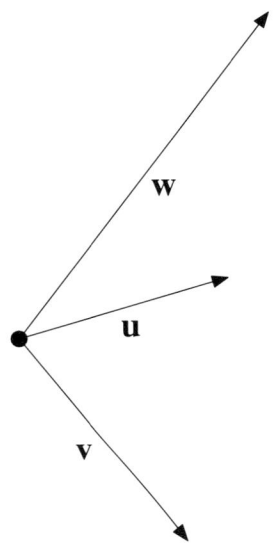

그림 길잡이 4-6 $w = 2u - v$.

이상에서 보듯 이 예에서 일차독립인 벡터의 총 수는 둘이므로 이 벡터공간은 이차원인데, 여기까지는 별로 놀라울 게 없으리라고 생각한다.

이 예와 같은 이차원 벡터공간에서 두 벡터가 일차독립이면 이것들 모두가 같은 직선 위에 놓일 수 없다. 삼차원 공간에서 세 벡터가 일차독립이면 이것들 모두가 같은 평면 위에 놓일 수 없다. 반대로 세 벡터가 모두 이차원의 평면 위에 있다면 일차종속이며, 이는 두 벡터가 모두 일차원의 직선 위에 있다면 일차종속인 것과 같다. 따라서 네 벡터가 모두 삼차원의 입체 안에 있다면 일차종속이며, 이런 이야기는 보다 고차원의 공간에서 같은 방식으로 계속 확장할 수 있다.

그림 길잡이 4-5에 그려진 것처럼 이차원 벡터공간에서 두 개의 일차독립 벡터 u와 v가 주어져 있다면 다른 모든 벡터들은, 그림 길잡이 4-6

의 **w**와 같이, **u**와 **v**를 이용하여 나타낼 수 있다. 바꿔 말하면 **u**와 **v**라는 두 벡터는 이 공간의 기저(basis)로 삼을 수 있다. 마찬가지로 이 공간에서 일차독립인 두 벡터는 어느 쌍이든 모두 기저의 역할을 하며, 다른 모든 벡터들은 이것들로 나타낼 수 있다.

§ 길잡이 4.4 벡터공간은 순수하게 대수적인 개념이므로 반드시 기하학적 표현에 의존할 필요는 없다.

어떤 미지수 x에 대한 5차 이하의 모든 다항식을 생각해 보자. 계수는 실수 집합 $\mathbb{R}$에서 택한다고 하면, 몇 가지의 예는 다음과 같다.

$$2x^5 - 8x^2 - x^3 + 11x^2 - 9x + 15$$

$$44x^5 + 19x^3 + 4x + 1$$

$$x^2 - 2x + 1$$

이 다항식들도 모두 벡터이며, 스칼라는 $\mathbb{R}$이다. 따라서 이것들의 집합은 벡터공간을 이룬다. 여기서 아래와 같이 두 벡터를 더하면 또 다른 벡터가 나옴을 주목하기 바란다.

$$(2x^5 - 8x^4 - x^3 + 11x^2 - 9x + 15) + (44x^5 + 19x^3 + 4x + 1)$$
$$= 46x^5 - 8x^4 + 18x^3 + 11x^2 - 5x + 16$$

모든 벡터는 그 역을 가진다(부호만 모두 바꾸면 된다). 실수 0은 이때 영벡터의 역할을 한다. 물론 모든 벡터에 상수를 곱할 수 있다.

$$7 \times (44x^5 + 19x^3 + 4x + 1) = 380x^5 + 133x^3 + 28x + 7$$

지금껏 보았듯 모두 다 잘 성립한다. 이 벡터공간의 기저로는 x^5, x^4, x^3, x^2, x, 1을 택하면 된다. 이것들은 일차독립인데 왜냐하면 아래의 식은 임의의 미지수 x에 대해 a, b, c, f, g, h가 모두 0일 때에만 0, 곧 영다항식(zero polynomial)이 되기 때문이다.

$$ax^5 + bx^4 + cx^3 + fx^2 + gx + h = 0$$

이 벡터공간에서 다른 모든 벡터들은 이 여섯 가지로 표현되므로 일곱 개 이상의 벡터들은 일차독립일 수 없다. 따라서 이 공간은 육차원 공간이다.

어쩌면 독자 여러분은 내가 여기서 다항식들에 대해, 예를 들어 인수분해를 한다는 등의, 어떤 진지한 조작을 하지 않는다고 불평할지도 모르겠다. 그런데 여기서 x의 거듭제곱을 나타내는 수들은 단순히 자릿수와 같은 것이며, 실제로 내가 중요시한 것은 그 계수들이란 점을 주목하기 바란다. 다시 말해서 여기서 우리는 x에 대해서는 잊어버리고 단지 다음과 같은 계수들의 묶음만 고려해도 좋다.

$$(2, -8, -1, 11, -9, 15)$$
$$(44, 0, 19, 0, 4, 1)$$
$$(0, 0, 0, 1, -2, 1)$$

그러면 서로 다른 두 묶음의 덧셈은 다음과 같이 정의하고,

$(a, b, c, d, e, f) + (p, q, r, s, t, u)$
$$= (a+p, b+q, c+r, d+s, e+t, f+u)$$

어떤 묶음에 대한 스칼라 곱셈은 다음과 같이 정의할 수 있는데,

$$n \times (a, b, c, d, e, f) = (na, nb, nc, nd, ne, nf)$$

이상의 내용은 다항식으로 된 벡터공간과 비교할 때 완전히 동등하다.

이처럼 벡터공간이라는 수학적 대상은 추상화된 도구일 따름이다. 우리는 이것을 기하학적으로든 다항식으로든 우리가 해결하고자 하는 문제에 따라 얼마든지 다양하게 나타낼 수 있다. 나아가 실제로 실수 집합 $\mathbb{R}$에 대해 정의된 n차원 벡터공간은 위에 정의한 벡터의 덧셈과 스칼라와의 곱셈에 대해 실수 n개의 묶음으로 만든 벡터공간과 본질적으로 동등하며, 수학자들은 이를 가리켜 동형적(isomorphic)이라고 말한다.

§ 길잡이 4.5   벡터공간은 그 자체로는 특별히 흥미롭지 않지만 (a) 이것과 다른 것들 사이의 관계를 탐구하거나 (b) 기본적인 모델에 몇 가지의 요소를 덧붙이면 훨씬 강력하고 경이로운 귀결들을 얻어낼 수 있다.

이 가운데 (a)와 관련하여 살펴볼 것은 선형변환(*linear transformation*)이라는 큰 주제인데, 이는 한 벡터를 일정한 규칙에 따라 다른 벡터로 변화시키는 사상(mapping)이다. 한편 여기에서 '선형'이라 함은 이 사상이 정연(整然)하다(well-behaved)는 뜻, 곧 예를 들어 어떤 사상에 의해 벡터 **u**가 벡터 **f**로 바뀌고, 벡터 **v**가 벡터 **g**로 바뀐다면, **u** + **v**는 아무런 문제없이 **f** + **g**로 바뀐다는 뜻을 나타낸다.

여기서 우리가 들어서는 영역은 어떤 고차원의 공간을 저차원으로 사상하는 경우를 생각해봄으로써 이해할 수 있는데, 이는 흔히 사영(projection)이라고 부른다. 이와 반대로 저차원의 공간은 고차원으로 사상될 수 있는데, 이는 사입(embedding)이라고 부르면 된다. 또한 우리는 어떤 벡터공간을 그 자체로 사영하거나, 더 저차원인 그 자체의 부분 공간(subspace)으로 사영할 수도 있다.

$\mathbb{Q}$나 $\mathbb{R}$과 같은 수체(number field)는 그 자체에 대한 일차원의 벡터공간이므로(잠시 생각하면서 이 점을 각자 확인해 보기 바란다) 벡터공간을 그 자신의 스칼라체(scalar field)에 사영할 수도 있으며, 이런 종류의 사영을 선형범함수(*linear functional*)라고 부른다. 앞서의 예를 다시 살펴보자면 다항식들로 이루어진 벡터공간에서 x에 특정한 어떤 값, 예를 들어 3을 거기의 모든 다항식들에 대입하면 각각 일정한 수로 바뀌는데, 이 변환 또한 선형이다. 놀랍게도(특히 내게는 언제나 그러한데) 어떤 벡터공간에 대한 모든 선형범함수들의 집합은 그 자체가 이 범함수들을 벡터로 하는 하나의 벡터공간을 이룬다. 이것은 본래의 벡터공간과 쌍대(dual)인 벡터공간으로 차원도 같다. 이런 식의 확장을 여기서 멈출 이유는 없다. 예를 들어 한 쌍의 벡터를 바탕체(ground field)로 사상하면 어떨까? 이는 (**u**, **v**)라는 한 쌍의 벡터를 결합하여 하나의 수가 되도록 하는 사상인데, 역학이나 양자 역학을 배우는 학생들이라면 낯익게 여길 벡터의 내적(inner product) 또는 스칼라곱(scalar product)이 바로 이것이다. 여기서 더 나아가 셋, 넷, … n개의 벡터를 결합한 삼원조(triplet), 사원조(quadruplet), n원조(n-tuplet)의 벡터들이 스칼라가 되게 하는 사상도 생각해볼 수 있으며, 이로부터 텐서(tensor), 그라스만 대수(Grassmann algebra), 행렬식(determinant) 등에 대한 이론이 생겨 나왔다. 이처럼 처음에는 언뜻 단순하고 초라해 보였던 벡터공간은 알고 보면 수학적 경이로 가득 찬 보물 동굴과도 같다.

§ 길잡이 4.6

(a)에 대해서는 이 정도로 하고 (b)에 대해 살펴보자. 벡터공간에 어떤 요소를 덧붙임으로써 이를 더 발전시킬 수 있을까?

이 부수적인 요소로 가장 보편적인 것은 벡터들을 서로 곱하는 것이다. 벡터공간의 기본적인 정의에서 스칼라는 체를 이루고 사칙연산도 두루 할 수 있지만 벡터들 사이에서는 덧셈과 뺄셈만 가능했다는 점을 돌이켜보자. 물론 벡터에 스칼라를 곱하기도 했지만 벡터들끼리의 곱셈은 없었다. 따라서 만일 벡터들을 서로 곱하고 그 결과로 벡터가 나오는 체계적인 방법을 개발한다면 벡터공간의 잠재력을 드높이는 데에 도움이 될 것이다.

이 추가적인 요소를 갖춘 벡터공간, 곧 두 벡터를 더하거나 뺄 수 있을 뿐 아니라 곱하기도 가능한 벡터공간을 *an algebra*(다원환)이라고 부른다.

이 용어가 아주 불만족스럽다는 데에 나도 동의한다. 'algebra(대수)'라는 용어는 이미 나름의 의미를 완전히 갖고 있기 때문이다(이 책의 주제가 바로 이것이다). 그런데 왜 그 앞에 부정관사 'an'을 끼워 넣고 새로운 수학적 대상을 가리키는 이름으로 쓴단 말인가? 하지만 이제 와서 불평해 봐야 소용없다. 이 용어도 이미 널리 퍼졌기 때문이다. 다시 말해서 앞으로 어느 곳에서 'an algebra(다원환)'이라고 부르는 것을 들었을 때 벡터끼리의 곱셈이 포함된 벡터공간을 가리킨다고 보면 거의 틀림이 없다.

가장 단순하지만 결코 사소하지 않은 다원환의 예로는 $\mathbb{C}$가 있다. 복소수는 동서로 달리는 실수축과 남북으로 달리는 허수축으로 만들어진 무한한 평면 위에 흩뿌려진 점들로 시각화하면 가장 좋다고 설명한 대목을 돌이켜 보자(그림 길잡이 1-4 참조). 이는 바로 $\mathbb{C}$를 이차원의 벡터공간으로 볼 수 있다는 뜻이다. 다시 말해서 복소수는 벡터이고, 그 요소가 되는 실수는 바로 $\mathbb{R}$이다. 0은 $0 + 0i$로 풀이하여 영벡터로 볼 수 있고, 임의의 복소수 z의 역은 단순히 $-z$이며, 1과 i라는 두 수는 이 공간의 훌륭하고도 완벽한 기저이다. 나아가 이 공간은 두 벡터, 곧 두 복소수를 곱하면 또 다른 복소수가 나온다는 추가적 면모를 갖춘 벡터공간이다. 따라서 $\mathbb{C}$는 단순한 벡터공간이 아니라 다원환이다.

다음 장의 주인공이 깨달았듯, 어떤 벡터공간을 다원환으로 바꾸는 것은 결코 쉬운 일이 아니다. 예를 들어 얼마 전에 보았던 다항식들로 만든 육차원 공간은 통상적인 다항식의 곱셈에 대하여 다원환이 아니다. 이 때문에 쓸모 있는 다원환들에는 나름의 이름들이 붙여져 있으며, 그 수는 그다지 많지 않다. 다원환이 잘 작동하도록 하려면 어떤 법칙들을 완화할 필요도 있다. 대개의 경우 교환법칙(commutative rule)이 이에 해당하며, 이는 $a \times b = b \times a$라는 법칙을 말한다. 때로는 결합법칙(associative rule)도 완화할 필요가 있는데, 이는 $a \times (b \times c) = (a \times b) \times c$라는 법칙을 가리킨다.

벡터끼리의 곱셈뿐 아니라 나눗셈도 포함하기를 원한다면 선택의 범위는 극적으로 좁혀진다. 결합법칙을 포기하지 않거나, 벡터공간을 무한차원으로 확장하지 않거나, 보통의 수들만 스칼라로 쓰고자 한다면 우리가 선택할 수 있는 범위는 $\mathbb{R}$과 $\mathbb{C}$와 사원수체(field of quaternion)로 국한되기 때문이다.

아, 사원수! 여기서 윌리엄 로원 해밀턴 경(卿)이 등장한다.

§8

사차원으로의 도약

§ 8.1 사실, 수학 소설은 문학에서 두드러진 분야는 아니다. 그런데 이처럼 척박한 분야에서 지속적인 호응을 받아 지금까지도 출판되고 있는 작품 가운데 하나로 영국의 작가 에드윈 애벗(Edwin Abbott, 1838~1926)이 1884년에 펴낸 『평평한 나라(Flatland)』를 들 수 있다(우리나라에서는 『이상한 나라의 사각형』으로 번역 출판되었다. — 옮긴이).

『평평한 나라』의 이야기는 자신을 '사각형'이라고 부르는 사람이 이끌어 간다. 실제로 그는 이차원의 세계, 곧 책의 제목이 말하는 평평한 나라에서 사는 사각형이다. 이 나라에는 여러 종류의 주민들이 사는데 모두 이차원이지만, 이등변삼각형, 정삼각형, 사각형, 오각형, 육각형 등으로 모습이 제각각이다. 이들은 사회적 계급에 따라 나뉘며, 변이 많을수록 높은 계급이 되고, 따라서 원의 지위가 가장 높다. 여자들은 단순히 선분들일 뿐이어서 여러 가지의 사회적 편견과 장애에 시달린다.

『평평한 나라』의 전반부는 이 나라의 모습과 그 사회적 배치에 대해 설명한다. 그리고 그중 많은 부분이 이방인의 사회적 지위를 결정하는 까다로운 논의에 할애된다. (삼차원의 세계에 사는 우리의 망막이 이차원인 것처럼)평평한 나라에 사는 주민들의 망막은 일차원이므로 그들의 시야에 비춰진 모습은 선분에 지나지 않는다. 따라서 이방인의 실제 모습, 그리고 이에 따른 그의 지위는 촉각에 의하여 결정하는 게 가장 좋다. 그러므로 일반적인 소개의 말은 "여기 누구누구 씨를 만져보시기 바랍니다"라는 것이다.

책의 후반부에서 화자인 사각형은 다른 세계를 탐험한다. 꿈속에서 그는 일차원의 세계인 선 나라(Lineland)를 방문하는데, 지은이는 이에 대해 11쪽이나 들여서 묘사한다. 이 나라의 주민들은 좌우 어느 쪽으로도 다른 주민을 지나갈 수 없으므로 종족의 번영에 큰 어려움을 겪는다. 하지만 에벗은 이 문제를 매우 정교하고 독창적인 방법으로 해결한다.

그러다가 화자인 사각형은 잠이 깨어 자신의 세계인 평평한 나라로 돌아온다. 그런데 그 뒤 그는 삼차원의 세계에서 온 방문객인 구(sphere)를 만난다. 구는 자신의 몸을 평평한 나라에 끼워 넣는 데에 적잖은 어려움을 겪으며, 이 과정에서 사각형은 그의 모습이 늘어나거나 줄어드는 신비로운 원으로 여기게 된다. 구는 사각형과 철학적인 대화를 나누다가 점 나라(Pointland)라는 세계에 대해 알려 준다. 이 영차원의 세계에는 한 주민밖에 살지 않는데, 그는 하나이고 모두이지만 사실상 아무것도 아니다. 한편 그는 완전한 자기만족을 누린다. 하지만 이런 만족은 고독과 무지의 소산이다. 곧 이 책은 이런 만족을 열망하는 것은 맹목적인 행복을 추구하는 것에 지나지 않는다는 교훈을 전해 준다. 책의 내용은 대략 이렇지만 아무튼 나는 독자 여러분 모두가 점에 대해 잘 알고 있으리라 믿는다.

『평평한 나라』를 펴낼 때 애벗은 46세였다. 1911년판의 『브리태니커 백과사전(Encyclopædia Britannica)』은 240개의 단어로 된 해설에서 애벗을 "영국의 교사이자 신학자"라고 묘사했지만 『평평한 나라』에 대해서는 언급하지 않았다. 애벗은 실제로 남학생들이 다니는 학교의 교장으로, 진보와 개혁적 성향이 많은 인물이었다. 그의 이런 성향은 빅토리아 시대의 여러 관습에 대한 의문과 기독교에 대한 개인적인 관점으로부터 유래했다(빅토리아 시대는 빅토리아 여왕의 재위 기간인 1837〜1901년 사이를 가리킨다. — 옮긴이). 따라서 『평평한 나라』는 부수적으로 일종의 사회적 풍자를 담은 소설이었다.

출판된 지 120여 년이 지나는 동안 『평평한 나라』는 수많은 독자들의 관심을 끌고 상상력을 자극했다. 심지어 이 책을 본뜬 이야기와 책들이 만들어지기도 했다. 네덜란드의 수학자 디오니스 버거(Dionys Burger, 1892〜1987)가 쓴 『둥근 나라(Sphereland)』와 영국의 수학자 이언 스튜어트(Ian Stewart, 1945〜)가 쓴 『더 평평한 나라(Flatterland)』(우리나라에서는 『플래터랜드』로 번역 출판되었다. — 옮긴이)는 애벗의 본래 아이디어를 두드러지게 가다듬은 작품들이다. 이차원 세계의 주민들이 겪을 물리학, 화학, 생리학적 문제들에 대해 애벗은 간단히 다루었고 별로 설득력도 없었지만, 캐나다의 수학자 알렉산더 듀드니(Alexander Dewdney, 1941〜)는 1984년에 펴낸 『평면 우주(The Planiverse)』에서 이 주제를 눈부실 정도로 훌륭히 파헤쳤다.[75] 문학적 가치는 좀 낮지만 어딘지 마음을 파고드는 것으로는 루디 러커의 단편 『〈평평한 나라〉에서 찾은 메시지(Message Found in a Copy of Flatland)』가 있다. 이 이야기의 주인공은 런던에 있는 파키스탄 음식점의 지하층에서 실제로 평평한 나라를 보게 된다. 나아가 그는 그 주민을 먹어 치우게 되는데, 그 맛은 아주 축축한 훈제 연어와 비슷하다.[76]

영, 일, 이, 삼차원의 공간들, 하지만 왜 여기서 멈춰야 할까? 아마 수학자가 아닌 대부분의 사람들은 영국의 소설가 허버트 조지 웰스(Herbert George Wells, 1866~1946)가 1895년에 펴낸 『타임머신(*The Time Machine*)』을 통해 사차원에 대해 들어보게 되었을 텐데, 그 주인공의 말 가운데 하나는 다음과 같다.

> 우리 수학자가 말하는 공간은 삼차원으로 이루어졌는데, 각 차원은 길이와 너비와 두께로 부를 수 있으며, 서로 직각을 이루는 세 평면으로 규정할 수 있다. 하지만 일부 철학적인 사람들은 왜 하필 삼차원인지, 왜 이 세 평면과 직각을 이루는 다른 방향은 없는지 물었다. 그리고 실제로 사차원 기하학을 구축하려는 시도를 했다.

일반적으로 어떤 심원한 이론이 대중적인 책들에 등장하는 데에는 상당한 시간이 걸리며, 이런 현상은 오늘날에도 마찬가지이다.[77] 따라서 1880년대와 1890년대의 문필가들이 대중적인 책들에서 공간의 차원 수에 대해 썼다면 그때는 이미 수학자들 사이에는 그런 생각들이 오래전부터 논의됐을 것임이 틀림없다.

실제로 공간의 차원 수에 대한 이야기는 1825년부터 25년간 여러 수학자들 사이에 널리 퍼져 있었다. 이어 1850년에 들어서는 그동안 간간이 내리던 빗방울이 소나기를 이루었으며, 나중에 독일의 위대한 수학자 펠릭스 클라인(Felix Klein, 1849~1925)은 그 상황을 뒤돌아보며 다음과 같이 말했다. "1870년 무렵 n차원 공간의 개념은 자라나는 젊은 세대의 수학자들 사이에 일반적인 관념으로 자리 잡았다."

이런 아이디어들은 어디에서 왔을까? 19세기 초만 하더라도 그 흔적을 찾을 수 없지만 19세기가 끝날 무렵에는 이미 대중적인 소설들에 등장할 정도로 널리 퍼졌다. 과연 누가 이런 생각을 처음 품었을까? 그리고 왜 하필 이 시기에 싹텄을까?

§ 8.2 19세기의 초기 몇십 년 동안 복소수에 관한 성숙한 아이디어들은 수학자들의 정신적 지평 속에 정상적인 한 부분으로 자리 잡았다. 이 책의 첫머리에서 요약했던 현대적 수의 개념은 대략 이렇게 수학자들의 마음속에 확립되었다(다만 여러 수의 집합들을 속이 빈 글자를 써서 나타내는 관습은 20세기의 것이다).

특히 실수를 수직선으로 나타내고 복소수를 평면으로 나타내는 도식적 표현은 이제 상식이 되었다. 또한 방대한 범위의 수학적 문제들을 해결하는 데에 매우 유용하게 쓰이는 복소수의 막강한 힘은 널리 누구나 인정하게 되었다. 그런데 이처럼 모든 게 잘 받아들여진 뒤 다음과 같은 의문이 떠오르는 것도 자연스런 일이다.

일차원의 실수에서 이차원의 복소수로 넘어가면서 그토록 막강한 힘과 통찰을 얻게 되었다면, 왜 여기서 멈춰야 할까? 다시 말해서 이를테면 초복소수(hypercomplex number)라고 부를 수로서 그 자연스런 표현이 삼차원이 될 새로운 종류의 수는 없을까? 혹시 그런 수가 정말로 존재하고, 그것은 우리의 수학적 이해를 훨씬 더 비약적으로 높여주지 않을까?

이 의문은 18세기 말부터 여러 수학자들의 마음속에서 솟아 나왔고 그 가운데는 당연히 가우스도 포함되었지만, 한동안 특별히 주목할 만한 발전은 이뤄지지 않았다. 그러다가 1830년 무렵 빛나는 아이디어가 윌리엄 로원 해밀턴 경(卿)(Sir William Rowan Hamilton, 1805~1865)에게 찾아들었다.

§ 8.3   해밀턴의 생애에 대한 이야기의 분위기는 우울하다.[78] 이는 그의 생애가 전쟁이나 가난, 병과 같은 외부적 요인 때문에 비참해졌다는 뜻이 아니며, 우울증 같은 정신적 문제가 있었다는 뜻도 아니다. 또한 그가 자신의 전문 분야에서 무시되었다거나 좌절을 겪었다는 뜻도 아니다. 그는 십대 시절에 이미 널리 이름을 떨쳤다. 문제는 해밀턴의 생애가 계속 내리막으로 이어졌다는 데에 있다. 어렸을 때 그는 놀라운 천재였다. 하지만 젊은 시절에는 보통의 천재였고, 중년에 들어서는 그냥 뛰어난 정도였으며, 말년에는 술에 빠져 지내는 따분한 사람에 지나지 않았다.

물론 해밀턴의 수학적 재능이 뛰어났다는 점에는 의문의 여지가 없다. 그는 위대한 수학적 통찰력을 지녔을 뿐 아니라 많은 노력을 쏟아 이 통찰력을 당대의 가장 어려운 문제를 해결하는 데에 사용했다. 오늘날 수학자들은 그의 기억력도 아주 높이 평가한다.

해밀턴은 더블린에서 스코틀랜드 출신의 부모 아래 태어났다. 하지만 해밀턴은 자신을 아일랜드인이라고 밝히곤 했는데, 이 때문이었던지 아일랜드와 스코틀랜드는 모두 해밀턴이 자기네 출신이라고 내세운다. 놀라운 신동이었던 그는 13살이 되기까지 여러 언어를 해마다 하나씩 정복했노라고 주장했다.[79] 1823년 가을 더블린의 트리니티 칼리지(Trinity College)에 들어간 해밀턴은 얼마 지나지 않아 고전학자로 이름을 떨쳤다. 그런데 첫해가 지날 무렵 그는 캐서린 디즈니(Catherine Disney)라는 아가씨와 사랑에 빠졌다.[80] 하지만 그녀의 집안에서는 그녀에게 더 어울린다고 생각되는 남자와 그녀를 서둘러 결혼시켜 버렸고, 이렇게 깨진 사랑으로 해밀턴의 삶에는 어두운 그림자가 드리웠으며, 이는 캐서린도 마찬가지였을 것으로 보인다. 해밀턴은 1833년 아마도 별생각 없이 허약하고 단정치 못한 여자와 결혼했는데, 이후 그는 어지러운 집안 살림 때문에 평생 골치를 썩어야 했다.

해밀턴은 십대 때 수학을 배우기 시작했지만 빠르게 정복해 가더니 일찍이 유례가 없게도 과학과 고전학 모두에서 트리니티 칼리지를 최우등으로 졸업했다. 마지막 학년 때 그는 자신의 '특성함수(characteristic function)'에 대한 아이디어를 떠올렸는데, 이는 현대의 양자론(quantum theory)에서 근본적 중요성을 가진 해밀턴 연산자(Hamiltonian operator)의 궁극적인 적용 대상이다.

1827년 해밀턴은 트리니티 칼리지의 천문학 교수로 임명되었다. 당시의 모든 젊은 수학자들처럼 해밀턴도 복소수의 우아함과 막강함에 매료되었다. 1833년 그는 복소수의 체계를 순수하게 대수적으로 다루는 방법에 대한 논문을 펴냈는데, 사실 이는 오늘날의 관점에서 '대수'라고 부를 만한 것이었다. 해밀턴은 $a + bi$라는 복소수를 그냥 (a, b)라고 썼으며, 이에 대한 곱셈규칙은 다음과 같다.

$$(a, b) \times (c, d) = (ac - bd, ad + bc)$$

그리고 i가 -1의 제곱근이라는 사실은 다음과 같이 나타내진다.

$$(0, 1) \times (0, 1) = (-1, 0)$$

어찌 보면 이는 아주 하찮게 여겨진다. 하지만 해밀턴과 우리 사이에는 170년이라는 수학적 정밀화의 시간 간격이 있다는 점을 고려해야 한다. 사실 이것은 19세기 초에 대부분의 수학자들이 그랬던 것처럼 산술과 해석학의 영역에서 생각하던 복소수를 대수의 영역으로 옮겨 놓은 것에 해당한다. 요컨대 이는 추상화와 일반화를 한 단계 드높인 것이라 할 수 있다.

해밀턴은 1835년 이래 8년째 품어 왔던 의문, 곧 괄호로 묶은 삼원조(triplet)에 대해 이와 비슷한 대수를 개발할 수 있는지의 문제에 다시 도전했다. 일차원의 실수에서 이차원의 복소수로 넘어옴에 따라 수학에 그토록 새로운 풍성함이 더해졌다면 한 차원을 덧붙일 때 그런 일이 없으란 법이 있을까?

하지만 삼원조의 수들을 이용하여 적절한 대수를 꾸며내는 일은 아주 어렵다는 사실이 드러났다. 물론 조건을 충분히 완화하면 뭔가 만들어낼 수 있다. 그러나 해밀턴은 자신이 생각하는 삼원조가 복소수처럼 유용하려면 그것들 사이의 덧셈과 곱셈이 사뭇 엄격한 조건을 충족해야 한다는 점을 알고 있었다. 예를 들어 T_1, T_2, T_3가 삼원조들이라면 이것들은 다음과 같은 배분법칙(distributive law)을 충족해야 한다.

$$T_1 \times (T_2 + T_3) = T_1 \times T_2 + T_1 \times T_3$$

또한 이것들은 복소수와 마찬가지로 절댓값 법칙(law of modulus)도 충족해야 한다. (a, b, c)라는 삼원조의 절댓값은 $\sqrt{a^2 + b^2 + c^2}$인데, 절댓값 법칙은 어떤 두 삼원조를 서로 곱할 때 그 절댓값은 각 절댓값의 곱과 같아야 한다는 뜻을 나타낸다.

해밀턴은 자신이 생각하는 삼원조가 어떤 쓸 만한 대수가 되도록 해야 한다는 문제에 틈나는 대로 골몰해 왔으며 그러는 사이에 어언 8년의 세월이 흘렀다. 그동안 그는 세 아이를 가졌고 기사 작위도 받았다.

그런데 이 수학적 난관은 어느 날 갑자기 찾아온 한 순간의 통찰로 해결되었다. 해밀턴은 말년에 이에 대한 이야기를 둘째 아들 아치볼드 헨리(Archibald Henry)에게 보낸 편지에서 다음과 같이 썼다.

1843년 10월 초에는 매일 아침 내가 식사를 하러 내려올 때면 너와 (그때는 작았던)너의 형 윌리엄 에드윈(William Edwin)은 "아빠, 이제 삼원조를 곱할 수 있어요?"라고 물었다. 그러면 나는 언제나 슬픈 듯 고개를 저으며 "아니, 아직은 더하고 **빼기**만 할 수 있단다"라고 대답했다.

같은 달 16일, 마침 월요일이면서 왕립아일랜드아카데미(Royal Irish Academy)의 회의가 열리는 날이어서 나는 이를 주재하기 위하여 네 어머니와 함께 로열운하(Royal Canal)를 따라 걷고 있었다. 아마 네 어머니는 마차로 그곳을 지나본 적이 있었을 것이다. 이렇게 같이 걸으면서 네 어머니가 내게 이런 저런 이야기를 하는 동안 내 머릿속에는 다른 생각들이 계속 흐르고 있었는데, 어느 순간 그 중요성을 즉각적으로 깨달았다고 말해도 지나치지 않을 생각이 떠올랐고 이로부터 나는 해답을 얻게 되었다. 그 순간 갑자기 전기 회로가 닫히는 듯한 느낌이 들더니 불꽃이 번쩍 튀면서 한 아이디어가 뇌리를 파고들었다. 이어서 나는 곧바로 내가 살아 있는 한 앞으로 오랫동안 이 생각을 명확히 가다듬어야 한다는 사실을 깨달았다. 또는 내가 이 발견을 선명하게 전달할 수 있을 정도로 충분히 오래 살도록 허용된다면 다른 사람들을 위해서라도 그렇게 해야 할 것이다. 이에 흥분한 나는, 비이성적인 짓이기는 하지만, 주머니에서 칼을 꺼내어 브로엄 다리(Brougham Bridge)[브룸 다리(Broome Bridge)라고도 부른다. ― 옮긴이]의 한 돌에 i, j, k라는 기호를 택해서 다음의 식을 새겨 넣었다.

$$i^2 = j^2 = k^2 = ijk = -1$$

이 식에 그동안 고심해 왔던 문제의 해답이 담겨 있는데, 그때 새겨 넣은 글씨는 이미 오래 전에 닳아서 사라졌다.

브로엄 다리에서[81] 월요일에 해밀턴을 찾아온 통찰은 삼원조로는 유용한 대수를 만들 수 없지만 사원조(quadruplet)로는 만들 수 있다는 것이었다. 일차원의 실수 a에서 이차원의 복소수 $a + bi$로 올라선 다음의 단계는 삼차원의 초복소수 $a + bi + cj$가 아니라 $a + bi + cj + dk$라는 모습을 가진 사차원의 수였던 것이다. 해밀턴이 브로엄 다리에 새겼던 i, j, k 사이의 곱셈과 같은 간단한 규칙을 사용하면 이 사차원의 수는 대수를 이룰 수 있다. 베르덴은 『대수의 역사』에서 이 영감을 "사차원으로 도약"이라고 묘사했다.

§ 8.4 이 새로운 대수를 구축하기 위해 해밀턴은 산술의 근본적인 규칙 하나, 곧 $a \times b = b \times a$라는 규칙을 허물어야 했다. 나는 앞서 코시가 제시한 치환들의 합성에 대해 이야기할 때 이 규칙의 특성을 '가환성(commutativity)'이라 부른다고 말했다. 나아가 이 규칙은 더 흔한 말로 교환법칙(commutative rule)이라 부르며, 보통의 산술을 통해 우리 모두 익히 잘 알고 있다. 예를 들어 7에 3을 곱한 결과는 3에 7을 곱한 결과와 같다. 이 교환법칙은 복소수의 경우에도 성립한다. 예컨대 $2 - 5i$에 $-1 + 8i$를 곱한 결과는 $-1 + 8i$에 $2 - 5i$를 곱한 결과와 같으며, 그 답은 모두 $38 + 21i$이다.

하지만 사원수(quaternion)는, 벡터들 사이의 유용한 곱셈을 포용하는 사차원의 벡터공간처럼, 이 법칙을 포기해야 대수를 형성한다. 사원수의 세계에서는 $i \times j$가 $j \times i$가 아니며 $-j \times i$인데, 좀 더 구체적으로는 다음과 같다.

$$jk = i, \; kj = -i$$
$$ki = j, \; ik = -j$$
$$ij = k, \; ji = -k$$

사원수를 대수학적으로 주목할 만한 존재로 만들고 해밀턴의 번뜩이는 통찰을 수학 사상 가장 중요한 계시적 사건의 하나가 되게 한 것은 바로 이 교환법칙의 붕괴였다. 그동안 일어난 수 체계의 진화, 곧 고대에 일어난 자연수에서 유리수로의 확장, 중간 단계인 무리수와 음수의 도입, 그리고 18세기와 19세기의 위대한 지성들을 시험했던 복소수와 모듈 산술(modular arithmetic)에 이르기까지의 과정에서 교환법칙은 줄곧 당연한 것으로 여겨져 왔다. 그런데 여러모로 수라고 여겨야 할 이 새로운 체계에서는 교환법칙이 더 이상 성립하지 않는다. 현대의 전문 용어를 빌려 말하면 사원수 체계는 대수에서 나타난 최초의 비가환 나눗셈 다원환(division algebra)이였다.[82]

어른이라면 누구나 한번 어떤 규칙을 허물면 다른 규칙들을 허물기는 훨씬 쉽다는 사실을 잘 알고 있다. 이러한 일상생활의 경험은 대수의 발전에서도 마찬가지였다. 1843년 10월 17일 해밀턴은 친구인 아일랜드 수학자 존 그레이브스(John Graves, 1806~1870)에게 사원수에 대해 설명하는 내용이 담긴 편지를 보냈다. 그러자 그레이브스는 12월에 팔차원의 대수를 꾸며냈고, 나중에 이는 팔원수(octonion)로 불리게 되었다.[83]

그런데 이 대수가 잘 작동하도록 하기 위해 그레이브스는 또 다른 산술 규칙인 곱셈에 관한 결합법칙, 곧 흔히 $a \times (b \times c) = (a \times b) \times c$로 표현되는 규칙을 허물어야 했다.

여기서 이 무렵에 러시아의 수학자 니콜라이 로바체프스키와 헝가리의 수학자 야노시 보여이가 제시한 비유클리드 기하학(non-Euclidean geometry)이 차츰 널리 알려지기 시작했다는 점을 주목할 필요가 있다(곡면에 대한 기하학인 이 기하학에 대해서는 §13.2에서 살펴본다). 이로 인해 산술과 기하의 법칙에 대한 직관적 이해는 인간적 사고의 변하지 않는 본질적 특성 가운데 하나라는 독일 철학자 임마누엘 칸트(Immanuel Kant, 1724~1804)의 주장은 소리도 없이 스러져 갔다. 교환법칙과 결합법칙처럼 근본적인 것으로 여겨왔던 산술 원리들이 허물어질 수 있다면 다른 것들은 또 어떨까? 사원수가 제대로 작동하는 데에 사차원이 필요하다면 우리의 우주가 실제로는 사차원인 게 아닐까?[84] 또한 이차원의 평평한 나라 어딘가에서 실제로 어떤 주민들이 살아가고 있는 것은 아닐까?

§8.5 놀라운 통찰이기는 했지만 해밀턴의 아이디어는 거의 동시다발적으로 생겨난 사차원에 대한 여러 아이디어 가운데 하나에 지나지 않았다. 1840년대에 들어서자 사차원, 오차원, 육차원, …… 그리고 일반적으로 n차원에 대한 이야기들도 널리 퍼지게 되었다. 1890년대를 흔히 자주색 시대(Mauve Decade)라고 부르는 것에 비교한다면 적어도 수학자들에게 1940년대는 다차원 시대(Multidimensional Decade)라고 불러도 좋을 것이다[자주색 시대는 영국의 화학자 윌리엄 퍼킨 경(卿)(Sir William Perkin, 1838~1907)이 발명한 자주색의 염료가 이 무렵의 패

션에 널리 쓰이게 된 데에서 나온 말이다. ― 옮긴이].

같은 해인 1843년에 영국의 대수학자 아서 케일리(Arthur Cayley, 1821~1895)는 「n차원의 해석기하에 대한 논의(Chapters of Analytic Geometry of n-Dimensions)」라는 제목의 논문을 펴냈다(케일리에 대해서는 다음 장에서 다시 살펴본다). 이 제목이 말해주듯 케일리의 의도는 기하학적으로 접근하려는 것이었다. 하지만 그는 동차좌표(homogeneous coordinates)(나중에 대수 기하학에 관한 수학 길잡이에서 설명한다)를 사용했으며, 이 때문에 이 논문은 대수적 정취를 짙게 풍기게 되었다.

사실 동차좌표의 아이디어는 독일의 천문학자이자 수학자인 아우구스트 뫼비우스(August Möbius, 1790~1868)가 처음 떠올렸으며 몇 해 전 이에 대해 『중심계산(*The Barycentric Calculus*)』이란 제목의 고전적인 책을 펴내기도 했다. 뫼비우스는 당시에 이미 어떤 불규칙적인 삼차원 입체가 사차원적 회전을 통해 그 거울상으로 변할 수 있다는 점을 이해하고 있었던 것으로 보인다. 정확히 말하면 이는 1827년의 일이었는데 이때가 아마 수학적 사고에서 사차원의 개념이 처음 등장한 때로 생각된다.

뫼비우스를 계기로 우리는 독일인들의 세계로 들어서게 된다. 이 당시 두드러진 대수학자들은 영국에서 많이 나왔지만 영국 해협 건너편에서는 이미 뛰어난 재능을 가진 인물들이 줄지어 나타나고 있었다. 그 가운데서도 특히 독일인들이 수학계의 최전선으로 나서게 되었으며, 이런 추세는 19세기 후반에서 20세기 초까지 이어졌다.

§ 8.6　그 무렵 프로이센의 스테틴(Stettin)[지금은 폴란드의 도시가 되어 슈체친(Szczecin)으로 불린다]에는 헤르만 그라스만(Hermann Grassmann, 1809~1877)이라는 수학 교사가 있었다. 1843년에 34살이 된 그라스만은 대략 오늘날의 고등학교에 해당하는 김나지움(gymnasium)에서 1831년부터 수학을 가르쳐 왔는데, 사실상 세상을 뜰 때까지 그곳에서 교사 생활을 계속했다. 그는 대학에서 신학과 철학을 전공했으며 수학은 독학으로 배웠다. 결혼은 40살이 되어서야 했지만 자녀는 11명이나 두었다.

해밀턴의 발견이 있은 이듬해에 그라스만은 『선형연장이론 ……(*Die lineale Ausdehnungslehre* ……)』이라는 아주 긴 제목의 책을 썼다. 언제나 『광연론(*Ausdehnungslehre*)』이라고 줄여 부르는 이 책에서 그라스만은 80년쯤 뒤에 벡터 공간론(theory of vector space)으로 알려지게 된 분야의 주요 얼개를 구축했다. 그는 일차종속, 일차독립, 차원, 기저, 부분 공간, 사영 등의 개념을 정의했다. 뿐만 아니라 그는 여기서 한층 더 나아가 벡터의 곱셈과 기저의 변환법도 개발하여 해밀턴이 창안한 사원수보다 훨씬 일반적인 방법으로 현대적인 대수의 개념을 확립했다. 그는 이 모두를 뚜렷이 대수학적 방식으로 구성함으로써 이 수학적 대상들이 본질적으로 완전히 추상적이란 점을 강조함과 동시에 기하학적 아이디어는 단순히 그 응용들 가운데 하나라는 점을 분명히 했다.

불행하게도 그라스만의 이 책은 거의 눈길을 끌지 못했다. 서평이라고는 단 하나밖에 없었는데 그것도 그라스만 자신이 쓴 것이었다! 그라스만도 아벨, 루피니, 갈루아 등과 함께 뛰어난 재능을 동료들에게 제대로 인정받지 못한 가엾은 무리에 속했다. 어떤 면에서 이는 그 자신의 탓이기도 했다. 『광연론』은 따라 읽기가 아주 힘든 스타일로 쓰였으며 19세기

초 방식의 형이상학적 논의로 윤색되어 있었다. 뫼비우스는 이것을 "읽을 수 없다"라고 평가하면서도 그라스만을 도울 생각으로 1847년에 그의 아이디어를 칭찬하는 논평을 쓰기도 했다. 그라스만은 이 책을 널리 퍼뜨리려고 노력했지만 끝내 불운과 무관심을 극복하지 못했다.

프랑스 수학자 장 클로드 생베낭(Jean Claude Saint-Venant, 1797~1886)은 『광연론』이 나온 다음 해인 1845년에 벡터공간에 관한 논문을 펴냈다. 여기에는 그라스만의 아이디어와 비슷한 것들도 있었지만 각자 독립적으로 얻어낸 게 분명했다. 이 논문을 본 그라스만은 『광연론』에서 관련된 부분을 발췌하여 생베낭에게 보내려고 했는데 그의 주소를 몰랐기에 프랑스아카데미에 있는 코시에게 보내서 전달해 달라고 부탁했다. 하지만 코시는 이를 잊어버렸고 6년이 지난 뒤 그라스만의 책에서 나왔을 것으로 보이는 논문을 발표했다. 이에 그라스만이 부당하다는 이의를 제기하자 프랑스아카데미는 세 사람으로 구성된 위원회를 조직하여 표절 여부를 심사하도록 했다. 그런데 어이없게도 그중 한 사람은 바로 코시 자신이었고, 그래서였는지 아무런 결정도 내려지지 않았다.

『광연론』이 전혀 읽혀지지 않은 것은 아니었다. 해밀턴은 1852년에 이것을 읽고 이듬해에 펴낸 자신의 책 『사원수 강의(Lectures on Quaternions)』에 쓴 서문의 한 구절에서 그라스만에 대해 언급했다. 그는 『광연론』이 독창적이고 놀라운 업적이라고 높이 평가했지만 동시에 자신의 접근법은 이와 사뭇 다르다는 점도 강조했다. 그러므로 『광연론』은 나온 지 9년이 지나는 동안 수학자라고는 뫼비우스와 해밀턴, 두 사람의 눈길밖에 끌지 못했다.

그라스만은 이에 굴하지 않고 『광연론』을 좀 더 쉽게 재편하여 1862년 자비로 300부를 출판했다. 그 서문에는 다음과 같은 내용이 담겨 있는데, 내게는 이게 사뭇 감동적으로 다가왔다.

> 여기서 제시하는 이론을 개발하는 데에 나는 내 생애의 상당한 부분을 바쳤을 뿐 아니라 가장 힘겨운 노력을 기울여 왔는데, 이 모든 게 결코 헛되지 않으리라고 나는 믿어 의심치 않는다. 이 이론을 설명하는 나의 방식이 불완전하며 또 불완전할 수밖에 없다는 점을 나는 스스로 잘 알고 있다. 하지만 나는 오만하게 비쳐질 수도 있다는 위험을 감수하면서, 만일 이 연구가 또다시 17년 또는 그 이상의 세월 동안 쓰이지 않은 채로 방치되거나 과학의 실질적 발전에 기여하지 못한다 하더라도, 언젠가는 그렇게 잠들어 있던 아이디어들이 망각의 먼지에서 떠올라 결실을 맺게 되리라는 점을 알고 있으며, 따라서 그렇게 말해야 한다고 생각한다. 나는 지금껏 그래왔듯 이번에도 이 아이디어를 통해 성과를 거둘 수 있는 학자들의 관심을 끌어 모으지 못하고, 그들을 자극하여 이를 더욱 발전시키고 풍성하게 하는 데에 성공하지 못할지 모른다. 하지만 설령 그럴지라도 이 아이디어들은 어쩌면 최신의 발전에 어울리는 새로운 모습으로 다시 깨어나 활발한 대화 속에 들어서게 될 또 다른 기회를 맞게 될 것이다. 진리는 영원하고 신성하기 때문이다.

하지만 1862년판에 대한 반응도 1844년판에 대한 것보다 거의 나아지지 않았다. 이에 환멸을 느낀 그라스만은 수학을 접고 다른 관심 분야인 산스크리트에 대한 연구로 돌아섰다. 그리하여 그는 산스크리트의 고전 『리그베다(*Rig Veda*)』에 장문의 주석을 붙여 무려 거의 3,000페이지에 이를 정도로 방대한 독일어 번역판을 내놓았다. 나아가 그는 이 연구로 튀빙겐 대학교(University of Tubingen)에서 명예 박사 학위를 받앉다.

 그라스만의 연구에 직접 근거한 최초의 중요한 수학적 성과는 그가 세상을 뜬 이듬해인 1878년에 나왔다. 영국의 수학자 윌리엄 클리포드 (William Clifford, 1845~1879)는 「그라스만 광역대수의 응용(Applications of Grassmann's Extensive Algebra)」이라는 제목의 논문에서 그라스만의 아이디어를 이용하여 해밀턴의 사원수를 일반화함으로써 모든 차원에 걸쳐 적용할 수 있도록 했다. 클리포드 대수(Clifford algebra)는 20세기의 이론 물리학 분야에서도 응용되었는데, 대략 n차원 공간에서의 회전이라고 할 스피너(spinor)에 대한 현대적 이론이 바로 여기에서 도출되었다.

§ 8.7 이렇게 하여 1840년대에는 완전히 새로운 두 가지의 수학적 대상들이 탄생했다. 벡터공간(vector space)과 벡터대수(vector algebra)가 그것인데, 다만 이 이름들은 그 창조자가 짓지 않았다. 이 아이디어들은 초기의 원시적인 상태에서도 이미 수학적 탐구를 위한 드넓은 새 기회를 열어 주었다.

 한편 때는 바야흐로 전기 시대의 초기여서 실용적 응용에서도 마찬가지였다. 해밀턴의 위대한 통찰이 떠올랐을 때는 영국의 화학자이자 물리학자인 마이클 패러데이(Michael Faraday, 1791~1867)가 전자기의 유도 현상을 발견한 때로부터 12년밖에 지나지 않았다. 이즈음 패러데이는 52세에 들어섰지만 여전히 연구에 매진했다. 사원수가 발견된 지 2년이 지난 1845년에 패러데이는 전자기장(electromagnetic field)의 아이디어를 떠올렸다. 그는 자신의 아이디어를 수학적으로 구체화할 능력이 부족했기 때문에 전자기에 관한 모든 것들을 역선(line of force)이라는 상상의 개념을 통해서 이해하고자 했다. 이런 약점은 특히 영국의 물리학자 제임스 맥스웰(James Maxwell, 1831~1879)을 비롯한 후계자들이 해소하였는데, 이들은 이 새로운 현상을 이해하는 데에 필요한 것은 바로 벡터라는 사실을 깨달았다.

사실 전자기에 관한 새로운 과학에서는 모든 방향들로 향하는 온갖 크기의 흐름들을 생각해야 하는데 이런 상황이 벡터에 관심을 가질 강한 계기가 된다는 점을 이해하기란 전혀 어려운 일이 아니다.[85] 하지만 그렇다고 물리학자들이 벡터를 쉽게 활용할 수 있었다는 뜻도 아니다. 19세기가 막 끝나고 20세기가 시작하던 시기에 이와 관련해서는 세 학파가 대립하고 있었다.

벡터적 사고의 첫째 학파는 해밀턴을 따르는 사람들이었는데, 사실 '벡터'와 '스칼라'라는 용어를 현대적으로 쓰기 시작한 사람이 바로 해밀턴이었다. 해밀턴은 $a + bi + cj + dk$라는 사원수가 a라는 스칼라 부분과 $bi + cj + dk$라는 벡터 부분으로 이루어져 있다고 보고 이런 토대 위에서 벡터를 다루는 방법에 대해 연구했다.

둘째 학파는 1880년대에 미국의 화학자이자 물리학자인 조지아 기브스(Josiah Gibbs, 1839~1903)와 영국의 공학자이자 물리학자인 올리버 헤비사이드(Oliver Heaviside, 1850~1925)가 성립하였다. 이들은 사원수의 스칼라와 벡터 성분을 따로 떼어내 독립적인 요소들로 취급함으로써 현대적 벡터 해석(학)(vector analysis)의 기초를 닦았다. 그 결과는 사실상 그라스만의 것과 다를 게 없었는데, 기브스는 자신의 아이디어가 그라스만의 책을 보기 전에 이미 틀을 갖추었다고 주장했다. 기브스와 헤비사이드는 수학자가 아니라 과학자들이어서 실용적인 경향이 강해서 순수 수학자들 가운데는 이런 경향을 달가워하지 않는 사람들도 있었다. 과학자들은 자신들의 목적에 적합한 대수만 있으면 된다. 따라서 필요한 것은 해밀턴의 사원수를 깨끗이 토막낼 칼이었으며, 그렇게 하는 데에 어떤 가책이나 주저함도 없었다.

셋째 학파는 영국의 과학자인 켈빈 경(卿)(Lord Kelvin, 1824~1907)[본명은 윌리엄 톰슨(William Thomson)]이 수립하였다. 그는 이 최신의 수학을 회피하는 한편 그 내용을 전통적인 직교좌표를 이용하여 완전히 새롭게 재구성해냈는데, 이는 반동적이지만 아주 산뜻한 방법이었다. 따라서 적어도 겉치레보다 실용적인 면을 좋아하는 영국인들 사이에서는 큰 호응을 받아 오랫동안 널리 쓰였다. 나는 1960년대에 켈빈 경의 진영에 굳게 뿌리를 내린 나이 많은 분에게서 동역학(dynamics)을 배웠는데, 그는 벡터가 "일시적 유행일 뿐"이라고 단언했다.

이 세 학파들의 체계에 내포된 장단점들에 대한 논쟁은 1890년대에 들어 어딘지 시답잖은 사원수 대전(Great Quaternionic War)으로 치달았다. 이에 대한 좋은 서술로는 미국의 공학자이자 과학 저술가인 폴 내힌(Paul Nahin, 1940~)이 1988년에 펴낸 헤비사이드의 전기 9장을 참조하기 바란다. 이 싸움의 승자는 기브스와 헤비사이드였으며 따라서 그라스만도 궁극적인 영예를 차지한다고 봐야 할 것인데, 이를테면 이들은 '벡터 빅터(vector victor)'라고 불러도 좋을 것이다. 수리 물리학을 좌표에 의지하는 켈빈 경의 방식으로 연구하는 것은 어딘지 이상하고 번잡스러운 일이었으며, 사원수는 하릴없이 도중에서 낙오되고 말았다.

따라서 사원수를 이용한 대수는 해밀턴의 원대한 희망을 간접적으로밖에 충족하지 못했다. 해밀턴은 사원수가 드넓은 새로운 수학적 지평을 열 것이라 믿고 자신의 생애 후반부 가운데 20년 동안 그 정식 이론을 개발하려고 노력했다. 하지만 사원수는 결국 수학의 뒤안길로 빠져들었고, 고등 대수의 일부 기이한 분야에서만 관심을 가질 뿐이다. 이에 따라 학부 과정에서 사원수는 군론이나 행렬론 등에서 참고 사항의 하나로 잠깐 스쳐가듯 언급되곤 한다.[86]

§ 8.8 사원수의 시절이 지난 뒤 n차원 공간에 대한 연구는 사뭇 다른 방향으로 뻗어 나갔다. 1850년대 초 스위스의 수학자 루트비히 쉴래플리(Ludwig Schläfli, 1814~1895)는 초다면체(polytope), 곧 이차원에서의 다각형과 삼차원에서의 다면체에 대응하는 사차원 이상의 공간에 존재하는 도형에 관한 기하학을 구성했다. 그러나 이에 대하여 프랑스어로 1855년, 영어로 1858년에 발간된 그의 논문은 그라스만의 『광연론』보다 더 철저히 무시되었고, 1895년 그가 세상을 뜬 뒤에야 알려지게 되었다. 다만 그의 이 연구는 대수보다 기하에 속할 성격의 것이었다.

다른 갈래의 발전 가운데 하나로는 독일의 수학자 베른하르트 리만이 1854년에 '기하학의 배경 가설'이라는 제목으로 행한 교수 학위(habilitation)(독일 등 일부 국가에서 교수직에 지원하는 사람의 자격을 심사하는 절차로 박사 학위 심사와 비슷하다. — 옮긴이)의 강연에서 다루었던 탁월한 내용을 들 수 있다. 리만은 가우스가 남긴 몇몇 아이디어들을 토대로 곡선과 곡면의 기하학에 대한 관점을 완전히 새롭게 바꾸었다. 그는 이를테면 이차원의 곡면이 삼차원의 평평한 공간에 내포되어 있다고 보는 관점을 만일 그 곡면을 떠날 수 없는 존재의 입장에서 생각하는 관점으로 바꾼다면 어떤 결론들이 나올 수 있는지에 대해 생각해 보았다. 이 '내재적 기하학(intrinsic geometry)'은 어떤 차원에 대해서든 쉽게 일반화할 수 있으며, 이로부터 미분 기하학(differential geometry), 텐서 해석학(tensor analysis), 일반 상대성 이론(general theory of relativity) 등이 이끌어져 나왔다. 하지만 이 연구도 대수에 포함시키기에는 어딘지 적절하지 않다(그러나 §13.8에서 현대 대수 기하학을 다룰 때 다시 이를 살펴본다).

§ 8.9   추상적 벡터공간(abstract vector space)과 그 안에서 벡터들을 여러 가지 방법으로 곱하는 내용을 포함하는 대수들은 오늘날 한데 모여서 선형대수(Linear Algebra)라는 넓은 영역을 이루고 있다. 벡터끼리의 곱셈을 교환법칙이나 결합법칙에서 해방시킴으로써 여러 가지 기이한 대상들을 얻을 수 있으며, 따라서 이 모두를 체계적으로 다루려면 그에 합당한 일반 이론으로 포괄해야 한다.

예를 들어 영벡터에 대한 나누기를 허용하는 대수들도 있다! 사실 해밀턴 자신이 사원수 $a + bi + cj + dk$의 계수인 a, b, c, d를 처음에 생각했던 실수에서 복소수로 일반화하려는 과정에서 이런 상황을 간파한 적이 있었다. 예를 들어 복소수체(complex number field)에서는 다음과 같은 인수분해를 할 수 있다.

$$x^2 + 1 = (x + \sqrt{-1})(x - \sqrt{-1})$$

위에서는 해밀턴의 사원수 표기에 나오는 i와 혼동하지 않기 위하여 허수의 단위 i를 $\sqrt{-1}$로 썼다. 여기의 x에 해밀턴의 j를 대입하면 다음 식을 얻는다.

$$j^2 + 1 = (j + \sqrt{-1})(j - \sqrt{-1})$$

그런데 해밀턴의 정의에 따르면 $j^2 = -1$이므로 $j + \sqrt{-1}$과 $j - \sqrt{-1}$은 0의 인수들이다. 하지만 현대 대수에서는 이런 현상을 다른 데에서도 볼 수 있다. 몇 장 뒤에서 보게 될 행렬의 곱셈에서는 영행렬(zero matrix)이 아닌 두 행렬을 곱하면 때로 0이 나오는 경우가 있다. 이런 결과들은 추상대수의 연구가 낯익은 실수와 복소수의 세계에서 얼마나 빠르게 빠져나가고 있는지를 보여주는 예라고 하겠다.

이상의 내용을 고려할 때 가능한 모든 대수들을 헤아리고 분류해 보는 것도 흥미로운 일이 될 것이다. 그런데 그 결과는 어떤 규칙들을 허용하느냐에 달려 있다. 가장 좁은 경우는 교환법칙과 결합법칙이 성립하고 0의 인수가 없으며 실수체(real number field) 안에서 유한 차원으로 구축된 대수이다. 1864년에 독일의 수학자 카를 바이어슈트라스(Karl Weierstrass, 1815~1897)가 증명한 바에 따르면 그런 대수로는 $\mathbb{R}$과 $\mathbb{C}$의 두 가지밖에 없다. 이후 여러 규칙들을 차츰 완화하고 스칼라의 원천을 다른 바탕체로 삼고 0의 인수도 허용하는 등의 절차를 밟아감에 따라 많은 대수들이 창출되어 나오며 기이한 성질들도 갈수록 많아진다. 이에 대한 체계적 분류 가운데 유명한 것으로는 미국의 수학자 벤저민 퍼스(Benjamin Peirce, 1809~1880)가 1870년에 한 것을 들 수 있다.

스코틀랜드의 대수학자 조셉 웨더번(Joseph Wedderburn, 1882~1948)은 1908년에 펴낸 「초복소수에 대하여」라는 제목의 유명한 논문에서 스칼라를 어느 체에서든 가져올 수 있도록 함으로써 대수를 한 단계 더 높은 수준에서 일반화했다. 하지만 나는 이제 지금껏 별다른 설명도 없이 이야기해 왔던 체나 행렬 등의 주제들을 살펴보고자 한다. 특히 고대 중국에서 유래한 행렬에는 하나의 장을 할애했다.

9

행렬

§ 9.1 여기에 말로 풀어쓴 문제가 하나 있다. 그런데 서로 다른 세 가지 곡식을 빨강과 파랑과 초록의 세 색깔로 대체한다면 시각화하는 데에 더 좋으리라 여겨진다.

> 문제. 세 가지의 곡식이 있다. 첫 번째 통 3통과 두 번째 통 2통과 세 번째 통 1통을 함께 달면 총 무게는 39이다. 또 첫 번째 통 2통과 두 번째 통 3통과 세 번째 통 1통을 함께 달면 총 무게는 34이다. 끝으로 첫 번째 통 1통과 두 번째 통 2통과 세 번째 통 3통을 함께 달면 총 무게는 26이다. 각 곡식 한 통의 무게는 얼마인가?

빨강 곡식 한 통의 무게를 x, 파랑 곡식 한 통의 무게를 y, 초록 곡식 한 통의 무게를 z라고 하자. 그러면 위의 문제는 x, y, z에 관한 다음의 일차연립방정식을 풀면 해결된다.

$$3x + 2y + z = 39$$
$$2x + 3y + z = 34$$
$$x + 2y + 3z = 26$$

점검해 보면 쉽게 알 수 있듯 $x = \frac{37}{4}$, $y = \frac{17}{4}$, $z = \frac{11}{4}$이다.

디오판토스나 고대 바빌론의 수학자들이나 이런 문제를 푸는 데에서 별 어려움을 겪지 않았다. 하지만 이 문제는 수학사에서 아주 두드러진 지위를 차지하게 되었다. 그 이유는 이 문제를 제기한 사람이 이것은 물론 미지수가 몇 개든 상관없이 이와 비슷한 문제를 체계적으로 해결할 수 있는 방법을 개발하고 제시했기 때문이다. 오늘날에도 대수를 배우는 학생들에게 이 방법을 가르치고 있는데, 그 전체적 얼개는 2,000여 년 전에 이미 밝혀졌다!

그 수학자의 이름은 알려지지 않았다. 그는 제목이 『구장산술(九章算術)』인 계산법에 대한 책을 썼는데, 거기에는 측정과 계산에 관한 246개의 문제가 실려 있으며, 고대 중국의 수학에서 타의 추종을 불허할 정도로 심대한 영향을 미쳤다. 이 책이 인도, 페르시아, 이슬람 세계, 유럽 등의 수학에 정확히 얼마나 많은 영향을 주었는지에 대해서는 논란이 많다. 하지만 기원후 이른 세기부터 여러 종류의 판본들이 동아시아의 여러 나라에 두루 퍼졌으며, 중세에는 유라시아 전체에 걸쳐 무역과 지적 접촉이 활발했다. 따라서 서아시아와 유럽의 수학자들이 이로부터 영감을 얻지 않았다고 보는 것은 납득하기 어려운 일일 것이다.

이 책의 내용에서 얻은 증거와 이후 여러 판들에 나오는 주석가들의 서술에서 판단해볼 때 원본은 기원전 202년부터 기원후 8년까지 이어져 온 전한(前漢) 시대에 나왔던 것으로 보인다. 이 무렵은 중국 역사상 위대한 시대의 하나로 여겨지는데, 그 영토는 오늘날 중국의 영토 대부분에 해당하며,[87] 중국 본토 출신의 강력한 군주의 통치 아래 굳건한 통일 국가를 이루고 있었다.

중국의 문화적 영역은 이전에 이미 역사상 첫 번째 황제이자 폭군으로 유명한 진(秦)왕조(BC221~207)의 시황제(始皇帝, BC259~210)가 기원전 221년에 통일한 적이 있었다. 하지만 11년 뒤 그가 죽자마자 진의 통치 체제는 급속히 허물어져 갔다. 그리하여 한동안 내란이 이어졌는데 이 시기에 중국의 문학과 연극의 주제가 되는 많은 사건들이 일어났다. 그러다 유방(劉邦, BC247~195)이 나타나 강적 항우(項羽, BC232~202)를 물리치고 기원전 202년에 새로운 나라를 세웠으며, 바로 한(漢)왕조(BC202~AD220)의 시작이었다.

폭군 시황제의 가장 악명 높은 폭정 가운데 하나는 분서갱유(焚書坑儒) 사건이었다. 상앙(商鞅, ?~BC338)이라는 철학자의 엄격한 전체주의적 정책에 따라 시황제는 관념적인 철학에 대한 모든 책들을 몰수하여 불태워 버렸다. 다행히 고대 중국의 학습은 대부분 기계적인 암기로 행해졌기에[88] 진의 지배가 무너진 뒤 학자들은 머릿속에 남아 있는 기억을 토대로 옛 지식을 되살려냈다. 『구장산술』이 기억에 남은 여러 자료들을 통일하여 일관된 모습을 갖추게 된 것도 바로 이 무렵의 일로 여겨진다. 하지만 그 반대일 수도 있다. 폭군이기는 했지만 시황제는 예외를 두어 농업을 비롯한 실용적인 주제를 다룬 책들은 남겨 두도록 했다. 그러므로 『구장산술』이 한나라 이전에 이미 있었다면 분서갱유와 상관없이 전해져 내려왔을 것이다.

아무튼 한왕조 초기는 중국의 수학적 창의성이 돋보인 시기였다. 평화로운 시절이었기에 상업적 거래가 활발했으며 이에 따라 여러 가지 계산 기술이 많이 필요해졌다. 길이와 무게의 표준화는 진왕조 때 이미 이루어져서 넓이와 부피의 계산에 대한 관심이 커졌다. 또한 공자(孔子 BC 552~479)의 유교 사상이 국가 경영의 토대가 됨에 따라 해마다 일정한 날에 일정한 의례를 올릴 수 있도록 하는 달력이 필요해졌는데, 이에 부응하여 통상적으로 19년을 주기로 하는 달력이 만들어졌다.[89]

『구장산술』은 이 무렵에 한번 꽃피었던 창의력의 산물이었을 것이다. 이 책은 기원후 1세기에는 분명 존재했을 것으로 보이며, 이후 중국의 수학적 문화에 대해 유클리드의 『원론』이 유럽에서 했던 것과 비슷한 역할을 했다. 위에서 제시한 문제는 이 책의 제8장에 나온다.

『구장산술』의 저자는 이 문제를 어떻게 풀었을까? 먼저 곡식 문제의 두 번째 일차연립방정식 양변에 3을 곱하고(그러면 이 식은 $6x + 9y + 3z = 102$로 바뀐다), 이 바뀐 식에서 첫 번째 식을 두 번 뺀다. 이와 비슷하게 세 번째 식의 양변에 3을 곱하고(그러면 이 식은 $3x + 6y + 9z = 78$로 바뀐다), 이 바뀐 식에서 첫 번째 식을 뺀다. 그러면 결과는 다음과 같아진다.

$$3x + 2y + z = 39$$
$$5y + z = 24$$
$$4y + 8z = 39$$

다음으로 위 세 번째 식의 양변에 5를 곱하고(그러면 $20y + 40z = 195$가 된다) 두 번째 식에서 이것을 네 번 뺀다. 그러면 세 번째 식은 다음과 같이 바뀐다.

$$36z = 99$$

이로부터 $z = \frac{11}{4}$이라는 답을 얻으며, 이것을 두 번째 식에 대입하면

y의 값이 나오고, 이렇게 얻은 z와 y를 첫 번째 식에 대입하면 x의 값이 나온다.

지금까지 설명한 방법은 아주 일반적인 것이어서 세 미지수와 세 식으로 된 연립방정식뿐 아니라, 네 미지수와 네 식, 다섯 미지수와 다섯 식 등등에도 그대로 적용될 수 있는데, 오늘날 이는 가우스 소거법(Gaussian elimination)이라고 부른다. 독일의 위대한 수학자 카를 가우스는 1803년부터 1809년 사이에 팔라스(Pallas)라는 소행성을 관측하고 그 궤도를 계산했다. 여기에는 여섯 개의 미지수와 여섯 개의 식으로 된 연립방정식이 등장하며, 가우스는 2,000년 전 『구장산술』에 나왔던 것과 똑같은 방법으로 이를 해결했다.

§ 9.2 우리는 이제 훌륭한 문자기호들을 갖고 있으므로 좀 복잡하기는 하겠지만 아래와 같은 일반적인 세 미지수 연립방정식에 가우스 소거법을 적용해서 그 해들을 계수들의 식으로 얻어볼 필요도 있을 것이다.

$$ax + by + cz = e$$
$$fx + gy + hz = k$$
$$lx + my + nz = q$$

그 결과는 다음과 같다.

$$x = \frac{bhq + ckm + egn - bkn - cgq - ehm}{agn + bhl + cfm - ahm - bfn - cgl}$$

$$y = \frac{ahq + ckl + efn - akn - cfq - ehl}{agn + bhl + cfm - ahm - bfn - cgl}$$

$$z = \frac{agq + bkl + efm - akm - bfq - egl}{agn + bhl + cfm - ahm - bfn - cgl}$$

대개의 사람들은 이 정도로 복잡한 식을 보면 수학을 포기할 생각을 한다. 하지만 조금만 참고 집중해서 살펴보면 이 얽히고 설킨 스파게티에서도 어떤 패턴을 찾을 수 있다. 예를 들어 세 식의 분모가 모두 같다는 점이 눈에 띈다.

이제 이 분모, 곧 $agn + bhl + cfm - ahm - bfn - cgl$이라는 식에 더 집중해 보자. 그러면 e와 k와 q는 전혀 나오지 않는다는 점이 또 눈에 띈다. 다시 말해서 이 식들은 모두 등호의 왼편에 있는 다음 문자들로 이루어져 있다.

$$\begin{matrix} a & b & c \\ f & g & h \\ l & m & n \end{matrix}$$

다음으로 주목할 것은 분모의 각 항에 들어가는 문자들은 위 배열의 각 행과 각 열에서 하나씩만 뽑아서 조합된다는 점이다. 다시 말하자면 어느 행이나 어느 열에서 둘 이상의 문자를 함께 뽑아 만드는 조합은 없다.

예를 들어 ahm이란 항을 보자. 첫째 행과 첫째 열에서 a를 뽑았으므로 이 행과 열은 다음 문자를 뽑을 때 제외되어야 한다. 다시 말해서 h는 첫째 행과 첫째 열이 아닌 곳에서 뽑아야 하는데, h를 위 배열에서 살펴보면 둘째 행과 셋째 열에 있는 문자이다. 그러므로 셋째 문자를 뽑을 때는 둘째 행과 셋째 열도 제외해야 하며, 그러다 보면 선택은 단 하나, 곧 셋째 행과 둘째 열에 있는 m을 뽑는 것으로 귀착된다.

이런 논리를 위에 보인 것과 같은 3×3의 배열에 적용해볼 때 가능한 항들의 수는 여섯이란 점을 어렵지 않게 보일 수 있다. 마찬가지로 생각해 보면 2×2의 배열에서는 둘, 4×4의 배열에서는 스물넷의 항들이 나온다. 2와 6과 24라는 수들은 §7.4에서 소개했던 계승에서 나오는 수들, 곧 $2! = 2$, $3! = 6$, $4! = 24$로 얻어지는 수들이다. 따라서 다섯 개의 미지수와 다섯 개의 식으로 이루어진 연립방정식의 경우에는 이런 항들이 $5!$, 곧 120개가 만들어진다.

한편 항들에 덧붙여진 부호는 좀 더 까다롭다. 위의 식을 보면 항들의 절반은 양이고 다른 절반은 음이다. 하지만 구체적으로 어떻게 결정해야 할까? 왜 agn은 양인데 ahm은 음일까? 이를 밝히기 위해 다시 차분히 생각해 보자.

먼저 주목할 것은 내가 위의 항들을 쓸 때, 예를 들어 ahm의 경우, 1행에서 a, 2행에서 h, 3행에서 m을 뽑는 식으로, 일정한 순서를 지키면서 썼다는 점이다. 따라서 이제 어떤 한 항은 그 문자들을 뽑은 열의 번호를 나열하면 그 고유성을 완전히 규정할 수 있다. 예를 들어 ahm의 세 문자는 각각 1열과 3열과 2열에서 왔으므로 이 숫자들을 (1, 3, 2)로 묶어서 쓰면 이는 ahm의 별명이라고도 말할 수 있다.

여기서 (1, 3, 2)는 (1, 2, 3)의 치환 가운데 하나란 점을 주목하자. 곧 (1, 3, 2)는 (1, 2, 3)의 2와 3을 서로 바꾸면 얻어진다.

그런데 치환은 횟수에 따라 홀과 짝으로 나누어진다. (1, 3, 2)의 경우 (1, 2, 3)에서 2와 3을 맞바꾸는 '1번'의 홀치환으로 얻어졌으며, ahm의 앞에 '−'부호가 붙는 것은 바로 이 때문이다. 이와 대조적으로 bhl의 별명은 (2, 3, 1)인데, 이것은 (1, 2, 3)에서 1과 2를 먼저 치환하여 (2, 1, 3)을 얻고 이어서 1과 3을 치환하여 (2, 3, 1)로 만든 것이므로, '2번'의 짝치환(even permutation)으로 얻어졌고, 따라서 그 앞에는 '+'부호가 붙는다.

그것 참 기가 막히다! 하지만 치환이 홀인지 짝인지는 어떻게 알아낼까? 그 방법은 다음과 같다. 여기 설명은 세 미지수와 세 식으로 된 연립방정식에 대한 것이지만 다른 경우들에도 쉽게 확장해서 적용할 수 있다.

A와 B가 1, 2, 3의 어느 수라도 될 수 있다고 하고, $A > B$인 모든 $(A - B)$를 서로 곱하면 $(3 - 2) \times (3 - 1) \times (2 - 1)$라는 곱셈이 만들어진다. 이 곱셈의 값은 2인데 이것은 알고 보면 $2! \times 1!$로 얻을 수 있다. 이 사실은 네 미지수와 네 식으로 된 연립방정식의 경우에 확장해서 적용할 수 있다. 이 경우 해당 곱셈은 $(4 - 3) \times (4 - 2) \times (4 - 1) \times (3 - 2) \times (3 - 1) \times (2 - 1)$이고, 그 값은 12이며, 이는 바로 $3! \times 2! \times 1!$의 값과 같다. 그런데 여기서 중요한 것은 그 '값'이 아니라 '부호'이며, 여기의 경우는 모두 양이다.

이제 위 표현을 (1, 2, 3)의 치환들에 대해 적용해 보자. 먼저 ahm은 2와 3을 맞바꾸는 '1번'의 홀치환으로 얻어진 것인데, 위의 $(3 - 2) \times (3 - 1) \times (2 - 1)$라는 곱셈에 나오는 2와 3을 맞바꾸면 $(2 - 3) \times (2 - 1) \times (3 - 1)$이 된다. 이 값은 -2인데, 중요한 것은 '부호'라고 했고, 이 부호가 음이므로 이 치환은 홀이다. 마찬가지로 하면 bhl은 $(3 - 2) \times (3 - 1) \times (2 - 1)$을 $(1 - 3) \times (1 - 2) \times (3 - 2)$로 바꾸는데, 그 값은 $+2$이고, 따라서 이 치환은 짝이다.

치환의 홀짝성(parity)은 §7.3, §7.4에서 논의한 주제에 비춰볼 때 아주 중요하다. 아래에는 (1, 2, 3)의 가능한 치환 여섯 가지를 모두 나열했고, 그 홀짝성도 함께 나타냈다.

(1, 2, 3) $(3 - 2) \times (3 - 1) \times (2 - 1) = 2$

(2, 3, 1) $(1 - 3) \times (1 - 2) \times (3 - 2) = 2$

(3, 1, 2) $(2 - 1) \times (2 - 3) \times (1 - 3) = 2$

$(1, 3, 2)$　　$(2-3) \times (2-1) \times (3-1) = -2$
$(3, 2, 1)$　　$(1-2) \times (1-3) \times (2-3) = -2$
$(2, 1, 3)$　　$(3-1) \times (3-2) \times (1-2) = -2$

여기서 보듯 절반은 짝이고 절반은 홀이며, 다른 경우들에서도 이는 마찬가지이다.

그러므로 분모에 있는 각 항의 부호는 그 항들을 얻는 데에 필요한 치환의 횟수로 결정된다.

지금까지 다룬 분모에 대한 논의는 사실 행렬식의 한 예이다. 또한 x와 y와 z의 해들에 나타나는 분자들도 마찬가지이다. 이 분자들이 어떤 3×3 행렬식에서 얻어지는지를 점검해 보는 것도 좋은 연습이 될 것이다. 이러한 행렬식에 대한 연구는 결국 행렬의 발견으로 이어졌는데, 행렬은 이후 대수에서 엄청나게 중요한 부분이 되었다. 행렬은 수나 문자의 배열로, 위에 제시한 3×3 배열이 그 한 예이다. 행렬은 수의 묶음이지만 그 자체로 하나의 대상으로 다루어지기도 하는데, 자세한 것은 나중에 더 살펴본다.

오늘날 대수에 관한 교육 과정에서는 행렬을 행렬식보다 먼저 다룬다. 하지만 역사적으로는 행렬식이 행렬보다 훨씬 앞서 발견되고 연구되었다는 점은 사뭇 기이한 현상이라 하겠다.

앞으로 더 깊이 파헤칠 생각이지만, 우선 이에 대한 근본적인 이유는 행렬식은 본질적으로 '수'라는 데에서 찾을 수 있다. 이에 비해 행렬은 수가 아니며 이와는 다른 종류의 수학적 대상이다. 이 책에서 이 단계는 19세기 초와 중반 무렵에 해당하는데(물론 아직 이 사이에 좀 더 메울 시기들이 있기는 하다) 이때는 대수적 대상들이 차츰 수와 위치를 다루는 전통적인 수학에서 멀어지면서 독자적인 삶을 꾸려가기 시작하는 시기였다.

§ 9.3   일차연립방정식을 연구했던 수많은 수학자들이 행렬식과 비슷한 표현들에 맞닥뜨렸을 것임이 틀림없다. 이미 언급했던 수학자들 가운데에도 그 발견에 아주 가까이 왔던 사람들이 있었지만(특히 카르다노와 데카르트), 실제로 의문의 여지가 없을 정도로 분명한 발견이 이루어진 때는 1683년의 일이었다. 그런데 같은 해에 서로 멀리 떨어진 두 곳에서 이 발견이 함께 이루어졌다는 사실은 수학 역사상 가장 경이로운 우연 가운데 하나이다. 한 곳은 지금의 독일에 속하는 하노버 왕국(Kingdom of Hanover)이었고, 다른 한 곳은 일본의 수도 도쿄(東京)의 옛 이름인 에도(江戸)였다.

이 두 곳의 발견자 가운데 우리에게 더 낯익은 사람은 물론 독일의 수학자이다. 그는 바로 유명한 고트프리트 라이프니츠로, 뉴턴과 독립적으로 미적분을 개발한 사람이며, 철학자, 논리학자, 우주론학자, 공학자, 법학가, 종교 개혁가 등으로도 불린다는 점에서 잘 알 수 있듯 매우 방대한 지식을 가진 보기 드문 석학이었다. 그의 전기 작가 가운데 한 사람은 그를 "온갖 종류의 지적 의문이 가득 찬 세계 시민"이라고 묘사했다.[90] 젊은 시절 여행으로 얼마간의 세월을 보낸 뒤 라이프니츠는 칠십 생애의 후반 40년 동안을 하노버 대공에게 봉사했다. 이 당시 하노버 왕국은 현재의 독일과 대략 비슷한 영역에 분포하는 여러 소국들 가운데 가장 큰 나라의 하나였다.

1683년 프랑스의 귀족 수학자 기욤 로피탈(Guillaume l'Hopital, 1661~1704)후작에게 보낸 편지에서 라이프니츠는 두 미지수와 세 식을 가진 다음과 같은 일차연립방정식에 대해 이야기했다.

$$a + bx + cy = 0$$

$$f + gx + hy = 0$$
$$l + mx + ny = 0$$

그는 만일 이 연립방정식이 해를 가진다면 다음 관계가 성립한다고 지적했다.

$$agn + bhl + cfm = ahm + bfn + cgl$$

이 말은 $agn + bhl + cfm - ahm - bfn - cgl$이라는 식의 값, 곧 이 행렬식의 값이 0이라는 뜻과 같다. 행렬식에 대한 본격적 이론을 만들지는 않았지만 라이프니츠의 이 생각은 옳은 것이었다. 그는 일차연립방정식의 풀이에서 행렬식이 갖는 중요성을 이해했으며, 그 구조와 특성이 위에서 예시한 대칭성의 원리에 의해 좌우된다는 점도 꿰뚫어 보았다.

라이프니츠와 같은 해에 행렬식을 발견한 일본의 수학자 세키 고와(Seki Kowa 또는 세키 다카카즈 Seki Takakazu, 關孝和, 1642?~1708)는 1642년 또는 1644년에 에도 또는 후지오카(藤岡)에서 태어났다. DSB에 그에 대한 항목을 서술한 아키라 코보리(Akira Kobori)는 "세키 고와의 생애에 대한 자료는 아주 빈약하고 간접적인 것들이다"라고 말했다. 세키 고와의 생부는 사무라이였지만 다른 집안에 입양되어 그 집안의 성(姓)을 이어받게 되었다.

에도 시대(1603~1867)라고 불리는 이 당시 일본은 전국이 통일되어 강력한 지배자의 통치를 받았다. 영국의 소설가 제임스 클라벨(James Clavell, 1924~1994)은 이 시대의 첫 번째이자 가장 위대한 지배자를 모델로 삼아 『쇼군(Shogun 將軍)』이라는 다채로운 소설을 썼다. 나라가 통일되어 평화가 정착되자 화폐 경제가 발달했고, 이에 따라 회계와 감사를 담당할 인력이 아주 많이 필요해졌다. 세키 고와를 입양한 가문은 이 계통에 종사해 왔기 때문에 그도 이 길을 따라 노력한 끝에 오늘날의 재무부쯤에 해당하는 정부 부서의 최고 지위까지 오르게 되었으며, 신분도 상승하여 사무라이의 반열에 들었다. 다시 DSB에 따르면 "1706년에 그는 자신의 직무를 감당하기에 너무 나이가 들어 한직으로 물러났으며 이로부터 2년 뒤에 세상을 떴다"고 한다.

일본인이 처음 쓴 수학책은 1622년에 모리 시게요시(Sigeyosi Mori, 毛利重能)가 쓴 『할산서』라는 책이다. 세키 고와는 모리의 2대째 제자이다. 모리의 제자였던(생애에 대해 알려진 게 거의 없는) 다카하라(Takahara)가 세키 고와의 스승이었다. 세키 고와는 중국의 수학책에서 많은 영향을 받았다. 따라서 그가 『구장산술』에 대해 알았을 것이란 점에는 의문의 여지가 없다.

하지만 세키 고와는 계수와 미지수와 미지수의 거듭제곱을 중국의 문자를 사용하여 나타내는 방법을 개발함으로써 당시 동아시아에 알려진 다른 방법들에 비해 훨씬 앞서나갈 수 있었다. 그의 해법은 엄밀히 대수적인 것은 아니었고 수치적인 것이기는 했지만 그의 탐구는 사뭇 심오했고 미적분의 발견에 거의 다가서기도 했다. 야콥 베르누이(Jacob Bernoulli, 1654~1705)가 세상을 뜬 뒤 1713년에 발간된 책에 실려 유럽 수학계에 알려져 오늘날 베르누이수(Bernoulli number)라고 부르는 수는 사실 세키 고와가 이보다 30년 앞서 발견했다.[91]

세키 고와는 사무라이의 신분으로 겸양의 미덕을 가져야 했기에 자신의 이름으로 책을 펴내지 못했을 것으로 보인다. 게다가 당시 일본 사회에서는 이미 서술했던 16세기 이탈리아와 비슷하게 수학계의 경쟁적인 학파들 사이에 각자의 지식을 비밀로 하는 분위기가 강했다. 따라서 우리가 세키 고와의 업적으로 알고 있는 것들은 그의 제자들이 펴낸 두 권의 책을 토대로 하는데, 하나는 1674년에, 다른 하나는 그가 세상을 뜬 뒤인 1709년에 나왔다. 행렬식에 관한 내용은 1709년에 펴낸 책에서 나온다. 그는 여기서 앞서 자세히 살펴보았던 중국식 소거법을 더욱 일반화했고, 행렬식을 사용하여 푸는 방법에 대해 설명했다.

§ 9.4   불행하게도 세키 고와와 라이프니츠의 업적 모두 즉각적인 반향을 불러일으키지는 못했다. 일본에서는 이후 현대에 이르기까지 어떤 주목할 만한 발전이 없었고, 유럽에서는 행렬식이 다시 주목 받기까지 백여 년의 세월이 지나야 했다. 그러다가 어느 때부턴가 갑자기 이에 대한 관심이 높아지더니 1700년대 말에는 서구 수학의 주류 속으로 파고들었다.

일차연립방정식을 행렬식을 이용하여 푸는 방법, §9.2에서 살펴보았던 방법은 수학자들에게 크래머 공식(Cramer's rule)으로 알려져 있다. 이 공식은 1750년에 『대수곡선 해석 입문(*Introduction to the Analysis of Algebraic Curves*)』이란 제목으로 발간된 책에 실려 있다. 이 책을 쓴 스위스의 수학자이자 공학자 가브리엘 크래머(Gabriel Cramer, 1704~1752)는 널리 여행을 하면서 당시 유럽의 훌륭한 수학자들 거의 모두와 교분을 쌓았다. 이 책에서 그는 평면 위에 임의로 찍혀진 n개의 점을 지나는 가장 단순한 대수곡선(좌변은 x와 y에 관한 다항식이고 우변은 0인 등식으로 나타내지는 곡선)을 찾는 문제에 대해 논의했다. 그는 임의로 다섯 개의 점이 주어졌을 때 이것들을 지나는 다음과 같은 이차곡선을 찾을 수 있다는 사실을 보였다.

$$ax^2 + 2hxy + by^2 + 2gx + 2fy + c = 0$$

이와 같은 종류의 문제에 대해서는 나중에 나올 대수 기하학에 관한 수학 길잡이에서 더 자세히 이야기하게 될 것이다. 다섯 개의 점이 주어졌을 때 이를 지나는 곡선을 구하는 문제는 다섯 개의 미지수와 다섯 개의 식으로 된 일차연립방정식의 풀이로 이어진다. 이런 문제는 단순히 추상적인 영역에 머물지 않는다. 독일의 천문학자 요하네스 케플러(Johannes Kepler, 1571~1630)가 발견한 케플러 법칙(Kepler's law)에 따르면 행성들의 궤도는 이차의 대수곡선에 아주 가까운 모습을 그린다. 따라서 다섯 번의 관찰을 통해 행성의 위치를 파악하면 그 궤도를 사뭇 정확하게 결정할 수 있다.[92]

§ 9.5 행렬식이 상호 작용을 하도록 할 수 있을까? 예를 들어 어떤 두 개의 정사각형 모양의 배열이 있을 때 다음과 같은 방식으로 더하여 새로운 배열을 만들었다고 하자.

$$\begin{matrix} a & b \\ c & d \end{matrix} + \begin{matrix} p & q \\ r & s \end{matrix} = \begin{matrix} a+p & b+q \\ c+r & d+s \end{matrix}$$

이렇게 얻은 배열이 두 행렬식을 더한 결과라고 할 수 있을까? 애석하지만 그렇지 않다. 좌변에 있는 두 행렬식의 합은 $(ad - bc) + (ps - qr)$인 반면 우변에 있는 행렬식의 계산 결과는 $(a + p) \times (d + s) - (b + q) \times (c + r)$이다. 따라서 등호는 성립하지 않는다.

행렬식을 더하는 것은 곤란하지만 곱하는 것은 그렇지 않다. 위의 좌변에 있는 두 행렬식의 곱은 $(ad - bc) \times (ps - qr)$이며 이는 $adps + bcqr - adqr - bcps$와 같다. 이 결과는 어떤 흥미로운 배열의 행렬식 같지 않은가? 실제로 이는 다음과 같은 2×2 배열의 행렬식이다.

$$ap + br \quad aq + bs$$
$$cp + dr \quad cq + ds$$

이 배열을 아주 면밀히 살펴보면 이를 구성하는 네 요소들은 첫 배열의 두 행(a와 b, c와 d)과 둘째 배열의 두 열(p와 r, q와 s)을 간단한 산술적 절차로 결합해서 만들어진 것임을 알 수 있다. 예를 들어 둘째 행의 첫째 열에 있는 $cp + dr$은 첫째 배열의 둘째 행(c와 d)과 둘째 배열의 첫째 열(p와 r)을 이용하여 만든 것이다. 이런 방법은 2×2의 배열에만 적용되는 것은 아니다. 예를 들어 두 개의 3×3 배열의 행렬식을 서로 곱하면 또 다른 3×3 배열의 행렬식을 얻을 수 있다. 주목할 것은 결과적으로 얻어진 배열의 m번째 행과 n번째 열의 요소는 첫째 배열의 m번째 행과 둘째 배열의 n번째 열을 결합하여 얻어졌다는 사실이다(바로 위에 든 예와 비교하면서 확인하기 바란다).[93]

19세기 초에 이처럼 곱해진 결과로서의 2×2 배열을 보는 수학자들의 마음속에는 여기서의 이야기와 좀 다른 내용의 생각이 떠올랐다. 예를 들어 1801년에 나온 가우스의 위대한 고전 『산술연구』의 §159에 나오는 내용을 보자. 거기서 가우스는 다음과 같은 의문을 제기한다. 두 미지수 x와 y를 $x = au + bv$, $y = cu + dv$로 치환했다고 상상하자. 다시 말해서 이 치환은 미지수 x와 y를 선형변환(linear transformation), 곧 변환식이 일차식인 변환을 통해 새로운 미지수 u와 v로 바꾸고 있다. 그런데 이런 변환을 한 번 더 실행하여 $u = pw + qz$, $v = rw + sz$처럼 또 다른 미지수 w와 z로 바꾸었다고 하자.

이 두 변환의 최종 효과는 어떻게 될까? 다시 말해서 x와 y라는 미지수들을, u와 v라는 중간 미지수들을 거쳐, w와 z라는 최종 미지수들로 바꾸었을 때 과연 우리는 어떤 변환을 한 셈일까? 이 두 단계의 알짜 효과를 식으로 쓰면 다음과 같다.

$$x = (ap + br)w + (aq + bs)z$$
$$y = (cp + dr)w + (cq + ds)z$$

이 식들의 괄호 안에 있는 것들을 보라! 이로부터 우리는 행렬식의 곱셈이 선형변환과 모종의 관계가 있을 것 같다는 점을 깨닫게 된다.

이상에서 살펴본 아이디어와 결과들을 돌이켜볼 때 누군가 이를 토대로 행렬식에 대해 훌륭한 체계적 이론을 세우리라는 것은 오직 시간문제란 사실을 쉽게 이해할 수 있다. 이 일을 해낸 사람은 바로 코시로서, 그는 1812년 프랑스학술원에 이에 관한 장문의 논문을 제출했다. 여기서 코시는 행렬식의 체계적 묘사, 그 대칭성, 그것들 사이의 연산 등에 대해 자세히 논의했다. 위에서 살펴본 곱셈도 논문에 나와 있는데, 물론 훨씬 일반적인 방식으로 서술되어 있다. 코시의 이 1812년 논문은 흔히 현대적 행렬대수(matrix algebra)의 출발점으로 여겨진다.

§ 9.6 행렬식의 연산에서 행렬에 대한 진정한 추상대수를 얻기까지는 46년이라는 세월이 걸렸다. 흥미로운 대칭성이나 연산 규칙 등과 관련해 볼 때 행렬식은 아직도 수의 세계와 굳게 결합되어 있다. 행렬식의 값을 계산하는 데에는 조금 복잡한 대수적 절차를 거쳐야 하지만 어디까지

나 이는 기본적으로 하나의 수이다. 하지만 현대적 관점에서 볼 때 행렬은 수가 아니다. 이것은 앞서 다룬 것들처럼 어떤 배열이다. 행렬의 행과 열에 들어가는 요소들은 수일 수 있고(반드시 수일 필요는 없다), 이와 관련된 중요한 수가 있는 것도 사실이다(특히 행렬식은 그중 아주 중요한 것이다). 하지만 행렬은 그 자체로 수학자들의 흥미를 끄는 대상이다. 한마디로 이는 새로운 수학적 대상이다.

우리는 두 정사각행렬(square matrix)을 더하여 다른 정사각행렬을 얻을 수 있다.[94] 그 방법은 대응하는 행과 열에 있는 요소들을 각각 더하면 되는데, 주의할 것은 이미 보았듯 행렬식의 경우에는 이런 식의 덧셈이 성립하지 않는다는 점이다. 또한 행렬을 서로 곱하여 다른 행렬을 얻을 수도 있는데, 어딘지 귀에 익게 들리지 않는가? 모든 $n \times n$행렬들은 한데 모여 n^2차원의 벡터공간을 이룬다. 하지만 여기서 그치지 않는다. 앞서 행렬식을 설명할 때 썼던 기법을 활용함으로써 우리는 행렬들도 일정한 방법으로 서로 곱할 수 있고, 따라서 모든 $n \times n$행렬들은, 단순히 벡터공간뿐 아니라, 하나의 대수를 형성한다!

우리는 이것이 모든 대수 가운데 가장 중요한 것이라고 단언할 수 있다. 한 예로 이것은 다른 많은 대수들을 포괄한다. 이에 대한 하나의 간단한 예로 복소수의 대수, 곧 복소수들 사이의 사칙연산에 대한 모든 규칙들은 2×2행렬들의 어떤 부분집합과 정확히 대응(곧 사상)된다는 점을 들 수 있다. 실제로 두 복소수 $a + bi$와 $c + di$를 어떤 적절한 행렬들로 나타내고, 이 행렬들 사이의 곱셈(앞서 본 행렬식들 사이의 곱셈과 같다)을 차분히 살펴보면, 복소수의 곱셈과 행렬의 곱셈이 본질적으로 다를 게 없다는 점이 아래 식에서 보듯 쉽게 확인된다.

$$\begin{pmatrix} a & b \\ -b & a \end{pmatrix} \times \begin{pmatrix} c & d \\ -d & c \end{pmatrix} = \begin{pmatrix} (ac-bd) & (ad+bc) \\ -(ad+bc) & (ac-bd) \end{pmatrix}$$

이런 방식을 따를 때 허수 단위인 i는 어떤 행렬로 나타낼 수 있는지를 생각해 보는 것도 흥미로운 일이다. 그것을 얻었다면, 제곱을 하여 -1에 대응하는 행렬이 나오는 지도 확인해 보기 바란다.

이와 마찬가지로 해밀턴의 사원수도 4×4의 행렬로 나타낼 수 있다. 사원수들끼리의 곱셈이 교환법칙을 충족하지 않는다는 사실도 문제될 게 없는데, 행렬의 곱셈도 교환법칙을 따르지 않기 때문이다. 물론 교환법칙을 충족하는 행렬도 있으며 복소수를 나타내는 행렬은 그 한 예이다. 이와 같은 비가환성은 19세기 중반의 대수들에서 자주 출현했다. 앞서 두 대상을 서로 바꾸는 치환도 원칙적으로 비가환이란 사실을 보았다. 따라서 치환도 행렬로 나타낼 수 있는데, 이와 관련된 수학은 여기의 논의와 사뭇 동떨어진다.

한마디로 행렬은 최고이다. 행렬은 참으로 엄청나게 유용하며, 이에 따라 현대의 대수 교과 과정은 대개 이에 관한 꽤 자세한 설명에서 시작한다.

§ 9.7   앞서 행렬식에서 행렬에 이르기까지 46년의 세월이 걸렸다고 말했다. 행렬식에 대한 코시의 결정적인 논문은 1812년 프랑스학술원에 제출되었다. 영국의 수학자 제임스 실베스터(James Sylvester, 1814 ~1897)는 1850년 '행렬'의 원어 matrix를 여기의 대수와 관련하여 처음 사용했다. 이 해에 펴낸 학술 논문에서 그는 행렬을 "항들의 사각형 배열"

이라고 규정했는데, 다만 그의 사고방식은 아직 행렬식에 뿌리를 내리고 있었다. 행렬을 그 자체로 하나의 수학적 대상으로 본 사람은 또 다른 영국 수학자 아서 케일리였으며, 이는 1858년 런던철학회보(*Transactions of the London Philosophical Society*)에 실어 펴낸 「행렬의 이론에 관하여(Memoir on the Theory of Matrices)」라는 논문에서의 일이었다.

케일리와 실베스터는 보통 수학사에서 다루며 나 또한 이런 전통에서 벗어날 이유가 없다. 그들은 일곱 살 차이밖에 나지 않는 동시대인들이다(실베스터가 연상). 두 사람은 1850년 런던에서 법률가로 일하면서 만났고 가까운 친구가 되었다. 둘은 모두 행렬과 불변량(invariant)에 대해 연구했는데, 불변량에 대해서는 나중에 이야기한다. 또한 이들은 모두 케임브리지에서 대학을 나왔지만 다닌 학교는 다르다.

케일리는 자신이 다녔던 케임브리지의 트리니티 칼리지에서 연구원으로 뽑혀 4년 동안 그곳에서 가르쳤다. 이 직위를 계속 유지하려면 그는 영국교회의 성직(聖職)을 받아들여야 했다. 하지만 그는 이를 원하지 않았으므로 법률가의 길을 갔고 1849년에 변호사가 되었다.

실베스터의 첫 직업은 1836년에 세워진 런던 대학교(University of London)의 자연 철학 교수직이었는데, §10.3에서 이야기할 드모르간(Augustus de Morgan, 1806〜1871)은 그의 동료들 가운데 한 사람이었다. 하지만 1841년에 실베스터는 버지니아 대학교(University of Virginia)의 교수직을 택해 이곳을 떠났다. 그런데 이 생활은 석 달밖에 지속되지 않았다. 그 이유는 어떤 학생과 벌어진 사건 때문이었는데, 이에 대해서는 자료마다 설명이 달라서 어느 게 옳은지 판단하기 어렵다. 이 설명들에서 어떤 학생이 실베스터를 모욕했다는 내용까지는 같지만 다른 것은 그 뒤의 이야기이다. 어떤 자료는 실베스터가 속에 칼이 든 지팡이로

때린 뒤 이에 대해 사과하기를 거부했다고 하며, 다른 자료는 실베스터가 대학 당국에 그 학생을 훈육하도록 요청했지만 학교가 이를 거절했다고 한다. 심지어 둘 사이에 동성애적 관계가 있었다고 기술한 자료도 있다. 실베스터는 평생 결혼하지 않았고, 미사여구가 넘치는 시를 썼으며, 높은 음으로 노래 부르기를 즐겼다. 여러 사실들을 기록했던 영국의 수학자 토머스 허스트(Thomas Hirst, 1830~1892)는 그에 대해 다음과 같은 글을 남겼다.

> 월요일에 나는 실베스터에게서 온 편지를 받고 그를 만나기 위해 아테네움 클럽(Athenaeum Club)(영국 런던에 있는 신사 회원들을 위한 사교 회관인데 현재는 여자 회원도 받아들인다. ― 옮긴이)으로 갔다. …… 그런데 그는 지나치게 친밀하게 굴면서 우리가 함께 살기를 바란다고 말했다. 그는 자기를 따라 울위치(Woolwich)로 가서 함께 살자는 등의 이야기를 했다. 한마디로 그는 괴짜로 보일 정도로 친절했다.

진실이 무엇이든 우리는 위와 같은 성격적 특성을 파악하기 위해 실베스터의 내면적 삶을 파고들 필요는 없다고 본다. 유태인 집안 출신인 데다[태어날 때 그의 성(姓)은 조지프(Joseph)였으며 '실베스터'는 나중에 덧붙여졌다] 노예 제도에 반대하는 주장을 편 것만으로도 남북 전쟁 이전 샬로츠빌(Charlottesville)에 사는 젊은이들에게는 호응을 받기 어려웠을 것이란 점을 쉽게 짐작할 수 있다. 영국으로 돌아온 그는 서기로 일하면서 변호사 공부를 했고 개인 교습을 통해 부족한 수입을 메웠다. 이때 그가 가르친 학생 가운데는 '백의의 천사' 플로렌스 나이팅게일(Florence Nightingale, 1820~1910)도 있었는데, 그녀는 아주 훌륭한 수학자이자 통계학자였다.

 19세기 초 영국은 탁월한 대수학자들을 배출했는데, 케일리와 실베스터도 그들 가운데에 속하며, 해밀턴도 마찬가지이다. 사실 19세기 초와 중반에 걸쳐 일어난 수학적 사고의 거대한 변화의 배경을 이해하려면 영국 소설가 윌리엄 새커리(William Thackeray, 1811~1863)가 작품 속에서 "이 안개에 젖은 섬들"(영국을 의미한다. — 옮긴이)이라고 부른 곳에 대해 한 장을 더 할애할 필요가 있다.

§10

빅토리아 시대의 영국 수학

§ 10.1 영국의 수학자 조지 피콕(George Peacock, 1791~1858)은 1830년에 펴낸 『대수 논고(*Treatise on Algebra*)』에 다음과 같이 썼다.

> 산술은 착상의 과학으로밖에 볼 수 없다. 대수의 원리와 연산은 이에 따라 형성되지만 그 적용 범위에는 *아무런 제한이 없다.*

(이탤릭체 부분은 내가 강조한 곳.) 이로부터 10년 뒤 피콕 밑에서 공부했던 27살의 젊은 스코틀랜드 출신 수학자 던컨 그레고리(Duncan Gregory, 1813~1844)는 다음과 같이 썼다.

> 통상적인 대수에는 많은 정리들이 있다. 이것들은 언뜻 수를 나타내는 기호들에 대해서만 참인 것처럼 증명되었지만 실제로는 훨씬 광범위

한 응용성을 가진다. 정리들은 기호들이 따라야 할 연산의 법칙들에만 의존하므로 모든 기호들에 대해 참이고, 따라서 그 본질이 무엇이든 상관없이 이 연산의 법칙들에 종속되는 모든 대상들에 대해 성립한다.

또 다른 영국 수학자 드모르간은 1849년에 펴낸 『삼각법과 이중대수 (Trigonometry and Double Algebra)』에 다음과 같이 썼다.

M, N, +라는 세 가지 기호와 $M + N$은 $N + M$과 같다는 한 가지 관계가 주어졌다고 하자. 이 기호 연산이 어떤 의미를 갖도록 하려면 어떻게 하면 될까? 수많은 가능성들 가운데 몇 가지를 보면 다음과 같다. 1. M과 N은 어떤 크기들이고 +기호는 앞의 것에 뒤의 것을 더하라는 부호로 본다. 2. M과 N은 어떤 수들이고 +기호는 앞의 것을 뒤의 것으로 곱하라는 부호로 본다. 3. M과 N은 어떤 선분들이고 +기호는 앞의 것을 가로 뒤의 것을 세로로 삼아 직사각형을 만들라는 부호로 본다. 4. M과 N은 어떤 남자들이고 +기호는 앞에 있는 남자와 뒤에 있는 남자를 형제로 여기라는 부호로 본다. 5. M과 N은 어떤 나라들이고 +기호는 서로 전쟁을 했다는 뜻을 나타내는 부호로 본다.

분명 대수는 1825년에 들어서면서 수의 세계에서 서서히 떨어져가고 있었다. 그렇다면 이 과정을 주도하는 것은 무엇이었을까? 그리고 왜 이런 선언들이 모두 섬나라 영국의 수학자들에게서만 들려오게 되었을까?

§ 10.2   18세기 내내 영국의 수학은 유럽 대륙의 수학에 비해 갈수록 뒤쳐져 갔다. 부분적으로 이는 뉴턴의 잘못 때문이었는데, 다른 관점에

서 보자면 대부분의 영국인들이 뉴턴을 국가적 영웅으로 여기면서 품게 된 지나친 자존심이 문제였다. 이렇게 부풀어 오른 자존심은 뉴턴이 내세운 작용 반작용의 법칙과도 같이 동등하지만 방향이 반대인 반응에 맞닥뜨렸다. 유럽 대륙에서는 뉴턴에 필적할 만한 인물들을 세우려는 움직임이 일어났다. 데카르트는 이런 흐름을 타고 프랑스에서 떠오른 영웅이었는데, 앞서 인용한 적이 있는 퍼트리샤 파라(Patricia Fara)의[95] 책에는 1760년 무렵 애국적인 영국인들이 술을 마실 때면 불렀던 다음과 같은 노래가 실려 있다.

> 뉴턴 경이 데카르트의 원자를 쳐부쉈네.
> 라이프니츠는 우리 영웅의 유율(fluxion)을 훔쳤다네.
> 뉴턴 경은 인력을 발견했으며
> 우주가 물질로 가득 차 있다는 편견을 깨고 허공임을 보였네.
> 뉴턴 경, 중력은 그들 모두가 아는 것보다 더 큰 힘을 자랑할 만하니
> 우리 모두 축배를 듭시다.

독일인들은 뉴턴에 대항하여 두 영웅을 내세웠다. 위에 든 라이프니츠가 그중 한 사람이고, 뉴턴의 광학 이론을 신랄하게 비판한 괴테(Johann Wolfgang von Goethe, 1749~1832)가 다른 한 사람이다. 퍼트리샤 파라는 "바이마르(Weimar)에 보존되어 있는 괴테의 집은 아직도 명백히 반뉴턴적인 무지개로 장식되어 있다"라고 이야기한다.[96]

이 모든 일들은 영국의 수학을 뒷걸음질치게 만들었다. 라이프니츠가 만든 미분 기호가 뉴턴이 만든 것보다 분명 더 나았고, 이에 따라 온 유럽 대륙에 널리 쓰였기 때문이었다. 애국적인 영국인들은 뉴턴이 만든 '점' 표기를 물려받았는데, 예를 들어 그들이 썼던 $\ddot{x}$는 대륙에서 사용하는

라이프니츠의 다음 표현에 해당한다.

$$\frac{d^2x}{dt^2}$$

이 때문에 대륙의 수학자들이 보기에 영국의 논문들은 읽기 힘들었고 그 결과 영국의 미적분은 고립되고 정체되었다.[97] 또한 뉴턴의 기호에 비하여 라이프니츠의 기호는 아래와 같이 (이 경우 t의 함수인) x에 대해 작용하는 연산자라는 독립된 의미를 잘 보여 주는데, 이 의미의 중요성은 이즈음 차츰 뚜렷이 부각되고 있었다.

$$\frac{d^2}{dt^2}$$

위 식에서 보듯 이 기호는 자유롭게 붙이거나 떼어낼 수 있어서 그 자체로 하나의 수학적 대상으로 여겨질 수 있었다.

뉴턴의 영향을 배제하더라도, 완고한 국가적 자존심과 편협한 섬나라 근성이 영국의 수학을 뒷걸음질치게 만든 또 다른 요인이라는 느낌을 지우기는 어렵다. 예를 들어 복소수는 유럽 대륙의 수학에 오래전부터 잘 정착되었음에 비하여 영국에서는 음수마저도 아직껏 여러 전문 수학자들에 의해 배격되곤 했다. 영국의 수학자 윌리엄 프렌드(William Frend, 1757~1841)는 1796년에 펴낸 『대수의 원리(*Principles of Algebra*)』라는 책의 서문에서 다음과 같이 썼다.

> 어떤 수는 자신보다 큰 수에서만 떼어낼 수 있으므로 그 자신보다 작은 수에서 이를 떼어내려고 하는 시도는 어이없는 짓이다. 그런데 실제로 이런 시도를 하는 대수학자들이 있으며, 이들은 영보다 더 작은

수가 있다느니, 음수와 음수를 곱하면 양수가 된다느니 등과 같이 상상의 수에 대한 이야기를 한다. …… 이 모두는 상식에 어긋나는 허튼 소리에 지나지 않는다. 그러나 이런 이론도 다른 많은 허구처럼 한번 채택되면 단지 믿음으로 모든 것을 구축하려 할 뿐 진지한 사고를 싫어하는 사람들 사이에서 매우 강한 지지자들을 끌어 모으기 마련이다.

프렌드는 1780년 케임브리지의 크라이스트 칼리지(Christ's College) 수학 시험에서 2등을 했다는 점에서도 알 수 있듯 외로운 괴짜가 아니었다. 그는 영국 최초의 보험 회계사가 되었으며, 나중에 앞 절에서 이야기한 드모르간과 친분을 나누게 되었고, 드모르간을 사위로 맞았다.

19세기 초가 되자 젊은 세대의 영국 수학자들은 자신들이 처한 상황에 불만을 느꼈다. 나폴레옹 1세와의 오랜 전쟁도 (1801년의 통일법으로 하나의 연합 왕국을 이룬)영국인들이 대륙의 아이디어들에 대해 형식적인 수준을 넘어 주의를 기울이도록 하는 계기가 되었는데, 이를 통해 바다로 격리된 영국 수학자들은 프랑스의 수학이 얼마나 뛰어난지를 절감하게 되었다.

마침내 1813년 뉴턴의 모교인 트리니티 칼리지의 젊은 세 학자들은 행동에 나서서 해석학회(Analytical Society)라는 단체를 설립했다. 1791년과 1792년 사이에 태어난 이 세 학자들은 천왕성을 발견한 윌리엄 허셜(Friedrich William Herschel, 1738~1822)의 아들 존 허셜(John Frederick William Herschel, 1792~1871), 기계적 계산기의 설계로 유명해진 찰스 배비지(Charles Babbage, 1792~1871), 그리고 이미 소개한 적이 있는 조지 피콕이 그들이었다. 이 학회의 주된 목표는 미적분의 교육을 개혁하여 향상시키는 것으로, 배비지의 풍자를 빌리자면

"대학의 점세대(dot-age)에 맞서 순수한 디주의(d-ism)의 원리를 전파"하고자 했다.

해석학회는 별로 오래가지 못한 듯하며, 세 창립 멤버들도 수학에서 최고의 성적을 얻지는 못했다. 하지만 이 학회의 정신은 정열적이고 이상주의적인 피콕이 계속 펼쳐 갔다. 대학을 졸업한 뒤 그는 모교인 트리니티 칼리지의 강사가 되었고 1817년에는 수학 과목의 시험관으로 임명되었다. 시험관으로서 그가 처음 한 일은 미적분의 교습을 뉴턴의 점세대적 방법에서 라이프니츠의 디주의로 바꾸는 것이었다.

피콕은 이후 정교수가 되었고 여러 학회를 설립하는 데에서 핵심적인 역할을 했는데, 그중 특히 주목할 만한 것으로는 런던천문학회(Astronomical Society of London), 케임브리지철학회(Philosophical Society of Cambridge), 영국과학진흥연합회(British Association for the Advancement of Science)를 꼽을 수 있다. 이 새로운 학회들은 모두 능력과 성과가 있는 사람이라면 누구나 회원으로 받아들였다. 이는 이전의 학회들이 독학으로 공부한 노동자 계급과 '거친 기술자'들을 조심스럽게 배제하면서 일종의 신사 사교 모임처럼 운영하던 관습을 깨뜨리는 것이었다. 이즈음 초기 산업 혁명에서 배출된 하위 계층의 기술자 집단이 서서히 그들의 능력을 발휘하기 시작했기 때문이었다. 피콕은 영국 동부에 있는 일리성당(Ely Cathedral)의 수석 사제로서 행복하게 그의 삶을 마무리했다.

이처럼 당시 영국 수학의 배경에는 일반적인 개혁 정신이 흐르고 있었다. 그 성과는 다음 세대의 수학자들이 거두었는데 대부분이 대수학자들이었다. 그중 1805년에 태어난 해밀턴의 업적에 대해서는 이미 이야기했다. 바로 그 뒤로는 1806년에 태어난 드모르간이 있고, 이후 1814년생인 제임스 실베스터, 1815년생인 조지 불, 1821년생인 케일리 등이 뒤를 이었다. 이들은 조국의 수학적 평판을 되살려냈는데, 최소한 대수 분야에서는 분명 그랬다. 우리가 알고 있는 군, 행렬, 불변량, 그리고 수학의 기초에 대한 현대적 이론들의 일부 또는 모두를 이들이 수립하였다.[98]

§ 10.3 드모르간은 위에 열거한 네 사람 가운데 수학자로서의 비중은 가장 떨어지지만 여러모로 가장 흥미로운 인물이다. 그는 또한 나의 모교인 "고워가(街)(Gower Street)의 신 없는 대학교"라고 불리기도 하는 런던 유니버시티 칼리지(University College London)에서 첫 번째 수학 교수로 재직했다는 점 때문에 내 마음속에 특별한 자리를 차지하고 있다.

19세기에 접어들도록 옥스퍼드와 케임브리지에 있는 영국의 오래되고도 위대한 두 대학교는 이전 시대 때부터 물려받은 종교적 사회적 및 정치적 짐에 눌려 허덕이고 있었다. 예를 들어 양쪽 모두 여자들을 받아들이지 않았고 석사와 연구원이 되기 위해서는 종교 시험을 치러야 했는데 기본적으로 이는 영국 교회와 그 교리에 대한 충성 선언과 같았다(옥스퍼드 대학교의 경우 졸업 요건이기도 했다). 하지만 세월이 흐름에 따라 대다수의 사람들은 이런 제한을 차츰 터무니없는 것으로 여기게 되었다.[99] 그리하여 나폴레옹과의 전쟁이 끝나고 개혁의 분위기가 확산되자 영국의 지식층에서는 좀 더 진보적인 고등 교육 기관의 필요성에 대한 공감대가 형성되었다. 이런 움직임은 마침내 결실을 맺어 런던 대학교가 설립되었으며 1828년에 첫 입학생들을 받아들였다.

이 새 대학교는 영국 역사상 성별, 종교, 정치적 견해를 묻지 않고 모든 학생을 받아들이는 최초의 고등 교육 기관이었다.¹⁰⁰ 그러자 런던의 다른 구역에 있는 대학들도 빠르게 이를 따랐다. 21세기 초에 접어든 현재 런던 대학교는 예전의 대학교들처럼 여러 단과 대학들을 거느리는 대학교가 되었고, 고워가에 세워졌던 본래의 대학은 유니버시티 칼리지로 불린다.

드모르간의 입장에서 이 새 대학교의 설립은 아주 시의적절한 것이었다. 그는 케임브리지의 트리니티 칼리지를 졸업했으며 피콕의 강의도 들었다. 드모르간을 가르친 또 다른 교수로는 조지 에어리(George Airy, 1801~1892)가 있는데, 그는 나중에 왕실 천문학자(Astronomer Royal)가 되었으며 자신의 이름이 붙여진 수학 함수를 남기기도 했다.¹⁰¹ 1826년 수학 시험을 4등으로 통과하고 졸업한 드모르간은 석사까지 마칠까 생각했다. 하지만 학위 요건 가운데 하나인 종교 시험이 문제였다. 드모르간은 종교적 성향을 타고난 듯했지만[그의 전기 작가인 윌리엄 제번스(William Jevons, 1835~1882)는 '깊은' 종교적 성향을 가졌다고 썼다] 어디까지나 이는 개인적인 것이었고 교회 조직에 친구도 없었으며 특히 영국 교회의 경우에는 더욱 그랬다.

언제나 원칙에 투철했던 드모르간은 종교 시험을 거부하고 런던에 있는 집으로 돌아갔으며, 20년 뒤에 케일리가 그랬던 것처럼 수학을 포기하고 법률가의 길로 들어섰다. 하지만 링컨스인(Lincoln's Inn)에 등록하자마자 새로 설립된 대학에서 수학 교수로 취임해 달라는 제의를 받았다(링컨스인은 법률가를 양성하기 위해 기숙 학교처럼 운영되는 법학원의 하나. — 옮긴이). 드모르간은 이를 수락하고 22살의 나이에 '수학의 연구에 대하여'라는 제목으로 고워가에서 첫 강의를 했다. 그는 1866년에 어떤 원칙 문제로 물러날 때까지 이 교수직을 지켰다.

학구적이고 착한 성품을 가졌던 드모르간은 그의 전기를 읽은 독자라면 누구나 저녁 식사에 초대하고 싶어할 만한 인물이었다. 또한 그는 조지 왕조(1714~1830) 말기부터 빅토리아 왕조(1837~1901) 초기의 시대에 떠오르기 시작한 기술자와 상인 계층들이 즐겨 찾는 많은 단체와 잡지들에 여러 글을 투고하여 과학의 대중화에 크게 기여했다. 제번스에 따르면 그가 남긴 길고 짧은 여러 글의 수는 적어도 850편이 넘는다. 드모르간은 애서가(愛書家)였고 훌륭한 아마추어 플루트 연주자였다. 그의 아내는 체이니가(街)(Cheyne Walk) 30번지에 있는 집 응접실을 오래된 프랑스 스타일로 꾸미고 손님들을 환대했다. 그의 딸은 동화를 썼는데, 나는 어린 시절에 특히 '머리카락 나무(The Hair Tree)'라는 오싹한 이야기에 사로잡혔다.

강한 호기심을 가졌던 드모르간은 언어와 수학적 신비들을 아주 사랑했다. 그가 세상을 뜬 뒤 그의 아내는 그가 모은 것들의 일부를 엮어 1872년에 『패러독스 묶음(A Budget of Paradoxes)』이란 제목의 대중적인 책으로 꾸며 펴냈다. 드모르간은 자기가 x^2년도에 x살이 된다는 사실을 알고 아주 흥미로워했는데, 이런 현상은 드물게 나타난다.[102] 또한 그는 자신의 이름 '오거스터스(Augustus)'가 "O Gus! Tug a mean surd!(오 거스! 근사한 무리수를 하나 붙잡게!)"의 글자들을 뒤섞어 만들 수 있다는 사실도 기쁘게 생각했다.

§ 10.4 대수의 역사에서 드모르간의 중요성은 논리학을 철저히 구명하고 그 표기를 개선하려는 그의 시도에 있다. 논리학은 아리스토텔레스(Aristoteles, BC384~322)라는 연원에서 싹을 틔운 이래 주목할 만한

발전을 거의 이루지 못했다. 드모르간의 시대에 가르쳤던 것처럼 논리학은 네 가지의 근본적 명제가 있다는 아이디어에 바탕을 두고 있었다. 그 중 둘은 긍정문이고 다른 둘은 부정문인데, 구체적으로 쓰면 다음과 같다.

전칭 긍정(universal affirmative) : 모든 X는 Y이다.
특칭 긍정(particular affirmative) : 어떤 X는 Y이다.
전칭 부정(universal negative) : 모든 X는 Y가 아니다.
특칭 부정(particular negative) : 어떤 X는 Y가 아니다.

이런 명제들 셋을 묶어서 삼단 논법(syllogism)이란 것을 만들 수 있다. 이는 두 개의 전제에서 결론을 이끌어내는 논리적 구조를 가리키며 그 한 예는 다음과 같다.

모든 사람은 죽는다.
소크라테스는 사람이다.
―――――――――――――
소크라테스는 죽는다.

드모르간의 시대에 에든버러(Edinburgh)에는 논리학과 형이상학을 가르치는 교수였던 윌리엄 해밀턴 경(卿)(Sir William Hamilton, 1788~1856)이 살았다. 그는 제8장에서 소개했던 윌리엄 로원 해밀턴 경과는 다른 사람이지만 서로 혼동하는 자료들이 가끔씩 눈에 띈다.[103] 1833년 무렵 논리학 강좌를 하던 에든버러의 해밀턴 경은 아리스토텔레스의 체계에 대한 개선안을 제시했다. 그는 아리스토텔레스가 명제의 주어를 "모든 X는 ……"이나 "어떤 X는 ……"과 같이 정량(定量)하면서(fixed quantify) 술어는 "…… Y이다"나 "…… Y가 아니다"처럼 정량하지 않는 것은 오류라고 생각했으며, 이에 따라 술어도 정량하는 개선안을 내놓았다.

드모르간은 이 아이디어를 받아들여 가다듬은 끝에 1847년에 『형식논리학 : 추론과 필연과 개연의 연산(Formal Logic, or the Calculus of Inference, Necessary and Probable)』이란 책을 펴냈다. 이듬해 그는 같은 주제 아래 네 편의 논문을 더 내놓았는데, 이런 노력들은 술어의 정량화와 개선된 표기법을 토대로 논리학의 방대한 새 체계를 구축하려는 데에 있었다. 하지만 애초에 이 아이디어를 제공했던 해밀턴 경은 그다지 깊은 감명을 받지 못했으며, 드모르간의 체계를 가리켜 "억센 가시가 돋친 듯 끔찍하다"고 평가했다. 오늘날 이 저술들에는 역사적 가치밖에 없는데, 그 이유는 이게 논리학의 전통적 표기법을 단순히 약간 개선한 데에 지나지 않기 때문이다. 따라서 논리학의 발전에 정말로 필요한 것은 완전히 새로운 대수적 기호였으며, 이는 조지 불이 이루었다.

§ 10.5 불은 19세기 초 영국적인 환경에서 태어난 '새로운 사람'들 가운데 한 사람이다. 그는 가난한 집안에서 자라 독학으로 공부했으며 자신의 재능과 정열 외에 아무런 재정적 도움도 받지 못했다. 작은 도시의 신기료장수인 아버지와 하녀로 일하는 어머니 아래에서 불은 제대로 된 교육을 받을 수 없었지만 스스로 각고의 노력을 하여 그 부족한 부분을 메웠으며, 14살 때는 그리스의 시를 번역할 정도가 되었다. 하지만 16살 때 아버지의 장사마저 무너져 내려 불은 교사로 취업하여 가족들을 부양해야 했다. 그는 이후 18년 동안 교사 생활을 했는데 대부분 스스로 차린 학교에서 했으며 자신의 첫 학교는 19살 때 열었다.

한편 불은 17살 무렵부터 수학을 진지하게 공부하기 시작하여 미적분을 독학으로 빠르게 정복했다. 20대 중반에 불은 이 장의 서두에서 이야기한 적이 있는 던컨 그레고리의 격려를 받아《케임브리지수학지(*Cambridge Mathematical Journal*)》에 자주 논문을 발표했는데 그레고리는 이 학술지의 첫 편집자였다. 불은 1842년부터 드모르간과 편지를 주고받기 시작했으며, 드모르간은 왕립학회에서 발간되는 미분방정식에 관한 논문들을 볼 수 있도록 도와주었다.

1846년[104] 영국 정부는 아일랜드에서 고등 교육을 확대한다는 정책을 발표했다. 드모르간, 케일리, 윌리엄 톰슨(켈빈 경이라고도 불리며 절대온도 단위는 그의 이름에서 따왔다) 등 불을 높이 평가했던 사람들은 여러모로 힘을 써서 새 대학들 가운데 한 곳에서 불을 교수로 채용하도록 지원했다. 이런 노력은 마침내 결실을 맺었고 1849년 불은 코크(Cork)에 있는 퀸스 칼리지(Queen's College)의 수학 교수로 취임했다. 그는 이 자리를 15년 동안 지켰는데 이 경력은 1864년 11월의 어느 날 갑작스럽게 끝나고 말았다. 이날 그는 집에서 약 3킬로미터 떨어진 학교까지 비를 맞으며 걸어갔고, 젖은 옷을 입은 채 강의를 하다가 오한이 나게 되었다. 집에 돌아와 앓아누운 그에게 아내는 침대 위로 얼음처럼 차가운 물을 쏟아 부었는데, 이는 그의 아내가 병이란 것은 그 원인으로 치료해야 한다고 믿었기 때문이었다. 하지만 그 결과 그는 49세의 젊은 나이로 세상을 뜨고 말았다.

나는 조지 불에 대해 좋지 않은 말이 쓰인 자료를 본 적이 없다. 그에게 동정적인 전기 작가들의 이야기라는 점을 감안하여 생각해 본다 하더라도 그는 분명 좋은 사람이었던 것 같으며, 사실 거의 성인과 같은 수준에 근접했던 것으로 보인다. 불은 조지 에버리스트 경(卿)(George Ev-

－보편산술 이전－

오토 노이게바우어(Otto Neugebauer, 1899~1990)는 바빌로니아의 진흙판들에서 대수를 발견했다.

히파티아(Hypatia, 370?~415)가 최후를 맞는 순간을 묘사한 이 그림은 빅토리아 시대 때에 그려졌다.

우마르 하이얌(Umar Khayyam, 1048~1131)은 시도 쓰고 삼차방정식도 연구했다.

지롤라모 카르다노(Girolamo Cardano, 1501~1576)는 삼차방정식의 일반해를 구했다.

제10장 빅토리아 시대의 영국 수학   249

－숫자를 문자로－

프랑수아 비에트(François Viéte, 1540~1603)는 기지수와 미지수를 구별했다.

르네 데카르트(René Descartes, 1596~1650)는 기하학을 대수화했다.

아이작 뉴턴(Isaac Newton, 1642~1727)은 근들 사이의 대칭성에 주목했다.

고트프리트 라이프니츠(Gottfried Leibniz, 1646~1716)는 자신의 상상력을 해방할 길을 발견했다.

－방정식에서 군으로－

조제프 루이 라그랑주(Joseph-Louis Lagrange, 1736～1813)는 대칭성을 더 깊이 연구했다.

파올로 루피니(Paolo Ruffini, 1765 ～1822)는 오차방정식의 해결이 불가능하다고 믿었다.

오귀스탱 코시(Augustin Cauchy, 1789～1857)는 치환의 산술을 만들어 냈다.

닐스 아벨(Niels Abel, 1802～1829)은 루피니가 옳음을 증명했다.

－군의 발견－

에바리스트 갈루아(Évariste Galois, 1811~1832)는 방정식의 치환군을 발견했다.

아서 케일리(Arthur Cayley, 1821~1895)는 군의 아이디어를 추상화했다.

루드비 실로우(Ludwig Sylow, 1832~1918)는 유한군의 구조를 파헤쳤다.

카미유 조르당(Camille Jordan, 1838~1922)은 군에 대해 첫 번째의 책을 썼다.

─사차원으로─

윌리엄 로원 해밀턴 경(卿)(Sir William Rowan Hamilton, 1805~1865)은 새 기하학을 발견했다.

헤르만 그라스만(Hermann Grassmann, 1809~1877)은 벡터공간을 탐구했다.

베른하르트 리만(Bernhard Riemann, 1826~1866)은 두 가지의 기하학적 혁명을 일구었다.

에드윈 애벗(Edwin Abbott, 1838~1926)은 『평평한 나라(Flatland)』로 우리를 이끌었다.

－기하학자와 위상 수학자－

율리우스 플뤼커(Julius Plücker, 1801 ~1868)는 점이 아닌 선으로 기하학을 구축했다.

소푸스 리(Sophus Lie, 1842~1899)는 연속군에 통달했다.

펠릭스 클라인(Felix Klein, 1849~1925)은 기하학의 군화를 촉구했다.

앙리 푸앵카레(Henri Poincaré, 1854~1912)는 위상 수학을 대수화했다.

─환의 여인과 대가들─

에른스트 쿠머(Ernst Kummer, 1810 ~1893)는 페르마의 마지막 정리에 대수를 사용했다.

리하르트 데데킨트(Richard Dedekind, 1831~1916)는 이데알을 발견했다.

다비트 힐베르트(David Hilbert, 1862 ~1943)는 책상과 의자와 맥주잔의 기하학에 대해 이야기했다.

에미 뇌터(Emmy Noether, 1882~ 1935)는 모든 것들을 종합했다.

－현대 대수－

솔로몬 레프셰츠(Solomon Lefschetz,
1884~1972)는 고래를 잡았다.

오스카 자리스키(Oscar Zariski, 1899
~1986)는 대수 기하학을 재정립했다.

선더스 맥레인(Saunders MacLane,
1909~2005)은 높은 수준의 추상화를
얻어냈다.

알렉산더 그로탕디에크(Alexander
Grothendieck, 1928~)는 공허로부터
부름을 받은 것 같다.

erest, 1777~1866)의 조카딸과 결혼했는데, 히말라야 산맥에 있는 세계 최고봉 에베레스트 산(Mount Everest)은 그의 이름을 딴 것이다. 불과 아내는 모두 다섯 자녀를 낳았다. 그 가운데 셋째인 앨리시아 불 스토트 (Alicia Boole Stott, 1860~1940)는 아버지처럼 독학으로 수학자가 되어 다차원 기하학에서 중요한 업적을 남겼다. 그녀는 80세까지 살다가 제2차 세계 대전 중에 영국에서 세상을 떴다.[105]

불의 위대한 업적은 논리의 대수화(algebraization of logic)였다. 이처럼 대수 기호를 사용함으로써 논리학은 수학의 한 분야가 될 수 있었다. 불의 방법을 설명하기 위해 아래에서는 앞서 들었던 삼단 논법의 대수판을 보기로 한다.

먼저 관심의 대상을 지구에 사는 모든 생물들의 집합으로 제한한다. 그러면 이게 우리의 '논의의 영역(universe of discourse)'이 되는데, 다만 이 용어는 불이 아니라 1881년 존 벤(John Venn, 1834~1923)이 만들었다. 이 우주를 1이라고 부른다. 그러면 0은 공집합, 곧 원소가 하나도 없는 집합을 나타내게 된다. 다음으로 모든 생물의 집합을 x로 나타낸다(물론 $x = 1$일 수도 있는데, 그렇더라도 여기의 논의에는 아무런 문제가 없다). 그리고 y는 모든 인간의 집합, s는 소크라테스라는 한 사람만 포함하는 집합으로 본다.

끝으로 두 가지의 표기를 덧붙인다. 첫째로 p와 q가 어떤 대상들의 집합이라면 $p \times q$라는 곱셈은 p이기도 하고 q이기도 한 대상들, 곧 p와 q의 교집합을 나타낸다(이런 대상들이 없다면 $p \times q = 0$이다). 둘째로 $p - q$라는 뺄셈은 p에서 p와 q의 교집합을 뺀 것, 곧 p의 원소들 가운데 q에도 속하는 것들을 제외한 것들을 가리키는 것으로 본다.

이제 삼단 논법을 대수화한다. "모든 사람은 죽는다"는 구절은 "사람이면서 죽지 않는 모든 생물들의 집합은 공집합이다"라고 고쳐 쓸 수 있고, 이를 대수적으로 쓰면 "$y \times (1-x) = 0$"이 된다. 이 식의 괄호를 풀고 일반적인 대수를 적용하여 정리하면 이는 "$y = y \times x$"와 같으며, 이것을 말로 풀어쓰면 "모든 인간의 집합은 결국에는 죽는 모든 인간들의 집합과 같다"라고 된다.

"소크라테스는 사람이다"라는 구절도 마찬가지로 대수화하면 "$s \times (1-y) = 0$"이 된다. 이는 "$s = s \times y$"와 같으며, 이것을 말로 풀어쓰면 "소크라테스만으로 이루어진 집합은 소크라테스라는 집합과 인간이란 집합의 교집합과 같다"라고 된다. 만일 소크라테스가 사람이 아니라면 이는 성립하지 않으므로 이 집합은 공집합이 된다!

$s = s \times y$라는 식에 앞에서 구한 $y = y \times x$를 대입하면 $s = s \times (y \times x)$라는 식이 나온다. 여기에 다시 일반적인 대수를 적용하면 마지막 식은 $s = (s \times y) \times x$와 같다. 그런데 $s \times y$는 s와 같다는 점을 이미 살펴보았다. 따라서 $s = s \times x$라는 식이 얻어진다. 이것은 $s \times (1-x) = 0$과 같으며 말로 풀어쓰면 "소크라테스이면서 죽지 않는 생물의 집합은 공집합이다"라고 된다. 따라서 소크라테스도 죽는다.

버트런드 러셀(Bertrand Russell, 1872~1970)이 1901년에 펴낸 논문에서 처음 이야기한 다음 구절은 널리 인용된다. "순수 수학은 1854년에 조지 불이 펴낸 『사고의 법칙(*The Laws of Thought*)』이란 책에서 발견되었다." 러셀은 여기에 약간의 과장된 표현을 덧붙였다. "만일 그의 책이 정말로 사고의 법칙을 담고 있다면 이전에는 왜 아무도 이런 식의 생각을 하지 못했는지 참으로 신기한 일이다." 또한 러셀은 수학과 논리학의 관계에 대해 그 자신이 얻어낸 관점에 대해서도 밝히고 있다. 이에 따르면 수학은 바로 논리학인데, 다만 오늘날 이 견해는 그다지 널리 받아들여지지 않는다.

대부분의 현대 수학자들은 위와 같은 러셀의 언급에 대해 불이 실제로 발견한 것은 순수 수학이 아니라 새로운 응용 수학 분야라는 식으로 풀이한다. 다시 말해서 이는 '논리학에 대한 대수의 응용'이라는 분야인데, 불의 아이디어가 펼치는 이후의 역사에 이 점이 잘 드러난다. 그가 만들어낸 집합의 대수는 19세기 말에 그의 뒤를 잇는 세대의 논리학자들이 완전한 논리 연산(logical calculus)으로 탈바꿈한다. 이들 가운데는 휴 맥콜(Hugh McColl), 찰스 퍼스(Charles Peirce, 1839~1914)(§8.9에서 소개한 벤저민 퍼스의 아들), 주세페 페아노(Giuseppe Peano, 1858~1932), 고틀로프 프레게(Gottlob Frege, 1848~1925) 등이 포함된다. 이 논리 연산은 20세기의 수학과 교과 과정에 '수학 기초론'이라고 부르는 분야로 흘러 들어가는데, 여기서는 수학적 기법을 사용하여 수학 자체의 본질을 탐구한다.

이 분야는 대개 현대 대수의 일부로 여기지 않으므로 나도 더 이상 다루지 않는다. 하지만 불 대수(Boolean algebra)를 어느 정도 다루지 않고서 대수의 역사를 마무리할 수는 없다. 영국 링컨(Lincoln) 출신의 불이 논리에 대수를 결합하였기 때문이다.

§ 10.6   1800년에서 1825년 사이에 태어난 영국의 위대한 수학자들 가운데 아서 케일리에 대해서도 행렬의 이론과 관련하여 이미 잠깐 살펴보았다. 하지만 대수에 대한 케일리의 큰 업적이 이것만은 아니다. 그는 다음 장의 주제인 현대의 추상군론(abstract group theory)의 창시자라고 보아도 좋다. 그러므로 유럽 대륙으로 돌아가기 전에 케일리의 업적

들을 좀 더 둘러보는 것은 적절할 뿐 아니라 공정한 일이기도 할 것이다.

현대의 대수학적 의미로 쓰이는 '군'의 영어 단어 'group'은 케일리가 1854년에 펴낸 두 편의 논문에서 처음으로 나오는데, 그 제목은 모두 똑같이 「$\theta^n = 1$이라는 기호식에 의존하는 군의 이론에 관하여(On the Theory of Groups, as Depending on the Symbolic Equation $\theta^n = 1$)」이다. 다음 장에서 나는 초기의 군론을 보다 자세히 다룰 예정이다. 따라서 여기서는 이에 대한 일종의 도입부로 케일리의 1854년 논문 가운데 아주 유용한 내용만 간추려 살펴보기로 한다.

§9.2에서 행렬식에 대해 이야기할 때 나는 세 대상의 치환을 임기응변적인 방법으로 하면서 그 가능한 여섯 가지의 치환을 열거했다. 케일리의 이론을 설명하자면 치환에 대해 훨씬 많은 것들을 이야기해야 하며 따라서 치환에 대한 좀 더 나은 표기법을 도입해야 한다. 세월이 흐르는 동안 서너 가지의 방법들이 경쟁을 벌였는데, 현대의 대수학자들은 이 가운데 순환 표기(cycle notation)를 주로 사용하는 것으로 보이며, 따라서 나도 이제부터는 이 방법을 사용하기로 한다.

순환 표기를 이해하기 위해 우선 간단히 사과와 책과 빗이라는 세 대상을 생각한다. 이것들은 각각 1, 2, 3으로 표시된 상자에 들어 있다. 이처럼 1에 사과, 2에 책, 3에 빗이 들어 있는 상태를 '초기 상태'라고 부르자. 여기서 '항등치환'이란 것은 아무것도 바꾸지 않는 치환을 말한다. 그러므로 초기 상태에 대해 항등치환을 실시하면 여전히 1에 사과, 2에 책, 3에 빗이 들어 있게 된다.

이제 설명할 내용은 학생들이 자주 혼란을 일으키므로 주의하도록 하는데, 그것은 바로 '치환'이란 행위는 어느 시점에서든 그 시점의 '대상'에 대해서 실시하는 것임을 명심해야 한다는 점이다. 순환 표기에서는 첫 번째 상자의 내용물을 두 번째 상자의 내용물과 바꾸는 치환을 (12)로 쓴다. 곧 (12)는 "1[번 상자의 물건]은 2[번 상자]로 가고, 2[번 상자의 물건]은(는) 1[번 상자]로 간다"는 상황을 나타낸다. 대괄호로 묶여 있는 것들을 보면 곧 알 수 있듯 수학자들은 이 순환 표기를 읽을 때 "1은 2로 가고 2는 1로 간다"라고 이해한다. 여기에서 '돌아가는 현상'이 일어남을 주목하기 바란다. 곧 순환 표기의 맨 끝 수로 나타내진 대상은 맨 앞 수로 나타내진 대상과 치환되며, 이 때문에 이 표기를 '순환 표기'라고 부른다.

이제 (12)라는 순환을 초기 상태에 대해 실시했다고 하자. 그러면 사과는 2번 상자, 책은 1번 상자에 들어간다. 여기에 아무것도 실행하지 않는 항등치환을 적용하면 사과는 2번 상자, 책은 1번 상자에 그대로 들어 있게 된다. 물론 이 과정에서 빗은 여전히 3번 상자에 남는다. 이 복합적인 치환을 곱셈기호를 사용하여 나타내면 $(12) \times I = (12)$로 쓸 수 있다.

다음으로 초기 상태에 대해 (12)치환을 하고, 그렇게 바뀐 상태에 또 (12)치환을 했다고 하자. 처음의 치환에 의해 사과는 2번 상자, 책은 1번 상자로 간다. 이어서 두 번째 치환을 하면 책은 2번 상자, 사과는 1번 상자로 간다. 따라서 결국 다시 초기 상태로 돌아가며, 식으로는 $(12) \times (12) = I$라고 쓸 수 있다.

이런 식으로 계속해 가면 세 대상에 대해 완전한 '곱셈표'를 만들어 낼 수 있다. 예를 들어 (132)라는 조금 복잡한 순환 표기로 주어지는 치환을 생각해 보자. 이것은 "1[번 상자의 물건]은 3[번 상자](으)로 가고, 3[번 상자의 물건]은 2[번 상자]로 가고, 2[번 상자의 물건]은(는) 1[번 상자]로 간다"는 상황을 나타낸다. 이 치환을 초기 상태에 적용하면 사과는 3번, 빗은 2번, 책은 1번 상자에 들어간다(1은 3으로, 3은 2로, 2는 1

로 간다). 그런 다음 이 상태에서 (12)의 치환을 하면 빗은 1번, 책은 2번, 사과는 3번 상자로 들어간다. 이 결과는 애초에 초기 상태에 대해 (13)의 치환을 한 것과 같으며, 따라서 식으로는 (132) × (12) = (13)과 같이 쓸 수 있다.

이미 말했듯 이런 방식으로 곱셈표 전체를 만들 수 있다. 아래의 표가 바로 그것이며, 이 표를 읽는 방법은 다음과 같다 : 먼저 적용할 치환을 맨 왼쪽 열에서 찾고, 다음으로 적용할 치환을 맨 위의 행에서 찾은 뒤, 그 결과는 그 둘이 교차하는 칸을 찾으면 된다.

	I	(123)	(132)	(23)	(13)	(12)
I	I	(123)	(132)	(23)	(13)	(12)
(123)	(123)	(132)	I	(13)	(12)	(23)
(132)	(132)	I	(123)	(12)	(23)	(13)
(23)	(23)	(12)	(13)	I	(132)	(123)
(13)	(13)	(23)	(12)	(123)	I	(132)
(12)	(12)	(13)	(23)	(132)	(123)	I

그림 10-1 S_3군에 대한 케일리표(Cayley table).

이 표는 케일리표(Cayley table)라고 부른다. 실제로 케일리가 1854년에 펴낸 논문 가운데 첫 번째 논문의 6페이지에는 이것과 아주 닮은 모습의 표가 실려 있다. 주목할 것은 여기의 치환이 비가환이라는 점이다. 이 사실은 이 표의 왼쪽 위에서 오른쪽 아래로 향하는 주대각선(lead diagonal)을 기준으로 볼 때 대칭의 위치에 배열된 칸 속의 치환들이 서로 같지 않다는 점으로부터 쉽게 확인된다.

세 대상들에 대한 이 여섯 가지 치환은 이 표에 의해 정의되는 치환들의 결합에 대한 법칙과 더불어 군의 한 예가 된다. 특히 이 군은 독자적으로 상당한 중요성을 갖기 때문에 S_3라는 고유의 기호를 부여받게 되었다.

여섯 개의 원소를 가진 군은 S_3 외에 또 하나가 있다. §길잡이 3.5에서 보았던 1의 여섯제곱근을 되새겨 보자. 으레 그랬듯 ω로 1의 첫 번째 세제곱근을 나타내면 여섯제곱근들은 $1, -\omega^2, \omega, -1, \omega^2, -\omega$로 쓸 수 있으며, 이것들에 대해 곱셈표를 만들면 다음과 같다.

	1	$-\omega^2$	ω	-1	ω^2	$-\omega$
1	1	$-\omega^2$	ω	-1	ω^2	$-\omega$
$-\omega^2$	$-\omega^2$	ω	-1	ω^2	$-\omega$	1
ω	ω	-1	ω^2	$-\omega$	1	$-\omega^2$
-1	-1	ω^2	$-\omega$	1	$-\omega^2$	ω
ω^2	ω^2	$-\omega$	1	$-\omega^2$	ω	-1
$-\omega$	$-\omega$	1	$-\omega^2$	ω	-1	ω^2

그림 10-2 C_6군에 대한 케일리표.

이것은 통상적인 복소수들을 서로 곱한 것에 지나지 않으므로 쉽게 예상할 수 있다시피 가환이다. 이것에도 이름이 있는데, 원소가 여섯 개인 순환군(cyclic group)이라서 C_6로 쓴다.

이 예(例)들이 여섯 개의 원소를 가진 두 군인데, 정확한 용어로는 '6

차의 군(group of order 6)'이라고 부른다. 이것들은 어떻게 군을 이룰까? 군을 이루는 데에는 곱셈표의 어떤 특징이 중요하게 작용한다. 예를 들어 항등원(unity)(첫째 군의 경우 I, 둘째 군의 경우 1)은 곱셈표의 각 열과 각 행에서 한 번씩만 나타난다.

위 문단에서 가장 중요한 단어는 '예(例)'이다. 수학자들의 마음속에 6차의 두 군인 S_3와 C_6는 완전히 추상적인 대상들이다. 만일 세 대상의 여섯 가지 치환에 대한 기호를 1, α, β, γ, δ, ε으로 바꾸고 케일리표의 각 칸을 상응하는 문자로 채워서 만든다면 이 표는 치환을 전혀 암시하지 않는 추상군(abstract group)에 대한 정의로 여길 수 있다. 사실 이것이 케일리가 1854년의 논문에 담은 바로 그 일이다. 세 대상의 치환들이 만드는 군은 S_3라는 추상군의 한 예인데, 이는 미국 대법원을 구성하는 9명의 판사들이 추상적인 9라는 수의 한 예인 것과 같다. 또한 1의 여섯제곱근들도 이와 마찬가지로 통상적인 곱셈이라는 연산 아래 C_6라는 군의 한 예가 된다. 이것들도 1, α, β, …으로 대체하여 위의 두 번째 표를 새로 만들어낼 수 있으며, 그러면 이 새 표는 1의 여섯제곱근들을 전혀 암시하지 않는 추상적인 C_6라는 군의 정의로 여길 수 있다.

이처럼 군의 아이디어를 순수하게 추상적인 방식으로 제시한 게 케일리의 위대한 업적이다. 하지만 이와 같은 통찰과 1854년의 논문이 담고 있는 위대한 개념적 도약을 충분히 잘 깨닫고 있었지만 케일리는 방정식과 그 근들 사이의 연구라는 원래의 목적에서 자신의 주제를 완전히 분리해내지는 못했다. 그 목적에 대한 회고의 일종으로 그는 첫 번째 논문의 두 번째 페이지에 다음과 같은 주석을 덧붙였다.

치환 또는 대입에 적용되는 군의 아이디어는 갈루아에게서 유래하는데, 이와 같은 군의 도입은 대수방정식의 이론이 발전하는 과정에서 하나의 획기적인 신기원을 연 것으로 평가할 수 있다.

케일리의 이 말은 확실히 옳다. 따라서 이제부터는 시간을 조금 거슬러 올라가 1825년 이후 펼쳐진 다른 경로를 따라가 보기로 한다. 그 길에서 우리는 대수와 관련된 유일한 낭만적 주인공인 에바리스트 갈루아를 만나게 된다.

제3부
추상화의 단계들

수학의 길잡이 5

체론

§ 길잡이 5.1   체(field)와 군(group)은 19세기 초에 이루어진 일련의 발전 단계에서 발견된 두 가지의 수학적 대상들이다.

체는 내부 구조로만 보자면 군보다 더 복잡하다. 이 때문에 대수학 교재들은 대개 군을 먼저 다루고 체로 나아간다. 하지만 어떤 의미로 볼 때 체는 군보다 더 일상적으로 마주치는 대상이므로 이해하기 쉽다는 장점이 있다. 군은 단순하기 때문에 오히려 더 넓은 응용성을 가지며, 따라서 순수 대수학자들에게 군론은 전체적으로 체론보다 더 어려운 주제이다.[106] 이런 이유와 함께 갈루아의 연구에 좀 더 쉽게 다가서고자 하는 뜻에서 나는 다음 장에서 군론을 자세히 다루기에 앞서 여기 길잡이 5에서 먼저 체에 대해 살펴본다.

§ 길잡이 5.2   체는 원하는 대로 얼마든지 더하고 빼고 곱하고 나눌 수 있는 수들의 체계를 말한다(다른 대상들도 다룰 수 있지만 당분간 수만 생각한다). 이 네 가지의 기본 연산을 아무리 많이 되풀이하더라도 답은 다시 그 체 안의 어떤 수가 된다. 내가 체를 일상적으로 마주치는 대상이라고 부른 이유는 바로 여기에 있다. 우리는 체에서 가감승제 $(+, -, \times, \div)$라는 기본 연산들을 한다. 체라는 대수학적 개념에 대한 시각적 암기법을 원한다면 단순히 가감승제만 할 수 있도록 만들어진 작은 휴대용 계산기를 떠올리면 된다.

이밖에 몇 가지 규칙이 덧붙여지지만 이것들도 전혀 놀라운 것들은 아니다. 닫힘 규칙(closure rule)에 대해서는 이미 말했는데, 이는 산술적 연산의 결과가 다시 그 체에 속한다는 뜻이다. 또한 더했을 때 본래 대상에 아무런 영향을 주지 않는 '영(zero)', 곱했을 때 본래 대상에 아무런 영향을 주지 않는 '1(one)'이 체 안에 있어야 한다. 그리고 기본적인 대수적 규칙들이 성립해야 하는데, "$a \times (b + c) = a \times b + a \times c$"는 그 한 예이다. 끝으로, 체에서는 덧셈과 곱셈이 항상 가환(교환법칙)이다. 따라서 곱셈의 가환성이 없는 해밀턴의 사원수는 체가 아니고 나눗셈 다원환(division algebra)에 속한다.

$\mathbb{N}$이나 $\mathbb{Z}$는 모두 체가 아니다. 두 자연수나 두 정수를 나누었을 때 그 결과가 꼭 다시 자연수나 정수가 되리라는 법이 없기 때문이다. 하지만 유리수의 집합 $\mathbb{Q}$는 체이다. 유리수 안에서는 얼마든지 서로 더하고 빼고 곱하고 나눌 수 있기 때문이다. 이처럼 유리수는 가장 기본적인 체이며, 가장 중요한 체이다. 실수의 집합인 $\mathbb{R}$도 체이다. 마찬가지로 복소수의 집합 $\mathbb{C}$도 이 책의 첫머리에서 제시한 가감승제의 법칙에 대해 체를 이룬다. 그러므로 여기까지 해서 우리는 $\mathbb{Q}$와 $\mathbb{R}$과 $\mathbb{C}$라는 세 가지의 체를 갖게 되

었다.

Q와 ℝ과 ℂ 외의 다른 체들도 있을까? 물론 있으며, 앞으로 나는 그 중 일반적인 체 두 가지를 살펴볼 예정이다. 그리고 이후 이 두 가지를 한 데 엮어 갈루아 이론과 군론으로 들어가고자 한다. 또한 이 길잡이의 맨 끝에서는 중요한 세 번째 체도 소개한다.

§ 길잡이 5.3   Q, ℝ, ℂ 외의 다른 두 가지 체 가운데 첫 번째는 유한체(finite field)이다. Q와 ℝ과 ℂ는 모두 무한히 많은 원소를 가진다. 유리수와 실수와 복소수 모두 무한히 많이 존재하기 때문이다.

유한체의 한 예로는 0과 1과 2라는 세 수로만 이루어진 것을 들 수 있다. 만일 이 수들이 보통의 수들과 혼동될까 우려된다면 다른 기호들로 대치해도 된다. 예를 들어 0은 Z, 1은 I, 2는 T로 쓰면 된다. 이 체에서는 "2 + 2 = 4"라는 덧셈은 허용되지 않으며 "2 + 2 = 1"로 약속한다. 실제로는 이 체의 원소들을 모두 고려한 덧셈표와 곱셈표를 만들면 되고, 아래의 표가 바로 그것인데, 이 체의 이름은 F_3이다.

+	0	1	2
0	0	1	2
1	1	2	0
2	2	0	1

×	0	1	2
0	0	0	0
1	0	1	2
2	0	2	1

그림 길잡이 5-1 F_3체.

이 체에서 몇 가지 주목할 점은 다음과 같다. 첫째로 덧셈에 대해 1과 2는 서로 역(inverse)의 관계에 있다. 따라서 "… − 1"과 "… + 2"는 서로 언제나 대치할 수 있으므로 뺄셈에 대해서는 특별히 달리 말할 게 없다.[107] 둘째로 곱셈에 대해 2는 자신에 대해 역이므로($2 \times 2 = 1$이므로) 2로 나누기는 2로 곱하기와 똑같은 결과를 준다. 셋째로 1로 나누기는 사소하므로 말할 것도 없고, 넷째로 0으로 나누기는 체에서 언제나 허용되지 않는다.

1보다 큰 모든 자연수들은 유한체를 만들 수 있을까? 그렇지 않다. 유한체는 소수와 그 거듭제곱들만큼의 대상들에 대해서만 만들 수 있다. 따라서 2, 4, 8, 16, 32, ……, 3, 9, 27, 81, 243, …… 개의 원소를 가진 유한체를 만들 수 있다. 하지만 6개나 15개 등의 원소를 가진 유한체는 만들 수 없다.

유한체는 때로 갈루아체(Galois field)라고 불린다. 물론 이는 프랑스의 수학자 에바리스트 갈루아를 기리기 위한 것인데, 그에 대해서는 나중에 자세히 살펴본다.

§ 길잡이 5.4 $\mathbb{Q}, \mathbb{R}, \mathbb{C}$ 외의 다른 두 가지 체 가운데 두 번째는 확대체(extension field)이다. 여기서 우리가 할 일은 어떤 낯익은 체(대개의 경우 $\mathbb{Q}$)에 다른 원소를 덧붙이는 것이다. 물론 이 추가되는 원소는 본래의 체 이외의 곳에서 가져와야 한다.

예를 들어 $\mathbb{Q}$에 $\sqrt{2}$를 덧붙였다고 하자. $\sqrt{2}$는 본래의 $\mathbb{Q}$에는 없는 수이므로 방금 위에서 말한 조건에 부합한다. 이제 이렇게 만든 집합 안에서 가감승제의 계산을 하면 $a + b\sqrt{2}$로 표현되는 수들도 무한히 얻어질 것이다(여기서 a와 b는 유리수). 이런 수들 사이의 가감승제의 결과는 역시 이런 종류의 수가 된다. 사실 이것들 사이의 가감승제에 관한 규칙은 복소수에 대한 것과 아주 비슷하다. 예를 들어 나눗셈의 규칙은 다음과 같다.

$$(a + b\sqrt{2}) \div (c + d\sqrt{2}) = \frac{ac - 2bd}{c^2 - 2d^2} + \frac{bc - ad}{c^2 - 2d^2}\sqrt{2}$$

이 집합은 체이다. 나는 유리수 집합 $\mathbb{Q}$에 $\sqrt{2}$라는 무리수를 하나 덧붙이는 것만으로 새로운 체를 만들어낸 것이다.

이 새로운 체가 실수의 집합인 $\mathbb{R}$이 아니란 점을 주목하기 바란다. $\sqrt{3}$, $\sqrt[5]{12}$, π와 같은 무한히 많은 다른 실수들이 여기에 들어 있지 않다. 이 체에 든 수들은 (i) 모든 유리수, (ii) $\sqrt{2}$, (iii)유리수와 $\sqrt{2}$를 가감승제로 결합하여 얻을 수 있는 모든 수들일 뿐이다.

왜 이처럼 사소한 수 하나를 $\mathbb{Q}$에 덧붙여 이 온갖 수고를 감수하는 것일까? 그 이유는 어떤 방정식을 풀기 위해서이다. $x^2 - 2 = 0$이라는 방정식은 $\mathbb{Q}$에서는 해를 갖지 못하며, 이 때문에 피타고라스는 깜짝 놀라고 고민에 빠져들었다. 하지만 유리수의 체를 이렇게 조금만 확장시키면 이 방정식은 그 안에서 $x = \sqrt{2}$와 $x = -\sqrt{2}$라는 해를 갖게 된다. 이처럼 어떤 체를 현명하게 확장시키면 이전에는 해를 갖지 못하던 방정식도 다룰 수 있다.

또 하나 주목할 흥미롭고도 중요한 점은 이 확장된 체가 본래의 체 $\mathbb{Q}$ 위에서 벡터공간을 이룬다는 사실이다. 여기서 두 개의 서로 독립인 벡터들의 한 예는 1과 $\sqrt{2}$이다. 실제로 이 둘은 이 벡터공간에 대해 훌륭한 기저가 된다(§길잡이4.3 참조). 다른 모든 벡터들, 곧 유리수 a와 b에 대해 $a + b\sqrt{2}$로 표현되는 모든 수들은 이 두 기저에서 도출된다. 이처럼 벡터공간의 개념을 원용하면 이 확대체는 이차원의 체로 이해할 수 있다.

$\mathbb{Q}$에 무리수를 덧붙여서 얻는 체들이 언제나 이차원을 이루는 것은 아니다. 예를 들어 $\sqrt[3]{2}$를 덧붙이려 한다면 그 결과로 얻는 확대체는 삼차원 벡터공간을 이루며 그 기저로는 1과 $\sqrt[3]{2}$와 $\sqrt[3]{4}$를 택하면 된다. 아래의 식은 이렇게 얻은 체에서의 나눗셈에 관한 규칙인데, 이처럼 체를 조금만 확장해도 연산 규칙들이 쉽사리 매우 복잡해질 수 있다는 점을 주목하기 바란다.

$$(a + b\sqrt[3]{2} + c\sqrt[3]{4}) \div (f + g\sqrt[3]{2} + h\sqrt[3]{4})$$
$$= \frac{af^2 - 2agh + 2bg^2 - 2bfh + 4ch^2 - 2cfg}{f^3 + 2g^3 + 4h^3 - 6fgh}$$
$$+ \frac{2ah^2 - afg + bf^2 - 2bgh + 2cg^2 - 2cfh}{f^3 + 2g^3 + 4h^3 - 6fgh}\sqrt[3]{2}$$
$$+ \frac{ag^2 - afh + 2bh^2 - bfg + cf^2 - 2cgh}{f^3 + 2g^3 + 4h^3 - 6fgh}\sqrt[3]{4}$$

§ 길잡이 5.5 나는 이제 앞 두 절의 내용을 결합하여 0, 1, 2로 구성된 체에서 어떤 이차방정식들을 풀어보고자 한다. 유한체의 장점은 아래에서 보다시피 가능한 이차방정식들을 모두 쓸 수 있다는 것이다!

순서에 따라 차례로 써보면, 0, 1, 2로 된 체에서의 가능한 모든 일차방정식들은 아래와 같다. 이 각각에 대한 해들은 오른쪽에 써놓았으며, 각 해들의 정답은 앞서 제시한 덧셈표 및 곱셈표와 비교 점검하여 확인할 수 있다.

방정식	해
$x = 0$	$x = 0$
$2x = 0$	$x = 0$
$x + 1 = 0$	$x = 2$
$x + 2 = 0$	$x = 1$
$2x + 1 = 0$	$x = 1$
$2x + 2 = 0$	$x = 2$

사실 말하자면 위의 목록은 중복되어 있다. 먼저 $2x = 0$의 해도 $x = 0$이므로 첫 두 방정식은 사실상 같다! 이보다는 조금 덜 명확하지만 끝 두 방정식도 마찬가지이다. 이 두 방정식들의 좌변은 각각 $2(x+2)$와 $2(x+1)$로 인수분해되므로 사실상 세 번째와 네 번째 방정식을 되풀이 쓴 것에 지나지 않는다(이 체에서는 $2 \times 2 = 1$라는 점을 되새길 것). 따라서 세 번째와 네 번째 방정식들만이 약간 주목할 만한 의의를 가진다.

다음으로 이차방정식들을 보자. 이번에는 위에서 본 것들과 같은 중복적인 것들은 제외하고 열거한다. 그러면 F_3체의 모든 원소들로 만들 수 있는 이차방정식들은 아래와 같은데, 추가적으로 인수분해한 결과도 함께 실었다.

방정식	인수분해	해
$x^2 + 1 = 0$	인수분해되지 않는다.	해가 없다.
$x^2 + 2 = 0$	$(x+1)(x+2)$	$x = 1, \ x = 2$
$x^2 + x + 1 = 0$	$(x+2)^2$	$x = 1$
$x^2 + x + 2 = 0$	인수분해되지 않는다.	해가 없다.

$x^2 + 2x + 1 = 0$ $(x+1)^2$ $x = 2$

$x^2 + 2x + 2 = 0$ 인수분해되지 않는다.   해가 없다.

여기 제시한 체에서 해를 갖지 않는 방정식은 기약(irreducible)이라고 부른다(뒤풀이 34 참조). 위에서 보다시피 0, 1, 2의 체에서 독자적 의의를 가진 여섯 개의 방정식들 가운데 세 개가 기약이다.

지금까지 내가 한 것은 무엇일까? 이를테면 나는 일반적인 이차방정식의 상황을 축소해서 제시한 것이라고 말할 수 있다. 이 축소판의 체에서는 무한히 많은 방정식들 대신 여섯 개만 고려하면 되는데, 그중 세 개는 해가 있고 다른 셋은 기약이다. $\sqrt{2}$는 통상적인 유리수의 체에 속하지 않으므로 이 안에서 $x^2 - 2 = 0$은 해를 갖지 못한다. 마찬가지로 $x^2 + 1 = 0$은 $\mathbb{Q}$는 물론 $\mathbb{R}$에서도 해를 갖지 못하는데, 이는 $\sqrt{-1}$이 $\mathbb{Q}$나 $\mathbb{R}$에 속하지 않기 때문이다.

§ 길잡이 5.6

0, 1, 2로 된 체를 확장하여 기약인 방정식들도 해를 갖도록 할 수 있을까? 그렇다. 이를 위해 새로운 수를 발명하고, 단순히 a라 부르기로 하는데, 이 수는 위 첫 번째 방정식인 $a^2 + 1 = 0$을 만족시킨다. 이 식의 양변에 2를 더하면 $a^2 = 2$가 된다. 따라서 a는 2의 제곱근이라고 볼 수 있다. 하지만 여기의 2는 통상적인 2와는 사뭇 다르게 행동하므로 $\sqrt{2}$라 쓰지 않고 그냥 계속 a로 부른다. 이렇게 a를 추가하고 나면 이제 위의 모든 방정식들이 아래에 보는 것처럼 해를 가진다.

우리는 본래 체에 하나의 원소를 덧붙임으로써 모든 이차방정식들을 풀게 되었다. 이 확대체는 보통 $F_3(a)$로 표시하는데, 이 안에서 가감승제

방정식	인수분해	해
$x^2+1=0$	$(x+2a)(x+a)$	$x=a, x=2a$
$x^2+2=0$	$(x+1)(x+2)$	$x=1, x=2$
$x^2+x+1=0$	$(x+2)^2$	$x=1$
$x^2+x+2=0$	$(x+2a+2)(x+a+2)$	$x=a+1, x=2a+1$
$x^2+2x+1=0$	$(x+1)^2$	$x=2$
$x^2+2x+2=0$	$(x+2a+1)(x+a+1)$	$x=a+2, x=2a+2$

는 모두 a에 대한 일차식으로 나타내진다. 만일 어떤 곱셈의 결과가 a^2이 되면 이것은 단순히 2로 쓰면 되는데, 그 이유는 $a^2=2$이기 때문이다. 아래에는 이 확대체의 곱셈표를 실었다(덧셈표는 흥미가 떨어지므로 생략했지만 원한다면 쉽게 만들어볼 수 있다).

×	0	1	2	a	$2a$	$1+a$	$1+2a$	$2+a$	$2+2a$
0	0	0	0	0	0	0	0	0	0
1	0	1	2	a	$2a$	$1+a$	$1+2a$	$2+a$	$2+2a$
2	0	2	1	$2a$	a	$2+2a$	$2+a$	$1+2a$	$1+a$
a	0	a	$2a$	2	1	$2+a$	$1+a$	$2+2a$	$1+2a$
$2a$	0	$2a$	a	1	2	$1+2a$	$2+2a$	$1+a$	$2+a$
$1+a$	0	$1+a$	$2+2a$	$2+a$	$1+2a$	$2a$	2	1	a
$1+2a$	0	$1+2a$	$2+a$	$1+a$	$2+2a$	2	a	$2a$	1
$2+a$	0	$2+a$	$2+2a$	$2+2a$	$1+a$	1	$2a$	a	2
$2+2a$	0	$2+2a$	$1+a$	$1+2a$	$2+a$	a	1	2	$2a$

그림 길잡이 5-2 $F_3(a)$의 곱셈표.

§ 길잡이 5.7   이상으로 우리는 사실 갈루아 이론의 핵심을 살펴본 셈이다. 위에서 우리는 방정식의 계수들이 어떤 체에 속하지만 그 안에서 해는 얻을 수 없는 경우를 보았다. 이 해들을 포괄하려면 계수체(coefficient field)를 더 넓은 체로 확장해야 하는데, 이것을 근체(solution field)라고 부르기로 하자. 갈루아가 탐구했던 것은 방정식의 해들이 어떤 형태를 띨 것인가 하는 점이었는데 이는 계수체와 근체라는 두 체 사이의 관계에 달려 있다.

이것이 바로 갈루아의 위대한 통찰이었다. 1830년에 그는 이 관계가 군론의 언어들로 표현될 수 있다는 사실을 발견했는데, 당시에 이는 곧 치환의 언어들이었다.

갈루아는 어떤 방정식이 주어지면 근체 안에서 어떤 치환들을 생각할 필요가 있다는 점을 발견했다. 위에서 본 $F_3(a)$와 같은 근체는 일반적으로 F_3와 같은 계수체보다 더 크다. 그런데 근체 안에서의 모든 유용한 치환들 가운데는 계수체를 변화시키지 않은 채 그대로 남겨두는 부분집합이 있다. 이 부분집합은 군을 이루며 오늘날 우리는 이것을 방정식의 갈루아군(Galois group)이라고 부르는데, 방정식의 가해성에 대한 모든 의문은 이 군의 구조에 대한 의문으로 바뀐다.

이 절을 시작할 때 제기했던 $x^2 + 1 = 0$이라는 방정식의 경우 계수들은 F_3라는 작은 체에서 가져오는 것으로 이해되었으며 이때 갈루아군은 단지 두 개의 원소를 가진 아주 간단한 것이 된다. 그중 하나는 항등치환인 'I'로 모든 것을 그대로 남겨둔다. 다른 하나는 두 해를 서로 바꾸는 것으로 a는 $2a$로 바꾸고 $2a$는 a로 바꾼다. 이 둘째 치환을 P라고 부르면 이것은 물론 $F_3(a)$의 원소들 모두에 적용된다. 화살표를 "앞의 것이 뒤의 것으로 바뀐다"는 뜻으로 사용하면 이 치환은 구체적으로 다음과

같이 표현된다 : $0 \to 0, 1 \to 1, 2 \to 2, a \to 2a, 2a \to a, 1 + a \to 1 + 2a,$
$1 + 2a \to 1 + a, 2 + a \to 2 + 2a, 2 + 2a \to 2 + a$.

아래에는 $x^2 + 1 = 0$이라는 방정식이 F_3라는 계수체 위에서 구성하는 갈루아군의 곱셈표를 실었다. 여기서의 곱셈은 복합적인 치환, 곧 어떤 치환을 하고 이어서 다른 치환을 하는 것을 가리킨다.

	I	P
I	I	P
P	P	I

그림 길잡이 5-3 $x^2 + 1 = 0$의 갈루아군에 대한 곱셈표.

§ 길잡이 5.8

물론 이상의 내용은 갈루아 이론을 현저히 단순화한 설명으로,[108] 각각 세 개와 아홉 개의 원소를 가진 F_3와 $F_3(a)$ 같은 체에서의 이야기일 뿐이다. 그 당시 대수학자들을 괴롭힌 것은 무한히 많은 수의 원소를 가진 유리수 집합에서 계수를 취하는 다항식들의 해가 어찌 되는가 하는 문제였다. 이것들은 과연 어떻게 치환할 수 있을까?

앞으로 진행함에 따라 나는 이 점을 좀 더 깨끗이 밝힐 수 있게 되기를 바란다. 하지만 이보다 더 선명히 설명할 수 있을지는 사실 잘 모르겠다. 갈루아 이론은 고등 대수의 어렵고도 미묘한 분야여서 수학자가 아닌 사람들은 쉽게 접근할 수 없다. 그러나 어떤 체에서 계수를 취하는 다항식의 해는 더 큰 체에 존재할 수 있고, 이 크고 작은 두 체들 사이의 관계가 군론의 언어들로 표현될 수 있다. 따라서 다항방정식의 풀이에 대한 모든 의문은 군론에 대한 의문으로 번역될 수 있다는 사실을 마음속에 새겨 둔다면 갈루아가 이룬 업적의 정수(精髓)를 간과하게 될 것이라고 말할 수 있다.

§ 길잡이 5.9   체에 대한 논의를 마무리하기 전에 다른 종류의 체 한 가지를 더 소개하겠는데, 그 이유는 일종의 변명을 할 필요가 있기 때문이다. 18세기 대수학자들이 이룬 업적을 다루면서 나는 이야기를 간명히 하기 위해 '다항식'이란 용어를 조금 모호하게 사용했다. 지금껏 써온 '다항식'이란 용어들 가운데 어떤 것들은 사실 '유리함수(rational function)'라고 불러야 한다.

유리함수는 두 다항식들의 비로 표현되는 함수를 가리키며 그 한 예는 다음과 같다.

$$\frac{2x^2 + x - 3}{3x^3 + 2x^2 - 4x - 1}$$

조금 힘들기는 하지만 이런 함수들은 모두 가감승제가 가능하며, 따라서 체를 이룬다.

유리함수체(field of rational functions)는 그 다항식의 계수들이 속하는 다른 체에 의존한다. 사실 유리함수체는 위에서 이야기한 확대체의 관점에서 살펴볼 수 있다. 구체적으로 말하자면 처음에 계수들이 속한 체에서 시작하고, 여기에 x라는 기호를 덧붙이고 가감승제의 모든 연산을 허용한다. 그러면 이로부터 유리함수체가 만들어진다. 이것과 앞서 살펴본 확대체의 예들과 차이점이 있다면, 덧붙이는 요소들은 다루기가 더 쉽다는 것이다. 거기서 덧붙여졌던 것은 2의 제곱근이나 세제곱근이었으며,

이에 따라 체의 산술도 아주 간단하게 처리할 수 있었다. 하지만 유리함수체의 경우 x에 대하여 아무것도 알지 못한다. 이를테면 이는 미지수를 나타내는 하나의 기호에 지나지 않는다.

§11

여명의 결투

§ 11.1   솔직히 말하자면 수학은 메마른 학문으로 낭만이나 매력과 거리가 멀다. 그러기에 에바리스트 갈루아(Évariste Galois, 1811〜1832)의 이야기는 수학사가들이 즐겨 다루어 왔다.

하지만 아마 좀 지나친 듯싶다. 갈루아 이야기의 진실은, 알려진 바에 따르면, 신화와 추측과 오류와 조각 맞추기의 안개에 휩싸여 있다. 영어로 가장 널리 알려진 자료는 에릭 벨의 고전적 저술 『수학을 만든 사람들(*Men of Mathematics*)』에 실린 '천재와 바보들'이란 장일 것이다. 거기서 벨은 삶의 마지막 밤에 현대적 군론의 기초를 종이 위에 쏟아내기 위해 사력을 다했던 열정적이고 이상적인 천재를 박해해 온 한 무리의 바보들에 대한 이야기를 그려냈다. 다만 벨은 분명 세부적으로 잘못 서술하고 있으며 아마 갈루아의 성격에 대해서도 그런 것 같다. 톰 펫시니스(Tom Petsinis, 1953〜)가 1997년에 펴낸 『프랑스 수학자(*The French Math-*

ematician)」는 내 취향에 맞지 않고 내가 보기에 불가능할 듯한 결말로 쓰였지만 여러 가지의 사실적 측면에서는 더 옳은 것 같다. 한 시간가량의 읽을거리로 인터넷에서 구할 수 있는 자료들 가운데 가장 좋은 것은 우주론학자이자 아마추어 수학사가인 토니 로스먼(Tony Rothman)이 쓴 것으로 여겨지는데, 그는 모든 전거들을 아주 사려 깊게 다루었다.[109]

갈루아는 20살 7개월의 짧은 생애를 결투로 마감했다. 권총을 사용한 이 결투는 새벽에 이루어졌다. 갈루아는 분명 자신이 죽으리라고 내다보았던 듯하며 어쩌면 심지어 바랐던 것 같기도 하다. 그래서였던지 그는 전날 밤을 꼬박 새우며 편지들을 썼다. 그중 몇 가지는 자신과 같이 군주제를 반대하는 공화주의자들에게 보내는 것이었으며, 하나는 자신의 수학적 연구에 관한 주석을 단 것으로 친구인 오귀스트 슈발리에(Auguste Chevalier)에게 보내는 것이었다.

결투의 이유는 명확하지 않다. 아마 정치 또는 애정 문제였던 것 같으며 둘 다 관련되었을 수도 있다. 결투의 전날 밤 쓴 편지들 가운데 하나에서 갈루아는 "두 애국자들이 나를 자극했다.……"라고 썼지만 다른 편지에서는 "나는 더러운 요부의 제물로 죽는다.……"라고 썼다. 갈루아는 빅토르 위고(Victor Hugo, 1802~1885)의 『레 미제라블(Les Miserables)』에 그려진 1830년의 폭동이 휩쓸 무렵 파리에서 기세를 떨쳤던 과격한 공화주의자들의 정치적 운동에 빠져들었고, 한편으로 메아리 없는 짝사랑 때문에 고통을 겪고 있었다.

확실히 갈루아의 이야기는 낭만적이다. 그런데 이런 일들이 으레 그렇듯, 상황을 좀 더 면밀히 살펴보면 이 낭만들 가운데 일부는 연민과 비애의 감정으로 대치된다. 하지만 갈루아의 이야기는 참으로 슬픈 것이라 하지 않을 수 없다. 그의 어쭙잖은 성격도 그가 겪은 불행에 적잖은 몫을 했지만 그렇더라도 이에 얽힌 슬픔은 조금도 덜어지지 않는다.

§ 11.2   1830년의 프랑스는 행복한 나라가 아니었다. 부르봉 왕조 출신의 국왕 샤를 10세(Charles X, 1757～1836, 재위 1824～1830)는 나폴레옹을 물리친 세력들에 의해 옛 지위를 되찾았지만 이미 나이가 들었고 반동적인 정책을 폈다. 사회의 다른 극단에서는 급격한 도시화와 산업화가 일어나 파리의 대부분은 끔찍한 빈민가로 변했으며 수십만의 사람들이 거의 아사 직전의 비참한 생활을 이어가고 있었다. 이런 모습들이 빅토르 위고와 오노레 드 발자크(Honoré de Balzac, 1799～1850)가 그린 당시 파리의 상황이었으며 유물론적이고 공격적인 유산 계급이 들끓는 분노를 품은 빈민층과 나란히 살아갔다. 이 빈민들의 고용 여부는 통제할 수 없는 경기의 순환에 달려 있었고 오직 이따금씩 주어지는 자선으로 비참한 삶의 고통을 조금이나마 덜곤 했다.

1830년에 경기 후퇴가 닥쳤다. 물가는 치솟았고 6만이 넘는 파리 사람들이 일자리를 얻지 못했다. 7월이 되자 군중이 들고일어나 방책들을 허물고 시가지를 장악했으며 샤를 10세는 망명길에 올라야 했다. 그의 뒤를 이어 진보적인 중산층의 대표자들이 부르봉 왕조의 먼 친족 가운데 한 사람인 오를레앙 공(公)(Duke of Orléans) 루이 필리프(Louis Philippe, 1773～1850, 재위 1830～1848)를 새로운 왕으로 옹립하여 '7월 왕정(Monarchie de Juillet)'의 시대를 열었다. 허세가 없고 친근한 성품의 루이 필리프는 거침없는 자유주의자였다. 하지만 프랑스 정치에는 과격한 요소가 끼어들었고 단순한 자유주의로는 이를 충족할 수 없었다. 그리하여 1830년대는 1831년에 파리에서 일어난 큰 폭동을 비롯한 여러 반란들로 점철되었다. 이처럼 이 시대는 사회적 긴장이 팽배한 때였기에 자기 주장이 강하고 성미 급한 젊은이들은 경찰들의 감시 대상이 되곤 했으며 나아가 일시적으로 투옥되기도 했다.

§ 11.3 에바리스트 갈루아는 1811년 10월 파리 남부에 있는 부르라렌(Bourg-la-Reine)이라는 작은 도시에서 태어났는데 오를레앙으로 가는 도로변의 이 지역은 오늘날 파리의 교외가 되었다. 갈루아의 아버지는 성직자나 왕족의 권위를 부정하는 자유주의자였으며 1815년 이 도시의 시장으로 선출되었다. 이 무렵 나폴레옹은 황제로 복귀해 있었지만 워털루 전투의 패배로 '백일천하'라고 불리는 마지막 지배도 막을 내렸다. 이후 군주제가 다시 부활하자 갈루아의 아버지는 부르봉 왕조에 충성을 맹세했는데 이는 마음에서 우러나와 한 게 아니라 진짜 왕당파에게 일자리를 뺏기지 않으려는 생각 때문이었다.

갈루아의 성품에 대한 최초의 언급은 파리의 교사들이 남긴 기록에서 찾을 수 있다. 이에 따르면 갈루아는 똑똑하지만 내향적이며, 자신의 일을 잘 챙기지 못하고, 남의 충고에 귀를 기울이려 하지 않았다. 토니 로스먼에 따르면 "부르라렌에서의 생활이 계속되면서 갈루아에 대한 평판으로 '독특하고' '기괴하고' '독창적이고' '수줍은' 등의 표현이 더욱 많이 등장하게 되었다. 심지어 그의 가족들조차 그를 기이하게 여겼다"라고 썼다. 하지만 로스먼은 또한 이와 같은 교사들의 평가가 결코 만장일치적인 것이 아니었으며, 갈루아의 학교생활도 에릭 벨의 책에 묘사된 것처럼 이해할 수 없는 박해로 얼룩진 악몽 같은 것은 아니었다고 지적했다.

1829년 7월, 갈루아가 아직 18살도 되지 않았을 때, 아버지는 그 지역 성직자의 악의적인 중상모략에 시달리다가 갈루아의 학교 바로 옆에 있는 한 아파트에서 자살하고 말았다. 갈루아는 이 일로 끈질기고도 격심한 고통을 받았다. 하지만 불과 며칠 뒤 그는 에콜폴리테크니크(École Polytechnique)라는 명문 학교에 들어가기 위한 구술시험을 치러야 했다. 당시 이 학교의 교수진에는 라그랑주, 라플라스, 푸리에, 코시 등도 포함되어 있었다. 그런데 갈루아는 어딘지 서툴렀을 뿐 아니라 어쩌면 거의 제멋에 겨워 오만을 떨다가 불합격의 고배를 마셨다. 언젠가 시험 도중 어떤 수학적 서술을 증명해 보라는 요구에 대해 너무나 자명한 것이어서 증명할 필요도 없다고 대답했다. 몇 달이 지난 1830년 초, 18살 반이 된 갈루아는 에콜폴리테크니크에 비해 조금 뒤쳐지는 에콜프레파라토르(École Preparatoire)에 입학하게 되었다. 이 학교는 사실상 교사들을 양성하는 대학으로, 현재는 에콜노르말(École Normale)이라고 불린다.

    에릭 벨은 방정식의 근에 대한 갈루아 이론의 첫 번째 판은 그가 죽기 전날 밤 미친 듯이 휘갈겨 썼다고 서술했다. 하지만 실제로 갈루아는 이 논문을 아버지가 죽기 몇 주 전에 과학아카데미에 제출했고, 코시가 그 심사원으로 지명되었다. 벨은 코시가 이 논문을 잃어버렸거나 그냥 무시해 버렸다고 믿었으며, 누구나 지금까지 이렇게 알고 있었을 것이다. 하지만 최근의 연구 결과 과학아카데미의 문서고에서 새로운 증거가 발견되었다. 이에 따르면 이 위대한 수학자 코시는 이를 아주 높이 평가했던 것 같다. 따라서 그는 갈루아에게 내용을 좀 더 가다듬어 과학아카데미가 내건 수학 분야의 대상에 도전해 보라고 권유했을 것으로 여겨진다. 자세한 사정은 어쨌든 갈루아는 그 제안을 받아들이지 않았고, 1830년 2월 이 논문을 두 번째로 과학아카데미의 간사로 일하고 있던 장 푸리에에게 제출했다. 하지만 애석하게도 푸리에는 그해 5월 16일 세상을 뜨고 말았다.

코시는 갈루아를 무명의 설움에서 구해낼 수 있었을지 모른다. 그러나 혁명의 시기였던 당시에 강한 원칙주의자였던 코시는 루이 필리프라는 새로운 자유주의자의 통치를 받아들이기 어려웠다. 이미 샤를 10세에게 충성을 서약했던 터라 그는 루이 필리프에게 또 다른 서약을 하고 싶지 않았을 것이다. 이때 40세였던 그는 자리에서 조용히 물러나 어떤 한적한 시골에서 은퇴 생활을 할 수도 있었다. 하지만 그 대신 코시는 스스로 프랑스를 떠나 8년이나 밖으로 떠돌았다. 이와 같은 자발적인 추방에 대해 §7.5에서 소개한 적이 있는 프로이덴탈이 "돈키호테식 행동"이라고 평한 것을 제외하고는 아무런 적절한 설명을 찾을 길이 없다.

갈루아 자신은 7월 왕정에 뛰어들지 않았다. 에콜프레파라토르의 교장은 학생들 사이에 과격한 인물들이 많이 섞여 있음을 간파하고 학교의 문을 걸어 잠금으로써 거리의 폭동에 나서지 못하도록 했다. 하지만 급진적 성향에 깊이 물들어 있었던 갈루아는 결국 학교에서 쫓겨나게 되었다. 이때는 바로 1831년 1월이었는데, 이후 17개월밖에 남지 않았던 갈루아의 생애는 다음과 같이 진행되었다.

1831년 1월 4일 : 에콜프레파라토르에서 쫓겨난다. 갈루아는 이후 4개월 동안 파리에서 수학 개인 교습을 하면서 살아가려 했던 것으로 보이며, 그 사이에 젊은 극단적 공화주의자들과 어울리며 지냈다.

1월 17일 : 방정식의 해에 대한 세 번째 논문을 과학아카데미에 제출했으며 푸아송(Siméon-Denis Poisson, 1781～1840)이 심사원으로 지명되었다.

5월 9일 : 과격한 공화주의자의 연회에 참석했는데 축배를 하면서 루이 필리프의 목숨을 위협하는 발언을 했던 것으로 보인다. 그리하여 다음날 체포되었다.

6월 15일 : 재판을 받았지만 아마 나이가 어리다는 이유로 석방되었다.

7월 14일(프랑스 혁명 기념일) : 금지된 포병 복장을 하고 있었다는 이유로 친구인 에르네스트(?) 듀샤텔레(Ernest(?) Duchâtelet)와 함께 다시 체포되었다. 또한 갈루아는 장전된 장총과 여러 자루의 권총과 단검 등으로 무장했다고 한다.

갈루아는 1831년 7월 14일부터 1832년 4월 29일까지 투옥되었다. 그런데 이때의 감옥 생활은 그다지 끔찍하지는 않았던 것 같다. 예를 들어 죄수들은 자주 술에 취해 지내곤 했다.

8월 : 과학아카데미의 푸아송에게서 논문이 기각되었다는 편지를 받았다. 그는 갈루아의 논문이 읽기가 너무 어렵다고 했는데, 내용에 대해 비난하지는 않았지만 좀 더 다듬어서 제출하도록 권유했다.

1832년 3월 16일 : 당시 파리를 휩쓸었던 콜레라를 피하기 위해 다른 죄수들과 함께 감옥에서 요양소로 옮겨졌다. 요양소는 마치 '열린 감옥'처럼 운영되었기에 갈루아는 사뭇 자유롭게 드나들 수 있었다. 그러는 동안 그는 그 지역 의사의 딸인 스테파니 듀모텔(Stéphanie Dumotel)을 사랑하게 되었다. 하지만 이는 오직 짝사랑이었을 뿐이었다.

4월 29일 : 갈루아는 풀려났다.

5월 14일 : 스테파니에게서 온 것으로 보이는 거절의 편지에 쓰인 날짜.

5월 25일 : 갈루아가 친구인 오귀스트 슈발리에게 사랑이 깨졌음을 알리는 편지에 쓰인 날짜.

5월 30일 : 운명의 결투가 벌어진 날.

결투의 정확한 상황은 물론 갈루아의 마지막 며칠은 신비에 싸여 있고 아마 앞으로도 언제까지나 그럴 것이다. 그런데 어떤 의미로 갈루아는 스스로 삶을 포기했던 것 같다. 아버지의 자살, 제출한 논문이 심사위원이 세상을 뜬 불운에 이어 기각된 일, 이루지 못한 스테파니에 대한 짝사랑, 보잘것없는 일자리 전망, 여러 달에 걸친 감옥 생활, 전염병이 창궐하는 동안 파리가 보여준 비참한 광경 등은 그에게 너무나 힘든 시련이었다.

6월 4일 리옹(Lyon)의 한 신문은 두 오랜 친구가 한 여자의 사랑을 두고 러시안룰렛 게임과 같은 방식으로 결투를 벌였다는 소식을 간략히 전했다. "상대방이 선택한 무기는 권총이었다. 하지만 오랜 우정 때문에 서로 마주볼 수는 없었다. ……" 신문은 갈루아의 상대방을 "L. D."라고만 썼다. 아마 싸움의 원인이 된 여자는 스테파니였을 것이다. 하지만 L. D.는 누구일까? 당시의 표준적인 철자법에 비춰볼 때 뒤샤텔레(Duchâtelet) 또는 갈루아가 알고 지내던 다른 공화주의자 페르세우스 데르빈빌(Perscheux d'Herbinville)이었을 것 같다. 하지만 이 두 사람의 이름은 모두 L로 시작하지 않는다. 그런데 반드시 그렇다고 단정할 수도 없는데, 왜냐하면 프랑스의 부모들은 이름에 대해 크게 신경 쓰지 않는 경향이 있기 때문이다.

갈루아의 동생과 친구들은 당시의 위대한 수학자들에게 그의 논문을 돌렸으며 가우스도 여기에 포함되었다. 하지만 아무도 즉각적인 반응을 보이지 않았다. 그러다가 결투로부터 10년이 지난 뒤 마침내 프랑스의 수학자 조제프 리우빌(Joseph Liouville, 1809~1882)이 그의 논문에 관심을 보였다. 그는 갈루아의 주요 결과를 1843년 프랑스아카데미에 제출했고 3년 뒤에는 스스로 창간한 학술지에 갈루아의 논문을 모두 실어 펴냈다.[110] 그리하여 비로소 에바리스트 갈루아의 이름이 수학계에 널리 알려지게 되었다.

§ 11.4   방정식의 해에 관한 갈루아의 연구는 대수의 발전에 중요한 영향을 미쳤는데, 그 연구의 본질은 무엇인가? 아래서는 이에 대해 간략히 설명하는데, 다만 당시에 갈루아가 썼던 용어가 아닌 현대적 용어를 사용하여 진행한다.

그림 10-1에 나는 세 대상의 치환에 대한 케일리표, 곧 곱셈표를 보였다. 여기서 가능한 치환의 수는 여섯이며 이것들은 표에 제시된 바에 따라 서로 합성될 수 있다. 그림 10-2에 나는 1의 여섯제곱근들에 대한 곱셈표를 실었다. 앞서 나는 이 두 표가 여섯 개의 원소를 가진 군, 곧 6차의 두 군이라는 점을 이미 이야기했다.

이 표들에 추상군론의 본질들이 드러나 있다. 군은 수, 치환, 기타 어떤 대상이든 이들을 서로 결합하는 규칙들과 함께 모아놓은 집합이다. 이 규칙은 대개 곱셈으로 제시되지만, 대상이 수가 아니라면 진정한 의미의 곱셈이라고 할 수 없으므로, 이는 단지 표기상의 편의라고 여기면 된다.

구체적으로 어떤 대상과 규칙의 모임이 군을 이루려면 아래의 원리 또는 공리를 충족해야 한다.

> 닫힘(closure) : 두 원소의 결합은 집합 안의 다른 원소가 되어야 한다. 다시 말해서 이 결합의 결과는 다시 그 집합에 속해야 한다.
> 결합법칙(associativity) : 세 원소를 결합할 때 "$a \times (b \times c) = (a \times b) \times c$"라는 결합법칙이 성립해야 한다. 이 법칙에 따라 우리는 셋 이상의 원소를 아무런 혼란 없이 명확하게 결합할 수 있다.
> 항등원(unity)의 존재 : 군 안에는 어떤 원소와 결합하든지 그 원소를

변화시키지 않고 원래대로 남겨두는 원소가 있어야 한다. 이 특별한 원소를 항등원이라 부르고 1로 쓰면, 이는 임의의 원소 a에 대해 "$1 \times a = a$"가 성립한다는 뜻을 나타낸다.

역원(inverse)의 존재 : 군 안의 모든 원소에는 서로 결합할 때 항등원이 되는 원소가 존재해야 하며 이를 역원이라고 부른다. 구체적으로 이는 임의의 원소 a에 대해 "$a \times b = 1$"이 되는 b라는 원소가 존재한다는 뜻을 나타내며, 이런 b를 흔히 a^{-1}로 쓴다.

군을 원소와 결합과 같은 집합론의 용어로 구성된 공리들을 사용하여 고도의 추상적인 방식으로 정의하는 것은 앞서 말한 20세기의 공리적 접근법(axiomatic approach)에서 일반적으로 볼 수 있는 일이다. 물론 갈루아는 이런 접근법을 몰랐으며 따라서 그는 자신의 아이디어를 특정한 치환군(permutation group)의 성질을 이용하여 제시해야 했다.

군이 가진 원소의 수는 차(order)라고 부른다. 독자들은 §10.6에 보인 여섯 개의 원소를 가진 두 가지의 군이 위에 쓴 군의 공리를 모두 충족한다는 점을 쉽게 확인할 수 있을 것이다. 그런데 6차의 군에는 이 두 가지밖에 없다는 사실을 확인하기란 쉬운 일이 아니다. 나는 물론 여기서 추상군을 뜻한다. 구체적으로야 여섯 개의 원소를 가진 군을 얼마든지 들 수 있고 나도 곧 그중 하나를 제시할 것이다. 하지만 이 모든 군들은 §10.6에 보인 두 가지의 케일리표 가운데 하나에 따라 행동한다. 다시 말해서 이 곱셈표들은 여섯 개의 원소를 가진 모든 군들이 가질 수 있는 단 두 가지의 유형을 나타낸다. 이 곱셈표들은 각각 무수히 많은 구체적인 군들을 설명해줄 수 있지만 이 밖에 다른 유형은 없다. 케일리는 1854년에 펴낸 논문에서 6차까지의 모든 군들을 열거했다. 오늘날 우리는 물론 이보다

차수	1	2	3	4	5	6	7	8	9	10	11	12	13	14	15
군의 수	1	1	1	2	1	2	1	5	2	2	1	5	1	2	1

그림 11-1 1차부터 15차까지의 가능한 군들의 수.

훨씬 많은 수의 군을 알고 있다. 그림 11-1은 1차부터 15차까지의 모든 가능한 추상군들의 수를 보여준다.

어떤 차수 n에 대한 군의 수를 어떻게 알아낼 수 있을까? 여기에는 일반적 방법이나 공식이 없다. 하지만 한 가지 주목할 점이 있는데, 그것은 n이 소수일 경우 차수가 n인 군은 하나밖에 없는 것으로 여겨진다는 점이다. 그리고 이는 실제로 그렇다. 어떤 소수 p에 대해 차수가 n인 군은 C_p라는 군 하나뿐인데, 1의 p제곱근과 이것들 사이의 통상적인 곱셈으로 이루어진 군이 그 예이며, 전문 용어로는 p차 순환군(cyclic group of order p)이라고 부른다.

아래에는 차수가 4인 두 가지의 군을 보였는데, 이것들은 모두 케일

+	1	α	β	γ
1	1	α	β	γ
α	α	β	γ	1
β	β	γ	1	α
γ	γ	1	α	β

×	1	α	β	γ
1	1	α	β	γ
α	α	1	γ	β
β	β	γ	1	α
γ	γ	β	α	1

그림 11-2 차수가 4인 두 가지의 추상군 C_4와 $C_2 \times C_2$.

리가 발견했다. 나는 항등원을 1로 썼으며, 다른 원소들은 α, β, γ로 나타냈다.

이 두 군들은 각자 나름의 이름을 갖고 있다. 그림 11-2의 왼쪽에 보인 군의 이름은 C_4이다. 이것은 차수가 4인 순환군으로 1의 네제곱근들을 이용하여 이해할 수 있는데, 이는 i, -1, $-i$를 α, β, γ에 대입함으로써 쉽게 점검해볼 수 있다. 오른쪽의 군은 $C_2 \times C_2$ 또는 클라인4군(Klein 4-group)이라고 부른다. 이 두 군은 모두 가환이다.[111]

왼쪽의 C_4군을 참조하면 차수가 3, 5, 7인 군들의 이름이 각각 C_3, C_5, C_7이란 사실만 알려줄 경우 그 곱셈표를 쉽게 만들어낼 수 있을 것이다. 차수가 2인 군은 하나밖에 없고 그 곱셈표는 그림 길잡이 5-3에 주어져 있다. 차수가 1인 군은 사소한 것이므로 단지 구색을 갖추기 위해 언급할 뿐이다. 이로써 우리는 7차까지의 모든 군을 알게 되었으며, 따라서 케일리보다 약간 더 나아간 셈이다.

§ 11.5 갈루아의 위대한 점은 추상군의 구조를 꿰뚫어본 데에 있다. 그림 11-2의 오른쪽에 있는 클라인4군을 보자. 여기의 1과 α는 군 안에서 다시 작은 군을 이루는데, 이런 것을 부분군(subgroup)이라 부르며, 따라서 이는 차수가 2인 부분군이다. 이와 마찬가지로 1과 β 그리고 1과 γ도 2차의 부분군을 이룬다. 반면에 왼쪽의 C_4군을 보면 1과 β는 군 안에서 다시 작은 군이 되지만 1과 α 그리고 1과 γ는 그렇지 않다. 내가 구조라고 부른 것은 이런 성질들을 가리키는데, 이와 같은 군 안의 군인 부분군은 군론에서 핵심적인 역할을 한다.

세 대상의 치환에 관한 S_3군의 곱셈표로 돌아가 보자(그림 10-1).

여기에도 여러 가지의 부분군들이 있다. I, (123), (132)는 3차의 부분군인데, 모두 짝치환으로 되어 있다는 점을 주목하기 바란다. 2차의 부분군은 I와 (12), I와 (23), I와 (13)으로 된 것의 세 가지가 있다. 이 네 가지의 부분군들은 모두 자족적인 구조를 갖고 있다. 이 안에서 우리는 얼마든지 서로 곱할 수 있고, 역도 얼마든지 취할 수 있으며, 이런 연산을 아무리 되풀이하더라도 결코 부분군 밖으로 벗어나지 않는다. 그림 10-2에 보인 두 번째의 6차군 C_6에는 $(1, \omega, \omega^2)$으로 이루어진 3차의 부분군이 하나 있고, 1의 두 제곱근 $(1, -1)$로 이루어진 2차의 부분군이 하나 있다.

군의 구조에 관한 첫 번째의 위대한 정리는 §7.4에서 말한 바 있는 라그랑주 정리이다. 이에 따르면 본래 군의 차수는 부분군의 차수로 나누어떨어지는데, 이 나눗셈의 몫을 부분군의 지표(index)라고 부른다. 본래 군이 6차라면 차수가 2와 3인 부분군이 있을 수 있으며 그 지표는 각각 3과 2이다. 하지만 4나 5는 6의 약수가 아니므로 6차의 군에서 차수가 4나 5인 부분군은 찾을 수 없다.

갈루아는 군의 구조에 핵심적인 개념 하나를 추가했는데, 오늘날 우리는 이를 정규부분군(normal subgroup)이라고 부른다. 간단히 S_3군을 이용하여 이를 설명해 보자. H라 부르고자 하는 이 정규부분군은 I와 (12)로 이루어져 있으며, 그림 길잡이 5-3에 보였듯 단 하나 존재하는 2차의 추상군이다.

이제 본래의 군에서 한 원소를 뽑는데, 부분군에 속하지 않은 것이라도 무방하다. 여기서 나는 그 예로 (123)을 쓰기로 한다. 다음으로 이 원소에 I와 (12)를 차례로 왼쪽에서 곱하는데, 이는 §10.6에서 말했듯 먼저 (123)을 작용하고 이어서 I나 (12)를 작용하는 것을 말한다. 그 결과는 (123)과 (23)으로 이루어진 한 집합이며, 부분군이 아니다. 이런 것을 가리켜 H의 좌잉여류(left coset)라고 부른다. 이어서 본래의 S_3군에 있는 모든 원소를 사용하여 (123)으로 한 것과 같은 연산을 한다. 그러면 H의 좌잉여류의 모든 족(family)을 얻게 된다. 그 가운데에 바로 앞서 보았던 {(123), (23)}도 들어 있다(중괄호는 집합을 나타내는 데 쓰이는 일반적 기호이다. 예를 들어 런던과 파리와 로마로 이루어진 집합을 수학에서는 {런던, 파리, 수학}으로 나타낸다). 이 밖에 {(132), (13)}과 {I, (12)}도 있는데 {I, (12)}는 H 자신이다. S_3군은 6차이므로 좌잉여류의 족으로 여섯 가지가 나오리라고 예상할 수 있다. 하지만 결과를 보면 중복된 세 쌍이 나온다.

위의 과정을 이번에는 '오른쪽에서' 곱하면서 모두 되풀이한다. 그러면 {(123), (13)}, {(132), (23)}, {I, (12)}이라는 세 가지의 우잉여류(right coset)가 나온다. 이때 좌잉여류와 우잉여류가 서로 일치하는 경우를 정규부분군이라고 부른다. 그런데 이 예에서는 서로 일치하지 않으므로 H는 S_3의 정규부분군이 아니며, 그냥 일반적인 부분군이다. 그러나 S_3에서 짝치환들로 이루어진 3차의 부분군은 정규부분군이다(독자들이 직접 점검해 보기 바란다). 그리고 이 정의에서 다음 사실이 도출됨을 주목할 필요가 있다 : "어떤 군이 가환이면 그 모든 부분군은 정규부분군이다."

갈루아는 아래와 같은 한 미지수를 가진 어떤 n차의 다항식

$$x^n + px^{n-1} + qx^{n-2} + \cdots = 0$$

에 대해서도 계수체와 근체(§길잡이 5.8 참조) 사이의 관계를 연구함으로써 어떤 군을 관련시킬 수 있다는 점을 보였다. 만일 어떤 방정식에 대한 이 갈루아군(Galois group)이 어떤 조건을 충족할 구조를 가지면 우리는

방정식의 해를 계수들의 사칙연산과 거듭제곱근들의 표현으로 나타낼 수 있는데, 여기에서 정규부분군의 개념이 핵심적 역할을 한다. 만일 이런 구조를 갖지 못하면 이렇게 나타낼 수 없다. 4차 이하의 모든 방정식에서 갈루아군은 언제나 이런 구조를 가진다. 하지만 5차 이상의 경우 계수들의 값에 따라 이런 구조를 가질 수도 있고 갖지 못할 수도 있다. 갈루아는 이와 같은 군의 구조적 조건을 찾아냈으며, 이를 바탕으로 다항방정식이 언제 해를 갖는가 하는 문제에 대해 최종적인 답을 할 수 있게 되었다.

§ 11.6   갈루아의 업적은 방정식 이야기의 대미를 장식하는 한편 군론의 서막을 열었다. 이 때문에 나는 이 책에서 갈루아 이론을 끝이 아니라 시작으로 다룬다.

나는 §11.3에서 리우빌이 1846년에 갈루아의 논문을 펴냈다는 사실을 언급하면서 역사적 서술을 잠시 매듭지었다. 그런데 갈루아 이론은 이 대목에서 마무리나 시작으로 여겨질 수 있다. 갈루아의 업적을 이야기하는 수학자들은 대개 이를 마무리의 관점에서 보는 듯하다. 다항방정식의 해와 관련된 여러 세기에 걸친 일련의 문제들이 그의 업적에 힘입어 단숨에 모두 해결되었기 때문이다. 그래 좋다! 그러니 이제부터는 함수론, 비유클리드 기하학, 사원수론 등등 새롭고도 유망한 수학 분야들로 나아가자!

미래를 향한 첫 번째 중요한 계기는 아벨과 같은 노르웨이의 수학자에게서 왔다. 그의 이름은 루드비 실로우(Ludwig Sylow, 1832～1918)이며 갈루아가 세상을 뜬 1832년 당시 아직 크리스티아니아라고 불리고 있던 오슬로에서 태어났다.

노르웨이 지역에서 수학자들은 수요보다 공급이 더 많았다. 그 영향 때문에 실로우도 오슬로의 남쪽으로 80킬로미터쯤 떨어진 할덴(Halden)이란 곳의 고등학교 교사로 지내면서 연구 생활의 대부분을 보냈는데 당시 이곳은 프레데릭스할드(Frederikshald)라고 불렸다. 그는 60대에 들어선 지 한참 지나서야 대학에서 자리를 얻을 수 있었다. 하지만 고등학교에 근무할 때부터 그는 수학적 연구를 위해 꾸준히 많은 편지를 주고받았다.

실로우는 자연스럽게 같은 나라 출신의 아벨이 추구했던 방정식의 해결 가능성에 대한 탐구로 빠져들었다. 그러던 중 1850년대 후반에 크리스티아나 대학교의 한 교수를 통해 갈루아의 논문을 접하게 되었고 이를 계기로 치환군에 대해 연구하기 시작했다. 하지만 1854년에 나온 케일리의 논문에도 불구하고 추상군론은 아직 수학자들의 마음속에 주요 분야의 하나로 인식되지 못했다는 점을 되새길 필요가 있다. 그때만 해도 군론은 치환에 관한 이론이었고, 유일한 실질적 응용 성과는 대수적 방정식의 해법에 관한 것뿐이었다.

1861년 실로우는 정부의 지원을 받아 1년 동안 유럽을 둘러볼 기회를 얻었다. 그는 파리와 베를린을 방문하여 여러 유명한 수학자들의 강연을 들었는데 그 가운데는 15년 전에 갈루아의 논문을 펴낸 리우빌도 있었다. 오슬로로 돌아온 그는 대학교에서 치환군에 대한 강연을 했다. 이것은 군론에 대해 1870년대[112] 이전에 행해진 보기 드문 강연 가운데 하나이며 다른 이유 때문에도 흥미로우므로 §13.7에서 다시 이야기한다.

실로우의 의문은 치환군의 구조와 관련된다. 나는 이미 H가 G의 부분군이 될 필요조건을 나타내는 라그랑주 정리를 이야기했는데, 이에 따르면 G의 차수는 H의 차수로 나누어떨어져야 한다. 그러므로 6차인 군은 차수가 2나 3인 부분군을 가질 수 있지만 차수가 4나 5인 부분군을 가질 수는 없다.

실로우의 연구는 위 마지막 문장의 "가질 수 있다"는 표현을 파고든다. 6차의 군은 2차 또는 3차의 부분군을 가질 수 있다. 그런데 '반드시' 그럴 것인가? 라그랑주 정리는 필요조건이기는 하지만 충분조건은 아니다. 어떤 군이 다른 군의 부분군이 되는 데에 관한 더 나은 법칙은 없을까? 코시는 이미 어떤 군의 차수가 소인수 p를 가진다면 차수가 p인 부분군이 존재함을 보였다. 과연 이 법칙을 더 개선할 수는 없을까?

답은 "그렇다"이다. 1872년에 펴낸 논문에서 실로우는 이 주제에 대해 세 가지의 정리를 발표했다. 이것들은 오늘날에도 대수를 배우는 학생들에게 군론의 기본 정리들로 가르치고 있는데, 아래에는 그중 첫 번째의 것을 소개한다.

> 실로우의 첫째 정리 : G가 n차의 군인데 p가 n의 소인수이며 p^k이 n을 나머지 없이 나누는 p의 최고차의 값이라고 하자(한 예로는 $n = 24$, $p = 2$, $k = 3$인 경우를 들 수 있다). 그러면 G는 차수가 p^k인 부분군을 가진다.

이처럼 p^k의 차수를 가진 부분군을 G의 실로우 p부분군(Sylow p-subgroup)이라고 부른다. 아마 언젠가 지구상 어떤 대학의 수학과에 자신들을 '실로우와 p부분군'이라고 부르는 록 밴드(rock band)가 결성될 게 틀림없으리라 생각된다.

§ 11.7 유한군의 이론은 이 뒤로도 그 자체로 충분히 경이로운 긴

역사를 이어간다. 또한 실질적 응용에도 뛰어나 시장 조사부터 우주론에 이르는 많은 연구들에서 널리 활용되고 있다. 이 과정에서 군들에 대한 전체적 분류가 이루어졌고 차수들에 따라 족들로 묶여서 체계화하였다.

§10.6에서 보인 곱셈표들이 나타내는 두 군은 이와 같은 분류에 따른 두 족들에 대한 예이다. 첫째인 S_3는 세 대상의 가능한 모든 치환들로 이루어진 6차의 군이고, 둘째인 C_6는 1의 여섯제곱근들로 이루어진 6차의 군으로, 모두 군들로 이루어진 족들의 구성원들이다. n개 대상의 가능한 모든 치환들로 이루어진 집합에 일반적인 치환의 합성 방식을 덧붙여서 만드는 S_n군은 $n!$차 대칭군(symmetric group)의 예이다. 1의 n제곱근들에 통상적인 곱셈을 덧붙여서 만드는 C_n군은 n차 순환군(cyclic group)의 예이다. 우리는 세 번째의 중요한 족도 이미 본 적이 있다. S_n군에서 짝치환들을 추려 만든 정규부분군은 $\frac{1}{2}n!$차의 교대군(alternating group)이라고 부르는데, 간단히 '지표 2의 교대군'이라 부르기도 하며, 언제나 A_n으로 나타낸다.

또 다른 중요한 족으로는 정이면체군(dihedral group)이 있다. 여기서 'dihedral'은 면이 둘이란 뜻이지만 'two-faced'라는 단어가 풍기는 인간적 의미와는 무관한 기하학적 의미를 가질 뿐이다. 딱딱한 카드에서 정사각형을 오려내자. 이 정사각형은 두 면을 가지므로 정이면체이다. 이것을 평평한 곳에 눕히고 시계 방향으로 돌면서 네 모서리를 A, B, C, D라고 이름 붙인다. 그런 뒤 다음과 같은 질문을 생각해 보자 : 예를 들어 720도를 회전시키면 이는 한 바퀴, 곧 360도를 회전시킨 것과 다를 게 없다. 그런데 이처럼 본질적으로 같지 않으면서 이 정이면체의 네 모서리를 본래의 배치와 다른 배치가 되도록 하는 방법의 수는 얼마일까?

그 답은 8이며, 그림 11-3에 이 방법들을 나타냈다. 거기의 각 방법들은 최초의 상태, 곧 실질적으로 아무것도 하지 않는 'I'라는 항등동작(identity movement)으로 얻어진 상태를 어떻게 바꾸는지를 보여 준다. 그 첫 번째는 항등동작이고, 두 번째, 세 번째, 네 번째는 90, 180, 270도 회전이며, 다섯 번째부터 여덟 번째까지는 카드를 뒤집는 동작인데, 뒤집을 때의 축은 각각 남북, 동서, 북동-남서, 북서-남동 방향이다.

수학자들은 '변환(transformation)'이라고 부르는 이 동작들은 "먼저 한 동작을 실행하고 이어서 다른 동작을 실행한다"는 결합 규칙 아래 군을 이룬다. 정사각형을 이용해서 만드는 이 8차의 정이면체군은 D_4라고 부른다. 이 군에 대한 케일리표는 쉽게 만들 수 있으므로 독자들의 몫으로 남겨둔다. 이와 비슷하게 변이 n개인 정n각형을 이용해서도 군을 만들 수 있으며, 이것들은 D_n으로 부른다. $n=2$인 경우의 '정이각형'은 단순히 '선분'이며, 이것이 나타내는 군의 원소는 두 개이다. 하지만 n이

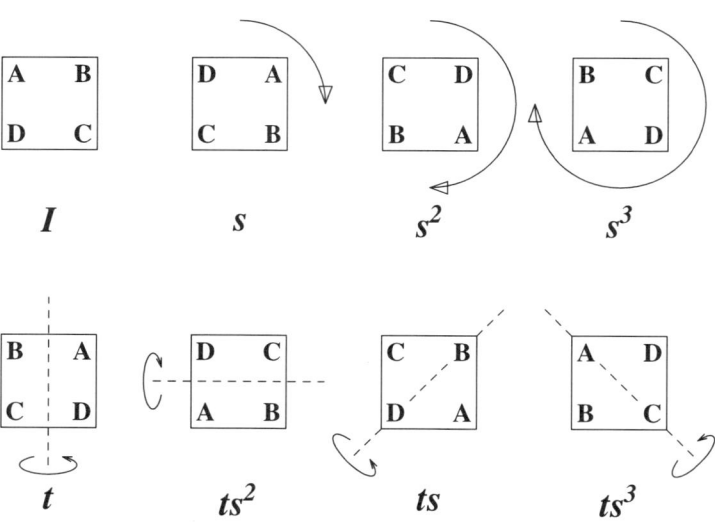

그림 11-3 정이면체군 D_4의 8가지 원소.

3 이상인 모든 경우에서 원소의 수는 $2n$이 된다. 요컨대 이렇게 만든 D_n들은 또 다른 군의 족을 이룬다.

위 그림에서 D_4의 원소들을 표기하는 데에 조금 복잡한 듯한 방법을 썼다는 점에 대해 이야기하고 넘어가기로 한다. 위에서와 같이 90도만큼 돌리는 회전을 s라는 기호로 나타내면 "이것을 한 다음에 저것을 한다"는 결합 규칙에 비춰볼 때 180도 회전은 90도 회전을 두 번 잇달아 한 것이므로 s^2으로 쓸 수 있으며, 이와 마찬가지로 270도 회전은 s^3으로 쓸 수 있다. 한편 뒤집기에 대해서는 남북 방향을 축으로 뒤집는 것 하나만 t로 나타내면 충분하다. 그러면 북동-남서 방향을 축으로 뒤집는 것은 ts가 되고, 다른 뒤집기들도 비슷한 방식으로 나타낼 수 있다. 여기의 s와 t처럼 될 수 있는 한 적은 수의 기호로 군의 원소들을 나타낼 경우 이 기본적인 것들을 군의 생성원(generator)이라고 부른다. 그림 11-2에 보인 4차 군들의 생성원들은 각각 무엇일까?

이제 위의 방법을 삼각형에 적용하여 D_3를 얻었다고 하자. D_3의 원소는 여섯 개가 아닐까? 그런데 나는 이미 6차의 추상군에는 S_3와 C_6의 두 가지밖에 없다고 말했다. 그렇다면 D_3라는 군은 어찌된 것일까? 이 수수께끼의 열쇠는 D_3가 S_3의 한 예라는 데에 있다.[113] 치환에 대해 조금만 생각해 보면 왜 삼각형의 경우에는 이렇게 됨에 비해 사각형이나 그 이상의 정다각형에서는 그렇지 않은지를 이해할 수 있다. 삼각형의 경우 A, B, C를 서로 어떻게 치환하든지 D_3에서의 회전이나 뒤집기에 대응하는 동작이 된다. 하지만 A, B, C, D의 경우에는 그렇지 않다. 예를 들어 (AC)라는 치환은 ts라는 동작에 대응하지만 (AB)라는 치환은 D_4의 어느 원소에도 대응하지 않는다. 참고로 D_4도 S_3처럼 정규부분군과 보통의 부분군을 모두 가지는데, 이에 대한 점검은 독자의 몫으로 남겨둔다.

나는 또한 p가 소수라면 p차의 군은 순환군 C_p밖에 없으며, 이는 1의 p제곱근을 이용해서 나타낼 수 있다는 점도 이야기했다. 그런데 p가 2보다 큰 소수라면 차수가 $2p$인 군은 두 가지밖에 없으며, 그중 하나는 C_{2p}이고 다른 하나는 D_p이다.

그림 11-1을 돌이켜 보자. 그러면 지금까지의 내용에 따라 $n=11$까지는 각 차수에 몇 개의 군이 있는지를 쉽게 이해할 수 있을 텐데 $n=8$인 경우만 다섯 가지의 군이 있다는 점이 눈에 거슬린다. 이 가운데 세 가지는 C_8이라는 순환군과 $C_4 \times C_4$와 $C_2 \times C_2 \times C_2$처럼 순환군의 곱으로 만들어진 군들이며, 다른 하나는 물론 D_4이다. 마지막 다섯 번째는 사원수군(quaternion group)이라는 기이한 것이다. 이것은 비가환이지만 그 부분군들이 모두 정규부분군이라는 아주 특이한 성질을 갖고 있다.

§ 11.8 이쯤에서 나는 독자 여러분이 군의 분류가 사뭇 매혹적인 일이란 점을 이해하기 바란다. 역사적으로 이 분야에서 가장 흥미로웠던 의문은 아마 모든 유한단순군(simple finite group)을 분류하는 일이었을 것이다. 단순군(simple group)은 정규부분군이 없는 군을 말한다. p가 소수일 경우 C_p는 진부분군(proper subgroup)을 갖지 않으므로 애초부터 단순군이다. n개의 대상에 대한 짝치환들로 구성된 A_n은 n이 5 이상이면 단순하며, 이것이 바로 5차 이상의 방정식들이 일반해를 갖지 않는 근본적인 이유이다. 단순군에는 다섯 가지의 다른 족들 외에 26가지의 '괴짜'들이 있는데, 이것들은 어떤 족에도 속하지 않으므로 그 자체로 하나씩의 족으로 분류한다. 이 괴짜들 가운데 가장 큰 것의 차수는 아래와 같다.

808,017,424,794,512,875,886,459,904,961,710,757,005,754,368,000,000,000.

모든 유한단순군들의 분류는 20세기 중반과 후반에 걸쳐 마무리되었는데, 최종 시점은 1980년대쯤이다. 이것은 현대 대수학에서의 가장 위대한 업적 가운데 하나라고 하겠다.[114]

§12

환의 여인

§12.1 군은 닫힘성, 결합법칙, 항등원, 역원이라는 네 가지 요소의 공리들에 의해 비교적 간단히 정의되는 체계이다(§11.4). 이와 같은 단순성이 오히려 넓은 응용성을 주는데, 마치 이는 '네 다리를 가진 동물'이라는 간단한 설명이 '네 다리와 기다란 코와 어금니를 가진 동물'이라는 복잡한 설명보다 더 다양한 대상을 포괄할 수 있다는 것과 같은 이치이다. 군은 그 정의가 이렇게 단순하기에 단순한 수의 영역을 넘어 훨씬 광범위한 대상들에게 적용될 수 있다. 또한 이 때문에 군은 좀 더 복잡하고도 흥미로운 내적 구조를 가질 수 있는데, 이 과정에서 정규부분군이란 개념이 핵심적 역할을 한다.

§길잡이5.2에서 보았다시피 체는 좀 더 복잡한 체계이며 이를 정의하는 데에는 10가지 공리가 필요하다. 군에서는 한 가지 연산만 있으면 되지만 체는 덧셈과 곱셈이라는 두 가지 연산을 필요로 한다. 뺄셈과 나눗

셈은 덧셈과 곱셈의 역산에 지나지 않는다. 한 예로 8 − 3은 8 + (−3)과 같다. 이런 복잡성 때문에 체는 일반적인 수들과 더 강하게 결부되어 있다. 또한 역설적이게도 이런 복잡성이 흥미로운 내적 구조를 이루는 데에 오히려 장애가 된다.

현대 대수학에서는 환(ring)이라는 또 다른 대상도 다룬다. 환은 군보다 복잡하지만 체보다는 단순하다. 따라서 환은 응용성이 군보다 작지만 수를 주로 다루는 체에 비해 훨씬 넓은 영역을 포섭한다. 군처럼 환도 흥미로운 내적 구조를 가질 수 있다. 여기서의 핵심 개념은 이데알(ideal)인데, 이에 대해서는 이 장과 다음 장에서 좀 자세히 다룰 예정이다.

중간적 개념들이 흔히 그렇듯, 환도 군과 체라는 양쪽 체계의 장점을 수학자들에게 제공한다. 예를 들어 환은 현대 대수 기하학의 중심에 자리 잡아 현대 대수학의 가장 심오하고도 도전적인 아이디어들의 원천이 되고 있다. 하지만 환의 막강한 잠재력이 충분히 음미될 정도로 드러나는 데에는 오랜 세월이 흘러야 했다.

환론(ring theory)은 대개 페르마의 마지막 정리에서 시작된다고 말하는데, 이는 오류이다. 하지만 이 정리는 환론에 대한 이야기를 시작하는 데에는 분명 좋은 기준점이 된다. 따라서 나도 여기부터 풀어 간다.

§ 12.2 페르마와 그의 마지막 정리에 대해서는 이미 §2.6에서 이야기한 적이 있다. 1637년 무렵 페르마는 자신이 갖고 있던 디오판토스의 『수론서』 여백에 n이 3이상의 자연수일 경우 다음 방정식을 충족하는 양의 정수 x, y, z는 존재하지 않는다는 메모를 남겼다.

$$x^n + y^n = z^n$$

1659년에 페르마는 $n=4$인 경우에 대한 증명을 시도하고 약간의 기록을 남겼는데, 완전한 증명은 훨씬 뒤에 가우스가 이루었다. 또한 1753년에 오일러는 $n=3$인 경우에 대한 증명을 내놓았다.

그 뒤에는 약 반세기가 지나 프랑스의 수학자 소피 제르맹(Sophie Germain, 1776~1831)이 활약할 때까지 별다른 진전이 없었다. 약간의 의구심이 들지만 히파티아도 포함시킨다면 제르맹은 이 책에 나오는 세 명의 위대한 여성 수학자들 가운데 시대적으로 두 번째이다. 제르맹은 넓은 범위의 x, y, z, n에 대해 페르마의 마지막 정리가 성립함을 증명했다. 하지만 이에 대해 설명하자면 이야기의 맥락을 너무 많이 벗어나게 되므로 단지 이 정리에 대한 이후의 진보는 모두 제르맹의 연구를 바탕으로 이루어졌다는 점만 지적하고 넘어간다.

1825년 72세가 된 프랑스의 수학자 앙드리앵 마리 르장드르(Adrien-Marie Legendre, 1752~1833)와 프랑스식 이름에도 불구하고 독일의 수학자인 레조이네 디리클레(Lejeune Dirichlet, 1805~1859)는 독립적으로 $n=5$의 경우에 대해 페르마의 마지막 정리를 증명했다. 이즈음 모든 사람들은 이 정리를 n이 소수인 경우에 대해 증명하는 게 실질적으로 중요한 문제라는 점을 알게 되었다. 따라서 다음 단계는 n이 7인 경우였는데 이는 1839년 또 다른 프랑스 수학자 가브리엘 라메(Gabriel Lamé, 1795~1870)가 해결했다. 하지만 이 시점에서 이야기는 새로운 전기를 맞게 된다.

§ 12.3 기억을 되살리기 위해 다시 말하자면 정수의 집합 $\mathbb{Z}$는 양의 정수와 0과 음의 정수를 합한 것이다.

$\mathbb{Z}$: ……, $-5, -4, -3, -2, -1, 0, 1, 2, 3, 4, 5, 6, 7,$ ……

위에 열거한 정수는 왼쪽과 오른쪽 모두 무한히 계속된다. 그런데 $\mathbb{Z}$는 체가 아니다. $\mathbb{Z}$ 안에서 덧셈, 뺄셈, 곱셈은 자유롭게 할 수 있지만 나눗셈의 답은 때로 정수의 집합을 벗어나기 때문이다. 예를 들어 -12를 4로 나누면 -3으로 정수이지만 -12를 7로 나눈 답은 정수가 아니다. 이처럼 $\mathbb{Z}$의 경계를 넓히지 않는 한 나눗셈은 자유롭게 할 수 없으므로 $\mathbb{Z}$는 체가 아니다.

하지만 $\mathbb{Z}$는 그 자체로 수학자들의 관심을 충분히 끌 만한 중요하고 흥미로운 성질을 갖고 있다. 비록 나눗셈이 걸리기는 하지만 덧셈, 뺄셈, 곱셈은 얼마든지 자유롭게 할 수 있다. 따라서 예를 들어 소인수분해나 소수성(primality)에 대한 연구는 이 안에서도 아무런 아쉬움 없이 할 수 있다.

나아가 수학적 대상들 가운데는 $\mathbb{Z}$처럼 덧셈, 뺄셈, 곱셈은 자유롭지만 나눗셈은 그렇지 않은 게 있으며, 단적인 예로는 다항식이 있다. 예를 들어 $x^5 - x$와 $2x^2 + 3x + 1$의 경우 서로 더하면 $x^5 + 2x^2 + 2x + 1$, 서로 곱하면 $2x^7 + 3x^6 + x^5 - 2x^3 - 3x^2 - x$, 앞의 것에서 뒤의 것을 빼면 $x^5 - 2x^2 - 4x - 1$이 되지만, 나머지 없이 서로 나눌 수는 없다. 그러나 다항식의 나눗셈이 언제나 되지 않는 것은 아니고 $(2x^2 + 3x + 1) \div (x + 1) = (2x + 1)$에서 보듯 되는 때도 있다. 이와 같이 다항식의 사칙연산은 정수와 같다![115]

이런 식으로 덧셈, 뺄셈, 곱셈은 자유롭지만 나눗셈은 그렇지 않은 수학적 대상들의 모음을 환이라고 부른다.[116] 따라서 이제 왜 내가 환이 군과 체의 중간적 존재라고 하는지 이해할 수 있을 것이다. 체는 환보다 더 엄격하게 정의되어 나눗셈도 얼마든지 가능하다. 군은 더 느슨하게 정의되어 오직 한 가지의 연산만 할 수 있으면 된다. §11.4에 열거한 추상군의 공리는 4가지이고, 체에 대한 공리는 10가지인 반면, 환에 대한 공리는 6가지이다.

수론에 대한 연구를 하던 중에 가우스는 복소수와 관련된 새로운 종류의 환을 발견했다. 환이란 이름은 물론 이런 식의 추상적 관념도 이로부터 100년쯤 지난 뒤에야 알려졌으므로 가우스는 오늘날 우리와 같이 생각하지는 못했지만 어쨌든 이때 그가 발견한 것은 환이었다. 그것은 현재 가우스 정수(Gaussian integer)라고 불리는 복소수의 환인데, 예를 들어 $-17 + 22i$와 같이 실수부와 허수부가 모두 정수로 구성된 복소수의 집합을 가리키며, 이를테면 이는 '복소정수(complex integer)'라고 부를 수 있을 것이다. 이 복소수 집합을 토대로 우리는, 가우스가 이미 그랬듯, 마치 정수에서와 같은 산술을 구축해낼 수 있다.

이 산술은 그다지 단순하지 않다. 대략 말하자면 환은 언뜻 생각했던 것보다 나눗셈이 더 까다롭다. $\mathbb{Z}$ 안에서는 별 어려움 없이 어떤 종류의 나눗셈을 할 수 있고 우리에게 낯익은 소인수분해나 소수에 관한 이론도 개발할 수 있다. 음수가 덧붙여지면 약간 어려워지겠지만 크게 문제되지는 않는다. 하지만 다른 환들에서 소인수분해와 소수에 관해 괜찮은 이론을 만들기가 훨씬 어렵다. 우선 가우스 정수에서는 쉽게 만들어진다. 그리고 오일러가 $n = 3$인 경우에 대해 페르마의 마지막 정리를 증명하면서 사용했던 환은 정수와 함께 $\frac{1}{2}\sqrt{3}$도 포함하므로 가우스 정수보다 조금 '큰' 집합이지만 이때도 그다지 어렵지 않다. 하지만 다른 환들로 점점 깊이 들어가노라면 보기 흉한 것들이 나타나기 시작한다.

가장 흉한 것은 소인수분해의 유일성이 깨진다는 점이다. $\mathbb{Z}$라는 환에서 어떤 정수는 단원(unit)과 어떤 소수들의 곱으로 표현되는데 그 방법은 한 가지뿐이다. 환론에서 단원이란 1의 약수(인수)가 되는 수를 가리킨다. $\mathbb{Z}$의 단원에는 1과 -1의 두 개가 있으며, 복소정수들로 이루어진 가우스환(Gauss's ring)에는 $1, -1, i, -i$의 네 개가 있다.[117] 예를 들어 정수 -28은 $-1 \times 2 \times 2 \times 7$로 소인수분해가 된다. 이 소인수분해에서 숫자들의 순서는 바꿀 수 있지만 그보다 더 다르게 나타낼 수는 없다. 이처럼 $\mathbb{Z}$는 소인수분해의 유일성이 지켜진다는 축복을 받은 환이다.

반면 $a + bi\sqrt{5}$라는 모습의 수들로 이루어진 환을 생각해 보자(a와 b는 정수이다). 이 환에서 6은 2×3과 $(1 + i\sqrt{5}) \times (1 - i\sqrt{5})$라는 두 가지의 방법으로 소인수분해가 된다. 이것은 일종의 놀라운 일인데, 왜냐하면 이 네 가지 요소들은 1과 자신 외의 약수를 갖지 않는다는 소수의 기본적 정의에 비춰볼 때 이 환 안에서는 모두 소수들이기 때문이다. 곧 이런 환에서는 소인수분해의 유일성이 허물어진다.

§ 12.4   이처럼 불행한 사태는 1847년의 큰 소란으로 이어졌다. 이 무렵 프랑스아카데미는 페르마의 마지막 정리를 증명한 사람에게 금메달과 함께 3,000프랑의 상금을 주겠다고 발표했다. $n = 7$의 경우에 대해 성공을 거둔 데 이어 가브리엘 라메는 그해 3월 1일 프랑스아카데미의 모임에서 n의 모든 값에 대한 일반적 증명에 가까이 다가섰다고 주장했다. 그러면서 그는 자신의 아이디어가 몇 달 전 조제프 리우빌과 나누었던 대화에서 얻어졌다고 덧붙였다.

하지만 라메의 말이 끝나자 리우빌은 그가 말한 방법에 대해 찬물을 끼었었다. 그는 먼저 이게 실제로는 독창적인 방법이 아니라고 지적했다. 둘째로 이는 어떤 복소수 환이 소인수분해의 유일성을 가진다는 점에 근거하고 있지만 이 근거가 믿을 수 없다고 말했다.

그러자 코시가 입을 열어 라메를 지지하고 나섰다. 그는 라메의 방법으로 증명이 얻어질 수 있을 것이라고 예상하면서, 사실 그 자신도 같은 맥락에서 연구를 하고 있으며, 얼마 가지 않아 독자적인 증명도 이룰 수 있을 것이라고 말했다.

자연스럽게도 이 모임에 이어 몇 주 동안 페르마의 마지막 정리를 둘러싸고 열광적인 사태가 펼쳐졌다. 여기에는 라메와 코시뿐 아니라 제시된 현상금에 매료된 수많은 사람들이 모여들었다.

그런데 12주가 지난 뒤, 라메나 코시가 증명을 이룩했다는 발표도 나오지 않았지만, 리우빌은 프랑스아카데미에 한 통의 편지를 내놓았다. 이 편지는 파리의 수학적 진행 과정을 주목해 온 독일 수학자 에른스트 쿠머(Ernst Kummer, 1810~1893)가 보내온 것이었다. 쿠머는 라메와 코시의 접근법에서는 소인수분해의 유일성이 깨진다는 점을 지적했다. 그는 이 사실의 증명을 3년 전에 발표했지만 이를 실은 학술지의 지명도는 아주 낮은 것이었다. 하지만 이런 상황은 그가 1년 전에 내놓은 한 개념 때문에 어느 정도 호전될 수 있었는데, 이는 바로 이데알인수(ideal factor)라는 것이었다.

흔히 쿠머는 이 새로운 개념을 그가 페르마의 마지막 정리를 증명하려고 노력하는 과정에서 개발했다고 알려져 있다(에릭 벨의 『수학을 만든 사람들』에 이렇게 쓰여 있다). 그러나 오늘날의 학자들은 쿠머가 이데알인수를 창안하기까지 이 정리에 대한 증명에는 전혀 손대지 않았다고 믿는다. 그러다가 파리의 소동에 귀가 쏠렸고 이어서 이 정리의 증명에 나서게 되었다.

리우빌이 프랑스아카데미에 위의 편지를 내놓은 지 몇 주 뒤 쿠머는 베를린아카데미에 이른바 정규소수(regular prime)라고 부르는 큰 무리의 소수들에 대해 페르마의 마지막 정리가 성립한다는 사실을 증명한 논문을 제출했다.[118] 이 증명에서 그는 자신이 개발한 이데알인수를 이용했는데, 이후 한 세기가 넘도록 이 정리에 대해서는 더 이상 별다른 진전이 없었다. 그러다 결국 1994년 영국의 수학자 앤드루 와일즈가 최종적인 증명을 이루었다.

그런데 이 이데알인수라는 것은 도대체 무엇일까? 이를 설명하기란 쉽지 않으며, 수학사가들은 대개 그냥 지나친다. 또한 이데알인수는 더 광범위하고 더 강력한 개념으로, 수가 아니라 수들로 이루어진 환의 일종인 이데알이란 개념에 의해 포괄된다는 점도 그 이유이다. 하지만 이는 쿠머에게 어딘지 좀 부당한 일로 여겨지므로 이에 대해 간단히 살펴보고 넘어간다.

쿠머는 원분정수(cyclotomic integer)라는 것에 대해 연구하고 있었는데 이에 대해 조금만 알아보기로 한다. '원분점'이란 용어에 대해서는 §길잡이 3.2에서 이미 이야기했다. 수학에서 이 용어가 나오면 1의 거듭제곱근에 대한 내용의 주변에 있다고 여기면 된다. p가 어떤 소수라고 하자. 그러면 1의 p제곱근은 얼마일까? 물론 1은 1의 p제곱근들 가운데 하나이다. 다른 것들은 그림 길잡이 3-1에서 보듯 단위원의 원주에 같은 간격으로 늘어서 있다. 만일 1에서 반시계 방향으로 돌아갈 때 처음 만나는 것을 α라고 하면 다른 것들은 $\alpha^2, \alpha^3, \alpha^4, \cdots\cdots, \alpha^{p-1}$이다.

원분정수는 다음과 같은 형태를 가진 복소수를 말한다.

$$A + B\alpha + C\alpha^2 + \cdots + K\alpha^{p-1}$$

위 식에서 대문자 계수들은 $\mathbb{Z}$에 있는 보통의 정수, α는 1의 p제곱근을 가리킨다. 만일 $p = 3$이면 1의 세제곱근은 낯익은 1, ω, ω^2이며, ω와 ω^2은 $1 + \omega + \omega^2 = 0$의 두 근이다(§길잡이 3.3 참조). $p = 3$인 경우에 대한 원분정수의 예로는 $7 - 15\omega + 2\omega^2$을 들 수 있다. 그런데 실제로 이것은 보통의 복소수인 $\frac{27}{2} - \frac{17}{2}\sqrt{3}i$이다. 위의 식은 1, ω, ω^2를 이용해서 나타낸 것이다.

원분정수는 기이하고도 놀라운 성질을 갖고 있다. 계속 $p = 3$의 경우를 보면 $1 + \omega + \omega^2 = 0$이므로 모든 정수 n에 대해서든 $n + n\omega + n\omega^2 = 0$이란 관계가 성립한다. 모든 수에 0을 더해도 값은 변하지 않는다. 따라서 이 식의 좌변을 $7 - 15\omega + 2\omega^2$에 더한 $(n + 7) + (n - 15)\omega + (n + 2)\omega^2$은 $7 - 15\omega + 2\omega^2$과 값이 같으며, 원한다면 ω의 값을 직접 대입해서 확인해볼 수 있다. 이는 마치 $\frac{3}{4}, \frac{6}{8}, \frac{15}{20}, \frac{75}{100}, \cdots\cdots$의 무한히 많은 분수들이 실제로 모두 같은 수인 것과 마찬가지이다. 그러므로 위 두 가지의 식으로 나타낸 원분정수는 실제로 서로 같은 수이다.

쿠머의 연구는 원분정수들의 소인수분해와 관련된 것으로 아주 심오하고도 난해했다. 예상하다시피 여기에서도 소인수분해의 유일성이 깨진다. 다만 아주 일찍부터는 아니고 $p = 23$에서부터야 비로소 그러는데, 이 점이 바로 이데알인수를 설명하기 어렵게 하는 한 이유이기도 하다. 쿠머는 특히 이 문제를 파고들었으며, 통상적인 소수의 정의를 원분정수에 적합하도록 좀 더 엄격하게 가다듬어서 이를 해결했다. 쿠머는 이데알인수를 이 '진정한 소수'들 위에 구축했고, 그렇게 함으로써 원분정수들의 소인수분해에 대한 완전한 이론을 얻을 수 있었다.

나아가 이를 이용하여 쿠머는 페르마의 마지막 정리가 정규소수들에 대해 성립한다는 위대한 결론을 증명할 수 있었다. 하지만 이것은 환의 특수하고도 지엽적인 응용에 지나지 않는다. 환의 진정한 잠재력을 완전히 드러내도록 하려면 한 단계 더 높은 일반화를 먼저 이룩해야 한다. 그리고 이는 다음 세대의 수학자들이 이루었다.

§ 12.5 에른스트 쿠머가 1847년에 프랑스아카데미에 보낸 편지에는 단순한 수학적 의의 이상의 것이 담겨 있다. 이때 쿠머는 37살로 프로이센의 브레슬라우 대학교(University of Breslau)에서 교수로 재직하고 있었다. 이 무렵 독일인들의 국가적 감정은 차츰 고조되었고 나라의 통일은 20년 뒤의 일이어서 국민이라고는 부를 수 없지만 이들은 유럽 문화에서 새롭게 떠오르는 강력한 세력이었다. 하지만 나폴레옹 전쟁 때 프랑스에게서 받은 치욕에 대한 분노의 감정은 40년이 지난 뒤에도 거세게 흐르고 있었다.[119]

쿠머도 이런 감정을 생생히 느꼈다. 베를린에서 남동쪽으로 160킬로미터쯤 떨어진 소라우(Sorau)라는 작은 도시에서 의사로 지냈던 아버지는 쿠머가 세 살 때 세상을 떠났다.[120] 그런데 그의 사인은 러시아에서 퇴각하던 나폴레옹 대군의 패잔병들이 이 지역에 들여와 퍼뜨린 발진티푸스였다. 이처럼 어린 나이에 아버지를 잃었기에 쿠머는 극심한 가난에 시달려야 했다. 그는 유쾌한 성품의 유능하고 인기 높은 교수였지만 프랑스아카데미에 자신이 최고라는 점을 보임으로써 강렬한 만족감을 느꼈을 게 분명하다는 점은 쉽게 짐작할 수 있다고 하겠다.

나폴레옹에게 당한 패배와 치욕으로 독일인들은 많은 변화를 겪었다.

독일계의 작은 나라로 바짝 뒤를 쫓고 있는 프로이센은 이로부터 자극을 받아 교육과 기술과 교사 양성 체계를 개혁했다. 이 결과와 가우스라는 위대한 수학자의 드높은 권위에 의해 19세기 중반 독일에는 한 무리의 최상급 수학자들이 나타났으며, 그중 주요 인물들은 다음과 같다 : 디리클레, 쿠머, 헬름홀츠(Hermann Helmholtz, 1821~1894), 크로네커(Leopold Kronecker, 1823~1891), 아이젠슈타인(Ferdinand Eisenstein, 1823~1852), 리만, 데데킨트(Richard Dedekind, 1831~1916), 클렙쉬(Rudolf Clebsch, 1833~1872).

마침내 1866년 독일은 국가적 통일을 이루었다. 그리고 심지어 수학의 경우 각자 독특한 스타일을 간직한 베를린과 괴팅겐이라는 위대한 중심지 두 곳을 갖게 되었다. 베를린 수학자들은 순수하고 밀도 있고 엄격한 경향에 흐른 반면,[121] 괴팅겐 수학자들은 풍부한 상상력과 기하학적 경향으로 흘렀는데, 비유하자면 마치 로마와 아테네의 차이와도 같았다. 바이어슈트라스와 리만은 이 두 스타일을 대표한다. 베를린학파의 바이어슈트라스는 모든 세밀한 부분까지 정교하게 검토된 여덟 쪽 짜리 증명이 없는 한 스스로 코를 풀지도 못할 인물이었다. 반면 리만은 놀라운 상상력을 통해 드넓은 복소평면을 배회하는 함수들과 스스로 교차하는 곡면들을 내다보았으며, 때로 이론상 필요할 경우 개략적인 증명이라도 황급히 꾸며내곤 했다.

그러는 동안 프랑스의 수학은 차츰 기울어져갔다. 다만 이는 어디까지나 상대적인 평가이다. 리우빌, 에르미트(Charles Hermite, 1822~1901), 베르트랑(Joseph Bertrand, 1822~1900), 매튜(Émile Mathieu, 1835~1890), 조르당(Marie Jordan, 1838~1922)과 같은 인물들을 자랑할 수 있는 나라가 수학자의 자원에 목말랐다고 말할 수는 없다. 하지만 높이 불타올랐던 파리의 수학적 영광은 서서히 과거 속으로 저물어갔다. 코시는 가우스보다 2년 늦게 세상을 떴다. 가우스의 죽음 이후 독일 수학이 빠르게 발전하기 시작한 반면 코시의 죽음 이후 프랑스 수학은 쇠퇴의 길을 가게 되었다.

§ 12.6   리하르트 데데킨트(Richard Dedekind, 1831~1916)는 19세기 중반에 나타난 독일 수학자들 가운데 최고의 인물이라고 할 수 있다. 고상하고도 입이 무거운 그는 수학 이외의 것에는 거의 아무런 눈길을 주지 않았다. 따라서 그는 주목할 만한 별다른 사건이 없는 인생을 보냈는데, 그 대부분은 자신의 고향이자 가우스의 고향이기도 한 브룬스비크(Brunswick)에서 교수로 보냈다.

대수에 끼친 데데킨트의 영향은 세 갈래이다. 첫째로 그는 이데알의 개념을 내놓았다. 둘째로 그는 하인리히 베버(Heinrich Weber, 1842~1913)와 함께 함수체의 이론을 전개했다. 이 이론에 대해서는 길잡이5의 체론에서 간단히 살펴본 적이 있으며 나중에 §13.8에서 더 자세히 다룬다. 셋째로 데데킨트는 대수의 공리화(axiomatization of algebra)를 시작했다. 그는 집합론의 언어를 사용하여 대수적 대상들을 순수하게 추상적으로 정의하고자 했던 것이다. 이와 같은 공리적 접근법은 약 반세기 뒤에야 완성되었으며, 대수학의 현대적 관점의 초석이 되었다.

이데알의 개념을 수학자가 아닌 사람들에게 전하기란 쉬운 일이 아닌데, 이는 설명하기 좋은 예를 쉽게 내놓을 수 없기 때문이다. 무엇보다 먼저 이데알은 환 안에 있는 환, 다시 말해서 환의 부분환(subring)이다. 그러므로 이것은 수나 다항식, 나아가 어떤 것이든 본래의 환에 들어있는 것들을 추려 만든 모임으로, 덧셈과 뺄셈과 곱셈에 대해 닫혀 있는 체계를 가리킨다.

이데알은 단순한 부분환이 아니다. 이데알에는 다음과 같은 기이한 성질이 있다 : 이데알에서 한 원소를 골라 본래의 환에 있는 원소들에 곱하면 그 결과는 부분환으로 귀결된다.

가장 낯익은 환으로 $\mathbb{Z}$를 택하면 어떤 주어진 수의 배수들은 $\mathbb{Z}$ 안의 한 이데알을 이룬다. 예를 들어 15라는 정수를 택하면 다음 집합은 이데알이 된다.

$$\cdots, -75, -60, -45, -30, -15, 0, 15, 30, 45, 60, 75, \cdots$$

이 이데알은 $15m$이라는 정수들로 이루어져 있으며, 여기의 m은 모두 정수이다. 명백히 이 이데알은 덧셈과 뺄셈과 곱셈에 대해 닫혀 있다. 또한 예를 들어 이 이데알에서 30을 택해 본래의 환에 있는 2와 곱하면 60이 된다는 데에서 쉽게 알 수 있듯, 이데알의 한 원소와 본래 환의 원소들을 곱한 결과는 다시 이데알의 한 원소가 된다.

이데알을 다음과 같이 확장할 수 있다면 더욱 좋을 것이다 : $\mathbb{Z}$에서 두 개의 수를 골라 그것들의 선형결합(linear combination)으로 이데알을 만든다. 예를 들어 15와 22를 고른다면 $15m + 22n$이란 게 그것이며, 여기서 m과 n은 어떤 정수라도 좋은데, 언뜻 이는 훨씬 흥미로운 이데알처럼 보인다.

하지만 이런 조작을 $\mathbb{Z}$에 대해 해봐야 별다른 것을 얻을 수 없다. $\mathbb{Z}$는 그 구조가 너무 단순하기 때문이다. 실제로 $15m + 22n$에 여러 가지의 m과 n을 대입해 보면 알 수 있듯, 그 결과는 다시 $\mathbb{Z}$가 된다.[122] 15와 22 대신 3이라는 공약수를 가진 15와 21을 택하면 어찌될까? 그러면 3

의 배수로 이루어진 이데알이 나온다. 사실 $\mathbb{Z}$로 만들 수 있는 $\mathbb{Z}$ 이외의 이데알은 이런 것들뿐이다. 따라서 $\mathbb{Z}$의 이데알은 별로 흥미롭지 못하다.

정식의 대수 용어로는 다음과 같이 말한다 : 어떤 환에서 어떤 특정한 원소 a의 배수들로 구성된 집합은 a로 생성된 단항이데알(principal idea)이라고 부른다. 또한 $\mathbb{Z}$와 같이 모든 이데알이 단항이데알인 환은 단항이데알환(principal ideal ring)이라고 부른다. 단항이데알환이 아닌 환에서는 둘 이상의 원소 $a, b, \cdots\cdots$를 택해 $am + bn + \cdots\cdots$과 같은 가능한 모든 선형결합을 만들어서 이데알을 만들어낼 수 있으며, 이런 이데알들은 '$a, b, \cdots\cdots$로 생성된 이데알'이라고 부르면 될 것이다. 사실 환을 분류하는 한 방법은 환에서 만들어질 수 있는 이데알을 이용하는 것이다. 예를 들어 뇌터환(Noetherian ring)이라 부르는 중요한 종류의 환은 유한한 수의 원소로 모든 이데알을 만들어낼 수 있는 환을 가리킨다.

복소수환에서 이데알은 매우 흥미로워진다. 데데킨트는 위에 내가 제시한 것과 같은 추상적인 이데알의 정의를 넓은 무리의 복소수환들에 적용했는데, 이는 쿠머의 연구에 사용되었던 것들보다 훨씬 광범위한 것이었다. 그렇게 함으로써 데데킨트는 모든 환에 적합한 소수, 약수, 배수, 인수 등의 정의를 만들어낼 수 있었다.

이 정의들은 이전의 어떤 수학자들이 했던 것보다 더 일반적인 방식으로 표현되었다. 데데킨트는 수의 세계에서 완전히 벗어나지는 못했지만, 체, 환[그는 이것을 계(order)라고 불렀다], 이데알, 모듈(체가 아니라 환에서 스칼라를 취하는 벡터공간)과 같은 수학적 대상들을 현대의 대수학 책들과 같이 공리들을 이용한 정의에 의해 제시했다. 아직 현대적 집합론의 용어를 갖지 못했기에 그의 정의들은 아주 현대적으로 보이지는 않는다. 하지만 어쨌든 올바른 길로 들어서기는 했다.

다음 장에서 대수 기하학을 다룰 때 이데알에 대해서도 좀 더 이야기하기로 한다.

§ 12.7 데데킨트의 방법이 알려지고 받아들여져서 이데알의 개념도 낯익게 되자 환에도 군처럼 흥미로운 내부 구조가 있을 것이라는 인식이 차츰 뚜렷이 드러나기 시작했다. 이것이 환론의 출발이었지만 아직 정식으로 환론이라고 불리지는 못했다. 이 아이디어를 사용하는 사람들은 으레 어떤 특정한 응용을 마음속에 품고 있었다. 곧 기하학, 해석학, 수론, 그리고 가장 빈번하게는 (다항식과 관련해서 본 바로) 대수학 등이 그것들이었다. 환에 대한 일관된 체계적 이론이 갖추어지게 된 것은 제1차 세계 대전이 지나 환의 여인(Lady of the Ring)이 나타난 뒤의 일이었으며, 그녀는 이 분야의 모든 것들을 포괄하여 굳건한 공리적 토대 위에 올려놓았다.

이 여인에 대해서는 다음 절에서 소개한다. 데데킨트와 그녀의 연구 사이의 40년 세월 동안 여러 수학자들이 이 이론을 많이 발전시켰고, 그 가운데는 아주 위대한 인물들도 있다. 그런데 이 연구들의 가장 흥미로운 점은 기하학적 성격을 띤다는 것이며, 이는 다음 장의 주제에 속한다. 아래서는 이 기간 동안 환론과 관련을 맺은 한 인물의 삶과 관심에 대해 간단히 살펴본다.

그의 이름은 에마뉘엘 라스커(Emanuel Lasker, 1868～1941)인데 수학이 아니라 주로 체스와 관련하여 더 널리 알려져 있다. 라스커는 1894년부터 27년 동안 세계체스챔피언(World Chess Champion)으로 군림했으며 이는 지금까지도 깨지지 않은 기록으로 남아 있다.

라스커는 1868년 동부 독일에서 태어났는데, 이 지역은 제2차 세계대전이 끝난 뒤 국경선이 조정됨에 따라 폴란드 서쪽 영토로 편입되었다. 그의 가문은 유태계로서 아버지는 현재는 발리네크(Barlinek)라고 불리는 베를린켄(Berlinchen)이라는 작은 마을의 유태 교회에서 성가대원으로 활동했다. 형에게 체스를 배운 라스커는 이른 십대 시절부터 마을의 커피하우스들에서 체스를 두면서 용돈을 벌었다. 이후 그는 체스계의 스타로 빠르게 떠올랐으며, 20살에 베를린의 대회에서 처음으로 우승했고, 25살에는 뉴욕과 필라델피아와 몬트리올 순회하며 열린 일련의 시합들에서 당시의 세계챔피언이었던 윌리엄 스타이니츠(William Steinitz, 1836~1900)를 물리치고 새로운 챔피언이 되었다.

　　라스커는 아주 철저한 수학 교육을 받았지만 체스 때문에 도중에 중단되기도 했다. 베를린 대학교, 괴팅겐 대학교, 하이델베르크 대학교 등을 거친 뒤 그는 1900년부터 1902년까지 에를랑겐 대학교(Erlangen University)의 막스 뇌터 아래서 연구하며 박사 학위를 받았는데 이때 그의 나이는 이미 33살이었다. 환론에 대한 그의 주된 기여는 준소이데알(primary ideal)이라는 사뭇 심원한 개념으로 예를 들어 $6776 = 2^3 \times 7 \times 11^2$처럼 어떤 정수를 소인수분해했을 때 얻어지는 소수들의 지수와 비슷한 성격의 것이다. 그와 관련해서는 라스커환(Lasker ring)과 라스커-뇌터 정리(Lasker-Noether theorem)가 있는데, 이 정리는 뇌터환의 구조에 관한 핵심적 정리의 하나이다.

　　라스커의 생애는 비참하게 끝났다. 은퇴한 뒤 그와 아내는 안락한 생활을 보내고 있었는데 1933년에 아돌프 히틀러(Adolf Hitler, 1889~1945)가 정권을 쥐게 되었다. 그 뒤 라스커는 나치에게 모든 재산을 압류당하고 빈털터리로 조국에서 쫓겨났다. 이미 60대 중반에 들어선 라스커는 다시 체스 시합에 나서야 했다. 그는 런던에서 2년 동안 살다가 모스크바로 이사했다. 하지만 스탈린(Joseph Stalin, 1879~1953)의 대숙청(Great Purge)이 몰아닥쳐 러시아 친구를 잃게 되자 그는 다시 뉴욕으로 옮겼으며, 거기서 1941년에 세상을 떴다.[123]

§ 12.8 뇌터환과 라스커-뇌터 정리에는 뇌터라는 사람의 이름이 들어 있는데, 여기의 뇌터는 사실 두 사람이다. 그중 중요성이 덜한 사람은 막스 뇌터(Max Noether, 1844~1921)이고 더 중요한 사람은 그의 딸인 에미 뇌터(Emmy Noether, 1882~1935)이다. 에미 뇌터는 데데킨트가 획기적인 업적을 세운 뒤 40년이 지나는 동안 이와 관련하여 이루어진 모든 것들을 통합하여 현대적인 환론으로 탈바꿈시켜 놓았다.

막스 뇌터는 남부 독일의 뉘른베르크(Nurnberg) 바로 북쪽에 있는 에를랑겐의 대학교에서 수학 교수로 지냈다. 에미 뇌터는 1882년에 태어났는데, 그녀의 경력은 그녀가 자라났던 독일 제국의 사회적 환경에 비추어 이해할 필요가 있다. 당시의 독일은 1890년까지 수상을 지낸 오토 비스마르크(Otto Bismarck, 1815~1898)와 빌헬름 2세(Wilhelm II, 1859~1941, 재위 1888~1918)의 통치를 받았다. 그런데 빌헬름 2세 치하의 독일은 19세기 말의 기준에 비춰 보더라도 예외적으로 여성 차별적인 사회였다. 내 생각에 독일어를 잘 모르는 사람들도 익히 알고 있다고 여겨지는 어린이와 교회와 부엌을 뜻하는 독일어 킨더(Kinder)와 키르헤(Kirche)와 퀴체(Küche)는 그 사회에서 여자가 있을 자리와 같은 뜻으로 쓰인 단어들이었다. 이것들은 빌헬름 2세의 땅딸막한 왕비 아우구스타 빅토리아(Augusta Viktoria, 1858~1921)의 태도를 나타내는 데에도 곧 잘 쓰였는데, 다만 그녀의 입에서는 카이저, 킨더, 키르헤, 퀴체(Kaiser, Kinder, Kirche, Küche)라고 읊어졌을 것이다. 이런 내용과 관련해서는 테오도르 폰타네(Theodor Fontane, 1819~1898)가 1895년에 펴낸 『에피 브리스트(Effi Briest)』를 참조하기 바란다. 일반적 교양을 갖춘 사람이라면 누구나 19세기의 여자들이 겪은 엄청난 고난을 잘 그려낸 프랑스와 러시아의 소설들을 알고 있을 것이다. 플로베르(Gustave Flaubert, 1821~1880)가 1857년에 펴낸 『보바리 부인(Madame Bovary)』과 톨스토이(Lev Tolstoi, 1828~1910)가 1873년에서 1876년 사이에 완성한 『안나 카레니나(Anna Karenina)』가 바로 그것들인데, 『에피 브리스트』는 이 분야의 독일판 걸작이라 할 폰타네의 담담하고 조용하고 수수한 작품이지만 거의 알려져 있지 않다.[124]

그러므로 에미 뇌터가 18살의 나이에 순수 수학의 길로 가고자 마음먹었을 때 그녀는 스스로 아주 가파른 산과 마주한 셈이었다. 이것은 그녀의 아버지가 명망 높은 대학교의 수학 교수로 자리 잡고 있다는 이점에도 불구하고 그랬다. 1900년에 에미 뇌터가 이런 결정을 내렸을 때 여자들은 대학의 강의를 교수의 허락 아래 청강할 수 있었을 뿐이었다. 그녀는 1900년~1902년에 에를랑겐 대학교, 그리고 1903년~1904년에 괴팅겐 대학교에서 청강을 하며 수학을 공부했다.

1907년에 약간의 개혁이 일어났고 에미 뇌터는 에를랑겐 대학교에서 박사 학위를 받았는데, 이는 독일의 대학교에서 여자에게 수여한 두 번째의 박사 학위였다. 그러나 또 다른 학위로, 대학교 수준에서 학생들을 가르치는 데에 필요한 교수 학위(habilitation)는 아직 여자들에게 개방되지 않았다. 그래서 8년이라는 세월 동안 그녀는 에를랑겐 대학교에서 박사 학위 과정의 학생들을 지도하는 무급 관리자와 때때로 강의를 하는 강사로서 지내야 했다. 하지만 논문을 펴내는 것까지 가로막는 장애는 없었기에 탁월한 연구 업적에 힘입어 그녀의 이름은 수학계에 널리 알려지게 되었다. 이 무렵에 해당하는 1905년에 알베르트 아인슈타인(Albert Einstein, 1879~1955)은 특수 상대성 이론(special theory of relativity)을 발표했으며, 뒤이어 중력까지도 포괄하려는 생각 아래 더욱 일반적인 이론의 개발에 도전하고 나섰다. 하지만 여기에는 한 가지 어려운 문제가 도사리고 있었다. 1915년 6월과 7월 사이에 아인슈타인은 괴팅겐 대학교에서 몇 차례의 강연을 통해 이 미해결의 문제들과 자신이 추구하고 있던 일반적 이론을 제시했다. 나중에 아인슈타인은 이에 대해 "기쁘게도 나는 힐베르트(David Hilbert, 1862~1943)와 클라인(Felix Klein, 1849~1925)을 설득하는 데에 성공했다"라고 돌이켰다.

실제로 그건 아인슈타인에게 매우 기쁜 사건이었다. 다비트 힐베르트와 펠릭스 클라인은 이미 53세와 66세였다. 수학자로서 황혼기에 다다르기는 했지만, 여전히 수학계에서 독보적인 존재였다. 이에 비해 36살의 아인슈타인은 아직 떠오르는 샛별에서 멀리 벗어나지 못한 존재였다. 물론 힐베르트와 클라인은 아인슈타인이 이 강연을 하러오기 전부터 그의 아이디어에 관심을 갖고 지켜보아 오던 중이었다. 이제 (아마 아인슈타인이 올바른 궤도에 올라섰다는 점에 대해)확신을 갖게 된 그들은 아인슈타인의 경이로운 일반 이론에 관련된 어려운 문제에 주의를 기울였다. 그런데 이들은 또한 에미 뇌터가 이와 관련된 분야에서 연구를 하고 있다는 사실을 알고 있었으며, 이에 따라 그녀도 괴팅겐으로 초대했다.

여기의 관련된 분야는 어떤 변환에 대해 불변인 양들에 관한 것으로 곧이어 이야기할 생각이다. 상대성 이론에서의 핵심적인 변환은 로렌츠 변환(Lorentz transformation)인데, 이것은 우리가 한 기준 좌표계에서 다른 기준 좌표계로 옮아갈 때 시간과 공간의 좌표가 어떻게 바뀌는지를 알려준다. 이 변화에서의 불변량(invariant)은 고유 시간(proper time)이란 것이며, 계산이 가능한 최소한의 수준에서는 $x^2 + y^2 + z^2 - c^2t^2$와 같은 식으로 나타낼 수 있다.

에미 뇌터는 아주 적절한 시점에 괴팅겐에 도착했다. 그리고 이로부터 몇 달 뒤 아인슈타인이 애타게 찾고 있던 일반 상대성 이론(general theory of relativity)의 난해한 문제 하나를 해결해 주고 오늘날에도 물리학자들이 소중히 여기는 정리가 담긴 경이로운 논문을 발표했다. 이제 괴팅겐에서의 그녀에 관한 이야기로 넘어가자.

§ 12.9   에미 뇌터는 이제 최상급의 수학자로 알려졌지만 일자리의 문제는 아직 해결되지 않았다. 제1차 세계 대전은 2년째로 들어섰으며 에미 뇌터의 남동생인 프리츠 뇌터(Fritz Noether, 1884～1941)는 군대에 있었다. 괴팅겐 대학교는 빌헬름 2세 치세의 대학들 기준으로 보자면 자유로운 편이었으나 여자를 교수로 받아들이는 데에는 여전히 장애가 많았다. 열린 마음의 소유자인 다비트 힐베르트는 오직 재능만으로 수학자를 판단해 왔기에 에미 뇌터를 위해 감연히 투쟁했음에도 아무런 성공을 거두지 못했다.

양쪽의 주장은 수학자들 사이에서 전설이 되다시피 했다. 반대편의 교수들은 "우리의 병사들이 대학으로 돌아왔을 때 여자 밑에서 배워야 한다는 사실을 알게 되면 그들은 어떻게 생각하겠습니까?"라고 물었다. 이에 힐베르트는 "나는 후보자의 성별이 사강사(Privatdozent)(학생들이 내는 학비를 급료로 받는 강사)의 채용 기준이 된다고 볼 수 없습니다. 우

리가 몸담고 있는 곳은 대학이지 목욕탕이 아니니까요"라고 반박했다.[125]

뇌터의 문제에 대한 힐베르트의 해법은 아주 독창적인 것이었다. 그는 자신의 이름으로 강좌를 개설한 뒤 뇌터에게 강의를 맡겼다.

제1차 세계 대전에서 패배한 뒤 독일은 넓은 분야에서 자유로운 사회가 되었고, 마침내 여자들도 대학에서 교수 학위를 받아 교수직에 들어설 수 있게 되었다. 하지만 그것도 사강사에 한정되었으며 따라서 급료는 학생들이 내는 학비에 의존했다. 뇌터는 1919년에 정식으로 교수 학위를 받았고, 나아가 1922년에는 괴팅겐 대학교에서 정식의 급료를 받는 지위에 올랐다. 하지만 종신 재직권을 받지는 못했으며, 보잘것없는 급료는 엄청난 인플레 때문에 사실상 없는 것이나 마찬가지였다.

뇌터가 환에 대해 이루어진 연구들을 집대성하여 일관된 추상적 이론으로 탈바꿈시킨 때는 바로 전쟁이 끝난 직후의 이 무렵이었다. 그녀가 1921년에 펴낸 '환 영역에서의 이데알론(Ideal Theory in Ring-Domains)'(독일어로는 *Idealtheorie in Ringbereichen*인데 '*Ringbereichen*'에 대한 정식 용어가 아직 제대로 확립되지 않았다)이란 논문은 현대 대수의 역사에서 기념비적 업적으로 여겨지고 있다. 이 논문은 가환환(commutative ring)의[126] 내부 구조에 관한 핵심적 결과와 함께 이 주제에 대해 엄격한 공리적 접근법을 내놓았는데, 이 방법은 대수학자들 사이에 빠르게 퍼져나가 마침내 '현대 대수학(modern algebra)'으로 자리 잡게 되었다.

베르덴은 이렇게 썼다 : "괴팅겐에서 내게 가장 의미 있었던 일은 에미 뇌터를 알게 된 것이었다. 그녀는 그때까지의 다른 어떤 연구들보다 더 일반적인 방식으로 대수를 완전히 새롭게 꾸며냈다. ……"

1930년대 초 에미 뇌터는 괴팅겐의 활기찬 연구자들의 중심에 있었다. 그녀의 지위와 급료는 여전히 낮았고 종신 재직권도 얻지 못했지만 수학자로서의 뛰어난 역량에 대해서는 누구도 의심하지 않았다. 뇌터는 당시 그곳의 일반적인 여성적 품행의 표준을 전혀 따르지 않았다. 또한 다른 어느 시대와 장소의 동료들에 대해서도 그랬다고 말하는 게 공정할 것이다. 그녀의 외모는 작달막하고 평범했으며, 두꺼운 안경을 끼었고, 목소리는 깊고도 거칠었다. 또한 머리는 짧게 잘랐고 옷차림은 모양새가 없었다. 뇌터의 강의는 대체로 알아듣기가 어려웠다고 한다. 그래도 동료들은 우호적인 경외심을 품고 그녀를 대했다. 하지만 아무래도 모두 남자들이었고 빌헬름 2세 통치가 불과 십여 년밖에 지나지 않았던 시절이었기에 그들이 표했던 존경심은 오늘날의 사회에서는 받아들여지기 곤란한 성질의 것이었다.

그러므로 당시의 관점에서는 나쁜 뜻으로 한 것이 아니었던 빈정대는 표현들은 이제 수학적 속설이 되었다. 가장 유명한 것은 과연 그녀가 위대한 여성 수학자의 한 사람이라는 데에 동의하는가 하는 질문에 대해 그녀의 동료 에드문트 란다우가 한 답변이다. "에미는 분명 위대한 수학자입니다. 하지만 그녀가 여자였는지에 대해서는 확실히 모르겠습니다." 노버트 위너(Norbert Wiener, 1894~1964)는 좀 더 너그럽게 다음과 같이 묘사했다. "그녀는 심한 근시의 활기찬 세탁부와 같았으며, 학생들은 한 무리의 오리 새끼들과 같이 어머니처럼 다정하고 상냥한 그녀의 주위로 몰려들었다." 헤르만 바일은 일반적인 평판을 가장 부드럽게 다음과 같이 표현했다. "그녀의 요람에는 우아함이란 게 없었다." 바일은 또한 '데어 뇌터(Der Noether)'라는 호칭이 전해주는 느낌을 누그러뜨리기 위해 다음과 같이 말하기도 했다('Der'는 독일어의 남성형 명사 앞에 붙는 정관사이다). "괴팅겐에서 우리들이 …… 가끔씩 그녀를 '데어 뇌터'라고 불렀다면 …… 성적 차별의 장벽을 허문 창의적 사색가로서의 능력을 높이 평가하는 존경심에서 우러나온 행동이었다. …… 그녀는 위대한, 가장 위대한 수학자였다."

낮은 급료에 종신 재직권도 없었지만 에미 뇌터가 그나마 아쉬운 대로 괴팅겐에서 누렸던 지위는 1933년 봄 나치가 권력을 쥐게 되자 허무하게 사라져 버렸다. 단지 여자라는 이유로 교수직을 얻지 못했던 그녀가 이번에는 유태인이라는 이유 때문에 더욱 결정적인 금지를 당했다. 그녀의 비유태인 및 예전 동료들은 힐베르트의 주도 아래 당국의 결정에 항의하고 나섰지만 아무런 소용이 없었다.

나치 치하의 유태인이나 반나치적인 지성인들이 그 지배를 벗어나는 흔한 경로는 소련행과 미국행 두 가지가 있었다. 에미의 남동생 프리츠는 소련을 택하여 시베리아에 있는 한 연구소에 자리 잡은 반면 에미는 미국을 택하여 펜실베이니아에 있는 브린마워 대학(Bryn Mawr College)으로 갔다. 아직 51세밖에 되지 않았고 영어도 괜찮은 편이어서 대학의 입장에서는 이처럼 거물급 수학자를 영입하게 되어 아주 흡족해 했다. 하지만 애석하게도 에미 뇌터는 이로부터 2년 뒤 자궁암 절제 수술을 받고 혈관이 막히는 색전증을 일으켜 세상을 뜨고 말았다. 알베르트 아인슈타인은 그녀를 기리며 뉴욕타임스에[127] 다음과 같은 조사를 썼다.

> 가장 재능 있는 수학자들이 오랜 세월 동안 탐구해 온 대수의 세계에서 …… 그녀는 엄청나게 중요한 방법을 발견해냈다. …… 다행스럽게도 인간에게 주어진 가장 아름답고도 흡족한 경험은 바깥세상에서 오는게 아니라 각 개인의 독자적인 사고와 행동과 감정에서 온다는 사실을 생애의 이른 시기에 깨달은 소수의 사람들이 있다. 독창적인 예

술가와 탐구자와 사색가들은 모두 이런 부류의 사람들이었다. 그들의 생애는 그다지 눈에 띄지 않을 수도 있었지만 그들의 노력이 일군 결실은 대개의 경우 한 세대가 다음 세대에 물려줄 수 있는 가장 가치 있는 것들이었다.

수학의 길잡이 6

대수 기하학

§ 길잡이 6.1   다음 장에서 설명하겠지만 기하학은 현대 대수학에 중대한 영향을 미쳤다. 다음 장에서 나는 이 영향의 본질과 발전 과정을 살펴볼 생각이다. 따라서 여기서는 대수 기하학에 대한 약간의 기본적인 아이디어들을 둘러본다. 오래되고 우아한 수학적 전통에 따라 나도 이 주제를 원뿔곡선을 소개하면서 시작한다.

§ 길잡이 6.2   원뿔곡선을 뜻하는 'conic section'은 흔히 그냥 'conic'으로 줄여 부르기도 한다. 이 평면곡선(plane curve)들은 어떤 평면으로 원뿔을 여러 방향에서 잘랐을 때 그 단면에 나타나는 것들을 가리킨다. 그런데 여기서 생각하는 수학적 원뿔은 꼭짓점에서 끝나는 하나의 원뿔이 아니라 꼭짓점을 중심으로 양쪽 방향을 향해 무한히 대칭적으로

뻗어 가는 원뿔로 여겨야 한다. 그림 길잡이 6-1에서 이 '자르는 평면'은 바로 이 책의 지면인데 다만 이를 투명한 것으로 보면 된다. 원뿔의 꼭짓점은 이 평면의 뒤에 있다. 첫 그림에서 원뿔의 중심축은 이 책의 지면과 수직이며, 따라서 그 단면은 원이다. 다음으로 원뿔을 조금 돌려서 먼 쪽의 끝 부분이 앞으로 나오도록 한다. 그러면 원이었던 단면은 타원이 된다. 이어서 원뿔을 조금 더 돌리면 단면에 나타나는 타원의 한쪽이 무한대로 확장되면서 포물선(parabola)이 만들어진다. 이 단계를 더 지나도록 돌리면 양쪽의 원뿔이 함께 잘라지면서 두 개의 쌍곡선(hyperbola)이 대칭적으로 나타난다.[128]

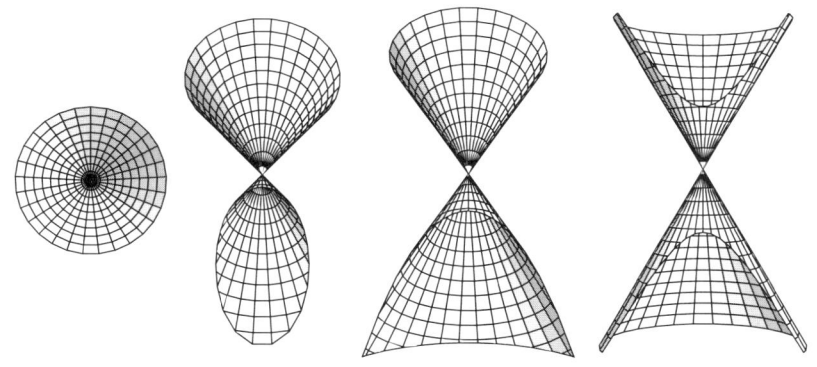

그림 길잡이 6-1 원뿔을 이 책의 지면으로 잘랐을 때 그 단면에서 나타나는 원뿔곡선들

이 모두는 물론 기하에 속한다. 여기에서 대수를 얻으려면 데카르트를 따라야 한다. 원뿔곡선을 구성하는 무한개의 점들은 직교좌표에서 아래와 같은 x와 y에 관한 이차방정식을 만족시킨다.

$$ax^2 + 2hxy + by^2 + 2gx + 2fy + c = 0$$

이 식의 계수들을 나타내는 데에 a, h, b, g, f, c와 같은 문자들을 사용한 것은 약간 기이하게 보이지만 곧 이에 대해 설명한다. 이 식을 이용하여 원뿔곡선을 다음과 같이 묘사할 수 있다 : "원뿔곡선은 두 미지수를 가진 어떤 이차다항식의 영집합(zero set)이다." 위의 식을 이용해서 다시 말하면 원뿔곡선은 위 이차다항식의 값을 영으로 만드는 점 (x, y)들의 집합이다.

한 예로 그림 길잡이 6-2a에 그려진 타원은 다음 방정식을 만족시킨다.

$$153x^2 - 192xy + 97y^2 + 120x - 590y + 1600 = 0$$

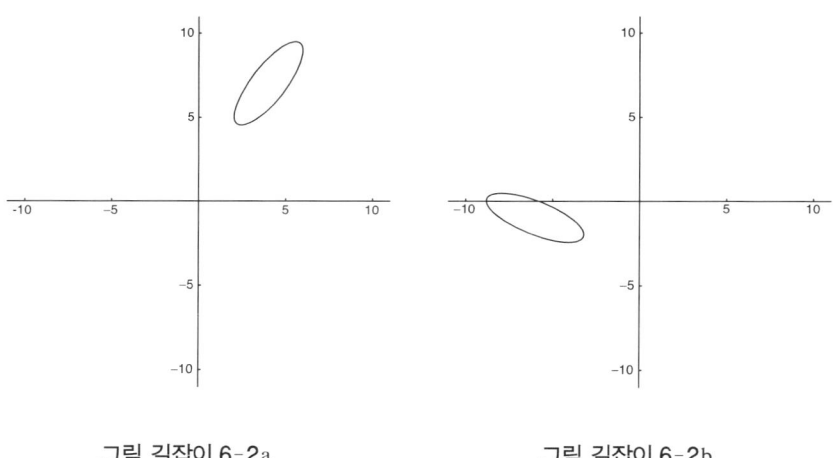

그림 길잡이 6-2a   그림 길잡이 6-2b

이제 이 타원을 평면의 다른 부분으로 옮겨 약간 회전시켰다고 생각해 보자(그림 길잡이 6-2b). 그러면 위의 대수방정식은 어떻게 될까?

이 방정식은 물론 다른 모습으로 바뀌며 새로운 타원에 대한 식은 다음과 같다.

$$369x^2 + 960xy + 1321y^2 + 5388x + 8402y + 18844 = 0$$

그러나 이 두 원뿔곡선은 크기와 모양이 같다. 곧 크기가 더 커지지도 작아지지도 않았고, 모양이 두꺼워지거나 가늘어지지도 않았다.

여기에서 다음과 같은 의문이 떠오른다 : "이 두 대수식의 어떤 점들을 보면 이 두 원뿔곡선이 서로 같다는 사실을 알 수 있는가? 한 대수식에서 다른 대수식으로 옮겨갈 때 무엇이 변하지 않고 남아 있는가(무엇이 수학자들이 말하는 '불변량'인가)?"

이에 대한 답은 분명치 않다. 식에 들어간 계수들이 모두 변하며 그 중 두 개는 부호가 음에서 양으로 바뀌기도 했다. 하지만 이 안에 어떤 불변량들이 숨어 있다. 이를 알아보기 위해 일반적인 대수식을 다시 써보자.

$$ax^2 + 2hxy + by^2 + 2gx + 2fy + c = 0$$

이어서 다음의 값들을 계산해 본다.

$$C = ab - h^2$$
$$\Delta = abc + 2fgh - af^2 - bg^2 - ch^2$$

앞에 예시한 두 타원의 식에 대해 이 값들을 계산해 보면 C는 5625와 257049, Δ는 -1265625와 -390971529가 나온다. 따라서 이 값들은 분명 불변량이 아니다. 하지만 이 두 경우에 대해 Δ^2/C^3의 값을 계산해 보면 모두 9가 나온다. 그림 속의 타원을 어디로 옮기고 어떻게 기울이든 그 각각을 나타내는 대수식에서 이 값을 계산해 보면 언제나 9가 나온다. 곧 여기서의 Δ^2/C^3은 불변량이다. 사실 이 값의 제곱근에 π를 곱하면 타원의 넓이가 나오며, 따라서 타원을 어디로 옮기든 이 값이 변하지 않을 것은 당연하다.

$$\text{타원의 넓이} = \pi \times \sqrt{\Delta^2/C^3}$$

다른 예로 다음 이차방정식의 두 근을 보자.

$$t^2 - (a+b)t + C = 0$$

이 식의 a와 b와 C의 값으로는 위에 제시한 값들을 사용한다. 이를 풀어서 얻은 큰 근으로 작은 근을 나누고, 1에서 이 값을 뺀 뒤, 마지막 결과의 제곱근을 취한다. 그러면 흔히 e로 쓰며 타원의 이심률(eccentricity)이라고 부르는 값이 나온다. 이것의 기호로는 ε을 쓰기도 하는데 그 이유는 자연로그의 밑(base)으로 쓰이는 오일러수(Euler's number)도 흔히 e ($= 2.718281828459\cdots\cdots$)로 나타내므로 혼동을 피하기 위함이다. 이심률의 값이 0이면 타원은 완전한 원이 되고, 1이면 포물선이 된다. 따라서 분명 이는 불변량이어야 하며 실제로도 그렇다. 위 타원의 두 방정식에서 이심률을 계산해 보면 $\frac{2}{3}\sqrt{2}$가 나오고, 구체적으로는 약 0.94280904이다. 따라서 이 타원은, 그 모습이 가늘고 길다는 점에서도 예상할 수 있다시피, 원보다 포물선에 더 가깝다.

타원의 크기에 대한 값들은 어떨까? 이것들도 타원을 어디로 옮기든 변하지 않는다. 그렇다면 이것들도 계수들 사이의 어떤 관계식에 숨겨져 있는 불변량이 아닐까? 물론 그렇다. Δ^2/C^3을 I로 나타내면 타원의 장축(long axis)에 대한 식은 다음과 같이 주어지며

$$2 \times \sqrt{\sqrt{I \div (1-e^2)}}$$

단축(short axis)에 대한 식은 다음과 같이 주어진다.

$$2 \times \sqrt{\sqrt{I \times (1-e^2)}}$$

이 식을 위 타원에 대해 실제로 계산해 보면 장축과 단축의 길이가 각각 6과 2임을 알 수 있다. 당연히 그래야 하듯, 이 값들은 모두 불변량이다.

§ 길잡이 6.3 지금까지 나는 계속 직교좌표를 이용하여 살펴보았는데, 그 이유는 이로부터 불변량의 개념을 비교적 쉽게 이해할 수 있고 또 현대 대수의 핵심 아이디어들도 엿볼 수 있기 때문이다.

원뿔곡선의 논의에 숨겨져 있는 한 아이디어의 예로는 행렬을 들 수 있다. 이미 제시한 원뿔곡선의 일반식과 관련된 중요한 행렬은 다음과 같다.

$$\begin{pmatrix} a & h & g \\ h & b & f \\ g & f & c \end{pmatrix}$$

이 행렬의 원소들이 배열된 순서를 외우기 위해 수학을 배우는 학생들은 전통적으로 다음의 암기 문을 사용한다 : "All hairy guys (or girls, according to taste) have big feet[모든 텁수룩한 남자(취향에 따라서는 여자)들은 발이 크다]." 제9장에서 설명했듯, 모든 정사각행렬에서는 행렬식이라는 값을 얻어낼 수 있다. 그리고 이 정사각행렬의 행렬식은 바로 위에서 보였던 Δ이다.

어떤 원뿔곡선의 방정식이 직교좌표를 이용하여 주어졌을 때 Δ의 값을 계산했더니 0이 나왔다고 하자. 그러면 이때의 원뿔곡선은 한 쌍의 선이나, 하나의 선이나, 고립된 하나의 점이 되며, 이런 경우를 가리켜 퇴화(degenerate)되었다고 말한다. 예를 들어 $x^2 + y^2 = 0$는 (0, 0)이라는 고립된 점이고, Δ의 값은 0이다.

§ **길잡이 6.4**   다른 주제의 그림자를 엿보기 위해 원뿔곡선의 전통적인 일반식에 쓰인 계수들이 왜 a, h, b, g, f, c와 같은 기이한 방식으로 되어있는지를 살펴보기로 하자. d와 e를 빠뜨린 이유는 쉽게 이해가 된다. d는 미분에서 쓰이는 dy/dx라는 기호, e는 오일러수를 나타내는 e와의 혼동을 피하기 위하여 빠뜨렸다. 하지만 그렇더라도 위의 계수들은 왜 이런 순서로 쓰게 되었을까? 왜 아래처럼 통상적인 순서에 따라 쓰지 않았을까?

$$ax^2 + bxy + cy^2 + fx + gy + h = 0$$

그 답은 흔히 쓰이는 직교좌표가 원뿔곡선의 연구에는 최적의 도구가 아니라는 데에 있다. 밝혀진 바에 따르면 원뿔곡선은 무한원점(point at infinity)들을 다룰 수 있는 대수적 방법을 사용하면 훨씬 편리하게 연구할 수 있는데, 직교좌표에는 이런 기능이 없다. 앞서 제시한 원뿔곡선의 일반식은 무한원점들을 포용할 수 있는 좀 더 복잡한 기하학에서 유래했다.

'무한원점'이란 말은 수학자가 아닌 사람들에게는 놀라운 말로 들린다. 그런데 이것은 어떤 문제들을 간단히 처리하기 위해 기하에 도입된 표현에 지나지 않는다.[129] 예를 들어 무한원점을 상정한다면 평행선들이 무한의 공간 속으로 사라져 버린다는 난처한 상황을 피할 수 있다. 다시

말해서

> 평행이 아닌 두 직선은 평면 위의 한 점에서 만나지만 평행인 두 직선
> 은 결코 서로 만나지 않는다

라고 말하는 대신

> 평면 위의 두 직선은 한 점에서 만난다

라고 간단히 말할 수 있다.

    물론 여기에는 이전에 서로 만나지 않는다고 여겼던 평행선은 무한원점에서 만난다는 생각이 깔려 있어야 한다. 독자들은 이 새 관점의 중요성을 바로 인식하지는 못할 수도 있다. 하지만 적어도 표현이 간명해진다는 점은 부정할 수 없다.

    애석하게도 평평한 유클리드식 평면 위에 그려지는 낯익은 직교좌표는 이런 관점을 다룰 수 없다. 직교좌표에서 무한대에 있는 점을 나타내고자 한다면 (∞, ∞)라고 쓸 수밖에 없다. 그런데 이것은 한 개의 점이다. 직관적으로 다시 생각해 보면, 한 쌍의 평행선이 무한대에 있는 한 점에서 만난다면, 이와 비스듬히 달리는 또 다른 한 쌍의 평행선은 무한대에 있는 또 다른 한 점에서 만나게 될 것이다. 다시 말해서 우리는 둘 이상의 무한원점이 필요하게 된다.

    이 문제를 해결하는 한 가지 방법은 보통의 두 축 좌표를 세 축 좌표로 바꾸는 것이다. 그러면 평면 위의 한 점을 나타내는 (x, y)라는 좌표는 (x, y, z)로 대체될 것이다. 다만 이것이 삼차원 기하학으로 바뀌는 것을 막기 위해 주의할 점이 하나 있다. 여기에서 우리는 x와 y와 z의 비율이 같은 점들은 모두 같은 점으로 취급한다는 게 그것이다. 예를 들어

이 좌표에서 (7, 2, 5)와 (14, 4, 10)과 (84, 24, 60)은 모두 같은 점을 나타낸다. 사실 이게 아주 새로운 아이디어는 아니다. 초등학교 이래 우리는 $\frac{3}{4}, \frac{6}{8}, \frac{9}{12}, \frac{30}{40}$ 등이 모두 같은 분수라는 사실을 잘 알고 있기 때문이다. 이런 제한 덕분에 이 좌표의 차원은 다시 2로 줄어든다.

이 새 좌표계를 풀이하는 다른 관점은 x와 y를 $\frac{x}{z}$와 $\frac{y}{z}$로 여기는 것이다. 만일 z가 0이라면 $\frac{x}{z}$와 $\frac{y}{z}$는 물론 계산할 수 없으며 무한대를 나타내게 된다. 이렇게 풀이하면 새 좌표계는 위에서 지적한 작은 어려움을 해결할 수 있다. 무한원점들은 z를 0으로 써서 나타내면 되기 때문이다. 따라서 무한원점들은 모두 $(x, y, 0)$와 같이 쓰여진다. 다만 앞서의 조건에 따라 $(2x, 2y, 0)$와 $(3x, 3y, 0)$ 등, 곧 일반적으로 $(kx, ky, 0)$으로 쓰여지는 점들은 모두 하나의 점을 나타내는데, 이런 점들은 하나가 아니라 무수히 많다.

사실 이 점들은 모두 하나의 선 위에 존재하며 그 선의 방정식은 아주 단순하게도 $z = 0$이다. 이제 별로 놀라지도 않겠지만 이 선은 '무한원선(line at infinity)'이라고 부른다. 무한원선은 단 하나 존재하는데, 무한히 많은 점들로 이루어져 있으며, 이 각 점들은 위에서 설명한 좌표를 이용하여 낱낱이 구별하여 표시할 수 있다.

보통의 해석 기하학에 무한원선을 덧붙여 만든 이 새로운 기하학은 사영 기하학(projective geometry)이라고 부른다. 여기서 내가 설명한 이 새 좌표계는 사영 기하학을 모종의 산술적 통제 속으로 끌어들인 것이었다. 하지만 가장 순수한 형태의 사영 기하학은 좌표계를 전혀 고려하지 않는다. 이런 사영 기하학은 사영을 했을 때 변하지 않는 기하학적 원리들만 중요하게 여긴다. 어떤 도형을 투명 용지에 그린 뒤, 이 투명 용지를 평면 위에서 비스듬히 들고 그 위의 한 점광원(point source of light)에서 나오는 빛으로 비춘다고 상상하자. 그러면 투명 용지 속의 도형이 평면 위에 투영된다. 이때 어떤 기하학적 성질들은 본래의 특징을 잃는다. 예를 들어 원은 원이 아닌 원뿔곡선이 된다! 하지만 이런 상황에서도 변치 않는 성질들이 있으며, 이에 대해서는 다음 장에서 더 자세히 살펴본다.

§ 길잡이 6.5 이 새 좌표계에서는 원뿔곡선의 일반식이 어떻게 표현될까? 우선 본래 식의 x와 y에 각각 $\frac{x}{z}$와 $\frac{y}{z}$를 대입해서 살펴보자.

$$a\left(\frac{x}{z}\right)^2 + 2h\left(\frac{x}{z}\right)\left(\frac{y}{z}\right) + b\left(\frac{y}{z}\right)^2 + 2g\left(\frac{x}{z}\right) + 2f\left(\frac{y}{z}\right) + c = 0$$

이 식의 양변에 z^2을 곱하면 아래와 같고,

$$ax^2 + 2hxy + by^2 + 2gzx + 2fyz + cz^2 = 0$$

이것을 정리하면 아래와 같다.

$$ax^2 + by^2 + cz^2 + 2fyz + 2gzx + 2hxy = 0$$

이로써 계수들을 a, b, c, f, g, h의 순서로 쓰는 이유가 분명해졌다. 이 새 좌표계에서는 x^2, y^2, z^2의 항이 나오며, 또한 xyz에서 각각 x와 y와 z를 빠뜨린 yz와 zx와 xy의 항이 나온다. 대칭성이 잘 드러나지 않는가![130]

그런데 수학적으로 엄격히 말하자면 이는 대칭성이라기보다 동차성 (homogeneity)이라고 해야 하며, 실제로 이런 종류의 좌표를 동차좌표 (homogeneous coordinates)라고 부른다. 어쨌든 이것은 올바른 방향이며, 대칭성의 관념이 현대 수학에서 얼마나 강한 인력을 발휘하는지를 잘 보여 준다.

§ 길잡이 6.6   이 새 좌표계는 현대 수학의 또 다른 핵심적 주제로 이어진다. 무한원점과 무한원선을 추가한 이 새로운 배치를 조사해 보면 이는 우리에게 낯익은 평평한 유클리드식 평면과 미묘하고도 기괴하게 다르다는 사실이 드러난다. 예를 들어 무한원선의 건너편은 어떤 세상일까? 또 다른 의문으로는 "한 쌍의 평행선이 무한원점에서 만난다고 할 때 그 점에 이르려면 어느 쪽으로 가야 할까? 다시 말해서 어떤 한 쌍의 평행선이 동서의 방향으로 놓여 있다고 할 때 무한원점은 동쪽과 서쪽 중 어느 쪽에 있을까?"라는 것도 있다.

이런 종류의 질문은 너무 순진한 것처럼 보이지만 마치 어린이들의 질문이 때로 그렇듯 아주 심오한 문제와 관련되는 경우가 많다. 이는 사실 여기서도 그러하며 우리를 위상 수학(topology)으로 이끈다.

위상 수학은 교양서적들에서 흔히 이른바 '고무판 기하학'으로 소개된다. 위상 수학자들은 도형을 어떤 방향으로 얼마나 늘이든 관계없이 일정하게 유지되는 성질들에 관심을 가진다. 다만 이때 도형을 자르거나 찢어서는 안 된다. 이 과정에 비춰 보면 구면은 정육면체의 표면과 동등하지만 도넛의 표면과는 다르다. 도넛의 표면은 손가락을 넣을 수 있는 손잡이가 하나 달린 커피 잔의 표면과 동등하다.[131]

위상적으로 말하면 낯익은 유클리드 평면은 점 하나만 빠진 구의 표면과 동등하다. 이 상황은 고무판 위에 지구본을 놓고 고무판을 늘여서 구를 덮도록 감싼다고 생각하면 되는데 이때 예컨대 북극에 해당하는 점은 메울 수가 없다는 사실로 이해할 수 있다. 여기서 빠진 점은 무한원점에 해당한다. 하지만 여기에 점 하나를 덧붙여 완전한 구를 만든다고 해도 문제가 해결되지는 않는다.[132] 우리의 새 좌표계는 정확히 말하자면 사영평면(projective plane)이라고 부르는데, 이런 무한원점을 하나가 아니라 무한히 많이 갖고 있기 때문이다. 따라서 사영평면은 위상적으로 구의 표면과 동등하지 않으며, 그림 길잡이 6-3에 보인 것과 같이 고무공의 중심에서 표면의 한 점에 이르는 곳까지의 직선을 따라 손으로 꾹꾹 눌러서 붙여 만든 모양의 도형과 동등하다.

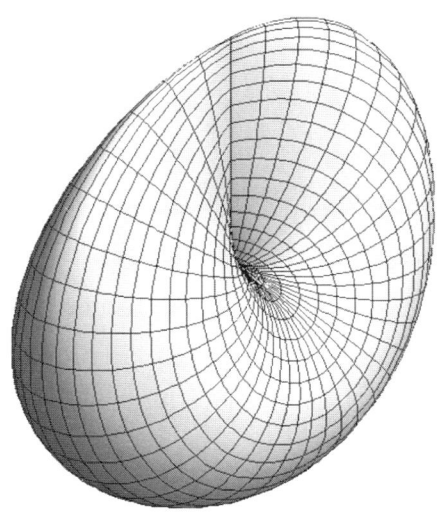

그림 길잡이 6-3 위상적으로 사영평면과 동등한 도형.

이 도형은 뫼비우스의 띠(Möbius strip)처럼 한 면만 가진다는 점을 주목하기 바란다. 따라서 어떤 개미가 이 도형의 면을 거닐고 있는데 눌러 집은 곳에서는 그 틈새로 들어갈 수 있다고 봐준다면 이 개미는 이 도형의 안팎을 모두 돌아다닐 수 있다. 순진한 질문의 답 치고는 참으로 심오하지 않은가!

§ 길잡이 6.7

불변량, 행렬과 행렬식, 대칭성, 위상 — 이것들은 모두 현대 대수의 핵심적 개념들이다. 사실 나는 원뿔곡선의 대수적 주제들에 대해서도 아직 다 파헤치지 못한 셈이다.

앞서 타원을 평면 위에서 움직이는 것에 대해 이야기했다. 그것도 물론 한 방법이기는 하다. 다른 방법은 타원을 움직이지 않도록 가만히 두고 좌표계를 움직이는 것이다. 이 상황은 투명 용지에 x축과 y축 및 좌표계를 그리고 이것을 타원이 그려진 평면 위에서 움직인다고 생각하면 된다.

이 두 가지 방법은 모두 변환의 예인데, 이것도 현대 수학에서 매우 중요한 개념이다. 위와 같이 도형의 위치와 방향만 바뀔 뿐 크기와 모양은 변하지 않는 변환을 가리켜 등거리 변환(isometry)이라고 부른다. 이것은 그 자체로 하나의 연구 분야를 이루며, §13.10에서 좀 더 살펴본다. 이밖에 더 복잡한 많은 변환들이 있다. 아핀 변환(affine transformation)은 직사각형을 평행사변형으로 바꾸는 것처럼 직선들 사이의 끼인각들을 변화시키면서 늘이거나 줄이는 변환이다. 사영 변환(projective transformation)은 §길잡이 6.4의 마지막 문단에서 설명했듯 투명 용지에 그려진 도형을 불빛으로 비춰서 모양을 바꿔 보는 것과 같은 변환을 말한다. 위상 변환(topological transformation)은 어떤 도형을 찢거나 자르지 않고 마음대로 늘이거나 줄이는 변환을 가리킨다. 로렌츠 변환(Lorentz transformations)과 뫼비우스 변환(Möbius transformation)은 각각 특수 상대성 이론과 복소 변수론(complex variable theory)에 나오는 변환이며, 이밖에도 많은 변환들이 있다.

§ **길잡이 6.8**   이차원 공간의 점을 (x, y, z)라는 세 수로 나타내는 동차좌표와 관련하여 한 가지만 더 언급하고 넘어간다.

고등학교 때 우리는 직교좌표에서 직선의 방정식이 $lx + my + n = 0$과 같은 수식으로 주어진다는 점을 배웠다. 이게 동차좌표에서는 어떻게 표현될까?

원뿔곡선에서와 같이 x와 y에 각각 $\frac{x}{z}$와 $\frac{y}{z}$를 대입하고 정리하면 다음 식이 나온다.

$$lx + my + nz = 0$$

이것이 동차좌표에서의 직선의 방정식이다. 그런데 보라! 이 식은 동차좌표에서의 점이 (x, y, z)라는 세 수로 결정된다는 것과 비슷하게 동차좌표에서의 직선은 (l, m, n)이라는 세 계수로 결정된다는 사실을 알려준다. 곧 더 많은 대칭성이 나온다!

이로부터 다음과 같은 의문이 제기된다 : "동차좌표계에서 점 대신 선을 이용하여 기하학을 세울 수 있지 않을까?" 알고 보면 선은 일정한 값의 l, m, n에 대해 $lx + my + nz = 0$이라는 식을 만족시키는 무한히 많은 점 (x, y, z)들로 만들어진 것이다. 그렇다면 점은 그곳을 지나는 무한히 많은 선으로 볼 수 있지 않은가! 이 모든 직선들은 일정한 값의 x, y, z에 대해 $lx + my + nz = 0$이라는 식을 충족하는데, 여기서의 l, m, n은 무한히 다양한 값으로 변할 수 있다. 마치 (x, y, z)라는 점을 지나는 무한히 많은 선들의 다발을 만드는 것과도 같다.

마찬가지로 우리는 원뿔곡선을 포함한 모든 곡선이 그림 길잡이 6-4에 보인 것처럼 점들의 집합이 아니라 움직이는 선들이 그리는 자취로 여길 수 있다.

그렇다면 이런 아이디어를 토대로 기하(학)도 구축할 수 있을까? 물론 그렇다. 이와 같은 '선 기하(학)(line geometry)'는 독일의 수학자 율리우스 플뤼커(Julius Plücker, 1801∼1868)가 1829년에 만들어냈으며, 따라서 다시 역사적 흐름을 잠시 더듬어 보기로 한다.

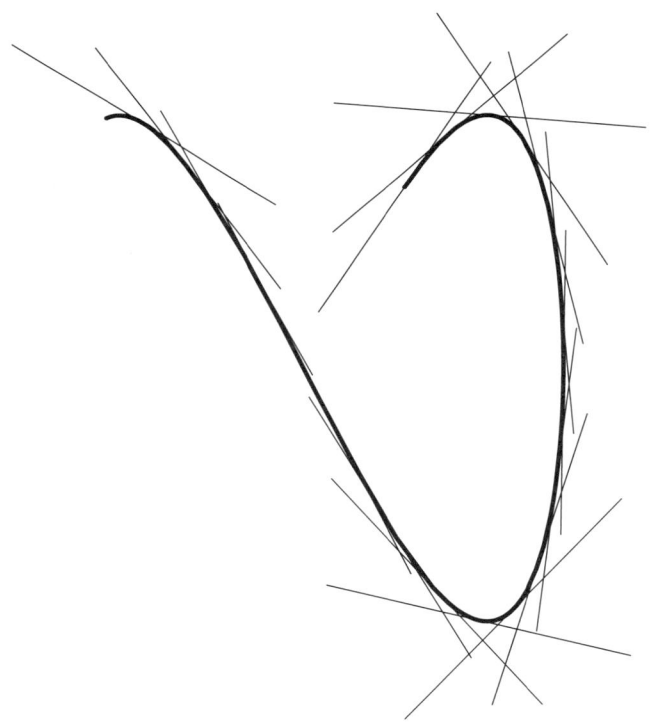

그림 길잡이 6-4 점들이 아니라 선들로 정의된 곡선.

§13

기하의 부활

§ 13.1 세계 어느 곳이든 대학 수학과의 전시실에서는 으레 유리 상자 속에 여러 가지 수학적 모형들을 담아 보여 주고 있다. 거기에는 대개 볼록하거나 별처럼 생긴 다면체들이 포함된다(그림 13-1 참조). 이밖에 모눈들을 끈으로 엮어 만든 곡면, 탁구공으로 서로 다른 공 쌓기의 방법을 보여주는 모형, 뫼비우스의 띠, 클라인 병(Klein bottle) 등이 보이기도 한다.

이런 모형들은 오늘날 먼지에 덮여 차츰 사라져 가고 있다. 메이플(Maple)이나 매스매티카(Mathematica)와 같은 수학 그래픽 프로그램들이 나타나 이런 모형들을 컴퓨터 모니터에 바로 보여줄 뿐 아니라, 마음대로 회전하고 변형하고 변환하고 잘라볼 수도 있기 때문에, 예전처럼 나무, 카드, 종이, 끈, 플라스틱 등을 이용하여 힘들게 만든다는 게 터무니없어 보인다. 하지만 이와 같은 기하학적 대상들을 실제로 만들어 보는 일은 19세기와 20세기의 수학자나 학생들이 아주 좋아했던 소일거리였다. 나도 청소년기에 이 일을 통해 즐겁고도 교육적인 시간을 많이 보냈기에 오늘날 이게 사라져 가는 게 아쉬운 느낌이 든다. 사실 나는 어찌나 열중했든지 컨디(H. Martyn Cundy)와 롤렛(A. P. Rollett)이 1951년에 펴낸 고전 『수학적 모델(*Mathematical Models*)』이 거의 닳아 해질 정도였다. 그 가운데 나는 카드를 이용하여 서로 다른 색깔을 칠한 다섯 개의 정육면체를 감싸도록 만든 정십이면체 모형을 아주 기쁘고도 자랑스레 여겼다.

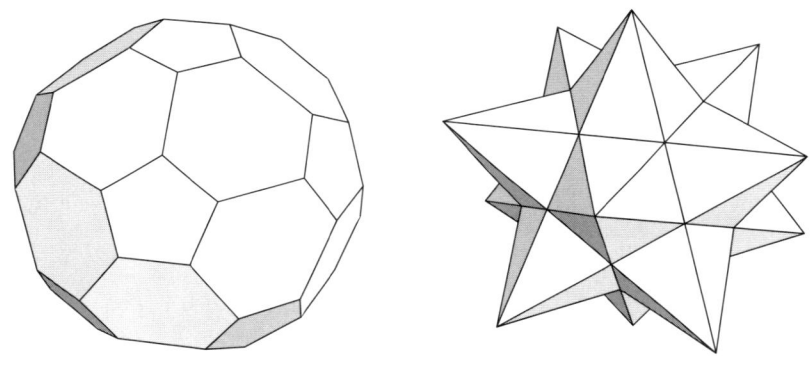

그림 13-1 왼쪽은 볼록한 다면체, 오른쪽은 별 모양의 다면체.

수학적 아이디어를 모형으로 시각화하여 보여 주는 데 대한 관심은 19세기 초에 부활한 기하의 한 흐름이었다. §10.1에서 언급했듯 기하는 17세기 동안의 몇몇 흥미로운 진전에도 불구하고 17세기 후반부터 크게 발전하기 시작한 미적분에 가려 빛을 잃어 갔다. 19세기에 들어서자 기하는 더 이상 매혹적인 분야가 아니었으며, 학창 시절에 필수적으로 배우는 유클리드 기하학 이외의 것에 대해서는 사실상 아무것도 모르더라도 존경

받는 전문 수학자가 될 수 있었다. 하지만 한 세대가 지나자 모든 게 바뀌기 시작했다.

§ 13.2　19세기의 기하학 혁명의 첫 진전은 프랑스 수학자 장-빅토르 퐁슬레(Jean-Victor Poncelett, 1788～1867)가 매우 가혹한 시련 속에서 이루어냈다. 퐁슬레는 24살 때 나폴레옹의 러시아 원정에 공병대의 장교로 따라나섰다. 그는 모스크바에 정복자의 한 사람으로 들어섰지만 겨울이 되자 혹한 속에서 후퇴하다가 1812년 15일에서 18일 사이에 펼쳐진 크라스노이 전투(Battle of Krasnoi)에서 중상을 입고 그냥 죽도록 내버려졌다. 하지만 그의 장교 복장을 알아본 러시아 수색대는 심문을 하기 위해 전장에서 그를 구해냈다. 이후 퐁슬레는 전쟁 포로가 되어 다섯 달 동안이나 얼어붙은 초원 지대로 끌려 다니다가 볼가 강(Volga River) 유역의 사라토프(Saratov)에 있는 감옥에 투옥되었다.

감옥 생활의 고난을 잠시라도 잊기 위하여 퐁슬레는 에콜폴리테크니크에서 받았던 훌륭한 수학 교육을 열심히 되새기며 지냈다. 퐁슬레의 기록에 따르면 그는 1814년 9월 프랑스로 보내질 무렵 수학적 메모들로 가득 찬 7권의 노트를 가져올 수 있게 되었다. 이 노트는 한 책의 원고가 되었으며, 이것을 다듬어서 1822년에 펴낸 『도형의 사영적 성질에 관하여(*Treatise on the Projective Properties of Figures*)』라는 책은 현대 사영 기하학의 중요한 토대가 되었다.

퐁슬레의 책은 그다지 대수적이지 않았다. 사실 이것은 오늘날 보기에는 조금 기이하지만 19세기 전반을 달구었던 논쟁, 곧 해석 기하학(analytic geometry)과 종합 기하학(synthetic geometry) 사이의 논쟁 가운데에서 한쪽을 지원하는 역할을 했다. 데카르트에서 유래한 해석 기하학은 대수와 미적분을 한껏 이용하여 직선과 원뿔곡선 그리고 더 복잡한 곡선과 곡면 등의 기하학적 도형들이 가진 성질들을 연구해 왔다. 반면 고대 그리스부터 파스칼(Blaise Pascal, 1623〜1662)을 거쳐 전해 내려온 종합 기하학은 수나 대수를 될 수 있는 한 사용하지 않는 순수한 논증을 선호했다.

사영 기하학은 증명을 하는 데에 거리나 각을 언급하지 않았기에 처음에는 200년이나 지루하게 이어져 온 데카르트 방식의 수식적 접근에서 벗어나는 종합 기하학의 부활처럼 여겨졌다. 하지만 이는 잘못된 생각이었음이 드러났다. 앞서 수학 길잡이에서 이야기했다시피 1820년대 말에 아우구스트 뫼비우스, 카를 포이어바흐, 율리우스 플뤼커 등의 독일 수학자들이 독립적으로 연구한 끝에 동차좌표가 탄생함으로써 사영 기하학도 철저히 대수화되었기 때문이었다.

1820년대에는 퐁슬레가 현대적인 사영 기하학의 토대를 놓은 것 외에 또 다른 기하학적 혁명이 일어났다. 러시아 수학자 니콜라이 로바체프스키(Nikolai Lobachevsky, 1792〜1856)는 1829년 비유클리드 기하학에 관한 논문을 러시아의 한 지역 학술지에 발표했다. 이어 그는 이것을 상트페테르부르크과학아카데미에 제출했지만 너무 앞선 아이디어라는 이유로 기각되었다. 로바체프스키는 예를 들어 삼각형의 내각의 합은 180도라는 것과 같은 고전 기하학의 상식적 가정들은 보편적 진리로 받아들일 게 아니라 가능한 여러 공리들 가운데 하나로 여겨야 한다고 주장했다. 이에 따르면 다른 종류의 가정을 채택할 경우 다른 종류의 기하학, 곧 낯익은 유클리드 기하학이 아닌 비유클리드 기하학이 얻어질 수 있다.

이 무렵 헝가리의 젊은 수학자 야노시 보여이(János Bolyai, 1802

~1860)도 같은 맥락의 연구를 하고 있었다. 또한 가우스도 그랬으며, 1824년 그는 친구에게 다음과 같은 내용의 편지를 썼다. "삼각형의 내각의 합이 180도보다 작다고 가정하면 지금껏 우리가 알고 있는 것과 아주 다르지만 그 자체로 완전한 일관성(무모순성)을 가진 기이한 기하학이 만들어집니다. ……" 이처럼 가우스도 오래전부터 이에 대해 생각해 오고 있었다. 하지만 그는 논쟁을 피해 조용히 사는 것을 좋아하는 사람이었기에 이런 생각을 논문으로 펴내지는 않았다.

로바체프스키의 경험이 보여 주듯 이 생각에는 논란의 여지가 많았다. 유클리드 기하학에서 생각하는 평면은 삼차원 공간 안에 펼쳐진 평평한 면이라는 뜻인데, 이 기하학에서 평행인 직선과 평면은 결코 서로 만나지 않으며, 삼각형의 내각의 합은 언제나 180도이다. 이런 것들과 더불어 도형들의 합동 및 닮음에 관한 내용 등은 너무나 자명하게 보였기에 당시의 유럽 사람들 머릿속에 확고한 진리로 자리 잡고 있었다. 그리하여 당시 유럽의 지배적 철학자였던 칸트는 1781년에 펴낸 『순수이성비판(*Critique of Pure Reason*)』에서 유클리드 기하학은 인간의 정신 속에 (현대적 표현을 사용하자면) 하드웨어적으로 결합되었다고 주장하기까지 했다. 그에 따르면 우리는 다른 방식으로 인식할 수 없기 때문에 우주를 유클리드적으로 인식한다. 곧 칸트에 따르면 우주는 유클리드적이며, 따라서 유클리드적 진리는 모든 논리적 분석을 초월한다.[133]

이런 상황 아래서 제기된 기이한 새 기하학은 1820년대와 1830년대의 수학자들에게 혁명적인 이론으로 비쳐졌으며, 나아가 독실한 칸트주의자들에게는 파괴적인 것으로 여겨지기도 했다. 아직 프랑스 혁명의 공포가 뇌리를 떠돌고 있었기에 당시 사람들은 철학적 관념들을 심각하게 받아들이는 경향이 강했다. 그들은 형이상학적으로 파괴적인 것은 사회적으로도 그럴 수 있을 것이라고 보았다. 퐁슬레의 사영 기하학이 19세기 기하학의 첫 번째 혁명이었다면 로바체프스키와 보여이의 비유클리드 기하학은 두 번째 혁명이었다. 하지만 앞으로 보듯, 세 번째, 네 번째, 다섯 번째 혁명들이 줄지어 일어났다.

§ 13.3 수학 길잡이 6에서 율리우스 플뤼커와 그의 선 기하학에 대해 언급한 적이 있다. 1801년에 태어났으므로 그는 아벨보다 앞선 사람인데, 1825년부터 1868년까지 43년의 긴 세월을 대학 교수로 지냈고, 그 중 대부분의 기간을 본 대학교(University of Bonn)에서 보냈다. 그가 1828년과 1831년에 각각 펴내서 두 권으로 이루어진 『해석 기하학의 발전(Analytic-Geometric Developments)』이란 책은 당시로서는 해석 기하학에 관한 최첨단의 해설서였지만 거의 대부분 동차좌표가 아닌 전통적 방식의 좌표로 기술되었다. 1830년대에 그는 고차의 평면곡선에 대한 연구를 했는데, 여기서 '고차'라 함은 '대수적으로 2차보다 높은'이란 뜻으로, 구체적으로는 원뿔곡선보다 더 어려운 대수곡선들에 관한 내용을 가리킨다.

평면곡선에 대한 이 연구는 모두 해석적 관점에서 이루어졌다. 플뤼커는 1830년대에 얻을 수 있었던 대수와 미적분의 모든 지식을 활용하여 이 곡선들의 성질과 관련된 법칙들을 얻어냈다. 그가 1839년에 펴낸 『대수곡선론(Theory of Algebraic Curves)』은 이런 곡선들의 점근선(asymptote), 곧 이 곡선들이 무한대 부근에서 보여주는 행동을 근사적으로 나타내는 방법들에 대해 다루었다.

플뤼커의 선 기하학은 훨씬 뒤에야 나왔다. 그 이유는 그가 1847년부터 1865년 사이의 17년 동안 물리학을 연구하면서 이와 관련된 본 대학교의 석좌 교수로 지냈기 때문이었다. 사실 선 기하학의 연구는 1868년 그가 세상을 뜬 뒤에도 완성되지 않아서 그의 젊은 조수 펠릭스 클라인의 몫으로 남겨졌는데, 그에 대해서는 조금 뒤에 자세히 이야기하게 된다.

곡선에 대한 관심은 19세기 중반에 수학의 중요한 성장점으로 대수와 미적분은 물론 기하에서도 영양을 공급 받았다. 이에 대한 흥미를 갖기란 쉬운 일이었는데, 오늘날 보는 수학 프로그램들이 없었던 시절이었으므로 어떤 대수식을 그래프 용지 위의 곡선으로 바꾸는 데에는 많은 계산과 통찰이 요구되었다. 예를 들어 아래 식과 같이 언뜻 단조롭게 보인다.

$$4(x^2 + y^2 - 2x)^2 + (x^2 - y^2)(x - 1)(2x - 3) = 0,$$

하지만 이 식의 y를 x에 대해 그리면 그림 13-2에서 보는 것과 같은 아름다운 앰퍼샌드 곡선(ampersand curve)('and'의 약자인 '&'와 닮은 모양의 곡선. — 옮긴이)이 나온다. 나는 어렸을 때 컨디와 롤렛의 『수학적 모델』에 푹 빠져서 연필과 자와 그래프 용지를 갖고 여러 가지 곡선들을 그려보았기에 이것도 이미 알고 있었는데, 이 책은 평면곡선들뿐 아니라 삼차원적 도형들도 자세히 다루었다.

이쯤에서 독자 여러분은 나의 청소년기가 사회적으로 실패한 것 같다는 생각을 할 수도 있는데, 이를 크게 잘못된 생각이라고 볼 수는 없다. 하지만 나의 젊은 시절에 대해 부분적인 변호 삼아 지적하고 싶은 것은 오늘날에는 잊혀진 그 주의 깊은 계산과 그래프 그리기의 노력에서 특이하고도 강한 만족감을 느낄 수 있다는 점이다. 이는 또한 내 개인적인 의견만은 아니고, 가우스와 같은 위대한 인물도 이미 비슷한 견해를 밝힌 바 있다. 해럴드 에드워즈 교수는 이 점을 아주 잘 간파했으며, 자신의 저서

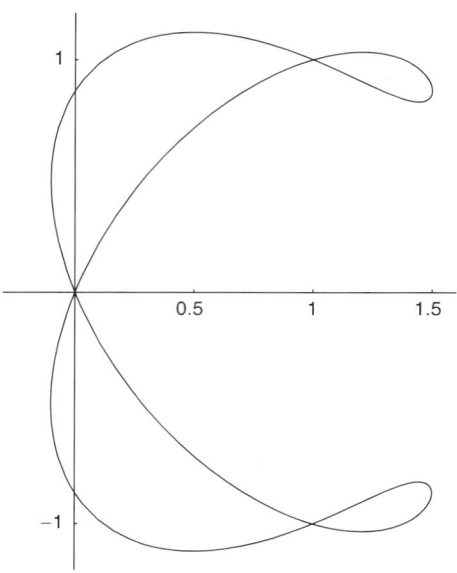

그림 13-2 앰퍼샌드 곡선(ampersand curve).

『페르마의 마지막 정리』§4.2에서 다음과 같이 가우스의 말을 인용했다.

> 다른 모든 위대한 수학자들처럼 쿠머도 열렬한 계산가였다. 그는 단순한 추상적 사고가 아니라 수많은 실제 문제들을 통해 축적된 구체적인 경험에서 수학적 발견을 이끌어냈다. 오늘날에는 계산 훈련을 별로 높이 평가하지 않으며 계산도 즐거움이 될 수 있다는 사실이 강조되는 일도 거의 없다. 하지만 가우스는 이원 이차 형식(binary quadratic form)의 완전한 분류표 같은 것을 만드는 일은 낭비라고 생각한다는 말을 한 적이 있다. 왜냐하면 이는, 첫째로, 누구나 조금만 실제로 해보면 시간을 많이 들이지 않고도 개별 상황에서 맞이할 특정한 변별식(이차방정식의 판별식에 해당하는 식의 1/4로 정의된 식. — 옮긴이)들의 표를 스스로 계산해서 만들 수 있고, 둘째로 이 일에는 그

자체적인 매력이 있어서 각자 15분 정도 또는 그 이상의 시간을 투입하여 그 참된 즐거움을 만끽해볼 만하며, 셋째로 그런 분류를 실제로 할 경우를 거의 찾기 어렵기 때문이다. 또한 우리는 뉴턴과 리만도 단순히 계산 자체가 재미있어서 많은 계산을 했다는 사실도 되새길 필요가 있다. …… (에드워즈 교수가 쓴 이 책의 이 장에 나오는) 이런 계산을 해본 사람이라면 누구나 그것들로부터 도출된 쿠머의 이론을 명료하게 파악할 수 있을 것이며 아주 큰 소리로 외치지는 못할지라도 이 과정이 분명 충분히 유쾌한 것이란 점을 인정하게 될 것이다.

덧붙여 나는 DSB를 통해 율리우스 플뤼커도 수학적 모형 만들기를 아주 좋아했다는 사실을 알게 되었다.

컨디와 롤렛은 그림 13-2의 도형을 허공에서 불쑥 꺼내온 게 아니다. 그들은 이것을 퍼시벌 프로스트(Percival Frost, 1817～1898)가 쓴 『곡선 그리기(Curve Tracing)』라는 작지만 훌륭한 책에서 얻어냈다. 나는 프로스트가 1817년에 태어났고 케임브리지에 있는 킹스 칼리지의 연구원이 되었으며 왕립학회의 회원이기도 했다는 것 이외의 다른 사실은 전혀 알지 못한다. 1872년에 펴낸 이 책에는 반드시 대수식에 한정하지 않은 여러 가지 수학적 표현들을 평면 위의 그래프로 옮기는 가능한 모든 방법들을 소개하고 있으며, 그 가운데는 아주 독창적인 지름길들도 있다. 나는 1960년에 나온 이 책의 제5판을 갖고 있는데, 그 뒤표지 안쪽에는 본문에서 소개된 수많은 곡선들의 그림이 수록된 깔끔한 소책자가 들어 있다. 그림 13-2의 앰퍼샌드 곡선은 프로스트의 소책자 7쪽에 나오는 그림 27에서 따온 것이다.

프로스트의 책은 다시 19세기 중반의 대수 기하학자들을 참조하고 있는데, 플뤼커도 초기의 중요한 인물들 가운데 한 사람으로 꼽힌다. 이

밖에 프로스트의 『곡선 그리기』가 같은 맥락에 있는 책이지만 수학적 수준이 훨씬 높은 것으로는 아일랜드의 수학자 조지 샐먼(George Salmon, 1819～1904)이 쓴 다음 네 권의 교재를 들 수 있다 : 『원뿔곡선론(A Treatise on Conic Sections)』(1848), 『고차평면곡선론(A Treatise on Higher Plane Curves)』(1852), 『현대 고등 대수 입문(Lessons Introductory to the Modern Higher Algebra)』(1859), 『삼차원 해석 기하론(A Treatise on the Analytic Geometry of Three Dimensions)』(1862). 나는 이 가운데 『고차평면곡선론』을 갖고 있는데 거기에는 지금은 거의 사라진 다음과 같은 기이한 이름들이 넘쳐난다 : 시소이드(cissoid)와 콘코이드(conchoid)와 에피트로코이드(epitrochoid), 리마콘(limaçon)과 렘니스케이트(lemniscate), 케라토이드와 램포이드 첨점(尖點)(keratoid and ramphoid cusps) ; 애크노드와 스피노드와 크루노드(acnodes, spinodes, and crunodes) ; 케일리언과 헤시언과 스타이너리언(Cayleyans, Hessians, and Steinerians).[134] 동차좌표는 샐먼의 책에도 다루어져 있지만 그는 이것을 삼선좌표(trilinear coordinate)라고 불렀다.[135]

§ 13.4 샐먼도 열광적인 계산가 가운데 한 사람이었다. 『현대 고등 대수 입문』의 제2판에 그는 6차의 일반곡선에 대해 스스로 계산한 불변량을 포함시켰다. 수학 길잡이 6에서 설명한 일반적인 원뿔곡선의 불변량을 돌이켜 보면 이것이 결코 만만한 일이 아니란 점을 알 수 있다. 실제로 이 부분은 샐먼의 책 13페이지를 차지한다.

나는 곡선과 곡면에 대한 19세기 중반의 이 열렬한 호응이 순수 대수에서 유래하기도 한 반면 이 결과가 다시 순수 대수에 영향을 주었다는 점을 되새기는 것도 유익한 일이라고 생각한다. 수학 길잡이 6에서 설명한 불변량은 애초에 완전히 대수적인 개념으로 태어났으며 그 기하학적 해석은 부수적인 것에 지나지 않았다.

실베스터는 샐먼의 절친한 친구였던 아서 케일리와 함께 1840년대 이후 이 분야의 핵심 인물로 꼽혔다. 그들 연구의 대부분은 다항식의 불변량에 관한 것으로 수학 길잡이 6에서 설명했던 원뿔곡선들을 나타내는 x와 y에 관한(동차좌표를 사용한다면 x와 y와 z에 관한) 이차다항식의 불변량과 크게 다르지 않았다. 예를 들어 복소수체 $\mathbb{C}$에서 택한 계수들과 세 미지수 x, y, z로 만들어진 모든 다항식들의 집합은 통상적인 덧셈과 곱셈에 대해 환을 이룬다. 이 다항식들은 아래와 같이 서로 더하고 빼고 곱할 수 있기 때문이다.

$$(2x^2 - 3y^2 + z) \times (y^3 z + 4xyz^3)$$
$$= 2x^2 y^3 z + 8x^3 yz^3 - 3y^5 z - 12xy^3 z^3 + y^3 z^2 + 4xyz^4$$

하지만 환이므로 마음대로 나눌 수는 없다. 이런 점에서 다항식의 불변량에 대한 연구는 실질적으로 환의 구조에 대한 연구와 같다.

하지만 19세기에는 누구도 이렇게 생각하지 않았다. 환론이라는 큰 강으로 불변량론이라는 작은 개울이 흘러 들어간다는 식의 생각을 어렴풋이 처음 생각해낸 사람은 파울 고르단(Paul Gordan, 1837～1912)과 다비트 힐베르트로서 1880년대의 일이었다.

이 두 사람은 모두 독일인인데 고르단이 한 세대 앞선다. 1837년에 태어난 고르단은 1874년부터 에를랑겐 대학교의 수학 교수로 지냈으며 에미 뇌터의 아버지와 동료 사이였다. 사실 에미 뇌터는 그의 아래에서 박사 학위를 받았는데, 알려지기로는 그의 유일한 박사 과정 학생이었다고 한다. 베를린에서 공부했던 고르단의 연구 경향은 매우 논리적이고 형식적이었으며 계산도 아주 많이 했다. 비유하자면 그는 그리스인이 아니라 로마인이었던 셈이다. 1880년대에 들어 고르단은 불변량에 관한 세계적인 권위자로 군림했다. 하지만 그는 이 이론 전체를 깔끔하게 엮어낼 수 있는 핵심적인 정리 하나를 완전히 증명하지 못했다. 그는 이것을 특수한 경우에 대해서는 증명했지만 일반적인 경우에 대해서는 증명하지 못하고 있었던 것이다.

다비트 힐베르트는 어쨌을까? 지금은 러시아의 칼리닌그라드(Kaliningrad)가 된 프로이센의 쾨니히스베르크에서 1862년에 태어난 힐베르트는 1886년 그곳 대학교의 사강사가 되었다. 1888년에 에를랑겐을 방문한 그는 고르단을 만났고, 고르단이 지배했다고 여겼기에 고르단 문제(Gordan's problem)라고 불렸던 어려운 문제에 마주서게 되었다. 하지만 이것을 몇 달 동안 물고 늘어진 끝에 힐베르트는 결국 해결해내고 말았다!

힐베르트는 그해 12월 이 증명을 펴내고 그 사본을 재빨리 케임브리지의 케일리에게 보냈다. 이때 68세에 이른 케일리는 "귀하는 위대한 문제의 답을 발견했습니다"라고 답변했다. 힐베르트는 아직 괴팅겐에 자리 잡지 않았지만 그의 증명은 아주 괴팅겐적인 스타일이었다. 곧 간결하고 추상적이고 직관적이며 우아했던 이 증명은 로마가 아니라 그리스식이었다. 이 때문에 베를린적 취향의 고르단은 별다른 감흥을 받지 않았으며, 오히려 코웃음을 치면서 "이것은 수학이 아니라 신학이다"라고 말했다. 그러나 1886년부터 괴팅겐 대학교의 교수로 지내오던 펠릭스 클라인은 힐베르트의 증명에 깊은 감명을 받은 나머지 어떻게든 힐베르트를 그곳의 교수로 채용하겠다고 결심했다.

§ 13.5   위의 증명을 기술하는 대신[136] 나는 힐베르트가 이보다 약간 뒤에 얻어낸 결과를 잠시 살펴보고자 한다. 위의 것보다 충격적이지는 않지만 비교적 이해하기 쉬운 이것은 영점 정리(zero points theorem)라고 부를 수 있지만 어쩐 일인지 언제나 눌스텔렌사츠(Nullstellensatz)라는 독일어로 불린다. 눌스텔렌사츠는 다양체(variety)의 개념을 선보이며 기하와 쉽게 연결시켜 준다.

역사적으로 보면 이 연결은 좀 기이하다. 왜냐하면 힐베르트는 눌스텔렌사츠를 대수 기하학이 아니라 대수적 수론의 맥락에서 개발했기 때문이었다. 이것은 가환환의 구조에 관한 정리이므로 분명 환론에 속한다. 하지만 대수 기하학자들은 이제 여기에 확고히 손을 뻗치고 있다. 대수 기하학에 대한 어떤 교재든 펼쳐놓고 보면[137] 첫 두세 장 부분에서 눌스텔렌사츠를 찾을 수 있을 것이다. 그러므로 기하학적 해석을 제시하는 데에 나도 너무 죄책감을 느낄 필요는 없다. 다만 어디까지나 이는 환론이라는 순수 대수에 속하는 정리란 점을 새겨두기 바란다.

자, 눌스텔렌사츠는 무엇을 말하는가? 세 미지수 x, y, z에 대한 모든 다항식들의 환을 생각해 보자. 그리고 잠시 이게 정말로 환이란 점을 확인해 보자 : 덧셈, 뺄셈, 곱셈은 언제나 가능하지만 나눗셈은 때로 가능할 뿐이다. 또한 이 다항식을 0이라고 놓으면 이를 만족하는 점들은 삼차원 공간에서 대개 어떤 곡면을 규정하게 된다(여기서는 동차좌표가 아니라 보통의 직교좌표를 사용한다). 예를 들어 $x^2 + y^2 + z^2 - 8$이라는 다항식은 (x, y, z)가 원점에 중심을 둔 반지름 $\sqrt{8}$인 원의 표면에 있는 점들일 때 0이 된다. 그러므로 이 다항식을 머릿속에서 이 구의 표면과 연관시켜 놓도록 한다.

다음으로 이 다항식환(polynomial ring) 안의 한 이데알을 생각한다. 기억을 되살려 보면 이데알은 환 안의 환이라는 부분환으로 다음과 같은 추가적 성질을 가진다 : 부분환의 원소에 본래 환의 어떤 원소를 곱하면 그 결과는 부분환의 한 원소가 된다.

예를 들어 $Ax^2 + Bxy + Cy^2$의 식으로 주어지는 모든 다항식을 생각해 보자. 여기서 A, B, C는 x, y, z에 관한 모든 다항식으로 영다항식도 포함한다. 그러면 이것은 x, y, z에 관한 모든 다항식이라는 더 큰 환 안의 이데알이 된다. $(x+y+z)(x^2+y^2)$이란 다항식은 이 이데알 안에 있다. 반면에 $x^3+y^3+z^3$이란 다항식은 그렇지 않다.

이제 다양체, 더 정확히는 대수 다양체(algebraic variety)라는 핵심적 개념을 도입한다. 기하학적으로 말하면 이는 단순히 이차원 공간 속의 곡선 또는 삼차원 공간 속의 곡면이나 '휘어진 곡선'을 일반화한 것인데, 정확히 말하면 다양체는 어떤 다항식 또는 어떤 다항식들의 영점들의 집합을 가리킨다.[138]

그러므로 위에서 말한 구면은 $x^2+y^2+z^2-8=0$을 충족하는 점들의 집합이므로 하나의 다양체이다. 마찬가지로 이 구와 $x^2+y^2-4=0$이라는 원기둥이 마주치는 곳의 점들도 다양체가 된다(그림 13-3 참조). 이 마주치는 곳은 삼차원 공간 속에서 반지름이 2인 두 원으로 나타나는데, 하나는 xy-평면보다 2만큼 높은 곳, 다른 하나는 xy-평면보다 2만큼 낮은 곳에 있다. 이 원들은 $x^2+y^2+z^2-8$과 x^2+y^2-4라는 한 쌍의 다항식의 영점들이 만드는 다양체이다.

그런데 조금 전에 이야기한 이데알은 다항식의 집합이다. 그러므로 이것은 한 다양체, 곧 이 이데알 속의 모든 다항식들이 0이 되는 하나의 다양체를 규정한다. 그렇다면 이 영점들의 집합으로 된 다양체는 도대체

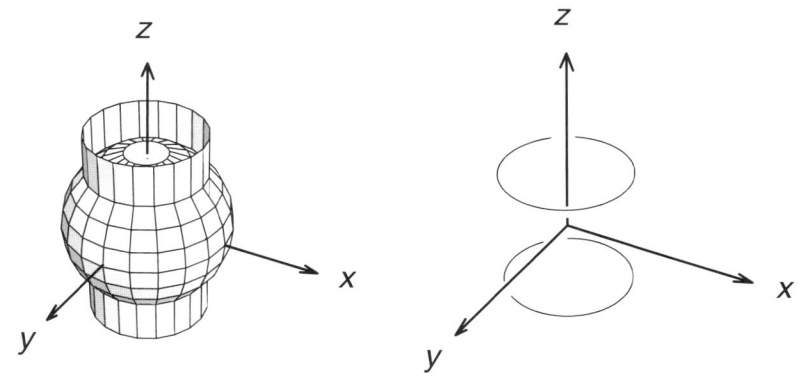

그림 13-3 두 다항식이 만나서(왼쪽) 한 다양체를 만든다(오른쪽).

무엇일까? 이 이데알 속에 있는 모든 다항식들은 어떤 점들의 집합에 대해 모두 0이 되는 것일까? 그 답은 z축이다. 이 이데알이 규정하는 다양체는 단순한 하나의 직선으로, 그 안에서는 모든 x와 y가 0이며, z는 어떤 값이라도 상관없다.

힐베르트의 눌스텔렌사츠가 말하는 바는 다음과 같다: 어떤 다항식이 이 다양체 위의 모든 점들(여기서는 z축 위의 모든 점들)에서 0이 된다면 이 다항식들의 어떤 거듭제곱들은 이 이데알에 속한다. 예를 들어 $7x - 3y$라는 다항식은 z축 위의 모든 점들에서 0이 된다. 이 다항식은 이 이데알에 속하지 않지만 그 제곱인 $49x^2 - 42xy + 9y^2$은 속한다.

나는 물론 여기서 지나치게 극적으로 단순화했다. 여기서의 미지수는 반드시 x, y, z라는 세 미지수가 아니라 몇 가지라도 상관없다. 또한 예로 든 다양체는 아주 단순한 것이었다. 그리고 다른 사항들도 매우 단순하게 처리했다. 그 가운데 아마 가장 좋지 않은 것은 여기의 환을 만드는 데에 쓰인 x, y, z에 대한 다항식의 계수들을 실수의 집합에서 뽑아 온다고 가정한 점일 것이다(나는 이것을 명확히 밝히지 않고 암묵적으로 이해한 것처럼 처리했다). 하지만 이 계수들은 복소수일 필요가 있으며, 따라서 눌스텔렌사츠는 실수 계수를 가진 다항식에 대해 일반적으로는 성립하지 않는다.[139]

이런 뜻에서 눌스텔렌사츠는 대수학의 근본 정리(fundamental theorem of algebra)와 닮은 점이 있다. 사실 이 두 정리는 깊은 저변에서 서로 연결되어 있으며, 이에 따라 눌스텔렌사츠는 때로 대수 기하학의 근본 정리(fundamental theorem of algebraic geometry)라고 불리기도 한다. 이 연결관계는 이른바 '눌스텔렌사츠의 약한 형태(weak form of the Nullstellensatz)'라는 것으로 더 잘 표현된다 : "다항식환의 어떤 이데알에 대응하는 다양체는, 이데알이 곧 환이 아닌 한, 공집합이 아니다." 이데알을 구성하는 다항식들은 반드시 어떤 공통의 영점들을 가지며, 이 정리의 이름은 바로 이 사실을 가리킨다. 이것과 FTA를 비교해 보자. FTA는 한 미지수로 된 다항식들의 영집합은 위와 마찬가지로 공집합이 아니라는 뜻을 나타낸다.

§ 13.6 눌스텔렌사츠에 대한 힐베르트의 표현은 1893년에 나왔다. 그런데 19세기 중반 이후 기하학에는 세 가지의 혁명이 더 일어났다. 그 가운데 마지막인 다섯 번째만 대수적으로 촉발된 것이었으며, 세 번째와 네 번째는 20세기에 들어 대수에 근본적인 영향을 미쳤다.

세 번째와 네 번째 혁명은 모두 베른하르트 리만(Bernhard Riemann, 1826~1866)에 의해 일어났는데, 그는 아마 모든 수학자들 가운데 상상력이 가장 뛰어난 사람일 것이다.

1851년 괴팅겐에서 쓴 박사 학위 논문에서 리만은 그의 이름을 따서 불리게 된 리만 곡면(Riemann surface)의 아이디어를 내놓았다. 이것은 자신과 교차하는 곡면으로, 어떤 종류의 함수들을 연구하는 데에서 통상적인 복소평면을 대체할 수 있다.

　리만 곡면은 어떤 함수가 복소평면에 대해 어떤 작용을 하는 것으로 생각할 때 나타난다. 예를 들어 $-2i$라는 복소수는 원점의 남쪽으로 뻗는 허수축 위에 있다. 그런데 이 수를 제곱하면 -4가 나오고 이것은 원점의 서쪽으로 뻗는 음의 실수축 위에 있다. 따라서 우리는 '제곱 함수'라는 게 $-2i$를 반시계 방향으로 270도 돌려서 -4라는 제곱 값을 얻도록 하는 작용으로 볼 수 있다.

　리만은 제곱 함수를 다음과 같이 생각했다. 먼저 복소평면 전체를 두고 상상하는데, 원점에서 무한대까지 가위로 직선을 그으며 잘라간다. 다음에 이렇게 잘라져서 만들어진 두 끝 가운데 하나를 손으로 잡고 원점을 중심 삼아 반시계 방향으로 돌린다. 이렇게 완전히 한 바퀴를 돌리면 나사의 면처럼 감아 올라가는 곡면이 만들어진다. 이제 다음 단계가 중요한데, 이 상태에서 잘라진 두 끝을 그 사이에 있는 면을 통과시키면서 서로 결합한다. 이상의 과정을 원활히 하자면 우리가 다루는 복소평면이 아주 잘 늘어날 뿐 아니라 자신과 교차하면서 통과해갈 수도 있는 신기한 물질로 만들어졌다고 상상해야 한다. 그러면 최종 결과는 그림 13-4에 그려진 모습이 되며, 이것이 바로 $\mathbb{C}$에 작용하는 제곱 함수의 그림이라고 말할 수 있다.

　리만 곡면의 권능은 위의 문제를 반대로 살펴보면 더 잘 드러난다. 수학에서 역함수(inverse function)라는 것은 사뭇 귀찮은 것인데, 어쨌든 제곱 함수의 역함수인 제곱근 함수를 생각해 보자. 여기서의 문제는 0이

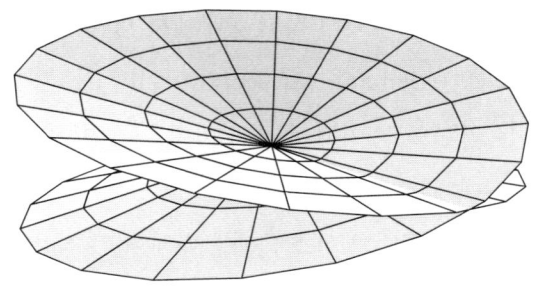

그림 13-4 제곱 함수에 해당하는 리만 곡면.

아닌 모든 수는 두 개의 제곱근을 가진다는 점이다. 4의 제곱근은 무엇일까? 우선 2가 답이지만 −2도 답이다. 2와 −2를 제곱하면 모두 4가 나오기 때문이다. 이 곤란을 피해갈 길은 없다. 그런데 리만 곡면은 이에 대처할 좀 더 정교한 방법을 내놓는다.[140]

　예를 들어 −1의 제곱근은 i도 되고 −i도 된다는 점을 생각해 보자. 리만 이전의 수학자들은 이것을 시각화할 경우 아마 그림 13-5와 같은 방식으로 해야 했을 것이다.

　그러나 그림 13-4에 그려진 리만 곡선은 모든 복소수를 한 쌍씩의 짝으로 만들어 포갠 것과 같다. 물론 잘라진 틈은 예외이지만 이 틈의 위치는 임의적이다. 사실 우리가 사차원으로 갈 수 있고 거기서 이 그림이 필요하다면 이 틈이 사라지도록 그릴 수 있다.

　이 상황에서 그림 13-6은 제곱근 함수에 대한 대체적 그림으로 떠오른다. 위에서 제곱 함수를 위해 만든 리만 곡면은 이 함수의 역함수인 제곱근 함수의 작용을 설명해줄 탁월한 방법이 되기 때문이다. 이 그림에 따르면 −1의 두 제곱근은 리만 곡면을 꿰뚫는 하나의 직선 위에 놓이게 된다.

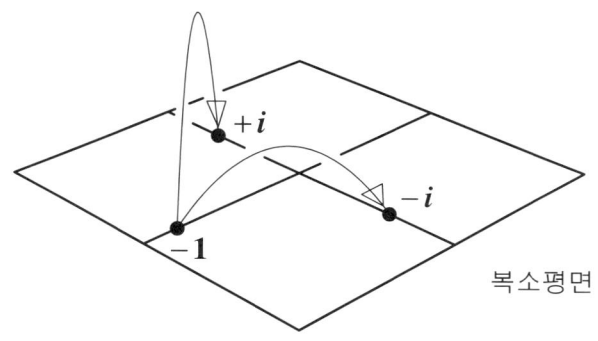

그림 13-5 −1의 두 제곱근에 대한 리만 이전의 관점.

이 첫째 리만 혁명의 중요성은 해석학이라 불리는 수학적 주제에 속했던 함수론과 위상 수학 사이에 다리를 놓은 데에 있다. 위상 수학은 기하학의 한 분야인데 리만이 이 혁명을 일으켰을 때 이제 막 떠오르기 시작했다.

위상 수학에 대해서는 다음 장에서 더 자세히 이야기한다. 따라서 여기서는 리만이 놓은 해석학과 위상 수학 사이의 다리 덕분에 함수론은 20세기에 발전된 대수 기하학과 대수적 위상 수학(algebraic topology)의 모든 정교한 도구들을 이용할 수 있게 되었다는 점만 지적하고 넘어간다. 이 분야의 핵심적 정리들 가운데 하나인 리만-로흐 정리(Riemann-Roch theorem)는[141] 함수의 해석학적 성질들과 이에 대응하는 리만 곡면의 위상 수학적 성질들을 연결시켜 준다. 1882년 리하르트 데데킨트와 하인리히 베버는 함께 펴낸 논문에서 리만-로흐 정리를 순수하게 대수적으로 증명했다. 이들은 리만 곡면에 이데알론을 적용하여 이를 이루었는데 §12.6에서 언급한 결과는 이것을 가리킨다.

사실 리만-로흐 정리는 그 가장 일반적인 형태를 놓고 보자면 지난

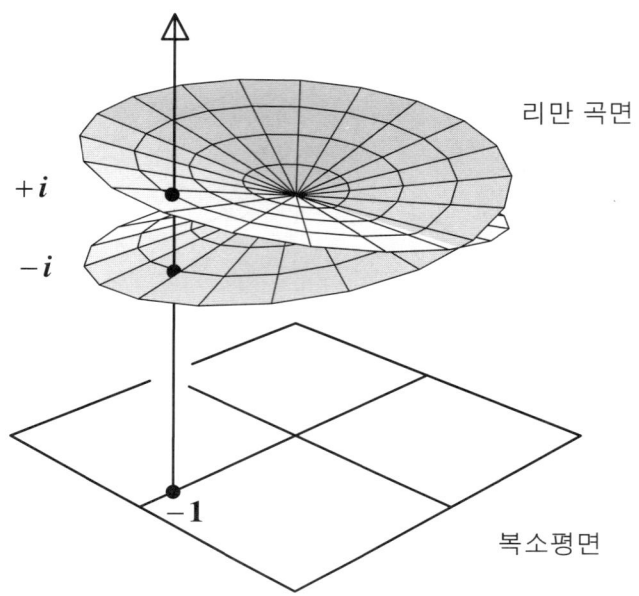

그림 13-6 −1의 두 제곱근에 대한 리만 이후의 관점.

140년 동안 다른 어떤 단일 정리보다 수학자들에게 더 많은 일거리를 안겨 주었다고 말할 수 있다.

기하학에서 하나의 혁명만으로는 양이 덜 찼던지 1854년 리만은 네 번째의 혁명을 일으켰다. 이것은 「기하의 근본 가설에 대하여(Uber die Hypothesen welche der Geometrie zu Grunde liegen)」라는 제목을 붙인 그의 경이로운 교수 학위 논문에서 유래한다. 여기서 리만은 사실상 현대 미분 기하학(differential geometry)의 모든 것을 창조했으며, 60년 뒤에 알베르트 아인슈타인은 이 수학적 틀의 기반 위에 일반 상대성 이론을 세웠다.

리만 곡면의 경우와 마찬가지로 이 논문의 대수적 귀결은 간접적이었다. 리만의 이 논문은 다양체의 20세기적 관념의 일차적 원천이 되었다.

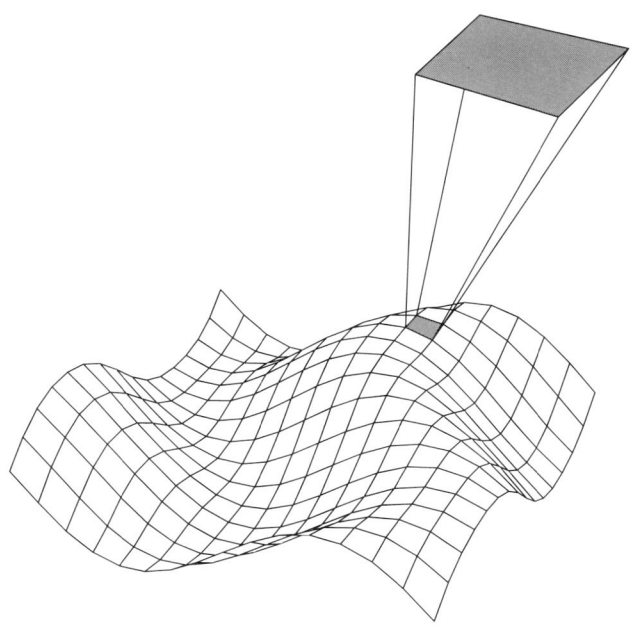

그림 13-7 다양체(manifold)에는 접힌 곳(fold)이 많이 있을 수 있다. 하지만 모든 점에서 국소적으로는 평면으로 여길 수 있다.

이 관념으로서의 다양체는 국소적으로 평평한 임의 차원의 공간을 말한다. 다시 말해서 이 공간은 아주 작은 범위에서는 일차 근사로써 통상적인 유클리드 공간처럼 다룰 수 있다는 뜻으로, 마치 본래는 휘어진 지표면을 일상적으로는 평면으로 여기는 상황과 같다(그림 13-7 참조). 20세기의 대수 기하학에서 이 개념은 핵심적 역할을 한다. 참고적으로 다양체를 뜻하는 manifold의 독일어는 mannigfaltigkeit인데, 이 논문에는 나오지 않지만 사실 이는 리만이 만든 용어이다.

19세기 기하학의 다섯째 혁명은 가장 순수하게 대수적이지만, 그 귀결은 위상 수학과 해석학은 물론 물리학에까지 미친다. 이것을 이해하려면 우리는 주제 하나와 지역 한 곳을 둘러봐야 하는데, 그 주제는 군론이며, 지역은 바람이 거세고 험난한 노르웨이의 피오르드 지역이다.

§ 13.7 앞서 §11.6에서 나는 노르웨이의 수학자 루드비 실로우가 1862년에 오슬로 대학교에서 군론에 대해 강연을 했다는 이야기를 했다. 이 강연의 청중 가운데는 소푸스 리(Sophus Lie, 1842~1899)라는 19살의 시골 출신 젊은이가 끼어 있었다. 이때 리는 사실상 성인이 된 바이킹으로, 금발에, 키가 크고, 튼튼하고, 잘 생기고 용감했다. 열렬한 하이커였던 그는 하루에 80킬로미터도 주파할 수 있었다고 한다. 이런 거리를 주파한다는 것은 어떤 지형에서도 대단한 일이겠지만, 특히 노르웨이에서라면 놀랍다고 하지 않을 수 없다. 속설에 따르면 하이킹을 하는 중에 비가 오면 리는 옷을 벗어 배낭에 꾸려 넣었다고 한다. 하지만 아릴드 스툽하우그(Arild Stubhaug)의 면밀하고도 평판 높은 전기에 따르면 이를 뒷받침하는 자료는 없다.[142]

리는 오늘날 대수학자로 그려지지만 그는 자신을 언제나 기하학자로 여겼다. 사실 그의 모든 연구에는 기하학적 영감이 담겨 있다. 1869년 그는 자비로 출판한 사영 기하학에 관한 논문을 토대로 유럽의 수학적 중심지를 둘러보는 데 필요한 재정적 지원을 해달라고 대학에 요청했다. 이보다 5년 전에 헨리크 입센(Henrik Ibsen, 1828~1906)은 바로 이 기금을 이용하여 노르웨이를 벗어났다. 1869년 리는 노르웨이를 떠나 15개월 동안 밖으로 떠돌았다. 베를린으로 간 리는 마침 그곳을 방문하고 있던 펠릭스 클라인과 깊고도 생산적인 우정을 쌓게 되었다. 클라인은 선 기하학에 대한 율리우스 플뤼커의 연구를 그가 죽은 뒤에 발견하고 출판했는데,

리는 이것을 노르웨이에서 읽고 플뤼커의 아이디어에서 큰 감명을 받았다. 리는 이어서 괴팅겐과 파리도 방문했다. 파리에서 클라인을 다시 만난 리는 카미유 조르당(Camille Jordan, 1838 ~ 1922)의 강연을 함께 들었는데, 이때 리는 27살 그리고 클라인은 막 21살이 된 젊은이들이었다.

32살인 조르당은 이들보다 조금 더 나이가 많았지만 역시 같은 지적 세대에 속한 인물이었다. 조르당은 공학을 공부했지만 수학적 소양도 강한 전천후 학자였다. 1870년 봄 그는 군론에 관한 최초의 책『대수적 치환과 방정식에 관한 소론(*Treatise on Algebraic Substitutions and Equations*)』을 펴냈다. 그의 이 책은 1854년에 나온 케일리의 논문과 같은 일반화의 수준에는 이르지 못했다. 그는 군을 치환과 변환에 관한 것으로만 보았기 때문이었다. 하지만 그의 서술은 아주 치밀했고 이에 따라 이 책은 현대적 군론의 기초를 놓은 책으로 평가된다. 리가 실로우의 1862년 강연을 얼마나 기억하고 있었는지에 대해서는 알 길이 없다. 하지만 리와 클라인의 머릿속에 군론에 대한 인상이 깊이 심어진 때는 바로 파리에서 조르당과 함께 보낸 이 몇 주간이었음은 분명한 것으로 보인다.

이 행복하고도, 예외적으로 유지되던 생산적인 수학적 동지 관계는 7월 19일 프랑스 제국이 프로이센 왕국에 선전포고를 함으로써 갑자기 중단되고 말았다. 프로이센인이었던 클라인은 서둘러 파리를 떠나야 했는데, 8월 중순에는 리도 파리를 떠나 스위스를 목표로 삼고 배낭만 짊어진 채 남쪽으로 걸어갔다. 그런데 파리에서 50킬로미터쯤 되는 곳에서 그는 독일 스파이로 오해받아 체포되었다. 우연히 혼자서 중얼거리는 소리가 독일어처럼 들렸기 때문이었다.

리의 배낭을 뒤지던 헌병은 독일의 우표가 붙은 편지와 비밀스런 기호들이 적힌 공책을 발견했다. 리는 자신이 수학자라고 항변했다. 그러자 헌병은 노트에 쓰인 것을 설명하여 이를 증명하라고 요구했다. 스툽하우그는 이에 대해 다음과 같이 썼다.

> 예상대로라면 이 대목에서 리는 분노를 터뜨리고 "당신들은 영원토록 아무것도 이해하지 못할 게요"라고 외쳐야 했을 것이다. 사실 이 말은 리 이론(Lie Theory)에 덤벼드는 우리들 가운데 많은 사람들이 들어 보았던 것이기도 하다. 하지만 자신이 처한 사태의 심각성을 깨달은 리는 정신을 바짝 차리고 할 수 있는 모든 노력을 다해 설명하기 시작했다. "좋습니다, 여러분. 먼저 서로 수직인 세 축, 곧 x축과 y축과 z축이 있다고 합시다." 그러면서 리가 허공에 손가락으로 그림을 그리기 시작하자 그들은 갑자기 웃음을 터뜨렸다. 그리고 더 이상의 증명은 할 필요가 없어졌다.

하지만 리는 제네바로 가도록 허락 받기까지 한 달 동안 월터 스콧 경(卿)(Sir Walter Scott, 1771～1832)이 쓴 소설의 프랑스어 번역판을 읽으며 감옥에서 지내야 했다. 12월에 크리스티아니아로 돌아왔을 때 리는 자신이 간첩으로 구금된 학자였다는 사실 때문에 언론에서 19세기판 대중적 열광의 주인공이 되었음을 알게 되었다. 다음 달에 그는 크리스아니아의 대학교에서 연구원과 강사의 자리를 얻었다. 이로부터 바로 얼마 뒤, 프랑스-프로이센 전쟁에서 잠시 의무병으로 복무했던 펠릭스 클라인은 병으로 제대하게 되었으며, 괴팅겐 대학교에서 강사직을 얻었다. 이 무렵 조르당의 책은 수학자들 사이에서 두루 읽히게 되었고, 1870년대에 들어 군론의 첫 위대한 10년 세월이 시작되었다. 이것이 바로 이 놀라운 세기에 일어났던 기하학에서의 다섯 번째 혁명으로, 이를테면 '기하학의 군화(groupification of geometry)'라고 말할 수 있다.

§ 13.8   제11장에서 나는 몇 가지의 군에 대해 이야기했다. 그 군들은 유한군, 곧 유한한 수의 원소로 이루어진 군이었다. 하지만 군이 가진 원소의 수는 무한대일 수 있다. 예컨대 정수의 집합 $\mathbb{Z}$는 보통의 덧셈과 결합 규칙 아래 무한군을 이룬다.

기하에는 무한군의 예들이 넘쳐난다. §11.7에서 나는 8개의 원소를 가진 정이면체군 D_4는 이차원 공간에서 항상 똑같은 영역을 차지하도록 정사각형을 돌리고 뒤집는 동작으로 설명할 수 있다는 점을 보였다. 이것은 유한군인데, 만일 이런 제한을 없앤다면 어떻게 될까? 만일 정사각형

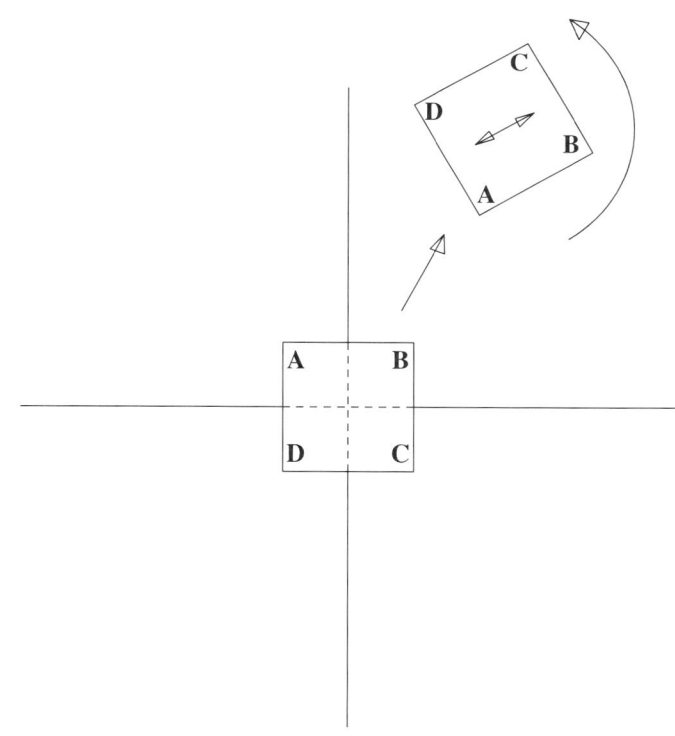

그림 13-8 등거리 변환.

을 평면의 어디로든 마음대로 움직이고, 어느 각도로든 마음대로 회전하고, 또 얼마든지 뒤집을 수 있다면 어찌될까?(그림 13-8 참조) 이런 동작들의 집합에 대해서는 무엇을 이야기할 수 있을까?

이때 말할 수 있는 것은 이게 군을 이룬다는 사실이다! '정사각형을 새 방향의 새 위치로 옮기기'는 군 연산(group operation)이 되기 위해 필요한 모든 요건을 충족한다. 먼저 어떤 방식으로 움직이고, 이어서 다른 방식으로 움직였다면, 그 결과는 제3의 방법으로 움직인 것과 같기 때문이며, 식으로는 $a \times b = c$와 같이 쓸 수 있다. 또한 $a \times (b \times c) = (a \times b) \times c$라는 결합법칙도 분명 적용된다(이것을 먼저 하고, 이어서 그것과 그것을 한 결과를 행하면 ……). 아무것도 하지 않는 '동작'은 항등원의 역할을 한다. 또한 모든 동작은 원위치될 수 있으므로 역원도 존재한다. 따라서 이는 분명 군이다! (질문 : 이것은 가환인가?)

그런데 이 군은 무한히 많은 원소를 가진 군이다. 정사각형을 무한히 큰 투명 용지에 그렸다고 상상해 보자. 이것을 본래의 평면 위에서 움직이고 회전시키고 하는 것은 전체 평면을 변환시키는 군에 해당한다. 사실 이에 대한 전문 용어는 유클리드 평면의 등거리 변환군(group of isometry)이다. 여기서 'isometry'라는 단어가 중요한데, 그리스어 어원의 뜻은 '같은 거리'이다. 따라서 이는 '거리'를 보존하는 변환을 나타낸다. 어떤 두 점 사이의 거리가 x였다면 등거리 변환을 한 뒤에도 그 거리는 여전히 x이다. 이 변환에는 줄이거나 늘이기는 물론 찌그러뜨리기도 없다. 어떤 두 점 사이의 거리는 이 변환에서의 한 불변량이다.

펠릭스 클라인은 리와 조르당과의 대화에서 영감을 받아 눈부신 아이디어를 생각해냈다. 이 아이디어에 의해 하나의 분류 원리가 이끌어져 나왔고, 이를 통해 1800년부터 1870년까지 번영했던 기하학에서 도출된 복잡한 세계가 깨끗하게 통합될 수 있었다. 이 분류 원리에 따르면 기하학은 변환군에 의해 구별되는데, 이때 해당 기하학의 특성은 이 변환에 대해 불변이어야 한다. 이차원적인 유클리드 기하학은 조금 전에 이야기한[143] 평면 등거리 변환군에 대해 불변이다. 그리고 이 군의 특성은 어떤 불변량인데, 이 경우의 불변량은 어떤 두 점 사이의 거리이다.

사영 기하학의 경우에도 이와 비슷한 군과 특징적인 불변량을 찾아낼 수 있을까? 로바체프스키와 보여이의 쌍곡 기하학(hyperbolic geometry)이나 리만의 더욱 일반적인 기하학에서도 그럴까? 답은 이 모든 경우에 "그렇다"이다. 다만 이 군들을 서술하기란 쉬운 일이 아닌데, 최소한 사영 기하학에서는 한 가지의 불변량을 보여줄 수 있다. 사영 기하에서 두 점 사이의 거리는 분명 보존되지 않는다. 또한 이보다는 분명하지 않지만, 그림 13-9가 설명해 주다시피 세 점들 사이의 두 거리의 비율도 보존되지 않는다. 투명 용지에서 AC/AB의 비율은 2이지만 사영에서의 비율은 3이다. 그러나 그림 13-10에서 보는 바와 같이 네 점을 택하고 '비율들의 비율'이라 할 $(AC/AD)/(BC/BD)$의 값을 계산해 보면 이 값은 사영에 대해 불변임을 알 수 있다(이 그림에서 이 값은 5/4이다). 단 그중 한 점이 무한대로 사영되면 문제가 약간 복잡해지지만 이것도 적절한 방법으로 다룰 수 있다. 따라서 이 '교차비(cross-ratio)'는 사영적 불변량이다.

1872년 가을 클라인은 에를랑겐에서 교수직에 취임하기 위해 괴팅겐을 떠났다. 그런데 신임 교수는 일종의 기조연설과 같은 취임 강연을 하는 게 관습이었으며, 이를 통해 앞으로 연구하고자 하는 방향을 제시했다. 10월 초에 리는 에를랑겐을 방문하여 2, 3주 정도 머물면서 클라인의 취임 강연 준비를 도왔다. 하지만 클라인은 이렇게 준비한 내용을 취임 강

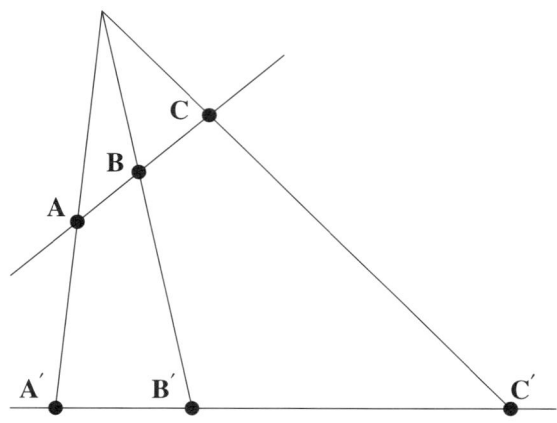

그림 13-9 AC/AB의 비율은 사영적 불변량이 아니다.

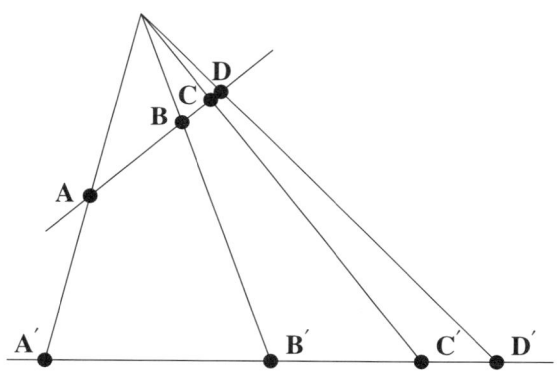

그림 13-10 $(AC/AD)/(BC/BD)$의 비율은 사영적 불변량이다.

연에 쓰지 않고 따로 논문으로 꾸며서 「새로운 기하학 연구들의 비교적 고찰」이란 제목으로 출판했다.

  이것은 모든 시대를 통틀어 가장 위대한 수학적 문헌들 가운데 하나로 꼽히며, 일반적으로 에를랑겐 프로그램(Erlangen program)이란 이름으로 알려져 있다.¹⁴⁴ 어떤 연구 결과나 문제의 해결에 대해 쓰는 것을 수학적 논문이라고 보는 게 상식이라면 이것은 수학적 논문이라고 볼 수 없다. 클라인은 이것을 취임 강연에 쓰지는 않았지만 선언적 성격을 띠고 있었다. 이 프로그램에서 클라인은 앞서 이야기했다시피 기하학을 군론과 불변량을 중심으로 통합하는 아이디어를 내세웠다. 오늘날 돌이켜 보면 이 프로그램은 수학자들에게 그들의 주제를 군화하도록 촉구하는 소명의 나팔소리와도 같았다.

§ 13.9   앞 절에서 이야기한 등거리 변환군과 같은 기하학적 변환군은 단순히 무한한 게 아니라 연속적으로 무한하며, 이는 셀 수 없는 종류의 무한이다. 이 변환에서 우리는 정사각형을 1센티미터나 1/1000센티미터나 1조 분의 1센티미터만큼 미끄러뜨릴 수 있으며, 90도로 회전시키거나 90/1000도 또는 1조 분의 90도로 회전시킬 수도 있다. 요컨대 등거리 변환에서는 변환의 정도에 아무런 제한이 없고 심지어 무한소만큼 이동시킬 수도 있다. 이와 같은 변환을 군론적인 구도에 도입함으로써 우리는 미적분과 해석학이 군론 속으로 들어오고 반대로 군론이 이 분야들에 들어갈 수 있도록 하는 문을 갖게 되었다.

클라인 자신은 이를 제약으로 여기지 않았다. 에를랑겐 프로그램의 끝 부분에서 그는 연속 변환군의 이론도 유한군의 이론만큼 정교하고 유익한 이론이 되도록 해야 한다고 촉구했다(클라인이 실제로 사용한 표현은 '유한군'이 아니라 '치환군'이었다. 그때까지만 해도 군론은 아직 아주 초기 단계였다는 점을 고려해야 한다).

리는 에를랑겐 프로그램을 고취했던 자신의 역할에도 불구하고 이것이 너무 야심적인 것이라고 생각했다. 1872년 말에 들어선 이때 그는 정교수의 지위에 있었고 노르웨이 정부는 수학 분야에 그를 위해 석좌 교수의 자리를 마련해 주었다. 이 자리는 정신을 흩뜨릴 강의 부담이 거의 없었으므로 리는 이제 자신이 관심을 가진 문제에 집중할 수 있게 되었다. 그것은 미분방정식의 해법에 관한 것으로 구해야 할 미지의 양은 수가 아니라 함수였으며, 한 예를 들자면 다음과 같다.

$$\frac{d^2y}{dx^2} + 2a\frac{dy}{dx} + p^2x = 0$$

이 미분방정식의 y는 x에 관한 삼각함수와 지수함수의 형태로 구해질 수 있다. 이런 미분방정식을 다루는 데 대한 리의 아이디어는 보통의 대수방정식을 다루는 데 대한 갈루아의 방법과 비슷했다. 하지만 갈루아 이론이 치환에 관한 유한군을 이용했음에 비해 리는 새로운 연속적인 군을 사용한다는 점에서는 달랐다.

클라인이 에를랑겐 프로그램을 들고 나왔을 때 이런 문제들에 사뭇 깊이 빠져 있었던 리는 변환군의 전체 주제가 너무 광범위하고 복잡해서 클라인이 제시한 엄밀한 분류가 어려울 것이라는 생각으로 기울었다. 하지만 한 해가 지난 뒤 그의 생각은 바뀌었다. 단순히 평면에 국한되지 않고 가장 일반적 종류의 다양체에서 이루어지는 작용에 관한 완전한 연속군(continuous group)의 이론을 구축하는 게 가능하며 그 귀결은 높은 수준의 미적분에도 적용될 수 있다. 리는 그런 이론을 개발하는 데에 착수했으며, 이렇게 완성된 이론에는 오늘날 그의 이름이 붙어 있다[리군(Lie group)이라고 부른다. — 옮긴이].[145]

§ 13.10　기하학의 군화를 위해 클라인이 선포한 에를랑겐 프로그램, 리가 개발한 연속군의 이론, 1890년 무렵 환론 속에서의 힐베르트의 발견 등에 힘입어 19세기 대수학과 대수 기하학의 구도는 거의 완성되었다. 하지만 지금까지 제시된 나의 설명에는 한 나라가 빠졌는데, 대수 기하학에 대한 장을 이대로 마무리한다는 것은 용인될 수 없는 일이다.

오늘날 우리가 알고 있는 이탈리아라는 나라는 1860년대에 성립했는데, 이는 19세기 중반 내내 흘러 넘쳤던 국가 의식의 부활 운동 덕분이었다. 이렇게 나라를 세우는 데에 성공함으로써 더 이상 이런 쪽에 정신력을 낭비하지 않게 된 이탈리아인들은 위대한 수학적 전통을 되찾기에 노력했으며, 그 결과 19세기 후반에는 다음과 같은 우수한 수학자들을 거느리게 되었다 : 엔리코 베티(Enrico Betti, 1823~1892), 프란체스코 브리오스키(Francesco Brioschi, 1824~1897), 루이지 크레모나(Luigi Cremona, 1830~1903), 에우제니오 벨트라미(Eugenio Beltrami, 1835~1899).

이와 같은 이탈리아 수학자들에 대해 리만은 강한 영향력을 미쳤다. 1860년대 초 결핵에 걸려 연구에 장애를 겪게 된 리만은 따뜻한 기후를 찾아 이탈리아로 떠났으며 그곳에 머무는 동안 몇몇 수학자들과 교분을 나누었다. 이에 비춰 보면 리만이 개발한 기하학의 현대판이라고 할 텐서해석학(tensor calculus)을 배우는 학생들이 19세기 말의 두 이탈리아 수학자의 이름과 마주치게 되는 것은 우연이라 할 수 없는데, 그들의 이름은 그레고리오 리치(Gregorio Ricci, 1853~1925)와 툴리오 레비-치비타(Tullio Levi-Civita, 1873~1941)이다.

이 이탈리아 수학자들은 기하에 특히 강했다. 이들은 자신들이 관심을 가진 분야[어떤 수학사가는[146] 이를 '현대적 고전 기하학(modern classical geometry)'이라고 불렀다]의 연구를 위해 곡선과 곡면을 탐구하는 데 썼던 19세기 중반의 접근법을 취하여 20세기까지 끌어들여 왔다. 이는 바로 1860년대와 70년대 사이에 태어났던 이탈리아 기하학자들의 업적이며, 이 둘째 무리에 속하는 수학자들로는 다음 사람들을 꼽을 수 있다 : 코라도 세그레(Corrado Segre, 1863～1924), 구이도 카스텔누오보(Guido Castelnuovo, 1865～1952), 페데리고 엔리케스(Federigo Enriques, 1871～1946), 프란체스코 세베리(Francesco Severi, 1879～1961).

하지만 이 기하학자들의 연구가 성숙 단계에 이르렀을 무렵 대수 기하학은 더 이상 매력적인 분야가 아니게 되었다. 그런데 이는 단순히 수학적 유행의 변덕스런 변화가 아니었다. 1910년대에 들어 퐁슬레와 플뤼커가 100년 전에 발진시켰던 '현대적 고전 기하학' 분야에서 근본적이고도 논리적인 문제들이 나타나기 시작했다. 그리하여 대수 기하학은 힐베르트와 클라인이 내놓았던 방법에 의해 면밀한 검토를 받게 되었으며, 이는 다음 장에서 이야기할 주제들 가운데 하나이다. 그러므로 여기서 나는 단지 대수 기하학이 20세기에 들어 새로운 대수적 도구들로 인해 변화를 겪게 될 때까지 이탈리아 수학자들의 연구 때문에 활기를 유지해 왔다는 사실을 지적하고자 할 따름이다.

나는 현대적 고전 기하학이 마무리된 시점은 미국의 수학자 줄리언 쿨리지(Julian Coolidge, 1873～1954)가 『대수적 평면곡선에 관한 소론 (*A Treatise on Algebraic Plane Curves*)』이란 책을 펴낸 1931년으로 보는 게 좋을 것이라고 생각한다. 매사추세츠주의 브루클린(Brookline)에서[147] 1873년에 태어난 쿨리지는 생애의 대부분을 하버드 대학교에서 교수로 보냈으며, 1927년부터 1940년에 은퇴할 때까지 그 고상한 대학의 수학과 학과장으로 지냈다. 그가 펴낸 위 책의 헌정사는 다음과 같다.

AI GEOMETRI ITALIANI MORTI, VIVENTI
(세상을 떴거나 살아있는 이탈리아의 기하학자들에게)

§14

대수적 이것, 대수적 저것

§ 14.1　클라인의 에를랑겐 프로그램이라는 편리한 이정표가 세워진 것을 계기로 1870년 무렵부터 대수에 대한 새로운 이해가 수학 전반에 적용되기 시작했다. 행렬, 대수, 군, 다양체 등 19세기 대수학자들이 발견한 새로운 수학적 대상들이 기하학, 위상 수학, 수론, 함수론과 같은 다른 분야들의 문제를 푸는 도구들로 사용되기 시작했던 것이다. 기하학에 관한 한 이러한 대수화의 경향은 제13장에서 이미 어느 정도 이야기한 셈이다. 이제 여기서는 대수적 위상 수학과 대수적 수론도 다루고, 대수 기하학도 19세기 말부터 20세기 초와 중반까지 더 진행된 내용을 살펴보고자 한다.

§ 14.2　대수적 위상 수학(*Algebraic Topology*). 위상 수학은 길잡이6에서 이야기했듯 일반적으로 고무판 기하학으로 소개된다. 여기

서는 예를 들어 구면과 같은 이차원 곡면을 매우 신축성이 좋은 물질로 만들어졌다고 상상한다. 위상 수학자들은 이 고무공의 표면을 늘이거나 줄여서 만들 수 있는 다른 모든 표면은 구면과 같다고 본다. 물론 위상 수학을 수학적으로 좀 더 정확하게 수립하기 위해서는 여기에 몇 가지 덧붙일 게 있다. 구체적으로 상황에 따라 조금씩 다르기는 하지만, 어떤 유한한 영역을 무차원의 점으로 줄이거나 면이 그 자신과 교차하도록 하려면 자르거나 붙이거나 꼬집는 등의 작업을 할 때 어떤 일정한 규칙들을 따라야 한다. 하지만 여기서는 앞서 말한 것과 같은 낯익은 고무판 기하학으로 생각하면 충분하다.

위상 수학은 19세기 말이 다 되도록 대수와 별 관계를 맺지 못했다. 또한 초기의 발달 과정은 아주 느리게 진행되었다. 'topology'라는 용어는 1840년대에 괴팅겐 대학교의 수학자 요한 리스팅(Johann Listing, 1808~1882)이 처음 사용했다. 리스팅의 아이디어들 가운데 많은 것들은 그와 친했던 가우스에게서 유래한 것 같다. 하지만 가우스는 위상 수학에 대해 아무것도 펴내지 않았다. 1861년 리스팅은 오늘날 우리가 뫼비우스의 띠라고 부르는, 면이 하나밖에 없는 곡면에 대해 서술한 논문을 발표했다(그림 14-1 참조). 뫼비우스는 이보다 4년 뒤에 이에 대해 썼는데, 어쩐 일인지 그의 논문이 수학자들의 눈길을 더 많이 끌었다. 이를 바로잡기는 이미 너무 늦은 것 같지만 그림 14-1에 나는 미미하나마 응분의 보상을 해준다는 뜻에서 리스팅의 이름을 올렸다. 참고적으로 그림 길잡이 6-3의 도형에서 동그랗게 돌아가며 띠를 잘라내면 이는 위상적으로 리스팅띠(Listing strip)와 동등한 것이 된다.[148]

베른하르트 리만은 자신과 교차하는 복잡한 곡면을 사용하여 함수들을 이해했고 이 내용을 1851년 박사 학위 논문에 발표했으며, 이것도 위

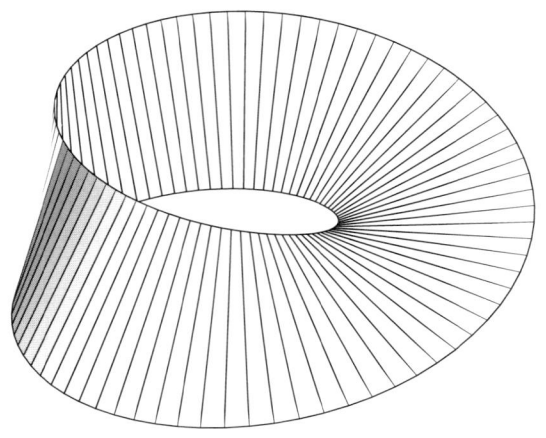

그림 14-1 리스팅띠(Listing strip).

상수학의 아이디어가 부각되도록 하는 한 계기가 되었다. 카미유 조르당은 곡면을 그 안에 담겨 있는 고리, 곧 폐곡선들을 조사함으로써 연구하는 아이디어를 떠올렸다(§13.7 참조)(여기의 '곡면'은 '공간'으로 해야 더 타당하지만 시각적으로 쉽게 상상할 수 있도록 하기 위하여 '곡면'으로 대신했다).

예를 들어 구의 표면에서 한 점을 택했다고 생각해 보자. 이 점에서 시작하여 어떤 고리를 그리면 다시 출발점으로 돌아온다. 이제 이 상황에서 다음과 같은 질문을 한다 : "이 곡면을 떠나지 않고 이 고리를 위상 수학의 일반적 변형에 어긋나지 않게 수축시킴으로써 출발점과 같은 크기로 만들 수 있는가?" 다시 말해서 "이 고리를 연속적으로 매끄럽게 수축시켜서 점으로 만들 수 있는가?" 물론 그럴 수 있다. 나아가 구면 위에서는 어떤 고리이든 마찬가지이다.

하지만 원환면(torus)에서는 그렇지 않다. 그림 14-2의 c는 점 P로 수축될 수 있지만 a와 b의 경로는 그럴 수 없다. 그러므로 이런 경로들

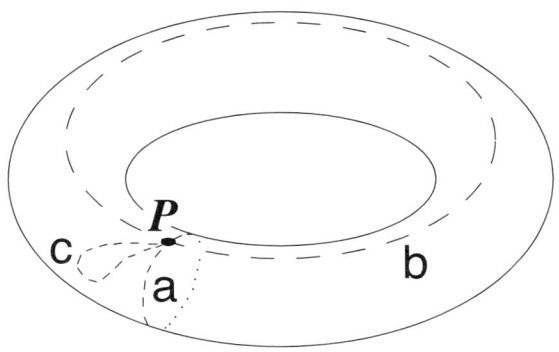

그림 14-2 원환면(torus)의 고리들.

에 대한 연구는 정말로 우리에게 곡면의 위상 수학에 대해 뭔가 이야기해 줄 게 있을 것 같다.

이런 아이디어들은 1895년 프랑스 파리의 에콜폴리테크니크에 있던 탁월한 수학자 앙리 푸앵카레(Henri Poincaré, 1854~1912)에 의해 대수화되었다. 푸앵카레는 다음과 같은 논리를 폈다. 곡면에서 가능한 모든 조르당 고리(Jordan loop), 곧 출발한 뒤 다시 출발점으로 돌아오는 모든 경로를 생각한다. 이 기점(base point)을 고정시킨 채 모든 고리들을 여러 묶음으로 나누는데, 어떤 두 고리들이 매끄럽게 변형되어 서로 일치될 수 있다면(위상적으로 서로 동등하다면) 같은 묶음 속에 포함시킨다. 이런 묶음의 수는 아무리 많아도 상관없다. 다음으로 이렇게 나눈 묶음들에서 각각 하나씩 골라 짝짓는 방법을 다음과 같이 규정한다: "먼저 어떤 묶음의 한 경로를 따라 지나간 뒤, 이어서 다른 묶음의 한 경로를 따라 지나간다(각 묶음에서 어떤 경로를 택하든 상관없다)."

여기서 우리는 고리의 묶음이라는 원소들의 집합과 이것들을 결합하여 또 다른 경로를 얻는 방법을 갖게 되었다. 그렇다면 이 고리의 묶음들은 군을 이룰 것인가? 푸앵카레는 이를 증명했으며, 이렇게 하여 대수적 위상 수학이 탄생했다.

이로부터 조금만 나아가면 임의의 곡면에 대한 기본군(fundamental group)의 개념에 이른다. 다만 이때 어떤 고리의 특정 기점에 대한 의존성을 없애야 하는데, 실제로는 위에서 내가 정의한 것과 같은 정확한 조르당 고리일 필요는 없다. 이 군의 원소들은 곡면 위의 경로들의 묶음들이며, 두 묶음들 사이의 결합 규칙은 "어떤 묶음의 한 경로를 지나간 뒤, 다른 묶음의 한 경로를 지나간다"는 것이다.

구면의 기본군은 알고 보면 원소가 하나뿐인 자명군(trivial group)이다. 구면에서의 모든 고리는 연속적으로 매끄럽게 변형되어 기점으로 줄어들 수 있으며, 따라서 단 하나의 묶음만 나온다.

이와 달리 원환면의 기본군은 $C_\infty \times C_\infty$라고 알려진 것이다. 이는 언뜻 신경을 곤두서게 하지만 알고 보면 어렵지 않다. 이 군의 원소를 모든 정수들의 가능한 쌍인 (m, n)으로 쓰고, 결합 규칙은 덧셈을 사용하여 $(m, n) + (p, q) = (m + p, n + q)$와 같이 쓰기로 한다. 한 원소 (m, n)은 그림 14-5의 a 경로를 m번 돌고 난 뒤 b 경로를 n번 돈 것을 가리킨다. m이나 n이 음수인 경우는 반대 방향으로 도는 것으로 여기면 된다. 예를 들어 a 경로를 m번 도는 것은 기점 P에서 출발하여 원환면을 마치 나선과 같은 방식으로 감아 돌다가 다시 P 점으로 돌아오는 것으로 상상하면 이해하는 데에 도움이 될 것이다. 이 정수 쌍은 간단한 결합 규칙을 토대로 $C_\infty \times C_\infty$라는 군을 이룬다.[149]

나는 앞서 구면의 기본군은 원소가 하나뿐인 자명군이라고 말했다. 하지만 이 사실 자체는 결코 가벼이 여길 수 없다.

밝혀진 바에 따르면 한 원소만 있는 자명군을 가진 모든 이차원 곡면은 위상적으로 구면과 동등하다. 그런데 삼차원 공간에 담겨있는 이차원 구면을 더 높은 차원에서 확장해서 생각해볼 수 있다. 예를 들어 사차원 공간에 담겨 있는 구면은 '휘어진 삼차원 곡면'으로 여길 수 있으며, 이처럼 사차원 이상의 공간 속에 담긴 가상의 구면을 흔히 초구면(hyper-sphere)이라고 부른다.[150] 그러면 이 단계에서 다음과 같은 의문이 떠오른다 : "사차원 공간에 있으면서 원소가 하나뿐인 자명군을 가진 모든 삼차원 곡면은 그곳의 초구면과 위상적으로 동등한가?"

앙리 푸앵카레가 1904년에 내놓은 유명한 푸앵카레 추측(Poincaré conjecture)은 이에 대해 "그렇다"고 답한다. 하지만 이 책을 쓰고 있는 2005년 말 현재까지 이 추측은 증명되지도 반증되지도 않았다. 그런데 아마 그럴 것 같으며, 러시아의 수학자 그리고리 페렐만(Grigori Perelman, 1966 ~)은 2002년에서 2003년 사이에 내놓은 일련의 논문들을 통해 실제로 그렇다고 주장하는 증명을 내놓았다. 2005년 말 현재 많은 수학자들이 페렐만의 증명을 면밀히 검토하고 있다. 그리고 비공식적이기는 하지만 페렐만이 정말로 증명해냈다는 데 대해 차츰 많은 사람들이 동의하고 있다는 소식들이 전해온다. 푸앵카레 추측은 매사추세츠주의 케임브리지에 있는 클레이수학연구소(Clay Mathematics Institute)가 각각 백만 달러의 현상금을 내건 7대 난제(Millennium Prize Problems)라는 유명한 미해결 수학 문제들 가운데 하나이다. 만일 이 증명이 옳은 것으로 밝혀지면 페렐만의 재산은 백만 달러 더 늘어날 것이다(페렐만의 증명은 2006년 말에 옳다고 판명되었는데, 놀랍게도 페렐만은 이 밀레니엄상뿐 아니라 수학 분야의 가장 영예로운 상으로 '수학의 노벨상'이라고 불리기도 하는 필즈상(Fields Medal)도 거절하고 은둔 생활을 하고 있다. ― 옮긴이).

어떤 수학 이론이 추측들을 퍼뜨리기 시작할 때쯤이면 아주 활기찬 단계에 이르렀다고 말할 수 있다. 위상 수학은 푸앵카레가 1895년에 펴낸 『위치해석(*Analysis situs*)』이란 책을 계기로 이런 단계에 접어들었다. 그리고 이 책 때문에 리스팅의 연구가 앞섰지만 위상 수학은 초창기의 몇십 년 동안 '위치해석'이라고 불리게 되었다. '위상 수학(topology)'이라는 용어는 1930년대에 들어서야 비로소 널리 쓰이게 되었는데, 내 생각에 그 공로는 솔로몬 레프셰츠에게 돌아가야 할 것 같으며, 곧이어 그에 대해 이야기한다.

§ 14.3 푸앵카레가 현대 위상 수학의 창시자라고 보는 데에는 기이한 모순이 있다.

수학자들에게 위상 수학은 사실 기하학적인 것과 해석학적인 것의 두 가지 풍미로 다가온다. 나는 여기서 '해석학'이란 용어를 수학적 의미로 사용하고 있으며, 이에 따르면 이 분야는 함수와 극한과 미적분 그리고 무엇보다도 연속에 대해 다룬다. 지금까지 '매끄럽고 연속적인 변형(smooth and continuous deformation)'이라는 표현을 여러 번 썼는데, 우리는 여기에 위상 수학적 관념이 연결되어 있다는 점을 감지할 수 있다. 사실 어떤 의미에서 볼 때 위상 수학은 한 곳에서 다른 곳으로 무한히 작은 구간을 미끄러지듯 지나가면서 이동한다는 과정에 내포된 매끈함과 연속성의 관념, 곧 해석적 사고방식이 뒷받침되지 않으면 제대로 성립할 수 없다.

수학적 전문 용어로 말하자면 '해석적(analytical)'의 반대말은 '조합적(combinatorial)'이다. 조합 수학(combinatorial math)에서는 하나, 둘, 셋, …… 등으로 헤아릴 수 있을 뿐 그 사이에는 아무것도 없는 대상들을 다룬다. 이어지는 정수들 사이에는 아무것도 없으므로 한 곳과 다른 곳을 매끄럽게 이어주는 경로도 없다. 이것들 사이를 이동하려면 텅 빈 허공을 건너뛰어야 한다. 해석수학(analytical math)이 연속적인 공간을 매끄럽게 미끄러져 가는 레가토(legato)(음들을 끊지 않고 부드럽게 이어서 연주하는 주법. — 옮긴이)라면 조합 수학은 한 정수에 다른 정수로 과감히 건너뛰는 스타카토(staccato)(음들을 낱낱이 끊어서 연주하는 주법. — 옮긴이)이다.

이제 위상 수학을 보면 이것은 매끄럽게 연속적으로 한없이 줄어들거나 늘어나는 고무판을 사용하므로 모든 수학 분야들 가운데 가장 레가토적이어야 한다. 그런데 스위스의 수학자 시몬 루일리어(Simon l'Huilier, 1750~1840)가 1813년에 발견한 최초의 위상적 불변량인 도넛 모양의 구멍들의 수는 정수이다. 위상적으로는 신발끈을 팬케이크로 바꿀 수 없고 팬케이크를 벽돌로 바꿀 수 없다는 데에서 보듯 차원도 위상적 불변량인데 이것도 정수로 주어진다. 푸앵카레가 발굴해낸 기본군도 소푸스 리가 연구한 것과 달리 연속군이 아니다. 하지만 §길잡이 1.3에서 정의한 바에 따르면 헤아릴 수 있는 성격의 것이다. 그 수는 무한히 많을 수 있지만 여전히 하나, 둘, 셋, ……과 같이 셀 수 있다. 그러나 연속군에서는 이렇게 할 수 없다. 따라서 위상 수학에서 흥미로운 것들은 모두 레가토가 아니라 스타카토인 것 같다.

푸앵카레와 관련된 역설은 그가 해석학, 특히 미분방정식과 관련된 문제들을 통해서 위상 수학으로 들어섰다는 점에 있다. 하지만 그의 결과는 물론 『위치해석』에서의 그의 마음은 온통 조합적인 것에 쏠려 있었다. 오늘날 일반적으로 점집합 위상 수학(point-set topology)이라고 부르는 해석적 접근법에 대해 푸앵카레는 거의 흥미를 느끼지 못했다.

이와 같은 모순은 대수적 위상 수학 분야에서 푸앵카레의 가장 중요한 후계자인 네덜란드의 수학자 루이첸 브로우베르(Luitzen Brouwer, 1881~1966)에게서 더욱 뚜렷이 드러난다. 사실 차원이 위상적 불변량이란 점을 증명한 사람은 바로 그이며, 이는 1910년의 일이었다. 그런데 현대 수학에서 더욱 중요한 것은 아래와 같은 그의 부동점 정리(fixed-point theorem)이다.

브로우베르의 부동점 정리(fixed-point theorem)

n구속(n-ball)의 모든 (자기) 연속사상은 부동점을 가진다. [예를 들어 '3구속(3-ball)'은 우리가 일상적으로 말하는 '공의 내부'를 가리킨다. 반면 이 '공의 겉면'은 '2구면(2-sphere)'으로 부른다. 곧 'n구속'의 겉면을 '$(n-1)$구면'이라고 부르는데, 수학자들 사이에서도 이와 같은 용어들이 혼란을 불러일으킬 가능성이 있다는 점에 대해 논란이 있다. ― 옮긴이]

---

n구속은 단위 길이의 반지름을 가진 원판이나 구를 임의의 n차원에서 확장해서 생각한 도형이다. 이차원의 경우 이 정리는 단위원 안의 어떤 두 점을 매끄럽게 움직이는 과정을 통해, 다시 말해서 본래 아주 가까웠던 두 점은 언제까지나 아주 가까운 거리에 있도록 하는 방식을 통해 처음에 있던 곳과 다른 곳으로 이동시킬 경우 어느 한 점은 본래의 자리로 돌아오게 된다는 뜻을 나타낸다.

부동점 정리는 몇 가지 즉각적인 확장 정리들과 함께 많은 귀결들을 이끌어낸다. 예를 들어 컵에 든 커피를 조심스레 유연하게 저었다고 하

자. 그러면 커피 안의 한 점은 본래 있었던 곳으로 돌아오게 된다는 뜻이며, 이런 경우 커피 안의 어떤 분자 하나가 그렇게 행동한다고 보면 무방할 것이다. 위상 수학적으로 말하면 컵 속의 커피는 '3구속(3-ball)'이다. 이것을 저으면 그 안의 각 분자들은 커피 속의 어떤 점 X에서 역시 커피 속의 다른 점 Y로 옮겨가며, 이것이 바로 '(자기) 연속사상'의 한 예이다. 이보다 덜 자명하게 보이는 예도 있다. 책상 위에 놓은 한 장의 큰 종이 위에 다른 작은 종이를 올리고 펜으로 작은 종이의 윤곽선을 큰 종이 위에 그린다. 그런 다음 작은 종이를 마음대로 구겨서 그려 놓은 윤곽선 안에 올려놓는다. 그러면 구긴 종이에 있는 점들 가운데 적어도 하나는 윤곽선을 그렸을 때 있었던 애초의 자리에서 정확히 수직적으로 겹치는 곳으로 돌아온다.[151]

브로우베르의 위상 수학에 숨어 있는 모순은 그가 얻어낸 이 결과가 자신의 철학적 취향에 어긋난다는 데에 있다. 보통의 수학자라면 이런 것에 별로 괘념치 않을 것이다. 하지만 브로우베르는 아주 철학적인 수학자여서 문제였다. 그는 형이상학적 문제에 사로잡혀 있었는데, 사실 정확히 말하자면 수학의 근본에 대한 확실한 철학을 찾고자 하는 반형이상학적 과제에 몰두하고 있었다.

이 목표를 위해 브로우베르는 직관주의(intuitionism)라고 불리는 철학을 주창했는데 이는 모든 수학의 근거를 인간의 순차적 사고 활동에 두고자 하는 주의였다. 브로우베르에 따르면 수학적 명제는 우리의 육체적 감각을 초월하지만 어찌어찌 이성적으로는 접근할 수 있는 어떤 플라톤적 영역에 자리 잡은 고차원의 실체 같은 것이라서 참인 것은 아니다. 또한 브로우베르와 같은 시대에 러셀과 힐베르트가 각각 내놓은 논리주의(logicism)와 형식주의(formalism)의 주장처럼 언어적 기호들로 진행되는 게임 규칙을 따르는 것이라서 참인 것도 아니다. 이는 오직 우리가 이룩한 어떤 적절한 정신적 구성을 통해 그것이 참이란 점을 경험하기 때문에 참일 뿐이다. 브로우베르의 견해를 아주 개략적으로 말하자면 수학을 이루는 것은 우리의 감각을 초월한 곳에 있는 어떤 창고에서 꺼내온 것도 아니고 임의의 규칙에 따라 종이 위에 늘어놓은 단순한 기호나 언어도 아니다. 그것은 궁극적으로 시간에 대한 우리의 직관에 근거한 생물학적 활동의 사고이며, 이는 인간적 본질의 한 부분이다.

가장 단순하게 표현하자면 직관주의란 바로 이런 것으로, 이로부터 방대한 문헌들이 도출되었다. 아마 철학적 소양이 있는 독자라면 여기에 칸트와 니체(Friedrich Nietzsche, 1844~1900)의 영향이 깔려 있음을 느낄 수 있을 것이다.[152]

그런데 사실 이런 생각을 품은 사람은 브로우베르만이 아니었다. 이와 비슷한 생각들은 칸트를 지나 적어도 데카르트에 이르는 시절부터 현대적인 수학의 역사에 흘러 들어왔다고 봐야 한다. 나는 사원수의 발견자인 윌리엄 해밀턴 경도 직관주의자의 한 사람이라고 여긴다(제8장 참조). 1835년에 펴낸 「순수 시간의 과학으로서의 대수에 대하여(On Algebra as the Science of Pure Time)」라는 제목의 논문에서 그는 주로 기하학에 비춰보며 직관(intuition)과 구성(construction)을 토대로 세운 칸트의 아이디어를 대수에까지 끌어오려는 시도를 펼쳤다.

19세기 후반 레오폴트 크로네커(Leopold Kronecker, 1823~1891)는 직관주의라는 용어가 나오기 전의 직관주의자라고 말할 수 있다. 그는 게오르크 칸토어(Georg Cantor, 1845~1918)가 집합론에 '완성된 무한'이란 관념을 끌어들인 데 대해 격렬하게 반박했다. 크로네커는 $\mathbb{R}$과 같은 셀 수 없는 집합은 수학에 속하지 않으며, 수학은 이런 것이 없어도 수

립될 수 있다고 주장했다. 이런 관념들은 바람직하지 않은 불필요한 형이상학적 논의를 야기하게 되며, 따라서 수학은 헤아림과 대수와 계산에 근거를 두어야 한다.

브로우베르는 20세기에 들어 이러한 일련의 사고들을 통합하여 미국의 에렛 비숍(Errett Bishop, 1928∼1983)과 같은 후세의 수학자들에게 전해 주었다. 예전에는 브로우베르와 비숍의 견해는 각각 직관주의와 구성주의(constructivism)라고 불렸는데, 오늘날 이 모두는 구성주의로 알려지고 있으며, 미국의 대표적인 인물로는 쿠랑연구소(Courant Institute)에 있는 해럴드 에드워즈 교수를 들 수 있다. 그가 2004년에 펴낸 『구성수학론(Essays in Constructive Mathematics)』을 비롯한 여러 저서들은 이 접근법을 아주 잘 설명해 준다.

에드워즈 교수는 강력한 컴퓨터를 쉽게 이용할 수 있게 됨으로써 구성주의는 활짝 꽃을 피울 수 있게 되었으며, 언젠가 모든 사람들의 생각이 적절히 조정되고 나면 1880년 이래 이루어진 수학의 많은 부분은 잘못 이해된 것으로 여겨질 것이라고 말했다. 나는 이런 예측을 판단할 만한 자격을 갖추지 못했다. 하지만 기질적으로 나는 구성주의적 접근이 아주 마음에 들며, 이 책에서 많이 인용했다는 데에서 독자들도 짐작했겠지만 에드워즈 교수가 쓴 책들의 열성 팬이 되었다. 제13장에서 이야기한 수학적 모델 만들기와 손으로 곡선 그리기도 구성주의적 풍미가 짙게 스민 것이라고 하겠다.

어쨌든 브로우베르가 20대 말과 30대 초에 했던 대수적 위상 수학에 대한 연구는 그 자신을 철학적으로 당황하게 했던 것으로 보인다. 10년 뒤 브로우베르 아래에서 연구를 했던 같은 나라 출신의 베르덴은 미국수학회보(Notices of the American Mathematical Society)와 가졌던 인터뷰에서 다음과 같이 말했다.

> 브로우베르의 가장 중요한 기여는 위상 수학 분야의 연구였다. 하지만 그는 이에 대한 강좌는 연 적이 없고 언제나 오직 직관주의의 기초에 대해서만 강의했다. 아마 그는 위상 수학에 관한 자신의 결과들이 직관주의의 관점에서는 옳지 않았기 때문에 더 이상 스스로 그 타당성을 믿지 못했던 것으로 보이며, 이에 따라 지금까지 했던 연구들은 물론 그의 가장 위대한 결론마저도 자신의 철학에 따라 오류라고 판단했다. 브로우베르는 너무나 자신의 철학을 사랑했던 참으로 기이한 사람이었다.

§ 14.4 대수적 수론(*Algebraic Number Theory*). 이 용어는 정확히 규정하기가 까다롭다. 대수적 수(algebraic number)라는 수학적 대상이 있으므로 대수적 수론은 언뜻 이에 대한 연구라고 여기기 쉽다. 대수적 수는 하나의 미지수에 대해 정수 계수를 가진 다항방정식의 해가 되는 수를 가리킨다. 먼저 모든 유리수는, 예를 들어 $\frac{119}{242}$은 $242x - 119 = 0$이라는 방정식의 해라는 점에서 보듯, 모두 대수적 수에 속한다. 어떤 유리수와 일반적인 사칙연산 기호와 제곱근 기호들로 이루어진 수식도 대수적 수를 나타낸다. 그 예로는 $\sqrt[7]{18 - \sqrt{11}}$이 $x^{14} - 36x^7 + 313 = 0$이란 방정식의 해라는 것을 들 수 있다. §11.5에서 이야기한 갈루아의 연구에 따르면 오차 이상의 수많은 방정식들의 해가 이와 같은 방식으로 표현될 수 없지만 정의상 그 해들도 대수적 수에 속한다. 반면 많은 수들이 대수적 수에 속하지 않으며, π는 가장 널리 알려진 예이다. 이처럼 대수적 수가

아닌 수들은 초월수(transcendental number)라고 부른다. π가 초월수라는 점은 독일 수학자 페르디난트 린데만(Ferdinand Lindemann, 1852~1939)이 1882년에 처음 증명했다. 대수적 수에 대해서는 §12.3, §12.4에서 이야기한 가우스와 쿠머의 연구를 토대로 방대한 연구가 이루어졌다. 따라서 이런 연구들을 대수적 수론이라고 부를 수 있으며, 수학자들도 흔히 그렇게 본다.

그런데 군과 같은 현대적인 대수적 개념들이 전통적이고 일반적인 수론의 문제를 다루는 데에 아주 유용하다는 점이 드러났다. 이런 문제들 가운데 주목할 만한 것으로는 타원곡선 위에서 유리점(rational point)을 찾는 것을 들 수 있다. 언뜻 이는 우리를 주눅이 들게 하는 것 같지만 그 유래는 예를 들어 $x^3 = y^2 + x$와 같은 다항방정식의 유리수 해를 찾는 디오판토스의 문제로 곧장 거슬러 올라간다(§2.8 참조). 이 방정식의 y를 x에 대해 그래프로 그리면 수학자들이 타원곡선이라고 부르는 게 나온다. 디오판토스의 해들 가운데 하나는 x와 y좌표가 유리수인 점에서 얻어진다. 그런데 과연 그런 점들이 있는가? 있다면 얼마나 많이 있는가? 그리고 어떻게 찾을 것인가? 이런 의문들은 별로 흥미롭지 않게 들린다. 하지만 실제로 이는 아주 경이롭고도 매력적이기까지 한 현대 수학의 한 분야와 중요한 미해결 문제로 이어지는데, 그 문제의 이름은 버치와 스위너튼-다이어 추측(Birch and Swinnerton-Dyer conjecture)이다.[153]

대수적 수론의 범주에 속하는 또 다른 주제로는 푸앵카레가 대수적 위상 수학을 막 출범시켰을 무렵에 발견된 완전히 새로운 종류의 수였는데, 이는 수라면 마땅히 그래야 하듯 환과 체 안에서 만들어졌다. 이 분야의 수학은 다비트 힐베르트의 고향인 독일의 쾨니히스베르크에서 힐베르트보다 불과 25일 앞서 태어난 쿠르트 헨젤(Kurt Hensel, 1861~1941)

이 열었다. 헨젤은 베를린에서 크로네커의 지도 아래 수학을 공부한 뒤 독일 북서부에 있는 마르부르크(Marburg)에서 교수 생활을 시작하여 1930년에 은퇴할 때까지 그 자리를 지켰다. 대수학에서 헨젤의 중요성은 p겹 수(p-adic number)의 발견에 있는데, 1897년 무렵에 이룬 이 업적은 수론에 대한 대수학의 찬란한 응용 가운데 하나이다.

p겹 수에서의 p는 어떤 소수를 나타낸다. 아래의 설명에서 나는 $p = 5$를 택하여 진행한다. 이 설명은 먼저 '5겹 정수(5-adic integer)'로 시작하며, 이 동안에는 잠시 '5겹 수(5-adic number)'라는 개념은 잊어버리도록 한다. 독자 여러분은 아마 시계 산술(clock arithmetic)이란 개념을 알고 있을 것도 같은데, 이 산술에서는 0부터 $n-1$까지의 n개의 정수를 사용한다. 예를 들어 $n = 12$를 택하면 우리는 보통의 시계를 이용한 산술을 하게 되는데, 다만 이 시계의 문자판에는 12 대신 0이 그려진다. 이 시계에서 9에 7을 더하면, "9시에서 7시간이 지나면 몇 시인가?"라는 문제의 답을 구하는 것과 같으므로, 4가 나온다. 수학에서는 이 상황을 다음과 같이 나타낸다.

$$9 + 7 \equiv 4 \pmod{12}$$

좋다. 이제 5의 제곱수들을 써보자 : 5, 25, 125, 625, 3125, 15625, ……. 그리고 5에 대해서는 0에서 4, 25에 대해서는 0에서 24의 숫자를 사용하는 것처럼, 이 각각에 대한 시계를 만든다. 다음으로 첫 번째 시계에서 임의의 수 하나, 예를 들어 3을 택하고, 두 번째 시계에서 이에 대응하는 임의의 수를 하나 고른다. 여기에서 '대응'한다 함은 5로 나누었을 때 나머지가 3인 수들을 가리킨다. 따라서 두 번째 시계에서는 3, 8, 13, 18, 23 가운데 하나를 택할 수 있는데, 여기서는 8을 택하기로 한다. 마찬가지로 하면 세 번째 시계에서는 25로 나누었을 때 나머지가 8인 수들 가운데 하나를 임의로 고르면 된다. 그 대상으로는 8, 33, 58, 83, 108이 있는데, 여기서는 58을 택하며, 이하 같은 과정을 무한히 되풀이한다. 그러면 결과적으로 하나의 수열을 얻게 된다. 이것들을 한데 모아 괄호 속에 써서 x라고 부르면 x는 다음과 같이 나타내진다.

$$x = (3, \ 8, \ 58, \ 183, \ 2683, \ \cdots\cdots)$$

이것이 '5겹 정수'의 한 예인데, 곧이어 '5겹 수'로 들어갈 예정이다. 이와 같은 5겹 정수가 2개 주어지면 이것들을 이루는 각 정수에 적절한 시계 산술을 적용하여 서로 더하는 방법을 만들 수 있다. 나아가 두 5겹 정수를 이용하는 뺄셈과 곱셈도 정의할 수 있다. 하지만 나눗셈이 언제나 가능하지는 않다. 이런 내용은 보통의 정수로 이루어진 $\mathbb{Z}$를 떠올리게 하는데, 여기서 우리는 덧셈과 뺄셈과 곱셈은 자유롭게 할 수 있지만 나눗셈은 반드시 그렇지 않다는 점이 같기 때문이다. 다시 말해서 이것은 환을 이루며, 구체적으로는 5겹 정수의 환이고, 흔히 기호로는 $\mathbb{Z}_5$로 나타낸다.

5겹 정수는 얼마나 많이 있을까? 위에 괄호로 묶은 수열의 첫 자리에는 0, 1, 2, 3, 4 가운데 하나를 넣을 수 있으므로 5가지의 방법이 있다. 둘째 자리에는 3, 8, 13, 18, 23 가운데 하나를 넣을 수 있으므로 역시 5가지의 방법이 있다. 이하 다른 자리들에서도 마찬가지이므로 모든 가능성의 수는 $5 \times 5 \times 5 \times \cdots\cdots$로서 무한대이다. 단순히 무한대라고 하기에는 좀 부적절하며, 특히 브로우베르의 관점에서는 더욱 그렇지만 이것은 $5^{무한대}$으로 쓸 수 있다고 하겠다.

이 수에는 이밖에 다른 어떤 모임이 있을까? 0과 1 사이의 모든 실수를 통상적인 10진법이 아니라 5진법으로 나타낸다고 생각해 보자. 예를 들어 $\frac{1}{7}$를 5진법으로 쓰면 0.124343243444234241323423032200423010 3420024⋯⋯가 된다. 이것의 각 자릿수는 0부터 4 사이의 다섯 가지의 가능한 수들 가운데 하나로 채워져 있으며, 이는 위에서 본 5겹 정수의 상황과 다를 게 없다! 따라서 5겹 정수는 사실상 0과 1 사이의 모든 실수와 동등하다.

이는 흥미로운 사실이다. 이제 우리는 정수처럼 행동하면서 그 수가 실수만큼이나 많은 대상들로 이루어진 환이 생겼다! 사실 두 5겹 정수들 사이의 '거리'를 정의하는 적절한 방법이 있는데, 이 정의에 따르면 임의의 두 5겹 정수 사이의 거리는 우리가 원하는 대로 얼마든지 작게 만들 수 있다. 그런데 이는 1보다 작은 거리만큼 떨어져 있을 수 없는 보통의 정수들에서는 볼 수 없는 현상이다. 따라서 5겹 정수는 어떤 면에서는 정수와 비슷하지만 다른 어떤 면에서는 실수와 비슷하다.

다음 단계로, 보통의 정수들로 이루어진 환 $\mathbb{Z}$를 이용하여 $\mathbb{Q}$라는 분수체(fraction field), 곧 유리수의 집합을 정의할 수 있는 것과 마찬가지로, $\mathbb{Z}_5$를 이용하여 $\mathbb{Q}_5$라는 분수체를 정의할 수 있다. 이 안에서는 덧셈과 뺄셈뿐 아니라 곱셈과 나눗셈도 가능하며, 이것이 바로 (5겹 '정'수가 아닌) 5겹 수의 체이다.

$\mathbb{Q}_5$도 $\mathbb{Z}_5$와 마찬가지로 양다리를 걸치고 있어서, 어떤 면에서 이는 유리수와 비슷하지만 다른 면에서는 실수와 비슷하다. 예를 들어 $\mathbb{Q}_5$는 완비성(completeness)이 있는데, 이는 실수에는 있지만 유리수에는 없는 성질이다. 이것은 우리가 5겹 수로 된 무한수열의 극한을 취하면 그 극한값은 역시 5겹 수라는 뜻이다. 이런 성질은 모든 체가 갖는 공통적 성질이 아니며 예를 들어 $\mathbb{Q}$에는 이런 성질이 없다. 이 점을 살펴보기 위해 $\mathbb{Q}$ 안에서 다음과 같은 수열을 만들었다고 생각해 보자.

$$\frac{1}{1}, \frac{3}{2}, \frac{7}{5}, \frac{17}{12}, \frac{41}{29}, \frac{99}{70}, \frac{239}{169}, \frac{577}{408}, \cdots$$

이 수열에 있는 각 수의 분모는 바로 앞에 있는 수의 분모와 분자를 더한 수이며, 분자는 바로 앞에 있는 수의 분자에 분모의 2배를 더한 수이다(예를 들어 29/41를 보면 $29 = 17 + 12$이고 $41 = 17 + 12 + 12$이다). 이 수열을 이루는 모든 수는 유리수의 집합 $\mathbb{Q}$에 속한다. 하지만 이 수열의 극한은 $\sqrt{2}$로서 $\mathbb{Q}$에 속하지 않으며[154] 따라서 $\mathbb{Q}$는 완비성이 없다.

그런데 우리는 무리수를 덧붙여 $\mathbb{Q}$가 완비성을 갖도록 만들 수 있다. 곧 $\mathbb{R}$은 $\mathbb{Q}$의 완비화(completion)이다. 하지만 정확히 말하면 $\mathbb{R}$은 $\mathbb{Q}$의 완비화들 가운데 하나일 뿐이다. p겹 수들은 $\mathbb{Q}$를 완비화할 다른 방법들을 제공하기 때문이다.

소수, 환과 체, 무한수열과 극한 등을 보면 우리는 여기에 수론과 대수학과 해석학의 관념들이 섞여있음을 알게 된다. 그리고 이것이 바로 p겹 수의 경이로움과 아름다움이다. p겹 수는 헨젤의 제자이자 마르부르크 석좌교수직을 이어받아 그의 궁극적 계승자가 된 헬무트 하세(Helmut Hasse, 1898~1979)에 의해 20세기 중반 수학의 전면으로 나서게 되었다. 하세가 p겹 수를 보통의 소수가 아니라 더 일반적인 소수들, 곧 §길잡이 5에서 살펴본 것들과 가우스와 쿠머가 복소수와 원분정수의 소인수분해를 통해 개발한 것들에 근거를 두게 함으로써 그 개념을 더욱 일반화했다.

하세는 1934년 마르부르크에서 괴팅겐으로 옮겨 갔는데, 여기에는 좀 흥미로운 이야기가 깔려 있다. 1933년 나치는 독일의 정권을 장악했다. 그리하여 괴팅겐의 유태인 교수들은 모두 쫓겨났고 §1.3에서 이야기한 노이게바우어처럼 유태인은 아니지만 나치를 싫어하는 교수들도 쫓겨나거나 아니면 항의의 표시로 자리를 떴다.

당시의 인종 분류 체계에 따르면 하세는 유태인이 아니었다. 하지만 조상 가운데 유태인이 있었으므로 인종적으로 순수하다고 할 수는 없었고 이 때문에 나치의 당원이 될 자격도 없었다. 그는 전혀 반유태적이지는 않았던 것으로 보인다. 그러나 강한 독일 민족주의자였으며 이에 따라 히틀러의 정책 가운데 인종주의와 무관한 것은 지지하고 나섰다.

노이게바우어가 물러나고 그의 후계자였던 헤르만 바일도 자신은 유태인이 아니었지만 유태인의 피가 섞인 아내 때문에 물러난 뒤 하세는 괴팅겐수학연구소의 소장으로 임명되었다. 하세는 정직한 민족주의자로서 순수한 의도로 독일 수학을 활성화하고자 했던 것으로 보인다. 그러나 나치 관료들은 그가 인종적으로 미심쩍을 뿐 아니라 지성적으로 국가 사회주의자들이 그다지 좋아하지 않는 이상주의에 치우친 점 때문에도 그를 고깝게 보았다. 그런데 정작 대학에서 물러나게 된 때는 히틀러가 패망하고 난 1945년의 일로써 영국 점령군에 의해서였다. 이미 40대 후반에 들어선 하세는 교수로서의 경력을 새롭게 세워가야 할 처지에 몰렸는데 그 자신은 이를 아무 불평 없이 해나갔다.

§ 14.5 대수 기하학(*Algebraic Geometry*). 나는 제13장에서 대수 기하학을 코라도 세그레, 구이도 카스텔누오보, 페데리고 엔리케스, 프란체스코 세베리와 같은 20세기 초의 이탈리아 수학자들이 발전시키면서 '현대적 고전 기하학'이라는 이름으로 불리기도 했다고 말했다. 또한 나는 1910년대에 들어 괴이한 수수께끼들이 나타남에 따라 이런 스타일의 기하학이 근본적인 위기를 맞기 시작했다고 지적했다. 이 문제들의 대부분

은 공간과 곡면들이 퇴화된 경우들에서 나오는데, 이는 §길잡이 6.3에서 이야기했던 원뿔곡선들이 퇴화된 경우와 비슷하다. 1920년대에는 이 문제들이 너무 심각해져서 마침내 더 이상의 발전이 곤란할 지경에 이르렀다.

이제 대수 기하학은 면밀한 검토를 받아 더욱 확고한 기반 위에 새롭게 세워져야 한다는 점이 명확해졌는데, 이는 마치 19세기에 코시부터 바이어슈트라스에 이르는 수학자들이 해석학을 재정립했던 과정과 비슷하다. 대수 기하학에 대해 1930년대와 40년대에 이루어졌던 검토 과정도 그때처럼 여러 수학자들의 공동 작업으로 이루어졌으며, 그 핵심은 기하학을 더욱 높은 단계의 추상화로 끌어올리는 데에 있었다.

나는 이미 펠릭스 클라인이 제시한 에를랑겐 프로그램에 대해 이야기했다. 거기에 담긴 아이디어는 19세기에 기하학이 번성하면서 혼란이 초래하자 이를 하나의 분류 원리로 정리하고자 하는 것이었다. 이에 의하여 사영 기하학, 비유클리드 기하학, 다양체(휘어진 공간)에 관한 리만의 기하학, 복소수 좌표를 사용한 기하학 등이 군이라는 분류 원리를 통해 체계적으로 정리되었다.

수학자들이 한번 클라인의 생각에 따라 새로운 기하학들을 어떤 체계적 분류가 필요한 여러 아이디어들의 단일한 묶음이라는 전체성으로 보게 되자 모든 기하학들에 공통되는 패턴과 원리들이 눈에 띄기 시작했다. 19세기 말부터 여러 수학자들이 기하학을 어떤 특정한 공간에 시각적으로 형상화된 점이나 선과 같은 대상들에 의존하지 않도록 완전히 추상화하려고 시도를 하였는데, 그중 몇 사람을 열거하면 다음과 같다 ; 독일 기센(Giessen)의 모리츠 파쉬(Moritz Pasch, 1843 ~ 1930), 이탈리아 토리노(Torino)의 주세페 페아노(Giuseppe Peano, 1858 ~ 1932), 독일 할레

(Halle)의 헤르만 비너(Hermann Wiener, 1857~1939).

다비트 힐베르트는 아직 쾨니히스베르크 대학교에서 사강사로 있을 때인 1892년에 이 문제를 붙들었다. 언젠가 그는 헤르만 비너의 강연을 듣기 위해 몇몇 동료들과 함께 할레로 갔는데, 비너는 이때 기하학의 추상화에 대한 자신의 아이디어를 설명했다. 쾨니히스베르크로 돌아오는 길에 힐베르트의 일행은 베를린에서 기차를 갈아타야 했다. 역에서 기차를 기다리면서 비너의 아이디어에 대해 이야기를 나누는 동안 힐베르트는 다음과 같이 말했다 : "우리는 점과 직선과 면 대신 책상과 의자와 맥주 컵을 사용해서도 똑같이 말할 수 있어야 합니다."[155] 이는 1830년에서 1850년 사이에 피콕과 그레고리와 드모르간이 대수에 대해서 이야기했던 것과 잘 대조된다는 점을 주목하기 바란다(§10.1 참조).

하지만 힐베르트는 이 기억할 만한 구절의 내용을 이후 6년 동안 실제 연구로 옮기지 않았는데 이 사이에 그는 괴팅겐의 교수로 자리 잡았다. 이윽고 그는 1898년과 1899년 사이의 겨울에 행한 일련의 강연에서 전통적인 유클리드 기하학이 §11.4에서 군에 대해 설명했던 것과 같은 선명하고도 완전한 한 묶음의 추상적 공리들에서 도출될 수 있음을 보였다. 이때 공리들이 가리키는 대상들은 어떤 것이라도 상관없다. 하지만 힐베르트는 이해의 편의상 전통적으로 사용해 왔기 때문에 우리에게 익숙한 점과 선과 면 등을 이용하여 이야기했다. 나중에 그는 이 강연을 책으로 엮어 『기하학의 기초(The Foundations of Geometry)』라는 제목으로 펴냈다.

이 책은 수학자들 사이에 아주 널리 읽혔으며 영향력도 매우 컸다. 이후 힐베르트의 수학은 여러 갈래로 뻗어 갔지만 기하학도 가끔씩 다시 살펴보곤 했다. 1920년과 1921년 사이의 겨울에 그는 또 '직관적 기하학'

이라는 제목 아래 일련의 강연을 행했으며, 여기서는 1898년과 1899년 사이의 겨울에 했던 강연보다 더 넓지만 덜 추상적으로 이야기를 펼쳤다. 그는 나중에 이 강연도 한데 엮어 『기하학과 상상력(Geometry and Imagination)』이란 제목의 책으로 펴냈는데, 이는 아직까지도 일반인들 사이에 널리 읽혀지고 있다.[156]

유클리드 기하학에 대한 힐베르트의 공리적 접근법은 젊은 세대의 수학자들에게 영감을 불어 넣어 주었다. 하지만 앞으로 나아갈 길이 깨끗이 정리되기까지는 한참의 시간이 지나야했다. 당시 이 분야에는 너무 많은 다양한 관점들이 사람들의 주의를 흩트렸기 때문이었는데, 대략 열거하자면 다음과 같다 : 힐베르트의 공리적 접근법, 클라인이 1872년에 내놓은 군화 프로그램과 1875년에 내놓은 위상 수학에 대한 재연구, 대수적 불변량에 대한 힐베르트의 연구(눌스텔렌사츠와 기저 정리들), 그리고 이런 활동들의 배경에서 꾸준하고도 꿋꿋이 19세기 중반의 방법을 한계까지 몰아붙이며 곡선과 곡면과 다양체에 대한 연구를 계속하는 이탈리아 기하학자들의 관점도 이에 포함된다.

§ 14.6 대수 기하학을 궁극적으로 재정립해낸 여러 사람들 가운데 두 사람의 이름이 두드러진다. 솔로몬 레프셰츠와 오스카 자리스키(Oscar Zariski, 1899 ~1986)가 그들인데, 모두 유태인이며, 19세기 말 러시아 제국에서 태어났다.

레프셰츠는 모스크바에서 태어났지만 부모는 터키의 국적을 가졌으며 사업 때문에 끊임없이 여행을 다녀야 했다. 그런데 레프셰츠는 프랑스에서 자랐고 프랑스어를 첫 언어로 배웠다. 브로우베르의 세대였던 그는 브로우베르와 마찬가지로 대수적 위상 수학에서 이름을 떨쳤다. 더욱 놀랍게도 그는 브로우베르처럼 자신의 이름이 붙은 부동점 정리도 갖고 있다. 레프셰츠는 21살 때 미국으로 건너가 기업체의 연구소에서 5년 동안 근무했으며 1911년에는 수학 분야에서 박사 학위를 받았다. 기업체에서 근무하던 중 그는 전기 사고로 두 손에 큰 화상을 입었으며, 이후 평생 의수와 검은 장갑을 끼고 살아야 했다. 레프셰츠는 1925년부터 프린스턴 대학교에서 강의를 하게 되었는데, 그때마다 대학원생을 시켜 의수에 분필을 끼우는 일로 시작했다. 그는 보기 드물게 열정적이고 풍자적이고 완고한 성품을 지녔는데, 실비아 네이서(Sylvia Nasar, 1947~)의 책 『뷰티풀 마인드(A Beautiful Mind)』에는 그에 대한 몇몇 이야기들이 실려 있다. 대수학의 역사에 대한 레프셰츠의 기여는 다음과 같은 그 자신의 표현에 생생하게 담겨 있다 : "내가 할 일은 대수 기하학이란 고래의 몸에 대수적 위상 수학이란 작살을 꽂는 것이었다."

오스카 자리스키는 레프셰츠보다 15년 늦은 1899년에 태어났는데, 이 시점은 러시아에서 태어나기에는 아주 운 나쁜 때였고, 특히 구시대의 유태인에게는 더욱 그랬다. 제1차 세계 대전, 1917년의 혁명들, 독일의 지배, 그리고 이에 이어진 내란 때문에 자리스키는 결국 고국을 떠나야 했다. 1920년 로마로 간 그는 이탈리아의 현대적 고전 기하학을 주도하던 구이도 카스텔누오보 아래서 공부했다. 이즈음 카스텔누오보와 동료들은 자신들의 방법이 한계에 다가섰다는 점을 깨달았다. 또한 50대에 접어든 카스텔누오보는 이제 횃불을 물려줄 때가 되었다고 느꼈으며, 이에 그는 자리스키에게 레프셰츠의 위상 수학적 접근법을 공부하도록 촉구했다.

1920년대 중반 무솔리니(Benito Mussolini, 1883~1945)와 그가 이끄는 파시스트당은 이탈리아 국민들의 생활을 강력히 통제하고 나섰다.

자리스키는 1925년 로마에서 박사 학위를 받았지만 한두 해가 지나기 전에 이탈리아도 자신이 원하는 도피처가 될 수 없을 것이라는 점이 갈수록 뚜렷해졌다. 이 무렵 레프셰츠는 프린스턴에 자리를 잡고 있었으며 자리스키는 카스텔누오보의 격려에 따라 그와 연구를 통해 우정을 쌓아 갔다. 1927년 레프셰츠의 도움을 받아 자리스키는 볼티모어의 존스홉킨스 대학교(Johns Hopkins University)에서 낮은 급료의 강사직을 얻었는데, 이로부터 2년 뒤에는 정식 교수직에 취임했다.

1920년대 말과 1930년대 초에 자리스키는 레프셰츠의 현대적인 위상 수학의 아이디어와 자신이 이탈리아에서 배웠던 현대적 고전 기하학과 결합하는 데에 많은 노력을 기울였다. 그리고 그 결과는 1935년에 펴낸 『대수곡면(Algebraic Surfaces)』이란 책으로 결실 맺어졌다.

하지만 이 책을 쓰며 연구하는 동안 자리스키는 대수 기하학이 위상 수학뿐 아니라 힐베르트가 『기하학의 기초』를 통해 개척하고 에미 뇌터의 추상대수에 적용되었던 공리적 방법론도 함께 아우르면서 나아가야 함을 깨달았다. 이처럼 수학이 분기점에 이르렀다는 점은 1930년대 말의 많은 수학자들이 공감하고 있었으며, 서론에 인용했던 헤르만 바일의 말도 이런 맥락에서 나왔다고 볼 수 있다. 그리하여 마침내 1937년 자리스키는 대수 기하학의 근본을 재정립하는 연구에 매진하게 되었다.

이 무렵 미국 국적의 수학자가 된 자리스키는 1945년 ~1946년도에 브라질의 상파울루 대학교(University of Sao Paulo)에서 초빙 교수로 지냈다. 그곳에서 그의 의무는 일주일에 세 시간의 강좌 하나를 맡는 것이었다. 그런데 이 강좌에는 단 한 사람, 곧 자리스키보다 조금 젊은 프랑스의 수학자 앙드레 베유(André Weil, 1906 ~1998)만 참석했다.

1906년에 태어난 베유는 유태인이자 평화주의자였으며, 유럽에서 전쟁을 피해 미국의 교사직을 찾아 떠났다가 자리스키가 초빙 교수로 지내던 때와 같은 시기에 상파울루에서 자리를 잡게 되었다.[157] 베유는 이미 저명한 수학자로 상당히 널리 이름을 떨치고 있었는데, 자리스키도 1937년에 프린스턴 그리고 1941년에 하버드 등 적어도 두 번은 실제로 그와 만났다. 그들이 상파울루에서 함께 지낸 한 해는 두 사람 모두에게 매우 생산적인 시간이 되었다.

자리스키와 마찬가지로 베유도 대수 기하학을 힐베르트와 에미 뇌터의 추상대수를 이용하여 새롭게 재정립하려는 생각을 품고 있었다. 특히 그는 대수적 곡선과 곡면과 다양체에 관한 이론의 결과들이 어떤 기초체(base field)에 대해서든 성립하도록 일반화했다. 이 기초체로는 예전부터 낯익었던 $\mathbb{R}$과 이 무렵에 낯익게 된 현대적 고전 기하학자들의 $\mathbb{C}$는 물론, 예를 들어 길잡이 5의 체론에서 이야기했던 유한체도 포함된다. 이로써 소수와 수론 사이의 일반적 연결 관계가 성립되었고 베유의 업적은 현대적 수론의 대수화에 토대가 되었다. 이런 연구가 뒷받침되지 않았다면 1994년에 앤드루 와일즈가 내놓았던 페르마의 마지막 정리에 대한 증명도 이루어질 수 없었을 것이다.

19세기에 떠올랐던 여러 줄기의 생각들은 기하학의 새로운 이해 속으로 한데 모여들게 되었다. 이 이해는 추상대수에 기반을 두면서 위상 수학과 해석학의 주제를 결합했으며, 곡선과 곡면에 관한 현대적 고전 기하학의 아이디어는 물론 수론까지도 포괄했다. 그리하여 힐베르트의 맥주컵과 에미 뇌터의 환, 플뤼커의 선과 리군, 리만의 다양체와 헨젤의 체 등이 모두 단일한 대수 기하학의 개념 아래 통합되었다. 이것은 분명 유일한 것도 아니고 가장 논란이 적은 것도 아니었지만 어쨌든 20세기 대수의 장엄한 성취 가운데 하나였다.

§15

보편산술에서 보편대수로

§ 15.1   최근 몇십 년 사이에 대수에 관한 학문적 연구 동향을 간단히 살펴보고자 한다면 대수 분야에 대해 미국수학회에서 수여하는 프랭크 넬슨콜상을 받은 연구들의 제목들에서 발췌한 다음 목록을 보면 좋을 것이다(전체 목록은 인터넷에서 찾아볼 수 있다).

1960 : 서지 랭(Serge Lang, 1927~2005)의 논문 「다변수함수체 위의 미분화 유체론(Unramified class field theory over function fields in several variables)」과 맥스웰 로센리히트(Maxwell Rosenlicht)의 일반화된 야코비 다양체(generalized Jacobian varieties)에 관한 논문에 대해 수여.

············

1965 : 월터 페이트(Walter Feit, 1933~2004)와 존 톰슨(John Thompson, 1932~)의 공동 논문 「홀수차 군의 해결 가능성(Solvability of groups of odd order)」에 대해 수여.

……..……

2000 : 안드레이 서슬린(Andrei Suslin, 1950〜)의「계기 공동성(motivitic cohomology)」에 관한 연구에 대해 수여.

……..……

2003 : 히라쿠 나카지마(中島啓, Nakajima Hiraku, 1962〜)의 기하와 표현론(representation theory)에 관한 연구에 대해 수여.

이 목록들을 보면 독자 여러분은 내가 이 책에서 대수를 다루면서 여러 주제들에 대해 인색하게 굴었던 점을 이해해 주시리라 생각된다. 야코비 다양체? 미분화 유체론? 계기 공동성? 이런 것들은 도대체 뭐란 말인가?

이런 것들이 현대 대수로써, 내가 지금까지 적절한 설명을 했기를 바라는 군, 대수, 다양체, 행렬 등의 핵심적 개념들 위에 세워졌다. 이밖에 지금껏 설명하지 않은 개념들도 알고 보면 이 19세기 기본적인 아이디어들에서 단지 한두 걸음 정도 떨어져 있을 뿐이다. 예를 들어 표현(representation)은 군과 대수를 §9.6에서 다룬 행렬들로 모사하여 나타내는 것을 가리킨다. 유체론은 §12.4에서 이야기했다시피 소인수분해의 유일성이 지켜지지 않아서 코시와 라메가 크게 애를 먹었던 문제들에 대한 아주 일반적이고도 현대적인 접근법을 말한다. 해결 가능성의 문제는 군의 구조에 대한 것으로 추적해 보면 방정식들의 해결 가능성에 대한 문제까지 거슬러 올라간다. 그리고 다른 여러 주제들도 대략 이런 식이다.

하지만 오늘날의 대수는 아주 심오해졌다. 이에 따라 예를 들어 계기 공동성과 같은 주제는 수학 분야의 학위가 없는 사람들이 접근한다는 게 간단히 말해서 불가능하다. 나아가 수학 분야의 학위가 있는 사람이라도 바로 이 분야를 전공한 사람이 아니라면 역시 접근하기 어려울 것이다.[158] 대수는 또한 매우 다양한 주제를 포괄하는 광범위한 학문이 되었다. 그래서 2000년 현재 미국수학회가 사용하고 있는 분류 체계에 따르면 63개의 분류 주제들 가운데 13개가 대수에 속한다.[159]

이에 따라 이 시점에서 나는 저자의 특권을 활용하고자 한다. 이제부터 나는 지난 몇십 년 동안의 역사를 다룸에 있어 단지 한 인물에 대한 이야기를 포함한 세 개의 주제만 다룰 생각이다. 당연한 말이지만 이것만으로 이 기간의 역사를 완전히 다루었다는 주장은 전혀 할 생각이 없다. §15.2 ~ §15.5의 첫째 주제는 범주론(category theory)이고, §15.6 ~ §15.9의 둘째 주제는 알렉산더 그로탕디에크(Alexander Grothendieck, 1928 ~)의 생애와 업적이며, §15.10 ~ §15.11의 셋째 주제는 현대 대수의 물리학에 대한 응용이다. 계기 공동성에 대해서는 장차 쓸 다른 어떤 책에서 다루기로 한다.

§15.2 가렛 버코프(Garrett Birkhoff, 1911 ~ 1996)와 선더스 맥레인(Saunders MacLane, 1909 ~ 2005)이 함께 쓴 『현대 대수 개요(A Survey of Modern Algebra)』는 대수에 관한 20세기 후반 가장 인기 있는 대학 교재 가운데 하나이다. 1941년에 처음 출간된 이 책은 20세기 중반의 대수에 들어 있는 모든 핵심적 개념들을 잘 연결된 관계 속에서 명료하게 설명하며, 학생들의 이해를 가다듬기 위한 수백 개의 문제들을 담고 있다. 수, 다항식, 군, 환, 체, 벡터공간, 행렬, 행렬식 등을 모두 다루고 있다. 나는 이 교재로 대수를 배웠으며 지금 쓰고 있는 이 책도 많은 영향을 받았다(심지어 나의 설명을 좀 더 명확히 하기 위한 몇 가지 예제들도

이 교재에서 인용했다).

이 교재는 1967년에 완전히 새로운 판으로 다시 출판되었다. 그런데 제목은 단순히 『대수(Algebra)』, 저자들의 순서는 맥레인과 버코프로 바뀌었다. 하지만 가장 중요한 변화는 그 편성이다. 제4장은 '보편구성(Universal Constructions)'이라는 제목 아래 완전히 새로 쓰였는데, 여기에는 1941년판에는 보이지 않는 범주, 함성, 구상, 부분정렬집합 등의 개념들이 나온다. 또한 '아핀공간과 사영공간(Affine and Projective Spaces)'이라는 39페이지에 이르는 긴 부록도 덧붙여졌다.

그런데 학부의 수학 교재가 첫 판이 나온 지 26년 뒤에 그토록 많은 개편이 이루어졌다는 점은 놀랍다고 하지 않을 수 없다. 도대체 그 사이에 어떤 일들이 일어난 것이었을까? 아마 함상이나 부분정렬집합 등과 같은 새로운 수학적 대상들이 그 주된 내용들인 것 같은데, 도대체 이것들

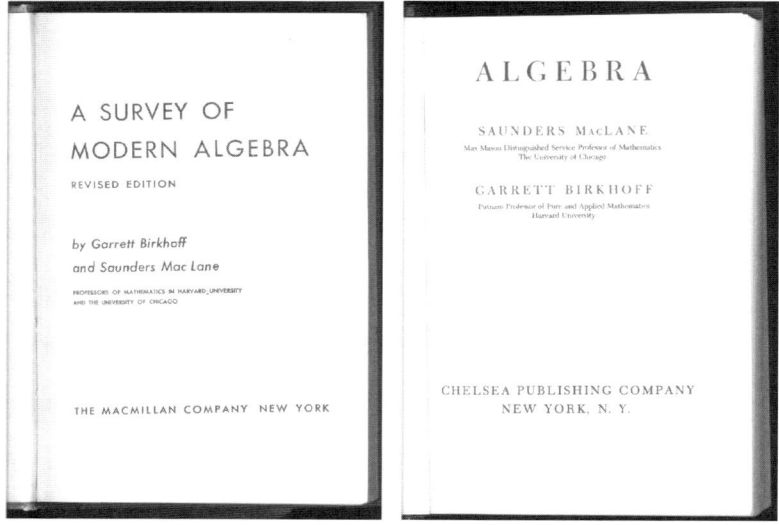

그림 15-1 '버코프와 맥레인'의 1941년판과 '맥레인과 버코프'의 1967년판.

은 어디에서 왔을까?

가렛 버코프와 선더스 맥레인은 모두 1930년대 후반부터 하버드 대학교에서 수학을 가르쳤다. 가렛 버코프의 아버지인 조지 버코프(George Birkhoff, 1884〜1944)도 하버드에서 1912년부터 세상을 뜰 때까지 수학과 교수로 재직했다. 알베르트 아인슈타인이 "세계적으로 가장 반유태적인 인물 가운데 하나"라고 지목한 사람이 바로 조지 버코프였다. 하지만 당시의 시대적 및 지역적 상황에 비춰 보면 조지 버코프의 편견은, 사실이기는 하겠지만, 특별히 예외적일 정도라고 말할 수는 없을 것 같다.[160] 가렛 버코프는 1936년에 하버드 대학교의 강사로 임명되었다. 코네티컷 주에서 봉직하던 목사의 아들로 태어난 맥레인은 하버드 대학교에서 1934년부터 1936년까지 강사로 지내다 1938년에 조교수로 임명되었다.

대학교에서 대수를 가르치던 이 두 사람은 모두 1930년에 독일에서 출간된 한 권의 책에서 많은 영향을 받았는데, 그것은 바로 베르덴이 쓴 『현대 대수(Modern Algebra)』였다. 이 책은 19세기에 나타났던 새로운 수학적 대상들을 높은 수준에서 완전히 추상적인 공리적 접근법에 의거해 처음으로 명료하게 다룬 것이었다. 베르덴은 이 책의 부제목을 '아르틴과 뇌터의 강의를 토대로'라고 붙였다. 여기의 뇌터는 물론 §12.9에서 이야기했던 에미 뇌터를 가리킨다. 다른 한 사람인 오스트리아의 수학자 에밀 아르틴(Emil Artin, 1898〜1962)은 탁월한 대수학자였는데, 함부르크 대학교에서 지내다가 나치가 정권을 잡자 미국으로 옮겨 와 여러 대학에서 수학을 가르쳤다. 본래 베르덴은 이 책을 아르틴과 공저로 펴낼 생각이었다. 하지만 아르틴은 연구의 부담 때문에 물러나고 말았다.

베르덴의 책은 군, 환, 체, 벡터공간 등의 모든 새로운 수학적 대상들을 힐베르트와 뇌터와 아르틴이 발전시켰던 것처럼 추상적 및 공리적으로 다루었다. 베르덴은 이와 같은 사고방식을 1930년에 펴낸 이 책을 통해 수학계 전반에 널리 퍼뜨렸다. 그 뒤를 이어 버코프와 맥레인은 1941년에 펴낸 그들의 책을 통해 이런 사고방식을 학부생들도 접근할 수 있도록 했다. 그리하여 이때 이후 '현대 대수'라는 용어는 수학자들과 그 학생들의 마음속에 독특한 의미를 가진 채 자리 잡게 되었으며, 그 핵심적 의미는 대수를 주의 깊은 공리적 접근법에 의해 완전히 추상적으로 다루는 것이었고, 여기 사용된 개념들은 모두 §11.4에서 제시한 군의 정의와 같이 집합론의 용어로 표현되었다.

그렇다면 이것이 추상화의 마지막 선언일까? 이것이 1830년에 조지 피콕이 처음으로 내놓은 생각(§10.1 참조)의 뒤를 이어 면면히 이어져 내려온 사고 과정의 종착점이란 말일까? 그 답은 단연코 '아니오'이다!

§15.3 『현대 대수 개요』의 출판을 준비하고 있던 1940년 선더스 맥레인은 미시간 대학교에서 열린 대수적 위상 수학의 학회에 참석했다. 거기서 맥레인은 1년 전에 미국으로 건너온 폴란드의 젊은 위상 수학자 사무엘 아일렌버그(Samuel Eilenberg, 1913~1998)를 만났는데, 맥레인은 이전부터 이미 그의 논문을 잘 알고 있었다. 이후 이들은 좋은 우정을 쌓아 갔으며 1942년에는 대수적 위상 수학 분야에서 공동으로「확장군과 상동성(Group Extensions and Homology)」이란 제목의 논문을 펴냈다. 이 논문은 제목에서 보다시피 상동성을 다루고 있는데, 아래서는 이에 대해 잠시 살펴본다.

§14.2에서 나는 다양체의 기본군을 다양체에 포함된 고리의 모임으로 기술했다. 고리들의 모임인 이 기본군은 연동군(homotopy group)의

한 예이다. 다른 다양체들에서도 이 일차원의 고리를 일반화함으로써 비슷한 방식의 연동군을 만들 수 있는데, 이때 이차원의 초고리는 구면이 되고, 삼차원의 초고리는 초구면이 되는 등으로 확장해서 생각하면 된다. 이러한 연동군은 흥미롭고도 중요하다. 하지만 다양체에 관한 정보를 주는 데에서 약간의 단점도 있는데, 한 예로 이것들은 수학적 관점에서 볼 때 다루기 힘들다는 게 그것이다.[161]

푸앵카레는 어떤 다양체에나 결부시킬 수 있는 다른 종류의 군을 발견했으며, 이는 상동군(homology group)이라고 부른다. 다양체에 대한 상동군을 만드는 가장 쉬운 방법은 다양체를 단순체(simplex)들의 모임으로 어림잡는 것이다. 이 아이디어는 그림 15-2에 보였듯 구를 (밑면이 삼각형인 피라미드라고 할)사면체로 변형하는 과정을 생각해 보면 쉽게 이해할 수 있다. 이제 영차원의 꼭짓점, 일차원의 모서리, 이차원의 삼각형 면으로 이루어진 도형이 있다고 생각하자. 이 꼭짓점들과 모서리들과 삼각형 면들을 지나가는 가능한 경로들을 찾으면서 반대 방향으로 지나갈 때는 상쇄되도록 한다면(그림 15-3 참조) 군들을 추려낼 수 있는데, 대개 H_0, H_1, H_2로 나타낸다. 이것들이 바로 상동군이며 전체적으로 어떤 면의 상동성을 나타낸다. 나아가 이 모든 과정을 거꾸로 진행하는 방법이 있으며, 이때는 꼭짓점을 면, 면을 꼭짓점, 모서리는 다른 방식으로 배열된 모서리로 바꾸어서 생각한다.[163] 그러면 다른 종류의 군이 만들어지고, 이것은 전체적으로 공동성을 나타낸다.

이와 비슷한 과정을 임의의 차원에 있는 임의의 다양체에 대해서도 생각할 수 있다. 삼각형은 넓이를 가질 수 있는 가장 단순한 평면 다각형이며, 수학자들은 이를 2-단순체라고 부르기도 한다. 3-단순체는 사면체로, 밑면이 삼각형인 피라미드인데, 4개의 꼭짓점과 4개의 삼각형 면으로

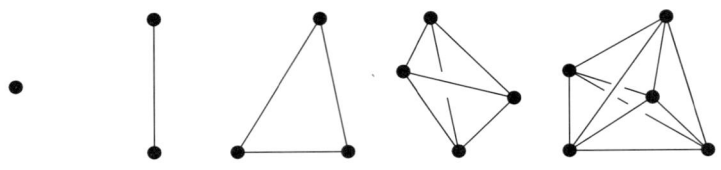

그림 15-2 왼쪽부터 오른쪽으로 : 0-단순체(점), 1-단순체(선분), 2-단순체(삼각형), 3-단순체(사면체), 4-단순체(오방체).[162]

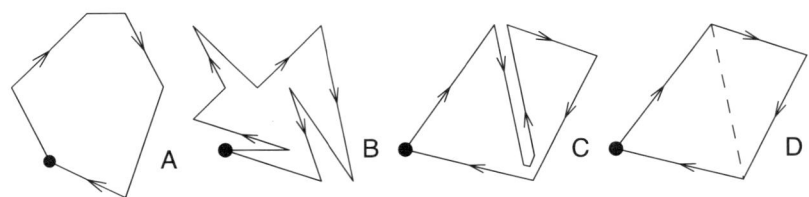

그림 15-3 경로 A와 B는 연동적으로 동등하며, C와 D는 상동적으로 동등하다.

싸여 있다. 4-단순체는 사차원에 있는 오방체(pentatope)로 5개의 꼭짓점과 4개의 '사면체 면'으로 싸여 있다(그림 15-2 참조). 구색을 맞추기 위하여 보충하자면 선분은 1-단순체라 부르고 고립된 하나의 점은 0-단순체라고 부른다.

어떤 다양체도 이처럼 단순체들로 '삼각화(triangulate)'할 수 있다. 다만 원환면처럼 구멍이 있는 다양체의 경우에는 여러 개의 단순체들을 서로 붙여서 '복합 단순체'를 만들어야 한다. 다양체를 이렇게 삼각화하고 나면 상동성, 곧 단순 상동성(simplicial homology)을 적용할 수 있다. 이렇게 얻은 상동성과 이에 대응하는 공동성은 다양체에 관한 유용한 정보를 전해 준다. 나아가 이 공동성을 구성하는 군들은 연동군들보다 다루기가 쉽다. 여담이지만 지도 제작자들이 지형을 조사할 때도 실제로 이와 비슷한 삼각화를 이용한다(§15.9 참조).

우리는 여기에서 대수적 대상을 다양체에 연결시킨다는 20세기 후반 대수의 핵심적 개념 하나를 엿보게 된다. 위에서 이야기한 대상은 위상 수학적 탐구에서 유래하는 군들이다. 그런데 상동론(homology theory)에서 우리는 또한 벡터공간과 모듈(§12.6의 끝에서 둘째 문단 참조)도 다양체에 결부시킬 수 있으며, 이로부터 대수적 위상 수학과 대수 기하학의 신천지가 열리게 된다. 이 신천지에 대한 가장 유명한 탐험가들은 프랑스의 수학자 장 르레이(Jean Leray, 1906~1998)와 장-피에르 세르(Jean-Pierre Serre, 1926~)와 알렉산더 그로탕디에크를 들 수 있는데 이들에 대해서는 나중에 좀 더 자세히 이야기한다.

이상의 내용이 아일렌버그와 맥레인이 1942년에 함께 펴낸 논문의 배경이다. 당시 '현대 대수'는 어디에서나 관심의 대상이 되었고 맥레인은 (버코프와 함께)이에 대해 탁월한 책을 막 펴냈다. 이런 현대 대수의 영감을 받아 그들은 이 주제를 매우 추상적으로 다루었는데, 이 추상화는 앞서 내가 삼각형과 사면체를 이용하여 제시한 아주 개략적인 설명에 비하면 훨씬 높은 단계의 것이었다. 하지만 이 논문을 쓰면서 두 사람은 이보다 더욱 높은 단계의 추상화도 가능하다는 생각을 얻게 되었다.

이로부터 3년 뒤 그들은 「자연적 동등성의 일반 이론(General Theory of Natural Equivalences)」이라는 제목의 논문을 다시 공동으로 펴내 이 더 높은 단계의 추상화를 이룩했다. 그리고 범주론(category theory)은 바로 이 논문에 의해 세상에 그 모습을 드러냈다.

잠시 뒤 이야기할 범주론은 상동론에서 자연스럽게 떠오른다. 상동군은 본래적인 위상 수학적 맥락에서 다루어져 온 40년 동안 대수의 다른 분야들과 깊은 관계가 있다는 점이 감지되어 왔는데, 특히 §13.4~§13.5

에서 이야기했던 다항식환의 불변량에 대한 힐베르트의 연구에서 더욱 그랬다. 또한 리만이 밝힌 함수론과 위상 수학 사이의 관계(§ 13.6 참조)를 통해 상동군은 함수와 함수의 모임을 다루는 높은 수준의 미적분으로서의 해석학과도 관련이 있음이 알려졌다. 그리하여 얼마 뒤인 1950년대에 들어 이 모든 것들은 상동대수(homological algebra)라는 이름의 분야로 꽃을 피우게 되었다. 1955년 아일렌버그는 프랑스의 위대한 대수적 위상 수학자 앙리 카르탕(Henri Cartan, 1904~2008)과 함께 상동대수에 관한 최초의 책을 펴냈다. 여기서 성취된 일반화의 수준은 아주 높아서 범주론도 자연스럽게 나란히 도출될 수 있었다.

§ 15.4   범주론의 개략적 얼개는 다음과 같다.

군, 환, 체, 집합, 벡터공간, 대수 등과 같은 대수적 대상들은 (a)원소(예 : 수, 치환, 회전)와 (b)원소들의 결합법(예 : 덧셈, 덧셈과 곱셈, 치환의 결합)들로 이루어져 있다. 이 대상들의 구조는 원소들을 자기 자신 또는 서로 다른 것으로 바꾸는 (c)변환(또는 사상)법을 알아내면 가장 선명하게 드러나는 경향이 있다. 그 예로는 수학 길잡이 4에서 벡터공간을 자신의 스칼라체로 사상시켰던 것을 들 수 있다. 또한 간략히 이야기했던 갈루아 이론에서 계수체는 바꾸지 않은 채 근체만 그 자신으로 사상시키는 치환이 핵심적 역할을 한다는 것도 여기의 예에 속한다.

위에 열거한 대상들은 서로 다르며 사상의 종류들도 서로 다를 수 있다. 하지만 (a)와 (b)와 (c)를 둘러보면 이 모든 경우에서 구조와 방법들 사이에 넓은 의미의 닮은 점들이 있다는 게 눈에 띈다. 예를 들어 이데알과 그 고향인 환 사이의 관계(§ 12.6 참조), 정규부분군과 그 고향인 군 사이의 관계(§11.5 참조)를 살펴보자. 이 두 관계들 사이에는 뭔가 우리의 신경을 긁는 닮은 점이 있다. 과연 이 모든 대상들은 물론 장차 새롭게 발견될 대상들까지도 모두 포괄하여 설명할 수 있는 대수구조의 일반 이론이나 일반 원리들을 찾아내어 어떤 초월적인 공리들의 집합으로 한데 엮어낼 수는 없을까? 다시 말해서 이를테면 보편대수(universal algebra)라고 부를 만한 것을 만들어낼 수는 없을까?[164]

아일렌버그와 맥레인은 이에 대해 "가능하다"고 대답했다. 군 그리고 아마 벡터공간도 포함하는 어떤 수학적 대상들의 집합을 그 안에서 통용되는 정연(整然)한(well-behaved) 사상들의 모음으로 엮었다고 생각해보자. 그러면 이게 바로 범주(category)이며, 이 사상들은 구상(morphism)이라고 부른다. 이렇게 함으로써 우리는, 물론 조심스럽게 해야겠지만, 모든 구상들을 포함하면서 한 범주에서 다른 범주로 가는 초사상(hyper-mapping)들을 만들어낼 수 있다. 그리고 이런 초사상들을 가리켜 함상(functor)이라고 부른다.

이런 내용들을 설명하기 위한 예로 §14.4에서 이야기했던 p겹 수를 돌이켜 보자. 나는 거기서 5겹 정수의 체계를 만든 뒤 그럴싸하게 "보통의 정수들로 이루어진 환 $\mathbb{Z}$를 이용하여 $\mathbb{Q}$라는 분수체(fraction field), 곧 유리수의 집합을 정의할 수 있는 것과 마찬가지로, $\mathbb{Z}_5$를 이용하여 $\mathbb{Q}_5$라는 분수체를 정의할 수 있다. 이 안에서는 덧셈과 뺄셈뿐 아니라 곱셈과 나눗셈도 가능하며, 이것이 바로 (5겹 '정'수가 아닌) 5겹 수의 체이다"라고 말했다. 이 말의 배경에 어렴풋이 깔린 생각이 바로 범주론적 개념인 함상임을 주목하기 바란다.

사실 $\mathbb{Z}$는 단순한 환 이상의 것이다. 이것은 약간 특별한 종류의 환으로 정역(integral domain)이라 불리는데, 여기서는 곱셈이 가환이고

(환에서는 반드시 그럴 필요가 없다), 곱셈에 대해 1이라는 항등원이 있으며(환에는 이런 원소가 없어도 된다), a와 b가 모두 0이거나 둘 중 하나가 0일 때에만 $a \times b = 0$라는 관계가 성립한다(환에 대한 필수적 조건이 아니다). $\mathbb{Z}$에서 $\mathbb{Q}$로 가는 방법은 정역에서 분수체를 만드는 것이다. 이것은 일반적으로 어느 정역에서든 가능하다. 왜냐하면 정역들 사이의 사상(또는 적어도 그 사상들의 부분집합)을 포괄하면서 정역의 범주에서 체의 범주와 그 사상들(또는 정역들에 있는 사상들의 부분집합에 대응하는 이 사상들의 부분집합)로 가는 함상을 만들어낼 수 있기 때문이다.

나는 이 주제에 대해 너무 깊이 파고들고 싶지 않다. 하지만 그중 내가 좋아하는 함상 한 가지를 이야기하지 않고 배겨낼 수 없는데, 그 이름은 망각 함상(forgetful functor)이다. 이것은 예를 들어 군과 같은 대수적 대상들의 범주에서 덤덤하고 소박한 집합들의 범주로 사상하는 것으로, 원래의 대상들에 있던 모든 구조들을 잊어버리는 함상이다.

§ 15.5 과연 이처럼 높은 추상화에서 어떤 유용한 수학이 도출될 수 있을까? 그 답은 누구에게 물어보느냐에 달려 있다. 2006년 현재 범주론은 아직 논란거리이다. 많은 수학자들, 특히 내가 보기에 영어권의 수학자들은 범주론에 관한 이야기를 들으면 이맛살을 찌푸리며 고개를 내젓는다. 대학 교재들 가운데도 일부만이 이에 대해 다룬다. 마이클 아르틴(Michael Artin, 1934～)이 1991년에 펴낸 권위 있는 대학 교재 『대수(Algebra)』에는 범주, 구상, 함상 등의 용어들 가운데 어느 것도 보이지 않는다.

1960년대에 내가 학부생으로 수학을 공부할 때 가장 흔히 듣는 이야기는 범주론이 기존의 지식들을 정리하는 깔끔한 방법일지는 모르지만 어떤 새로운 이해를 내놓기에는 너무 높이 추상화된 이론이라는 것이었다. 다만 이는 영국의 상황이었다는 점을 지적해야겠다. 그때 영국에서는 범주론이 미국에서 유래했지만 이게 유럽 대륙의 것이 아닌가 하는 의혹 섞인 비평이 감돌기도 했다.

어쨌든 선더스 맥레인은 자신과 아일렌버그의 창조물에 잔뜩 홀려 있었다. 1960년대 중반 『현대 대수 개요』의 개정판을 쓸 때가 되자 맥레인은 책의 전체적 모습을 범주론적 체제로 바꾸었다. 이 무렵 범주론은 아직 널리 받아들여지지 않았고, 특히 학부의 대수 교육 과정에서는 더욱 그랬다. 하지만 이런 체제를 따른 사람들이 있었고 수학계의 많은 사람들 사이에 열광적인 호응이 일어났다. 그리하여 추종자들은 자신감에 넘쳐 그들의 애완물을 스스로 놀려대기도 했다. 예를 들어 미국의 수학자 프랜시스 로버(Francis Lawvere, 1937~)는 범주론의 집합론에 대한 응용을 다룬 자신의 저서 첫머리를 "먼저 우리는 대상의 모든 내용물을 박탈한다⋯⋯"라고 시작했으며, 영국의 수학자이자 논리학자인 로빈 갠디(Robin Gandy, 1919~1995)는 『현대 사상의 원천 사전(The New Fontana Dictionary of Modern Thought)』이란 책에서 "구체적으로 특정한 문제들을 탐구하기 좋아하는 사람들은 범주론을 '일반적인 추상적 난센스'로 여긴다"라고 썼다.[165]

범주론의 주창자들은 이를 아주 크게 확장하였으며, 그중 어떤 사람들은 수학을 넘어 철학의 영역으로 들어서기도 했다. 사실 범주론은 처음 시작할 때부터 의식적으로 철학적 풍미를 담았다. '범주(category)'라는 용어는 아리스토텔레스와 칸트로부터 따왔으며, '함상(functor)'도 독일의 철학자 루돌프 카르납(Rudolf Carnap, 1891~1970)이 1934년에 펴낸 『언어의 논리적 구성(The Logical Syntax of Language)』에서 지어 쓴 것을 빌려왔다.

범주론의 철학적 내용을 다루는 일은 이 책의 취지를 넘어선다. 하지만 이 장의 끝에서 이에 대해 아주 일반적인 언급을 할 예정이다. 그런데 이와 같은 상황에도 이 이론을 이용하여 중요한 결과를 일구어 낸 수학자들이 있다. 이제부터 살펴볼 프랑스의 수학자 알렉산더 그로탕디에크가 바로 그중 한 사람이다.

§ 15.6 그로탕디에크는 최근의 대수 역사에서 가장 다채롭고도 논란이 많은 인물이다. 그의 삶에 대해서는 갈수록 많은 문헌들이 쏟아져 나와 아마 지금쯤은 그의 수학적 업적에 대한 것들을 넘어섰으리라 여겨진다. 이것들 가운데 그의 삶과 업적 모두를 가장 쉽고도 풍부하게 다룬 영어 자료로는 앨린 잭슨(Allyn Jackson)이 미국수학회보 2004년 10월호와 11월호에 두 번으로 나누어 쓴 '공허의 부름인 듯 : 알렉산더 그로탕디에크의 생애(As If Summoned from the Void : The Life of Alexandre Grothendieck)'를 들 수 있는데, 그 총 길이는 28,000 단어에 이른다. 인터넷에서도 그로탕디에크에 대해 다룬 사이트들을 많이 찾을 수 있다. 독일어와 프랑스어도 들어있기는 하지만 영어를 이해하는 사람들이 출발점으로 삼기에 좋은 사이트는 www.grothendieck-circle.org가 있으며, 여기에는 위 앨린 잭슨의 자료도 실려 있다.

그로탕디에크의 이야기는 바보 성인(the Holy Fool), 미친 천재(the Mad Genius), 세상을 떠나 은둔하는 명상가(the Contemplative Who Withdraws from the World) 등의 어딘지 매혹적인 '아웃사이더(outsider)'적 성격의 전형에 부합한다는 점에서 강한 흥미를 불러일으킨다.

먼저 천재성을 살펴보자. 그로탕디에크의 영광스런 시절은 1958년부터 1970년의 기간이다. 이 기간의 첫 해인 1958년은 파리에 고등과학연구소(IHÉS, Institut des Hautes Études Scientifiques)가 세워졌다는 점에서 주목할 만하다. 이 연구소는 러시아와 스위스의 혈통이 섞인 프랑스의 기업가 레옹 모샨(Léon Motchane)이 프랑스에도 미국의 프린스턴에 있는 고등과학연구소(Institute for Advanced Study)와 같은 독립된 연구기관이 필요하다는 믿음을 토대로 세웠다. 당시 30세였던 그로탕디에크는 이 연구소가 처음 초빙한 교수들 가운데 한 사람이었다.

프랑스 고등과학연구소는 계속적인 자금 압박 때문에 그 독립성과 자치성을 잃어가기 시작했다. 모샨은 개인 재산으로 더 이상 감당할 수 없게 되자 1960년대 중반부터는 프랑스 군부에서 소규모의 자금을 끌어들였다. 그런데 그로탕디에크는 열정적인 반군국주의자였다. 그는 모샨에게 군부의 자금을 받지 말라고 말했지만 먹혀들지 않았고 결국 1970년 5월에 그는 연구소에서 물러났다.

고등과학연구소에서 지내는 12년 동안 그로탕디에크는 수학계에서 선풍을 불러일으켰다. 전문 분야는 대수 기하학이었지만 그는 이를 높은 수준으로 일반화하여 수론과 위상 수학과 해석학 등에서도 핵심적 역할을 하도록 이끌어갈 수 있었다.

이때 그로탕디에크는 앞선 세대의 프랑스 수학자인 장 르레이의 선구적 업적을 따라갔는데, 르레이의 생몰 연대는 앙드레 베유와 같은 1906~1998이다. 130년 전의 퐁슬레처럼 르레이도 그의 가장 중요한 아이디어를 감옥에 있을 때 얻어냈다. 프랑스군의 장교로 있을 때인 1940년 나라가 무너지자 포로가 된 그는 제2차 세계 대전의 남은 기간 모두를 오스트리아 북부의 알렌스타이크(Allentsteig) 부근에 있는 포로수용소에서 보냈다. 이때까지 르레이의 전문 분야는 유체 역학이었다. 하지만 독일군이 자신의 전문 기술을 전쟁에 이용하지 않도록 하기 위해 그는 자신의 관심을 그가 아는 가장 추상적인 분야인 대수적 위상 수학으로 돌렸고, 상동론을 §15.3에서 서술한 바와 같은 새로운 영역으로 몰아갔다. 이 영역이 바로 다음 세대인 알렉산더 그로탕디에크와 프랑스 대학(College de France)의 장-피에르 세르가 뛰어들어 개척자로 이름을 날리게 된 곳이었다.

그로탕디에크는 카리스마가 넘치는 교수였고, 1960년대에 그의 강의를 들은 학생들은 마치 비밀스런 종교의 신자들과도 같이 그에게 헌신적이었다. 그런데 그의 수학적 스타일이 모든 사람들의 입맛에 맞았던 것은 아니었고 그에 대한 혹평도 심심찮게 들려왔다. 하지만 수학적 스타일이 그와 다른 사람들을 포함하여 그를 알거나 함께 일했던 일류 수학자들의 증언에 따르면 이 영광스런 기간동안 그는 수학적 창의력으로 들끓었고, 경이로운 통찰을 내뿜었으며, 심오한 추측과 눈부신 결과들을 끊임없이 쏟아냈다. 1966년 그로탕디에크는 모든 수학자들이 염원하는 수학 분야 최고의 영예인 필즈상(Fields Medal)을 받았다. "베유와 자리스키의 업적을 토대로 대수 기하학의 발전에 근본적인 기여를 했다"는 게 그 수상 이유였다.

§ 15.7 나는 그로탕디에크를 바보 성인과 미친 천재의 전형이라고 소개했다. 나는 그의 업적을 별로 이해하지 못하지만 니콜라스 카츠(Nicholas Katz, 1943 ~), 마이클 아르틴, 배리 마주르(Barry Mazur, 1937

~), 피에르 들리뉴(Pierre Deligne, 1944 ~), 마이클 아티야 경(卿)(Sir Michael Atiyah, 1929 ~), 블라디미르 보에보드스키(Vladimir Voevodsky, 1966 ~)와 같은 수학자들의 견해를 살펴볼 때 그가 천재라는 사실에 충분히 공감할 수 있을 것 같다(이들 가운데 세 사람이 필즈상을 받았다). 그렇다면 그의 성스러움과 어리석음과 광기는 어떨까?

그로탕디에크를 아는 모든 사람들은 그의 성스러움과 어리석음이 어린이 같은 순진함 속에 결합되어 있다고 말했다. 하지만 신체적으로 그가 어린이 같다는 뜻은 전혀 아니다. 그는, 적어도 한창 때는 크고 말쑥하고 강했으며, 뛰어난 권투 선수였다. 1972년 아비뇽(Avignon)에서 정치적 데모가 벌어졌을 때 그로탕디에크는 44살의 나이였음에도 그를 체포하려는 경찰 두 사람을 때려눕히기도 했다.

하지만 모든 자료를 고려해볼 때 그로탕디에크는 20대와 30대 시절에 수학 이외의 것에 대해서는 거의 아무런 주의도 기울이지 않았던 것 같다. 이처럼 너무나 치열하게 연구에 몰두했던 나머지 세상에서 동떨어졌고 세상사에 대해 배우는 것도 거의 없었다. 1970년 무렵 프랑스 고등과학연구소의 교수였던 루이스 미셸(Louis Michel, 1923 ~1999)은 그로탕디에크에게 어떤 학회가 나토(NATO)의 후원으로 열린다는 말을 했었다. 그런데 그로탕디에크는 어리둥절한 듯 보였다. 과연 그는 나토가 무엇인지 알고 있었을까? 미셸은 이에 대해 "아니오"라고 대답했다.

그로탕디에크의 무식은 수학 가운데 그가 관심을 갖지 않는 분야, 다시 말해서 가장 추상적인 대수 이외의 분야로도 확장되었다. 예를 들어 그는 수에 대해서도 흥미를 느끼지 못했다. 수학자들은 때로 57이란 수를 '그로탕디에크의 소수'라고 부르는데, 이는 3과 19의 곱이므로 실제로는 소수가 아니다. 여기에 얽힌 이야기는 그로탕디에크가 끼어들었던 어떤 수학적 토론에서 비롯되었다. 그중 어떤 사람이 방금 제시했던 논리는 모든 소수에 대해 성립하므로 어떤 특정한 소수를 예로 들어 점검해 보자고 말했다. 이에 그로탕디에크는 "어떤 실제 소수 말이지요?"라고 물었으며, 상대방은 "아, 예. 어떤 실제 소수요"라고 대답했다. 그러자 그로탕디에크는 "좋습니다, 그럼 57로 한번 해봅시다"라고 말했다.

그로탕디에크의 불행했던 어린 시절도 그의 뒤죽박죽식의 세계관과 수학관에 분명 영향을 미쳤을 것이다. 그의 부모는 모두 괴짜 기질의 반항아들이었다. 우크라이나 출신의 유태인인 그의 아버지 알렉산더 샤피로(Alexander Shapiro, 1899~1942)는 무정부주의적 정치 운동을 하며 빅토르 세르주(Victor Serge, 1890~1947)의 회고록에 나오는 것과 같은 그늘진 세계에서 평생을 보냈다. 그는 황제가 통치하던 시절 몇 차례 투옥되었으며, 경찰에 쫓기던 중 자살을 시도하다가 한 팔을 잃었다. 그런데 레닌의 전체주의도 황제의 전제주의 못지않게 마음에 들지 않았기에 그는 1921년 러시아를 떠나 독일로 갔다. 샤피로는 독일에서 거리의 사진사로 일하며 생계를 꾸렸는데, 이는 남에게 고용되어 일한다는 게 자신의 무정부주 원칙에 위배되었기 때문이었다.

그로탕디에크라는 이름은 어머니 요한나 그로탕디에크(Johanna Grothendieck, 1900~1957)에서 딴 것이다. 어머니는 함부르크의 중산층 가정에서 태어났는데 오히려 이런 환경에 반기를 들고 베를린으로 가서 살면서 가끔씩 좌익 계열의 신문에 기고를 했다. 알렉산더는 이곳 베를린에서 태어났으므로 처음 배운 언어는 독일어였다. 하지만 제2차 세계 대전이 일어났을 때 가족은 파리에서 살았다. 그런데 스페인 내란 때 부모가 모두 공화파를 위해 싸웠으므로 프랑스의 전시내각은 이들을 잠재적인 위험인물로 지목했다. 이후 아버지는 수용소에 억류되었는데 프랑스가 무너짐에 따라 아우슈비츠(Auschwitz)로 보내져 그곳에서 세상을 떴다. 알렉산더와 어머니는 수용소에서 2년 동안 더 지내야 했으며, 나중에 알렉산더는 저항 운동이 강한 남부 프랑스의 작은 도시로 옮겨졌다. 그런데 그곳의 삶은 너무 불안했다. 그로탕디에크는 자서전에 주기적으로 소탕 작전이 펼쳐졌기에 자신과 다른 유태인들은 그때마다 며칠씩 숲 속에 숨어 지냈다고 썼다. 하지만 그는 살아남았고, 그곳 학교에서 약간의 교육도 받았으며, 17살 때 다시 어머니와 함께 살게 되었다. 시골의 대학교에서 일관성 없는 교육을 받으면서 3년을 보냈을 때 어떤 교수가 그에게 파리로 가서 위대한 대수학자 앙리 카르탕 밑에서 공부하라고 권유했다. 그로탕디에크는 이를 받아들였고 이때부터 그의 수학적 경력은 정식으로 시작되었다.

그로탕디에크는 자서전에서 아버지와 어머니 모두에게 존경심을 표했다. 그리고 그도 아버지처럼 자신의 신념을 조금도 굽히지 않은 사람이었다. 1966년 그는 필즈상을 받기는 했지만 이를 수여하는 국제수학자대회(International Congress of Mathematicians)에 참석하는 것은 거부했다. 그 이유는 그 해에 이 대회가 자신의 신념에 위배되는 군사 정책을 편 소련의 모스크바에서 열렸기 때문이었다. 하지만 이듬해에 그는 북베트남을 3주간 방문하여 미군의 폭격 때문에 하노이(Hanoi)의 학생들도 대피했지만 그곳의 숲 속에서 범주론에 대한 강의를 했다.

11년 뒤 그로탕디에크가 60살이 되었을 때 스웨덴왕립과학아카데미(Royal Swedish Academy of Sciences)는 그에게 크라푸르드상(Crafoord Prize)을 수여하기로 결정했다. 하지만 그는 이 상의 수상을 거부했다. 여기에는 20만 달러 정도의 상금도 딸려 있었지만 그는 돈 문제에 대해서는 전혀 관심을 보이지 않았던 것 같다. 그가 거부한 이유를 썼던 편지는 얼마 뒤 프랑스의 일간지 르몽드(Le Monde)에 실렸다. 여기서 그로탕디에크는 수학자들과 과학자들의 음울한 윤리적 기준에 대해 신랄히 비판했다.

이 모든 행동들은 진정한 무정부주의자의 정신을 보여 준다. 하지만 여기에서 당시 프랑스 지성인들 사이에 이미 싹트기 시작한 어딘지 개운치 못한 반미주의의 흔적은 찾을 수 없다. 또한 당시 많은 프랑스 지성인들은 수치스럽게도 소련이나 공산주의를 편애했다. 그로탕디에크는 베트남을 여행했지만 이런 경향과는 전혀 무관했다. 무정부주의자이면서 정치적으로 바보처럼 무식했던 그로탕디에크는 아마 모든 정치 체제가 똑같이 사악하며, 모든 군대는 단지 살육의 수단이고, 모든 부자는 빈자들의 압제자들에 지나지 않는다고 보았던 것 같다. 또한 그 시절의 어떤 포스트모던주의자들이 내세운 주장들도 일부 그의 머릿속을 파고들었던 것으로 보인다. 그는 자서전에서 다음과 같이 썼다.

> 모든 과학은, 우리 인류가 이를 *권력과 지배의 수단이 아니라* 세대에 세대를 이어 지식을 탐구하는 과정으로 본다면 방대하고, 시대에 따라 다르지만 풍부하며, *세월과 세대를 거쳐 펼쳐지면서, 모든 주제들이 교대로 울려 퍼지는 미묘한 대위법에 따라, 마치 공허로부터 부름을 받은 듯한 조화*에 지나지 않는다.

이 글은, 어떤 포스트모던 문장 모음에서 추려낸 듯싶은 (내가 이탤릭체로 표시한)구절만 빼놓고 본다면, 아주 아름답게 쓰인 것이라고 하겠다.

§ 15.8   성스러움과 광기. 프랑스 고등과학연구소를 물러난 뒤 그로탕디에크는 파리의 프랑스 대학에서 2년 동안 교편을 잡았으나 강의 도중 평화주의적 주장에 빠져드는 당황스런 습관에 젖어들었다. 그는 생활 공동체를 꾸미려는 노력도 해 보았지만 온갖 평범한 이유들 때문에 성공하지 못했다.[166] 1973년 그는 마르세이유(Marseilles) 서쪽 지중해 해변에 있는 몽펠리에 대학교(University of Montpellier)에 자리를 잡아 옮겨 갔다. 이것은 프랑스의 학구적 기준으로 볼 때 아주 이례적인 자기 좌천이었다. 많은 프랑스 학자들은 파리에서 자리를 잡으려고 여러 해 동안 갖은 노력을 하며, 이를 포기하느니 차라리 고문 받기를 택할 것이다. 하지만 그로탕디에크는 눈 하나 깜짝이지 않고 파리를 떠났다. 세속적인 것은 그에게 전혀 아무런 의미가 없는 듯 했다.

그로탕디에크는 1988년 60세의 나이로 은퇴할 때까지 15년 동안 몽펠리에에서 지냈으며, 이 사이에 자서전도 썼다. '거두기와 뿌리기(Reaping and Sowing)'라는 제목의 이 자서전은 실제로 출판되지는 않았지만 원고의 형태로 널리 읽혀졌다. 또한 이 동안 그는 수학과 철학에 관한 책과 글들도 썼다. 그는 운전도 배웠는데 물론 아주 난폭하게 굴었다. 일본에서 그는 그다지 유명하지는 않지만 신비로운 인물로 알려져서 불교 승려들이 그를 찾아 방문하기도 했다. 그로탕디에크는 '녹색'에 물들어 환경보호 운동에 탐닉했으며, 이를 포함한 다른 많은 주제들과 관련하여 당국에 자주 항의하고 나섰다.

은퇴하고 2년이 지난 1990년 7월 그로탕디에크는 한 친구에게 자신의 모든 수학 논문들을 관리해 주도록 부탁했으며, 그로부터 얼마 뒤인 1991년 초 그는 홀연 사라졌다. 하지만 그의 숭배자들은 결국 피레네 산맥(the Pyrenees)의 외딴 마을에 살고 있는 그를 찾아냈다. 그는 오늘날에도 그곳에서 살고 있다. 어떤 사람들은 그가 불교 신자가 되었다고 말하며, 다른 사람들은 자신의 모든 연구와 악마를 저주하며 지낸다고도 한다. 그의 은둔처를 방문했던 로이 리스커(Roy Lisker)는 2001년에 다음과 같이 썼다.

> 그와 직접 대화한다는 것은 거의 불가능했지만 그 마을의 이웃들은 그를 잘 돌봐 주고 있었다. 그가 민들레 수프 외에 다른 것은 먹지 않고 살아야겠다고 생각한 것으로 알려지기는 했지만 이웃들에 따르면 그는 적절한 식사를 하고 있는 것으로 보인다. 이웃들은 또한 파리와 몽펠리에서 …… 걱정하는 사람들과도 연락을 취하고 있다. 따라서 그를 걱정할 필요는 없는 듯하다.[167]

알렉산더 그로탕디에크가 황금기에 이루었던 수학들은 아직도 수학계를 감돌고 있으며, 그것을 이해하는 사람들은(나는 감히 거기에 낀다고 말할 수 없다) 지금도 경탄과 경외 속에서 이에 대해 이야기한다.

§ 15.9 어떤 나라의 문어체와 구어체는 시대에 따라 더 비슷해지기도 하고 더 달라지기도 한다는 말이 있다. 영어는 초서(Geoffrey Chaucer, 1343?~1400) 시대 때는 서로 더 가까웠지만 18세기 초 오거스트 시대(Augustan Age) 때는 더 멀어졌으며, 오늘날 다시 더 가까워졌다. 이와 비슷하게 대수도 시대에 따라 실제적인 과학과 더 가까워지기도 하고 더 멀어지기도 했다.

이미 보았다시피 초기의 대수는 측정이나 시간 맞추기나 자연을 탐사하는 일과 관련하여 발전했다. 특별히 주목할 만한 것은 아니지만 자연스럽게도 이 책의 첫 장과 마지막 장에서 모두 자연의 탐사에 대해 언급하게 된 것도 흥미로운 대칭성이라고 하겠다(§15.3 참조). 디오판토스와 이슬람 수학자들은 때로 실제적인 문제를 떠난 추상화의 층을 덧대면서 자신들의 내면적인 흥미에서 유래한 대수적 주제를 다루었다. 이런 자세는 르네상스와 근대 초기의 시대에도 전해졌으며, 이에 따라 삼차와 사차방정식의 해법이 일깨운 순수 대수적 의문은 중대한 관심을 이끌어냈고 마침내 그 일반해를 얻어내도록 했다.

1600년 무렵에 발명된 새롭고도 현대적인 문자기호는 18세기 말에 행해진 오차방정식의 일반 해법에 대한 공략은 물론, 토목 공학과 공병학, 천문학과 항해학, 회계학 그리고 기초적인 통계학의 시작에 이르기까지 광범위하게 쓰였다. 이 시기에 대수는 아마 메소포타미아에서 출발한 이래 생활에서 마주치는 실제적 문제들과 가장 가까웠을 것이다.

하지만 19세기에 들어 순수 대수가 발전함에 따라 주제들이 매우 풍성해져서 모든 실제적 응용성을 앞서 갔으며, 결국 완전히 쓸모없는 영역에 홀로 살아가는 상황에까지 이르렀다. 실용적 경향의 사람들이 대수로부터 영감을 얻을 때에도 적절한 이해와 주의를 기울이지 못한 경우가 많았다. §8.7에서 지적했다시피 기브스와 헤비사이드는 해밀턴의 귀중한 사원수를 아주 잘못된 태도로 대한 게 그 한 예이다. 19세기 말이 되자 대수는 과학을 훨씬 앞서 나갔다. 만일 1893년에 젊은 다비트 힐베르트에게 눌스텔렌사츠의 실제적 응용에는 어떤 게 있느냐고 물었다면 아마 그는 크게 웃어 젖혔을 것이다.

20세기에 들어서도 고도의 추상화로 흐르는 경향은 지속되었지만 위에서 말한 간격은 조금 줄어들었다. 19세기에 발견되었던 모든 새로운 수학적 대상들이, 비록 사색적인 이론 속에서나마, 과학적으로 응용될 곳들을 찾았기 때문이었다. 이는 유진 위그너(Eugene Wigner, 1902 ~ 1995)가 1960년에 펴낸 「자연 과학에서 보는 수학의 기이한 효율성(The Unreasonable Effectiveness of Mathematics in the Natural Sciences)」이란 제목의 획기적인 논문에서 언급한 '기적'과도 같은 현상이다. 어쩐 일인지 잘 모르겠지만 군과 행렬, 체와 다양체 등의 순수한 지적 산물들이 결국에는 실제 세계의 실체는 물론 실체적인 과정을 참으로 잘 묘사해냈던 것이다.

대수의 '기이한 효율성'은 도처에서 고개를 내밀어 왔다. 예를 들어 군은 암호와 그 해독에서 근본적으로 중요하며, 행렬은 경제학적 분석에서 중요하고, 대수적 위상 수학의 관념들은 전력 생산과 컴퓨터 칩의 설계에서 중요하다. 심지어 범주론도 그 열성적 전도사들에 따르면 컴퓨터 언어의 설계에서 놀라운 역할을 한다(하지만 나는 이 주장의 타당성 여부를 판단할 수 없다).

하지만 적어도 대수에 관한 한 위그너가 말한 '기이한 효율성'의 가장 두드러진 사례는 의심할 바 없이 현대 물리학에서의 응용이라고 할 것이다.

§ 15.10   물리학 분야에서 20세기에 일어난 두 가지의 위대한 혁명은 물론 상대론과 양자론이다. 그런데 이 두 이론은 모두 19세기의 '순수한' 대수에서 유래한 관념들에 근거를 두고 있다.

사례 1. 특수 상대성 이론에 따르면 한 기준계(frame of reference)에서 측정한 시간과 공간의 값은 로렌츠 변환에 의해 다른 기준계에서 측정한 값들로 변환된다. 여기서 기준계라 함은 등속으로 움직이는 계를 말한다. 이 변환은 어떤 사차원 공간에 있는 좌표계의 회전으로 풀이할 수 있으며, 따라서 리군으로 나타낼 수 있다.

사례 2. 일반 상대성 이론에 따르면 사차원 시공간은 물질과 에너지의 존재에 의해 휘어져 있다. 이 상황을 적절히 묘사하려면 해밀턴, 리만, 그라스만 등이 일군 토대 위에서 이탈리아의 대수 기하학자들이 발전시킨 텐서 해석학에 의지해야 한다.

사례 3. 1925년 독일의 젊은 물리학자 베르너 하이젠베르크(Werner Heisenberg, 1901~1976)는 원자가 한 양자 상태에서 다른 양자 상태로 뛰어내리면서 내뿜는 빛의 진동수에 대해 연구하고 있었다. 그는 한 상태 m에서 다른 상태 n으로 가는 확률을 계산하려면 가로와 세로로 길게 늘어뜨린 숫자의 배열에서 m째 행과 n째 열에 있는 것을 조사해야 한다는 점을 발견했다. 그런데 이런 배열들을 서로 곱할 때 이 상황에 맞는 논리를 적용하면 그 결과는 비가환이 되었다. 곧 배열 A에 배열 B를 곱하면 배열 B에 배열 A를 곱한 것과 다른 결과가 나왔던 것이다. 도대체 이게 어찌된 일일까? 다행스럽게도 하이젠베르크는 괴팅겐 대학교의 연구 조교였으며, 그 덕분에 다비트 힐베르트나 에미 뇌터와 같은 대가들에게서 행렬 연산의 원리에 관해 친절한 설명을 들을 수 있었다.

사례 4. 1960년대 초 물리학자들은 하드론(hadron 강입자)이라고 부르는 핵자들에서 수수께끼와 같은 무리들을 발견했다. 캘리포니아 공과대학(California Institute of Technology)[흔히 캘텍(Caltech)으로 줄여 부른다. — 옮긴이]의 젊은 물리학자 머리 겔만(Murray Gell-Mann, 1929~)은 하드론의 성질들이 어떤 분명한 선형 패턴을 따르지는 않지만 복소수 좌표를 가진 이차원 공간에서의 회전을 연구할 때 나타나는 리군의 맥락 속에서는 의미를 갖게 된다는 점을 깨달았다. 그런데 이 자료들을 조사해 봤더니 이와 같은 애초의 생각은 피상적인 것이었으며, 이에 대응하는 복소수 삼차원 공간 속의 리군이 더 잘 설명해줄 수 있다는 점이 드러났다. 이에 따르면 아직 발견되지 않은 입자들이 존재해야 한다. 겔만이 이를 발표하자 실험 물리학자들은 입자가속기를 가동시켜 예언된 입자들을 찾아냈다.[168]

21세기 초로 접어든 오늘날 물리학에는 더욱 과감하고도 기이한 이론들이 떠돌고 있다. 이런 이론들은 해밀턴과 그라스만, 케일리와 실베스터, 힐베르트와 뇌터 등의 업적이 없었다면 생겨날 수 없었을 것이다. 그 가운데 가장 모험적인 것들은 20세기의 두 가지 위대한 발견인 상대론과 양자론을 통합하려는 노력으로부터 유래했는데, 끈이론(string theory), 초대칭끈이론(supersymmetic string theory), 엠이론(M-theory), 고리양자중력(loop quantum gravity)과 같은 이름을 갖고 있다. 이 모든 것들은 최소한 어느 정도는 20세기의 대수 또는 대수 기하학에서 그 영감을 끌어왔다.

예를 들어 칼라비-야우 다양체(Calabi-Yau manifold)는 끈이론이 요구하는 '잃어버린' 차원을 제공해준다. 끈이론에 따르면 플랑크길이(Planck length, 약 1.6×10^{-35} m) 정도에 이르는 극미한 시공간 영역 속에 6차원의 공간이 숨겨져 있다. 이 아이디어는 독일의 수학자 에리히 캘러(Erich Kahler, 1902~2000)가 처음 떠올렸다. 하지만 그는 오스카 자리스키처럼 이로부터 몇 년 뒤인 1932~1933년의 기간 동안 로마에서 이탈리아의 대수 기하학자들과 연구했다.

리만의 아이디어들을 토대로 연구하던 캘러는 어떤 일반적이고도 흥미로운 성질들을 이용하여 다양체들의 한 집합을 정의했다.[169] 예를 들어 모든 리만 곡면은 캘러 다양체이다. 그런데 다음 세대의 미국 수학자 유

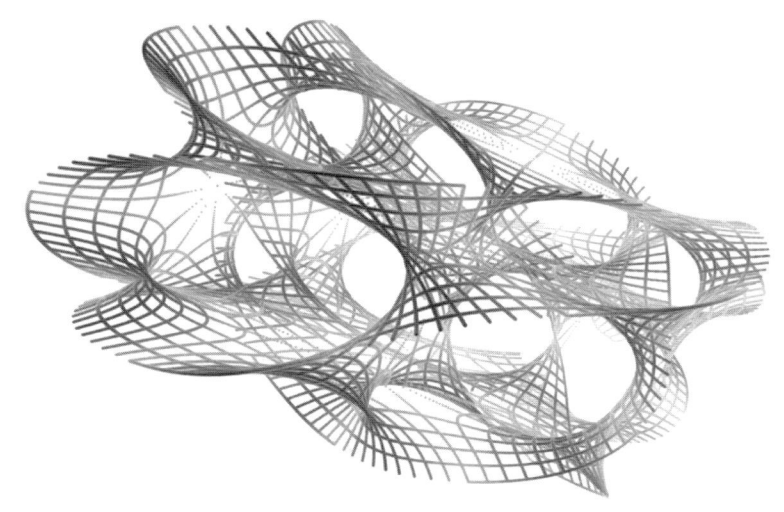

그림 15-4 칼라비-야우 다양체(Calabi-Yau manifold).

지니오 칼라비(Eugenio Calabi, 1923 ~)는 캘러 다양체의 한 부분집합에 주목하면서 그 곡률에 흥미로운 단순성이 내포되어 있을 것이라고 추측했다.

1977년 중국 출신의 젊은 수학자 구성동(丘成桐 Shing-Tung Yau, 1949 ~)은 이와 같은 칼라비 추측(Calabi conjecture)을 증명했고 이에 따라 오늘날 이런 종류의 공간은 칼라비-야우 다양체라고 부른다.[170] 그 곡률의 단순성은 일종의 매끈함으로, 끈의 여러 가지 진동을 나타내는 데에 아주 적절하다. 그래서 끈이론은 이를 이용하여 다양한 아원자입자들 및 중력을 포함하는 힘들이 이를 통해 나타난다고 설명한다. 다만 그것들이 6차원이란 점이 좀 께름칙하지만 이 여분의 차원들은 단단히 감겨 있어서 우리의 시각과 같은 거시적 관점에서는 보이지 않는다. 이는 마치 3차원의 밧줄이 충분히 멀리서 보면 일차원의 물체로 보이는 것과 같다.

§ 15.11   그러므로 20세기 대수를 특징지었던 갈수록 더욱 높은 추상화라는 현상은 이제 멈추거나 아니면 최소한 잠시 쉬기라도 해야 할 것이라고 생각할 만한 이유가 있는 것 같다. 대수학자들은 이제 물리학자들이 제기한 수수께끼들에 대답하기 위해 연구할 필요가 있으며, 범주론과 같은 극추상적 접근법들을 적절히 분류할 필요도 있는 상태에 이르렀기 때문이다.

또한 대수가 수학 속에서 더 이상 따로 분리된 학문으로 존재할 수 없을지도 모른다. 20세기는 통합의 시대였는데, 그래서였던지 대수가 다른 분야를 침범해 왔던 것과 마찬가지로 다른 분야들도 대수를 침범해 오는 사례들도 많았다. 만일 내가 고차원의 다양체에 있는 함수의 집합들을 연구할 때 이것들이 군의 구조를 가진다면, 과연 나는 해석학(함수)을 연구하는 것일까 아니면 위상 수학(다양체)이나 대수(군)를 연구하는 것일까?

나는 대수가 살아남을 것이라고 보는 생각을 선호하는데, 이는 대수 나름의 독특한 사고방식이 있다는 아이디어에 근거를 두고 있다. 다시 § 14.3으로 돌아가 해밀턴이 대수를 '순수 시간의 과학'이라고 본 것과 수학적 사고방식을 다른 종류의 정신적 활동과 비교한 생각들을 되새겨 보자. 위대한 대수학자 마이클 아티야 경은 2000년 6월에 토론토에서 행한 강연에서 기하와 대수를 "수학의 두 형식적 기둥들"이며, 이것들이 우리 마음속의 서로 다른 영역에 속한다고 주장했다.

> 기하는 …… 공간에 관한 것입니다. …… 이 강의실에 계신 청중 여러분을 지금 쳐다보는 순간 저는 단 1초 또는 백만 분의 1초 사이에 저는 엄청난 양의 정보를 받아들입니다. …… 반면 대수는 …… 본질적으로 시간과 관련됩니다. 여러분들이 어떤 종류의 대수를 하든 하나

에 이어 다른 하나를 적용하는 것과 같이 수많은 연산이 줄지어 행해집니다. 이처럼 '하나 또 하나'라는 방식으로 진행한다는 것은 바로 시간이 존재한다는 뜻입니다. 따라서 정적인 우주에서는 대수를 생각할 수 없는 반면 기하는 본질적으로 정적입니다.[171]

마이클 아티야 경이 말한 '줄지어 행해지는 연산'의 정식 용어는 바로 알고리듬(algorithm)이란 사실을 돌이켜 보면 좋을 것이다. 또한 이 용어는 바로 우리에게 대수(algebra)라는 용어를 주게 된 사람의 이름이 변형된 또 다른 예이다(§3.5 참조).

마이클 아티야 경이 제시한 사고방식은, 적어도 내가 아는 한, 미국의 수학자 에릭 그룬월드(Eric Grunwald)가 펴낸 수학정보원(Mathematical Intelligencer) 2005년 봄호에 의해 그 극단까지 확장되었다. 그룬월드는 「수학 안팎의 진화와 설계(Evolution and Design Inside and Outside Mathematics)」라는 제목의 논문에서 우리의 사고에 대해 넓은 의미의 이분법을 제시했는데, 이는 내가 아래에 간략히 제시한 음양의 이원구조와 비슷하다. 이 가운데 일부는 내가 덧붙였으므로 이것들에 대해 그룬월드는 아무 책임이 없다.

음	양
기하	대수
발견	발명
시각	청각
그림	음악
규정(사전적 편집)	묘사
이론 세우기	문제 풀기

안전	모험
공간적 패턴	시간적 과정
뉴턴	라이프니츠[172]
푸앵카레	힐베르트
아인슈타인[173]	마흐
설계	진화
사회주의	자본주의
플라톤의 수학적 관점	사회적 구성
이론 물리학	실험 물리학

 물론 우리는 이와 같은 지적인 실내게임을 별다른 결론도 없이 밤새 계속할 수도 있을 것이다. 나는 '아우구스티누스(Augustinus, 354~430)파(派)'와 '펠라기우스(Pelagius, 360?~420?)파'를 이 목록에서 뺄 정도로 자제력을 발휘한 데 대해 스스로도 조금 놀랐다.

 나는 마이클 아티야 경과 그룬월드가 최소한 뭔가를 제대로 붙들었다고 생각한다. 오늘날의 수학은 가장 높은 수준에서 경이롭도록 통합되어 있다. 그 전통적 분야 한 쪽에 있는 기하와 수론의 관념들은 대수나 해석학이라는 다른 쪽으로 쉽게 흘러 들어간다. 하지만 여전히 독특한 사고방식들이 있으며, 문제를 풀고 새로운 통찰을 얻는 데 대한 독특한 접근법들도 있다. 얼마 전 우리는 과연 역사의 종말(the End of History)이란 게 실제로 닥쳐오는가 하는 문제로 많은 논쟁이 벌어졌음을 기억한다. 나는 철학자들과 석학들이 이 거창한 문제에 대해 어떤 결론을 내리기라도 했는지 잘 모르겠다. 그러나 적어도 대수의 경우 나는 분명 아직 끝나지 않았다는 느낌이 든다.

뒤풀이

서론

1. 플로리다주 보카라톤(Boca Raton)의 BarCharts, Inc.에서 2002년에 출판. 지은이는 모두 키즐릭(S. B. Kizlik)으로 나와 있었다.

2. "불변량", *Duke Mathematical Journal*, 5 : 489-502.

3. 나는 때로 역사가 존 루카치(John Lukacs, 1924~)처럼 1815년부터 1914년 사이의 기간을 '19세기'로 부르기로 한다. 단 여기서는 통상적인 의미로 썼다.

4. '수학적 대상'은 수학자들이 전문적인 관심을 기울여 이해하고 그로부터 정리들을 이끌어 내려는 것을 가리킨다. 수학자가 아닌 사람들이 가장 낯익게 여기는 수학적 대상으로는, 첫째로 수, 둘째로 유클리드 기하학이 적용되는 이차원 및 삼차원 공간 속의 점, 선, 삼각형, 원, 입방체 등을 들 수 있다.

5. 발견인가 발명인가? 개인적으로 나는 플라톤적 관점을 선호한다. 그래서 이런 대상들이 세상의 어디에선가 인간의 정신에 의해 발견되기를 기다리고

있을 것이라 본다. 이것이 역사에서 가장 전문적인 수학자들이 수학의 대부분을 이루어내도록 한 정신적 기틀이다. 이 논점은 결코 사소한 게 아니다. 하지만 대수의 역사에서는 특별히 주목할 만한 중요성을 갖지 못하며, 따라서 나는 이에 대해 거의 언급하지 않을 생각이다.

수학 길잡이 1 : 수와 다항식

6. 현대적 용법에서의 $\mathbb{N}$에는 대개 0이 포함되는데, 나는 철학적으로 이에 공감한다. 만일 내게 옆방에 몇 사람이 있는지 봐달라고 부탁한다면 가서 헤아려본 뒤 내놓을 답으로는 '0'이란 것도 가능하다. 따라서 0도 '세는 수'에 포함되어야 한다. 하지만 이 책에서 나는 역사적으로 접근하고자 하므로 $\mathbb{N}$에 0을 넣지 않기로 한다.

7. 고대 그리스인들에게 널리 알려져 있었고 우리가 가장 흔히 보는 증명은 귀류법(reductio ad absurdum)을 사용한다. 먼저 p와 q가 모두 정수로 된 $\frac{p}{q}$라는 유리수가 정말로 $\frac{p}{q} \times \frac{p}{q} = 2$라는 성질을 가진다고 가정한다. 이때 $\frac{p}{q}$가 더 이상 약분할 수 없는 기약분수라고 하면 p와 q는 2라는 공약수도 가질 수 없으므로 둘 중 하나는 홀수여야 한다. 다음으로 위 식의 양변에 q를 두 번 연속으로 곱하면 $p^2 = 2q^2$이 되는데, 제곱수가 짝수인 것은 짝수이므로 p는 짝수이고, 따라서 q는 홀수이다. 이처럼 p는 짝수이므로 어떤 정수 k를 이용하면 $p = 2k$로 쓸 수 있다. 그러면 $p^2 = 4k^2$이므로 $4k^2 = 2q^2$이고, 따라서 q도 짝수이다. 하지만 앞서 q는 홀수로 밝혀졌으므로 결국 q는 홀수이면서 짝수라는 모순에 봉착한다. 이는 곧 애초에 $\frac{p}{q}$가 유리

수라고 했던 가정이 잘못이란 뜻이며, 따라서 2의 제곱근은 유리수가 될 수 없다. 이것과 다른 방식의 증명은 내가 쓴 『리만 가설(Prime Obsession)』의 후주 11을 참조하기 바란다.

8. 피타고라스 정리는 평평한 직각삼각형의 세 변의 길이에 관한 것이다. 먼저 직각의 맞은 편에 있는 변의 길이가 다른 두 변의 어느 것보다 더 길다는 사실은 직각삼각형을 보기만 해도 쉽게 알 수 있다. 이 정리는 이 가장 긴 변의 길이를 제곱하면 다른 두 변들을 각각 제곱하여 더한 것과 같다고 말하며, 식으로는 가장 긴 변을 c, 다른 두 변을 각각 a와 b라고 하면, $c^2 = a^2 + b^2$으로 나타내진다. 다른 방식으로는 그림 길잡이 1-4에 보인 것처럼 $c = \sqrt{a^2 + b^2}$로 쓰면 된다.

제1장 4000년 전

9. 초기 메소포타미아 역사의 연대는 아직도 확정되지 못했다. 이 책을 쓰고 있는 현재, '중기 연대'가 가장 널리 인용되고 있으므로 나도 이를 따른다. 다른 연대들로는 단기와 최단기와 장기 연대가 있다. 중기 연대로 기원전 2000년은 장기, 단기, 최단기 연대로 각각 기원전 2056년, 1936년, 1911년이다. 전문적인 아시리아 연구가들이 이에 대한 논쟁을 벌이다가 우정이 금가고 결혼 생활이 깨지게 되는 것도 놀라운 일이 아니다. 나는 이에 대해 특별히 강한 견해를 갖고 있지도 않으며 정확한 연대가 여기의 서술에 중요하지도 않다. 다만 1950년대 이전의 자료들에 들먹여졌던 아주 오래된 연대는 오늘날 신빙성이 없는 것으로 여겨진다.

10. 함무라비를 'Hammurapi'로 쓰는 경우도 흔히 보인다. 오래된 영어 자료들에는 Khammurabi, Ammurapi, Khammuram로 나오기도 한다. 하지만 함무라비를 창세기 14장 1절의 아므라벨(Amraphel)이라고 보는 생각은 현재 지지를 받지 못하고 있다. 아브라함의 연대는 아주 미심쩍으며, 그가 함무라비의 치세 때까지 살았다고 보는 사람은 아무도 없는 것 같다.

11. 서구 사회에 더 잘 알려진 것은 둘째 왕조이다. 이 둘째 왕조의 네브카드네자르(Nebuchadnezzar, BC605~562)왕은 유태인들을 바빌론에 포로로 끌고 갔으며, 이 때문에 이 역사적 사건은 바빌론유수(Babylonian Captivity)라고 불린다. 구약의 다니엘서(Book of Daniel)를 쓴 다니엘은 이 왕조에 봉사했는데, 벨사살(Belshazzar)왕의 잔치 때 벽에 쓰인 글은 이 왕조가 페르시아에 멸망한다는 것을 예언했다. 하지만 이 사건들은 모두 함무라비 시대보다 천년가량 뒤의 일이므로 여기서의 이야기와는 관계가 없다.

12. 여기의 주요 인물로는 독일의 카르스텐 니부어(Carsten Niebuhr, 1733~1815)와 게오르크 그로테펜트(Georg Grotefend, 1775~1853), 그리고 영국의 헨리 롤린슨 경(卿)(Sir Henry Rawlinson, 1810~1895)을 들 수 있다. 독일의 하노버 출신인 그로테펜트는 그곳에 있는 괴팅겐 대학교에 의해 쐐기문자의 해독에 참여하게 되었는데, 괴팅겐 대학교는 수학 분야의 탁월한 업적들에 힘입어 나중에 세계적으로 유명한 수학적 중심지가 되었다.

13. 쐐기문자는 사실 읽기가 그다지 어렵지 않다. 쐐기문자로 헤아리는 법에 대한 가장 간단한 안내는 영국의 수학자 존 콘웨이(John Conway, 1937~)

와 리처드 가이(Richard Guy, 1916 ~)가 함께 펴낸 『수의 바이블(Book of Numbers)』에 실려 있는 것을 들 수 있다.

14. 혹시 잘 모르는 독자들을 위해 아래에 그 식을 써둔다. 이차방정식 $x^2 + px + q = 0$은 아래와 같은 두 개의 근을 가진다. 이 식에서 '±'는 '+ 또는 −'를 뜻한다.

$$x = \frac{-p \pm \sqrt{p^2 - 4q}}{2}$$

제2장 대수의 아버지

15. 디오판토스(Diophantos)는 그리스어식 표기이며 영어로는 디오판투스(Diophantus)로 쓴다. 그의 업적은 주로 라틴어 번역을 통해 유럽에 알려졌기에 라틴어식 이름인 '디오판투스'가 영어 표기로 굳어졌다.

16. 따라서 예를 들어 $\psi\mu\theta$는 749이다. 일의 자리 수를 나타내는 글자들은 천의 자리를 나타내는 데에 다시 쓰였다. 그러므로 예를 들어 $\delta\psi\mu\theta$는 4,749인데, δ는 보통 4를 나타내지만 여기서는 4,000을 뜻한다. 10,000 이상의 수들은 네 글자씩 묶어서 10,000을 뜻하는 myriad의 첫 글자 M을 사이에 두고 분리해서 나타냈다. 하지만 디오판토스는 M 대신 점을 썼는데, 이에 따르면 예를 들어 $\delta\tau o\beta \cdot \eta\gimel\zeta$은 43,728,907을 나타낸다. 여기의 기묘하게 보이는 글자 '$\gimel$'은 900을 나타내지만 나중에 쓸모없이 되었다. ζ는 7을 나타내므로 $\gimel\zeta$은 907이 된다. 여기서는 자릿수를 나타내는 데 쓰이는 0이 보이지 않는다는 점을 주목하기 바란다. 이 표기법에서는 그런 기

호가 불필요하기 때문이다.

17. '끝시그마(terminal sigma)'라고 부르는 ς 은 이 방식으로 사용할 때 그 위에 작은 선을 그었다. 하지만 나는 그것을 여기에 그대로 복제하지 못했다. 미시간 파피루스620은 2세기 초의 것으로 보이는데, 이는 가장 널리 받아들여지고 있는 디오판토스의 연대보다 약 1세기 정도 앞선다.

제3장 이항과 소거

18. 이 이론의 창시자인 플로티노스(Plotinos, 205 ~269?)도 알렉산드리아 출신으로 디오판토스와 대략 동시대의 인물이다. 그에 대해 버트런드 러셀은 "세속적 의미에서의 행복을 찾지 못하고 논리의 세계에서 높은 차원의 행복을 찾고자 결심한 사람들 가운데 플로티노스는 매우 높은 자리를 차지한다"라고 썼다. 플라톤은 물론 그가 이끌었던 본래의 플라톤학파와 마찬가지로 신플라톤주의자들도 수학을 매우 높이 평가했다. 후기의 신플라톤주의자였던 마리노스(Marinos, 5세기 무렵)는 "나는 모든 게 수학이었으면 한다"라고 말했다.

19. 640년에 이곳을 점령한 이슬람교도들이 남긴 자료에 "4만 명의 유태인 속민이 있었다"고 기록된 것을 보면 유태인은 돌아와 있었던 게 분명하다.

20. 기번은 『로마제국 쇠망사(The History of The Decline and Fall of the Roman Empire)』의 47장에서 "확실치는 않지만 이 살해 행위는 희생자의 생사에 상관없이 이루어졌던 것 같다"라고 썼다. 『물의 아이들(Water Ba-

bies)」로 유명한 찰스 킹즐리(Charles Kingsley, 1819~1875)는 히파티아에 대한 소설도 썼는데 그녀의 살을 굴 껍질로 저며낼 때 그녀는 아직 살아있었다고 묘사했다. 이 소설은 모든 면에서 빅토리아풍의 멜로드라마와도 같으며, 이로부터 영감을 받아 찰스 미첼(Charles Mitchell, 1854~1903)이 그린 그녀의 그림도 마찬가지이다(빅토리아풍은 빅토리아 여왕(Queen Victoria, 1819~1901)의 재위 기간인 1837년~1901년 사이를 가리키는 빅토리아 시대 때의 여러 가지 경향을 말한다. — 옮긴이)

21. 여기는 물론 그 아래의 곳들에서 나는 '페르시아인'이란 말로 대략 오늘날의 이란과 중앙아시아 남부에 살면서 인도-유럽어 계통의 언어를 사용하는 사람들을 가리키고자 하는데, 다만 아르메니아인(Armenian)들은 제외한다. 사실 이런 용도로 쓸 만족스런 용어는 없다. '아리아인(Aryan)'에는 좋지 않은 뜻이 들어 있으며, '이란인(Iranian)'에는 어떤 언어 집단의 한 부분이 아니라 오늘날의 이란 국민들을 가리키는 뜻이 강하게 스며 있다. 아마 이런 사람들 가운데 '페르시아인'으로 불리는 것을 달가워하지 않을 사람들도 많을 것이며, 이 용어의 역사적 맥락이 달라서 혼란이 야기될 수도 있다. 하지만 부족한 지은이로서는 이렇게나마 최선을 다하는 수밖에 없다.

22. 기번은 헤라클리우스가 이로부터 50일 뒤 수종(水腫)으로 세상을 떴다고 썼다.

23. 기번의 책에는 '아므로우(Amrou)'로 나온다.

24. 단성론자(Monophysite)들은 그리스도의 신성(神性)과 인성(人性)은 본래 하나라고 주장했다. 반대로 서로 다른 두 성질이라고 주장했던 네스토리

우스파(派)(Nestorian)는 기독교 국가들에서는 철저히 이단으로 몰려 중국까지 쫓겨갔다. 시안(西安)의 비림(碑林 forest of steles)에는 네스토리우스파들의 십자가도 많이 늘어서 있다. 451년 칼케돈공의회(Council of Chalcedon)에서는 그리스도의 신성과 인성이 둘이면서 하나라는 정통파의 교리를 채택했고 이후 주요 교회들이 모두 이를 따랐다. 이에 의하면 그리스도의 두 본성에는 혼란도 변화도 없고, 나뉨이나 분리도 없다.

25. 그의 전체 이름은 '무사의 아들이자 자파르의 아버지인 콰리즘 사람 무함마드(Father of Ja'far, Mohammed, son of Musa, the Khwarizmian)'라는 뜻이다. 콰리즘(Khwarizm)은 현재의 우즈베키스탄 지역에 있었던 고대의 한 나라였다. '알'로 시작하는 아랍 이름은 사전에 올릴 때 그 다음 글자의 철자 순서에 따른다. 예를 들어 DSB에서 'al-Khwarizmi'는 'a' 항목이 아니라 'K' 항목에 실려 있다.

26. 중세는 서로마 제국의 마지막 황제가 게르만족 출신의 오도아케르(Odoacer, 433~493)에 의해 폐위된 476년 9월 4일 토요일부터 시작되었으며, 콘스탄티노플(Constantinople)이 함락된 1453년 5월 29일 화요일에 끝났다. 따라서 내 계산이 옳다면 중세의 정확한 한 가운데 날짜는 965년 1월 15일 일요일이다.

27. 시아파 내부의 이 두 파벌은 영어로 '퉬버스(Twelvers)'와 '세브너스(Seveners)'로 불리기도 한다. 시아파는 무함마드의 사촌이자 사위인 제4대 칼리프 알리(Ali ibn Abu Talib, 599?~661)를 첫째 이맘(Imam)으로 믿

는데, 이는 엄청난 권위를 가진 정신적 지도자를 가리키는 칭호이다. 이후 아버지에서 아들로 이 칭호가 전해져서 여러 이맘들이 나왔다. 하지만 도중에 이 전승은 깨어졌고, 제7대 이맘인 이스마일(Ismail)과 제12대 이맘인 마디(Mahdi)를 따르는 파로 갈라졌다. 이스마일파가 바로 세브너스인데, 오늘날 대부분의 시아파는 퉬버스이다.

28. '말리크 샤'라는 이름은 우리에게 셀주크 제국의 인종적 균형을 알려준다. '말리크'와 '샤'는 각각 아랍어와 페르시아어로 '왕'을 뜻한다. 하지만 말리크 샤는 물론 터키인이었다. 한 사람에게 인종적 배경이 셋이나 얽힌 셈이다.

29. 아사신파는 이스마일파에 속했으므로 셀주크 제국의 수니파 지배자들은 물론 다른 시아파들과도 대립했다. 그들은 오래된 페르시아 전통의 영향을 많이 받아 이슬람교에 대해 밀교적으로 접근했으므로 모든 세력들에게 배척을 받아 결국에는 이란 북부의 외딴 산악 지대로 들어갔으며, 그곳을 근거 삼아 끔찍한 정치적 암살을 자행해 왔다. 아사신파를 잘 아는 십자군은 하산 사바흐를 '산 속의 노인(the Old Man of the Mountains)'이라고 불렀다. 하지만 역사가들은 그들에 대해 전해져 내려오는 이야기들 가운데 암살을 제외한 많은 부분을 반박하였다. 예를 들어 종교적 목적에서 사용했을 수는 있겠지만 암살자들을 부추기기 위해 마취제와 같은 약물을 썼다는 데 대한 증거는 없다.

30. 이 문제를 현대적으로 고쳐보면 다음과 같다. "지름이 D인 구가 평면 위에 놓여 있는데, 면 위로 x인 곳에서 수평으로 이 구를 자르면 남은 부분의 부피가 본래 구 부피의 R퍼센트라고 한다. x의 값은 얼마인가?" 이 문제의

답은 아래와 같은 삼차방정식을 풀면 구해진다.

$$2\left(\frac{x}{D}\right)^3 - 3\left(\frac{x}{D}\right)^2 + \frac{R}{100} = 0$$

예를 들어 R이 50퍼센트라면 아래에서 보듯 x가 D의 절반이면 된다(곧 $x/D = 1/2$).

$$2\left(\frac{1}{8}\right) - 3\left(\frac{1}{4}\right) + \frac{50}{100} = 0$$

31. 두 짧은 변의 길이가 103과 159인 직각삼각형에 피타고라스 정리를 적용하면(뒤풀이8 참조), 빗변의 길이는 $\sqrt{103^2 + 159^2}$으로 189.44656238655……가 나온다. 한편 높이는 86.44654088049……이며, 이것과 103을 더하면 빗변의 길이에 아주 가까운 값이 얻어진다.

수학 길잡이 2 : 삼차와 사차방정식

32. 나는 x^3의 계수를 1로 삼았다는 점을 주목하기 바란다. 이렇게 하더라도 일반성은 상실되지 않는다. 더 넓은 일반형은 $ax^3 + bx^2 + cx + d = 0$이 될 것이다. 그런데 여기서의 a는 0일 수도 있고 아닐 수도 있다. 만일 0이면 이 방정식은 삼차방정식이 아니다. 만일 0이 아니면 양변을 a로 나눌 수 있고, 그러면 x^3의 계수는 1이 된다.

33. 오늘날의 무미건조한 시대에는 'reduced cubic'이란 용어를 더 많이 쓴다. 하지만 나는 'depressed cubic'이라는 옛날 용어가 더 마음에 든다.

34. 이 용어는 혼란의 여지가 매우 많은 것이므로 역사적 논의에서만 쓰는 게 좋다. 방정식에 관한 더 일반적인 이론에서는 사용하는 수를 더 넓은 체에서 가져오지 않는 한, 다시 말해서 새로운 '러시아 인형'으로 들어가지 않는 한, 더 이상 인수분해가 되지 않는 경우를 기약방정식(irreducible equation)이라고 부른다(더 자세한 내용은 §길잡이5.5 참조). 삼차방정식 $x^3 - 7x + 6 = 0$에 대해 $q^2 + p^3/27$의 값은 $-400/27$이므로 이 방정식은 이른바 '기약인 경우'이다. 하지만 $x^3 - 7x + 6$은 깨끗하게 $(x-1)(x-2)(x+3)$으로 인수분해되므로 더 적절한 의미에서는 '기약이 아닌 경우'이다. 다시 말해서 이는 중간 단계에 나오는 이차방정식이 기약인 경우이다. 으으윽······.

제4장 상업과 경쟁

35. 이것을 증명하기 위해 피보나치 수열의 n번째 항을 u_n으로 놓자. 그러면 u_1은 1이고, u_2도 1이며, u_3는 2이고, u_4는 3으로 계속된다. 이제 피보나치수(Fibonacci number)들을 계수로 사용하여 아래의 다항식을 만든다.

$$S = x^{n-1} + x^{n-2} + 2x^{n-3} + 3x^{n-4} + 5x^{n-5} + 8x^{n-6} + \cdots$$
$$u_{n-2}x^2 + u_{n-1}x + u_n$$

이 식의 양변에 x를 곱하면 xS가 나온다. 여기에 다시 x를 곱하여 x^2S를 얻고, x^2S에서 S와 xS를 뺀다. 그러면 바로 피보나치 수열의 특성 때문에 우변에 있는 항들의 대부분이 없어진다. 예를 들어 x^{n-6}항의 경우 그 계수는 $21 - 13 - 8$인데 이는 바로 0이다. 따라서 다음의 것만 남는다.

$$(x^2 - x - 1)S = x^{n+1} - u_n x - u_{n-1} x - u_n$$

$x^2 - x - 1 = 0$의 두 근을 위 식에 넣으면 S가 0이 된다. 그러면 u_n과 u_{n-1}이라는 두 미지수에 대한 연립방정식이 나오며, 여기서 u_{n-1}을 소거하면 원하는 결과가 나온다.

36. 이항정리는 $(a + b)^N$에 대한 전개식을 제시해 준다. 이 경우 $N = 4$이며, 따라서 이 정리를 이용하면 $(a + b)^4 = a^4 + 4a^3 b + 6a^2 b^2 + 4ab^3 + b^4$이란 식을 얻고, 여기서 사용한 식은 바로 이것이다.

37. 까다로운 독자들을 위해 말해두자면, 최소한 쿠르트 포겔이 쓴 DSB의 피보나치에 관한 글에 따르면 이 책의 제목은 흔히 쓰는 「*Liber abaci*」가 아니다. 이 제목은 '주판에 관한 책(The Book of the Abacus)'이 아니라 '계산에 관한 책(The Book of Computation)'으로 번역된다. 오페라의 이름들처럼 책 제목들도 이탈리아어로 쓸 때는 모든 단어의 첫 글자를 반드시 대문자로 쓸 필요는 없다.

38. 다시 말해서 그는 유명한 피사의 사탑이 건설되기 시작한 1173년의 몇 해 전에 태어났다. 이 탑은 180년 뒤에야 완공되었지만 기울어지는 현상은 3층을 지을 때 이미 뚜렷이 눈에 띄게 되었다.

39. 오늘날 이 도시는 알제리의 수도 알제(Algiers)의 동쪽으로 약 200킬로미터쯤 떨어진 곳에 있으며 이름은 베자야(Bejaia)이다(프랑스어로는 부지(Bougie)로 쓴다).

40. 플로스(*Flos*)는 꽃을 뜻하는 라틴어인데, "……의 최고 걸작"이란 뜻으로 확장되어 쓰이기도 한다.

41. 학자이자 정치가였던 미카엘 프셀로스(Michael Psellos, 1017?~1078?)는 미카엘 7세(Michael VII, 1050?~1090?, 재위 1071~1078) 치하에서 재상을 지내는 등 1075년까지 동로마의 황제들을 섬겼는데, 그도 분명 디오판토스의 문자기호를 알고 있었다.

42. 전체 제목은 『*Summa de arithmetica, geometria, proportioni et proportionalita*』으로, '산술, 기하, 비(比) 및 비례전서'이라는 뜻이다. 그런데 유럽에서는 이 무렵부터 인쇄술이 발달하기 시작했으며, 베네치아에서 발간된 파치올리의 이 책은 가장 먼저 인쇄된 수학책들 가운데 하나이다.

43. 파치올리가 나중에 쓴 책 한 권은 화가 레오나르도 다 빈치(Leonardo da Vinci, 1452~1519)가 삽화를 그렸다는 점 때문에 높은 선망의 대상이 되었다. 이와 비슷한 경우에 대해서는 뒤풀이 123을 참조하기 바란다. 파치올리는 또한 '백만(million)'이란 단어를 만들었다는 사실로도 유명하다.

44. 이탈리아 사람들은 덧셈과 뺄셈 기호를 그냥 각각 피우(piu)와 메노(meno)라고 썼다. 하지만 미지수의 거듭제곱과 마찬가지로 차츰 줄여져서 'p.'와 'm.'으로만 쓰이기도 했다.

45. 15세기와 16세기의 독일에서 대수학자들은 '코시스트(Cossist)', 대수는 '코식아트(Cossick art)'로 불렸다. 영국의 수학자 로버트 레코드(Robert

Recorde, 1510?~1558)는 1557년에 『지혜의 숫돌』이란 책을 펴냈는데, 그 원 제목은 'The Whetstone of Witte, which is the second part of Arithmeticke, containing the Extraction of Roots, the Cossike Practice, with the Rules of Equation'이다. 이것은 현대적 표기법의 등호 기호(=)가 인쇄된 최초의 책이었다.

46. 이 책은 카르다노의 생전에 출판되지 못했다. 노르웨이의 수학자 오이스테인 오레(Oystein Ore, 1899~1968)가 쓴 카르다노의 전기 부록에는 이것의 번역이 실려 있다(뒤풀이 48 참조).

47. 카를 5세는 베르디(Giuseppe Verdi, 1813~1901)의 오페라 돈 카를로스(Don Carlos)에 나오는 유령 같은 수도사이다. 신성 로마 황제(Holy Roman Emperor)라는 지위는 선거에 의해 주어졌다. 이를 확보하기 위해 카를 5세는 선거인들에게 뇌물로 거의 백만 두카트(ducat)를 풀었다. 그는 교황이 왕관을 씌워준 마지막 황제였는데, 대관식은 1530년 2월 볼로냐(Bologna)에서 거행되었다. 그 시대 사람들의 대부분은 그를 에스파냐의 왕으로 여기지만 실제로 그는 플랑드르(Flanders) 지방에서 자랐기에 스페인어는 잘 하지 못했다. 그는 '카를로스'라는 이름으로 에스파냐 왕으로 인정받은 첫 인물이기에 에스파냐의 카를로스 1세(Carlos I de Espana)로 불리기도 한다.

48. 오이스테인 오레의 『도박사 학자 카르다노(Cardano, the Gambling Scholar)』(1953) 참조. 오레의 이 책은 카르다노에 관한 한 권의 책 분량으로 된 자료들 가운데 가장 읽을 만한 것이지만 지금은 절판되었다. 카르다노의 점성술에 대한 설명은 미국의 역사가 앤서니 그래프턴(Anthony Grafton, 1950~)이 1999년에 펴낸 『카르다노의 우주(Cardano's Cosmos)』에 아

주 자세히 나와 있다. 이밖에도 카르다노에 대해서는 최소한 세 권 이상의 다른 전기들을 비롯하여 여러 책들이 나와 있다.

49. 이에 대한 자세한 내용은 오레의 책에 나와 있다. 나는 본문에서 단 몇 문단으로 압축했지만 오레는 카르다노-타르탈리아 사건에 대해 55페이지가 넘게 서술했는데, 이는 모두 읽어볼 만한 충분한 가치가 있다. 또 다른 자세한 설명은 *National Mathematics Magazine* 13 (1937-1938) : 327-346에 실린 마틴 노드가드(Martin Nordgaard)의 '카르다노-타르탈리아 논쟁 엿보기(Sidelights on the Cardan-Tartaglia Controversy)'에 나와 있는데, 오레의 자료와는 구체적 사실과 날짜들이 조금씩 다르다. 이 자료는 미국수학협회(Mathematical Association of America)가 2004년에 펴낸 『바빌론의 셜록 홈즈(*Sherlock Holmes in Babylon*)』(M. Anderson, V. Katz, R. Wilson 편집)에 전재되어 있다.

제5장 상상력의 해방

50. 영어권 수학자들은 'Viete'를 '비에트'로 발음하는데, 더 완고한 영어 사용자들 가운데는 널리 알려진 야채 주스의 이름처럼 발음하려 들기도 한다('V8'이라는 상품명으로 팔리는 주스를 가리킨다. —옮긴이). 때로는 라틴어화해서 '비에타(Vieta)'로 쓰기도 한다.

51. 흔히 이렇게 부르지만 완전히 정확한 것은 아니다. 위그노는 칼뱅주의자

(Calvinist)들이다. 하지만 프랑스 신교도들 모두가 그렇지는 않으며, 따라서 위그노라고 불리는 것을 달가워하지 않는 사람들도 많을 게 분명하다. 그러나 이 책과 같은 책들에서는 위그노를 프랑스의 초기 신교도들과 동의어라고 설명하는 게 보통이며, 오늘날 거의 그렇게 고착되었다. 또한 이 용어의 어원도 잘 알려져 있지 않다.

52. 하지만 영국은 특히 이 시기 동안에는 반 프랑스적인 농담도 들끓고 셰익스피어의 『헨리 6세(Henry VI)』(1592) 제1부에도 모욕적인 표현들이 쓰였지만 프랑스와 좋은 외교적 관계를 유지했다.

53. DSB에 실린 부사드(H. L. L. Busard)의 글에 따르면 "비에트의 수학적 업적은 분명 모두 그의 천문학적 및 우주론적 연구와 관련되어 있다." 천문학과 삼각법의 관계는 천구를 다루고, 별들의 고도를 계산하거나 예측하는 일 등에서 유래했다.

54. 해리엇의 죽음은 끔찍했다. 그는 코에 암이 걸렸는데, 이는 아마 버지니아에서 새로 길든 흡연 습관 때문이었던 것으로 보인다. 어쨌든 이로 인해 그의 얼굴은 마지막 8년 동안 서서히 허물어져 갔다.

제6장 사자의 발톱

55. 1752년에 폐기된 옛날 달력으로는 그렇지만 우리가 현재 쓰는 달력에 의하면 그의 생일은 1643년 1월 4일이다. 이 때문에 자료에 따라 연도가 다르게 나오기도 한다.

56. 『뉴 크라이테리언(The New Criterion)』 2003년 5월호에 실린 퍼트리샤 파라(Patricia Fara)의 책 『뉴턴, 천재의 탄생(Newton ; The Making of Genius)』에 대한 서평에 나온다. 내가 "(뉴턴이)세상사에는 아무런 관심도 보이지 않았다"라고 쓴 것은 당시의 중요한 정치적 사건들에 대해서 그랬다는 뜻이다. 그는 1696년 이래 왕립조폐국의 국장으로 지내면서 자신의 의무를 창의적이고도 근면하게 수행했다. 또한 그는 왕립학회에서도 활발한 활동을 했고, 1703년부터 세상을 뜰 때까지 계속 회장으로 선출되었다. 그리고 제임스 2세가 종교적으로 억압하고 나서자 자신이 몸담고 있는 대학교를 위해 용감하게 일어서기도 했다. 이 모든 것들을 고려할 때 나는 뉴턴이 정치나 국가적 및 국제적 문제들에 대해서는 모두 통틀어 5분 정도밖에 생각해 보지 않았다는 이야기를 매우 의심스럽게 여긴다.

57. 또는 원한다면 '뉴턴 경(卿)'이라고 해도 좋다. 그는 1705년 앤 여왕(Queen Anne, 1665~1714, 재위 1702~1714)에게서 과학자로서는 최초로 작위를 받았다. 따라서 엄밀히 따지자면 이때 이전의 행적에 대해서는 '뉴턴', 이후의 행적에 대해서는 '뉴턴 경'이라고 말해야 할 것이다. 하지만 그처럼 까다롭게 구는 사람은 아무도 없고, 나 또한 그런 전례를 만드는 사람이 되고 싶지도 않다.

58. 이 책의 라틴어 원본은 물론 영어 번역본도 쉽게 찾을 수 없다. 하지만 그 내용은 화이트사이드(Derek Whiteside, 1932~2008)가 편집해서 1967년에 펴낸 『아이작 뉴턴의 수학 논문(The Mathematical Papers of Isaac Newton)』 제2권에 실려 있다.

59. 나는 특히 마이클 아틴(Michael Artin, 1934~)이 교과서용으로 펴낸 『대수(Algebra)』를 추천한다. 내가 갖고 있는 1991년판은 이 내용 전체를 최대한 명료하게 기술하고 있다.

60. 가우스는 물론 나중에 크로네커도 지적했듯, 여기에는 어떤 깊은 철학적 문제가 관련되어 있다. 이에 대한 자세한 논의는 해럴드 에드워즈가 펴낸 『갈루아 이론(Galois Theory)』 §49~§61을 참조하기 바란다.

수학 길잡이 3 : 1의 거듭제곱근

61. 'cyclotomic'이란 단어를 이런 뜻으로 처음 쓴 사람은 1879년 제임스 실베스터(James Sylvester, 1814~1897)였던 것 같다.

62. '1의 n차 원시근'은 수론에 나오는 '소수의 원시근(primitive root of a prime number)'이라는 용어와 혼동해서는 안된다. 어떤 수 g의 거듭제곱들인 $g, g^2, g^3, g^4, \cdots\cdots, g^{p-1}$를 어떤 소수 p로 나누었을 때 순서는 상관없이 나머지가 $1, 2, 3, \cdots\cdots, p-1$이 된다면 g는 p의 원시근이라고 부른다. 예를 들어 8은 11의 원시근이다. 8의 거듭제곱을 10번째까지 구하면 8, 64, 512, 4096, 32768, 262144, 2097152, 16777216, 134217728, 1073741824가 된다. 이것들을 11로 나누면 그 나머지는 8, 9, 6, 4, 10, 3, 2, 5, 7, 1이 나온다. 따라서 8은 11의 원시근이다. 반면 3은 11의 원시근이 아니다. 3의 거듭제곱을 10번째까지 구하면 3, 9, 27, 81, 243, 729, 2187, 6561, 19683, 59049인데 이것들을 11로 나누면 그 나머지는 3, 9, 5, 4, 1, 3, 9, 5, 4, 1이기 때문이다. 이런 뜻으로의 원시근이란 개념은 본

문에 나온 것과 관련이 있기는 하지만 같은 것은 아니다. 11은 소수이므로 1의 11제곱근들은 모두 1의 11차 원시근들이다. 하지만 수론적 의미에서의 11의 원시근들은 2, 6, 7, 8뿐이다.

우연스럽게도 여기서 원분방정식(cyclotomic equation)이란 용어의 좀더 엄격한 의미를 설명할 수 있게 되었다. 이것은 그 해가 모두 1의 n차 원시근이 되는 방정식이다. 따라서 n이 6인 경우 그 방정식은 $(x + \omega)(x + \omega^2) = 0$이며 그 해는 $x = -\omega$와 $x = -\omega^2$이다. 이 방정식을 풀어쓰면 $x^2 - x + 1 = 0$이다.

제7장 오차방정식의 공략

63. 윌리엄 던햄이 1999년에 펴낸 『오일러, 우리 모두의 스승(Euler, The Master of Us All)』은 오일러의 생애와 업적을 모두 잘 그려냈다.

64. 더 정확히 말하면 과학아카데미(Academie des Sciences)이다. 이는 17세기 말 유럽 과학이 크게 깨어나기 시작한 흐름을 타고 1666년 장-바티스트 콜베르(Jean-Baptiste Colbert, 1619～1683)가 세웠으며, 1660년에 세워진 영국의 왕립학회에 비교된다. 이 아카데미는 루브르(Louvre)에서 열리곤 했다.

65. 『갈루아 이론』, p. 19.

66. 라그랑주는 수학의 위인들 가운데 한 사람으로 찰스 머리(Charles Murray, 1943～)가 2003년에 펴낸 『인류의 성취(Human Accomplishme-

nt)』에서 제시한 점수 체계로 수학 분야에서 30점을 얻었다. 이 분야에서의 최고는 오일러로 점수는 100점이며, 뉴턴은 89, 유클리드는 83, 가우스는 81, 코시는 34점을 받았다. 방데르몽드는 가엾게도 1점밖에 얻지 못했는데, 이것도 '그의' 행렬 덕분인 것 같다.

67. 나는 여기서 오류라고 해도 좋을 정도로 단순화했다. 제대로는 '다항식'이 아니라 '유리함수(rational function)'라고 말해야 한다. 이에 대해서는 나중에 체론(field theory)에 접어들어 이야기할 생각인데, 당분간은 다항식이라고 해도 충분할 것이다.

68. 오코너(John O'Connor, 1945~) 또는 로버트슨(Edmund Robertson, 1943~)이 그랬을 것이다. 이 두 사람은 스코틀랜드에 있는 성앤드류 대학교(University of St. Andrews)에서 수학 분야의 필수불가결한 사이트를 개설하고 공동으로 많은 항목들에 대해 저술하고 있다. 그 주소는 'www-groups.dcs.st-andrews.ac.uk/~history/index.html'이다.

69. 루피니는 수학자였으면서 면허를 가진 의사이기도 했다. 이에 따라 나는 그와 같은 자격을 가진 사람으로 그보다 한 세대 앞섰던 18세기의 다른 대수학자를 언급해도 좋을 것 같다는 생각이 들었다. 영국인 에드워드 워링(Edward Waring, 1736~1798)이 바로 그 사람인데, 그는 아이작 뉴턴도 역임했던 케임브리지 대학교의 루카스 교수직(Lucasian Professor)을 1760년에 물려받았다. 7년 뒤 그는 이 교수직을 유지한 채 의학 박사 학위를 받았다. 하지만 실제로 의료 행위를 하지는 않은 것 같다. 워링은 1762년에 펴낸 『해석론 모음집(Miscellanea analytica)』에서 방정식의 근들로 만든 대칭 함수와 방정식의 계수들 사이에 어떤 관계가 있는지 다루었는

데, 이는 바로 내가 아이작 뉴턴의 메모와 관련된 이야기를 하면서 다룬 주제이기도 하다. 그런데 워링은 이 책 제2판의 제목을 『대수론(Meditationes algebraicae)』이라고 불러 혼란을 야기했다. 한편 이와 관련하여 스웨덴의 수학자 에를란드 브링(Erland Bring, 1736∼1798)의 업적도 언급하고 넘어가는 게 좋을 것 같다. 1786년 그는 어떤 오차방정식이라도 사차와 삼차와 이차의 항이 없는 형태, 곧 $x^5 + px + 4 = 0$의 꼴로 나타낼 수 있다는 사실을 보였다. 나는 '과도하게 축약된 형태'라는 말에서 따와 이를 과약오차방정식(severely depressed quintic)이라 부르면 좋으리라 생각한다.

70. 코시는 실제로 중세적인 왕권신수설(divine right of kings)을 믿었던 것 같다. 이 설은 가끔 신교의 교리로 오해하지만 그 기원은 중세로 거슬러 올라가며 17세기 프랑스에서 가장 널리 퍼졌다. 만일 이게 사실이라면 코시는 이 이론을 고수한 유명한 지성인들 가운데 마지막 사람이라고 하겠다.

71. 나는 이 이야기를 피터 페식(Peter Pesic)이 2003년에 펴낸 작지만 훌륭한 책 『아벨의 증명(Abel's Proof)』에서 따왔다. 하지만 에릭 벨은 아벨의 형제가 일곱이라고 썼다. 벨이 펴낸 『수학을 만든 사람들(Men of Mathematics)』에 나오는 아벨에 관한 장은 1930년대 미국에서 나올 수 있는 작품이란 점에서 읽어볼 만하다. 이 책은 벨이 쓴 최선의 작품이라 하겠지만 여러 장면들을 소화해내는 그의 취향을 독자들이 어떻게 받아들이느냐에 따라 최악의 것으로 여겨질 수도 있다.

72. 이 이름은 나중에 노르웨이의 정통 철자법에 더 충실히 따르기 위해 'Kristiania'로 바뀌었다.

73. 이런 일을 꼭 수학자만 겪으라는 법은 없다. 리만 가설(Riemann hypothesis)에 관한 책을 펴내고 난 뒤 내게도 이 심오한 신비를 해결했다고 주장하는 사람들에게서 편지와 이메일이 꾸준히 날아들었다. 그들의 연구를 자세히 살펴볼 수도 없었지만 불친절하게 대할 수도 없었기에 나는 다음과 같은 문구를 만들어 답장하는 데에 사용했다 : "저는 수학 학위를 가진 작가일 뿐 전문적인 수학자가 아닙니다. 저는 리만 가설에 대한 책을 쓰기는 했지만 이 분야에 대한 연구를 판단할 역량은 없습니다. 저는 예전에 오페라에 대한 책도 쓴 적이 있지만 노래는 부르지 못합니다. 원하신다면 귀하가 살고 계시는 지역에 있는 대학교의 수학과와 접촉하는 게 좋을 것으로 여겨집니다."

74. 자세한 증명을 이해하려면 이 책에서 내가 다루고자 하는 내용보다 깊은 수준으로 들어가야 한다. 호기심 많은 독자들은 피터 페식이 쓴 『아벨의 증명』을 참조하면 좋을 것이다. 내가 보기에 이 책은 가능한 한 초보적인 수준에서 다루었기 때문이다. 한편 이 책은 세 단계로 나누어 접근한다. 첫 번째 단계는 개괄인데 이것마저도 내가 여기서 다룬 것보다 더 자세하다. 두 번째 단계에서는 아벨의 1824년 논문을 직접 다루며, 세 번째 단계에서는 이 논문에는 없는 몇 군데의 논리적 단계에 대한 설명을 제시한다. 베르덴의 『대수의 역사』에도 2페이지 반의 깨끗한 설명이 나오지만 그 수준은 높다.

제8장 사차원으로의 도약

75. 듀드니의 책은 나도 매우 좋아하는데 상상력의 훈련을 위해 참으로 읽어

볼 만한 책이다. 예를 들어 이차원 세계에 사는 생물은 어떻게 문을 잠글까? 또한 만일 영양을 공급하는 소화관이 이 생물의 몸 한 쪽 끝에서 다른 쪽 끝으로 지나간다면 이 관 때문에 몸이 둘로 나뉘지 않도록 하려면 어찌 해야 할까?

76. 이 이야기는 러커 자신이 수학이 관련된 공상 과학 이야기들을 편집해서 1987년에 펴낸 『수학비행사(Mathenauts)』에 실려 있다. 여기의 23가지 이야기들 가운데 절반 이상이 사차원에서 유래한 아이디어를 활용하는데, 내 경험에 따르면 이는 수학적 공상 과학 이야기들의 평균 정도에 해당한다.

77. 1990년대 양심적인 소설가들은 자신의 책에 하이젠베르크가 1927년에 처음 밝힌 불확정성 원리를 언급하는 내용이 없으면 책이 제대로 완성된 게 아니라고 여겼다.

78. 해밀턴에 대해서는 적어도 세 권의 본격적인 전기를 포함하여 수많은 책들이 나와 있다. 나는 그중 토머스 핸킨스(Thomas Hankins)가 1980년에 펴낸 전기에 주로 의지했으며, 기타 웹사이트나 교재들이나 수학 잡지들에 나온 자료들도 활용했다.

79. 이와 같은 주장들은 19세기 초 영국과 미국에서 흔히 제기되었다. 『스페인의 성서(The Bible in Spain)』과 『라벵그로(Lavengro)』로 유명한 영국의 작가 조지 보로(George Borrow, 1803~1881)는 해밀턴보다 2년 전에 태어났는데, 해밀턴과 마찬가지로 여러 언어에 통달했던 것으로 여겨진다. 보로의 언어 능력을 연구했던 앤 리들러(Ann Ridler) 박사는 그가 읽을 수 있었던 51개의 언어와 방언들의 목록을 작성했다. 리들러 박사는 또한 같

은 맥락에서 『미국인(Brother Jonathan)』을 쓴 미국의 작가 존 닐(John Neal, 1793～1876)이 다음과 같은 주장을 폈다고 언급했다 : "불과 2, 3년의 공부를 통해 나는 히브리어, 라틴어, 그리스어, 색슨어 등에 통달했음은 물론 프랑스어, 에스파냐어, 이탈리아어, 포르투갈어, 독일어, 스웨덴어, 덴마크어 등에 사뭇 익숙하게 되었다." 해밀턴보다 1년 반 뒤에 태어난 미국의 시인 헨리 롱펠로우(Henry Longfellow, 1807～1882)는 몇 가지 현대어들을 실제로 통달한다는 조건 아래 19살이란 어린 나이로 부두인 대학(Bowdoin College)의 현대어 교수로 임명되었다. 이에 그는 1826년부터 1829년까지의 사이에 재빨리 독학으로 프랑스어, 에스파냐어, 이탈리아어, 독일어를 각각 9, 9, 12, 6개월 동안 공부하여 사뭇 능숙히 읽을 수 있을 정도로 숙달했다(이를 확인하는 별도의 자료도 있다). 작가로서의 나는 개인적으로 뿐만 아니라 여러 훌륭한 선생님들의 도움까지 받으면서 갖은 노력을 다해 보았지만 단 하나의 외국어도 제대로 정복하지 못했기에 이런 이야기를 대할 때마다 좌절감에 휩싸인다. 아마 당시의 이야기들에는 뭔가 과장된 요소들이 있는 것 같다.

80. 여기서 캐서린 디즈니가 혹시 월트 디즈니(Walt(er) Disney, 1901～1966)와 어떤 관계가 있는가 하는 의문이 자연스레 솟구친다. 어쩌면 그럴 것도 같지만 나는 아무런 증거도 찾지 못했다. 디즈니라는 이름은 본래 노르만 프랑스어(Norman French) 'D'Isigne'에서 유래했는데, 이 가문에는 커다란 아일랜드 계열이 딸려 있다. 월트 디즈니는 아일랜드에서 1803년 무렵에 태어난 아룬델 엘리아스 디즈니(Arundel Elias Disney)의 후손이다. 하지만 그가 에스파냐 계통의 부모 밑에서 태어난 사생아로 디즈니 가문에 입양되었다는 이야기도 있다.

81. 이는 현재 더블린의 중심지로부터 북서쪽으로 5킬로미터쯤 떨어진 단조로운 공업 지역에 있다.

82. 오늘날 우리는 가우스가 일찍이 1820년 무렵에 이미 비가환 대수(noncommutative algebra)를 떠올렸다는 사실을 알고 있다. 아침에 가우스보다 더 일찍 일어나려면 정말 아주 일찍 일어나야 한다.

83. 케일리도 1845년에 독립적으로 팔원수를 발견했으며, 이에 따라 때로 이는 케일리수(Cayley number)라고도 불린다.

84. 정말 그럴까? 단순한 기하학적 의미로는 그렇지 않다. 이 세상에는 '넷째 방향'이란 게 없는데, 그렇기는 하지만 온갖 노력과 상상력을 동원하여 이 삼차원의 세계를 벗어난 곳으로 움직여 나간다고 생각해볼 수는 있다. 그러나 그 경우 우리는 순식간에 파괴되고 말 것이다. 왜냐하면 중력의 역제곱 법칙과 같은 가장 단순한 물리적 법칙들도 이를 사차원의 유클리드 기하학 속에 몰아넣으려 한다면 매우 불쾌한 결과를 초래하기 때문이다. 현대 물리학에서 말하는 시공간은 사차원 기하학으로 편리하게 묘사할 수 있다는 것은 사실이다. 하지만 이 기하학은 아주 비유클리드적이며, 따라서 그 안에서 통상적인 유클리드식 여행을 하겠다는 생각은 아예 잊어버려야 한다. 그렇지만 인간의 상상력은 참으로 흥미로운 것이다. 영국에서 태어나 주로 캐나다에서 지낸 기하학자 해럴드 콕세터(Harold Coxeter, 1907∼2003)는 그의 책 『정규초다면체(Regular Polytopes)』에서 자신의 친구 존 페트리(John Petrie)에 대해 다음과 같은 말을 남겼다 : "강한 집중력을 발휘하여 얼마 동안 생각하고 난 뒤 그는 복잡한 사차원적 도형에 관한 질문에 대해 이를 '시각화함으로써' 대답할 수 있었다."

85. 유럽 대륙에서는 패러데이가 좋아했던 역선의 관념보다 오래된 원격 작용(action at a distance)의 관념을 더 선호했다는 데 대한 반론도 언급해둘 필요가 있다. 당시의 독일 수학을 비롯한 여러 수학 자료들을 보면 공간 속과 면 위의 흐름이라는 관념이 저자들 마음의 표면 바로 밑에 자리 잡고 있음을 알 수 있다.

86. 사원수는 양자 역학에서 부분적으로 응용되고 있다. 아래에는 몇몇 물리학자 친구들이 보내온 메모들을 인용한다 : "흥미롭게도 회전 운동을 사원수로 다루면 리카티 방정식(Riccati equation)의 해로 나타나는 7×7 크기의 공분산 행렬(covariance matrix)은 4개의 매개변수를 가진 오일러 대칭 매개변수(Euler symmetric parameter)의 일차종속성 때문에 특이행렬(singular matrix)이 된다." 바로 그렇다. 콘웨이(John Conway)와 스미스(Derek Smith)가 2002년에 함께 펴낸 『사원수와 팔원수에 대하여(On Quaternions and Octonions)』라는 책에는 해밀턴의 창안에 대한 아주 자세한 논의가 나와있지만 수학적 수준이 높다. 인디애나 대학교(Indiana University)의 앤드류 핸슨(Andrew Hanson) 교수가 쓴 『사원수의 시각화(Visualizing Quaternions)』는 이 책 『미지수(UNKOWN QUANTITY)』와 대략 같은 때인 2006년 초에 나왔다. 따라서 이 책을 쓰는 이 시점에서 나는 그 책을 읽지 못했지만 어쨌든 이는 다른 무엇보다도 컴퓨터 애니메이션(computer animation)에서의 사원수의 응용에 대해 자세히 설명할 것이라고 약속했다.

제9장 행렬

87. 오늘날의 중국 영토 가운데 한나라 영토에 속하지 않는 곳은 다음 지역들

이다 : 푸젠성(福建省(복건성), Fujian)과 윈난성(雲南省(운남성), Yunnan)의 남부 및 남동부 일대, 만주의 두 외곽 지역, 현대에 들어 획득한 서쪽과 북서쪽 지역으로 튀르크어(Turkic)나 티베트어(Tibetan)나 몽골어(Mongolian)를 사용하는 원주민들이 있는 지역.

88. 이것이 고대의 중국 문어체 자료들이 그토록 극도로 축약된 형태를 갖게 된 한 이유이다. 고전적 문헌들도 암기 문들과 마찬가지로 그다지 서술적이지 않다. 제임스 레게(James Legge, 1815~1897)는 공자(孔子, BC552~479)의 논어(論語) 학이(學而)편에 나오는 '신종추원(愼終追遠)'(부모의 장례를 조심히 지내고 조상의 제사를 정성스레 올린다는 뜻. — 옮긴이)이란 구절을 "Let there be a careful attention to perform the funeral rites to parents, and let them be followed when long gone with the ceremonies of sacrifice"라고 번역했는데, 한자로는 네 음절에 지나지 않지만 영어로는 39 음절에 이른다.

89. 이 달력은 낙하굉(落下閎 Luoxia Hong, BC130?~70?)이 만들었다.

90. 조지 로스(George MacDonald Ross),『라이프니츠(Leibniz)』(Oxford University Press, 1984).

91. 베르누이수는 $1^5 + 2^5 + 3^5 + \cdots + n^5$과 같은 정수들의 거듭제곱들의 합에 대한 식을 얻고자 하는 때에 나타난다. 이것들이 나타나는 방식을 여기서 정확히 설명하기는 곤란한데, 콘웨이와 가이의『수의 바이블』에 좋은 설명이 나와 있다. B_0부터 시작하여 처음 몇 개의 베르누이수를 열거하면

1, $-\frac{1}{2}$, $\frac{1}{6}$, 0, $-\frac{1}{30}$, 0, $\frac{1}{42}$, 0, $-\frac{1}{30}$ (그렇다, 다시 나온다), 0, $\frac{5}{66}$, 0, $-\frac{691}{2730}$, 0, $\frac{7}{6}$, 0, $-\frac{3617}{510}$, 0, $\frac{43867}{798}$, ⋯⋯과 같다. B_1 이후의 홀수 번째 베르누이수들은 모두 0임을 주목하기 바란다. 베르누이수는 12장에서도 잠깐 모습을 보인다.

92. 관측 자료가 많을수록 더 정확한 결과를 얻는다. 한편 행성들은 서로 중력적 영향을 미쳐 이상적인 이차함수 궤도를 벗어나게 하는 섭동(perturbation)을 일으킨다. 가우스가 팔라스의 궤도를 계산할 때 여섯 개의 자료를 이용한 것은 바로 이 때문이다. 가우스는 크래머 공식을 알고 있었을까? 분명 그랬겠지만 이와 같은 임시방편적 계산을 할 때는 보다 덜 일반적인 소거법만으로도 충분하다.

93. 학부생이었던 시절 나는 이것을 "행을 열에 다이빙시키는 방식"으로 생각하도록 배웠다. 다시 말해서 곱해진 행렬의 m째 행과 n째 열이 만나는 곳의 값을 얻으려면 첫째 행렬의 m째 행을 취하여 다이빙할 때와 같이 시계 방향으로 90도 돌린 다음 둘째 행렬의 n째 열의 곁에 나란히 놓는다. 그리고서 같은 위치에 나란히 있는 것끼리 곱하고 그 결과들을 모두 더하면 원하는 값이 나온다. 아래에는 정식의 표기법에 따라 쓴 행렬의 곱셈을 실었다.

$$\begin{pmatrix} 1 & 2 & -1 \\ 3 & 8 & 2 \\ 4 & 9 & -1 \end{pmatrix} \times \begin{pmatrix} 1 & -1 & 4 \\ 7 & 6 & -2 \\ 5 & -1 & -5 \end{pmatrix} = \begin{pmatrix} 10 & 12 & 5 \\ 69 & 43 & -14 \\ 62 & 51 & 3 \end{pmatrix}$$

맨 오른쪽 행렬의 둘째 행과 셋째 열에 있는 -14를 얻는 과정을 보자. 먼저 첫째 행렬의 둘째 행에 있는 (3, 8, 2)과 둘째 행렬의 셋째 열에 있는 (4, -2, -5)를 택한다. 다음으로 다이빙 동작에 따라 (3, 8, 2)를 시계 방향으로 90도 돌려서 (4, −2, −5)의 곁에 나란히 세우고, 같은 위치에 있는 수들끼리 곱하고 더하면 된다. 곧 여기 둘째 단계로부터 "$3 \times 4 + 8 \times (-2) + 2 \times (-5) = -14$"라는 결과를 얻는다. 행렬의 곱셈은 바로 이렇게 한다! 독자 여러분은 좌변의 두 행렬을 서로 바꿔 놓고 곱셈을 해봄으로써 행렬의 곱셈이 일반적으로 가환이 아니라는 사실을 확인해 보기 바란다. 예를 들어 위 식 우변의 첫째 행과 첫째 열에 있는 10에 대해 점검해 보기 위해 위 식 좌변의 둘째 행렬의 첫째 행을 다이빙시켜 첫째 행렬의 첫째 열과 나란히 배열한 다음 계산해보면 "$1 \times 1 + (-1) \times 3 + 4 \times 4 = 14$"가 되어, '10'이라는 값과 다르게 나온다.

94. 이런 연산들에 사용되는 행렬들이 반드시 정사각행렬일 필요는 없다. 예를 들어 행렬의 곱셈에 대한 규칙을 보면 첫째 행렬의 어떤 행을 둘째 행렬의 어떤 열과 결부시키므로 첫째 행렬에 있는 행의 수와 둘째 행렬에 있는 열의 수가 같기만 하면 정사각행렬이 아니라도 상관없다. 다시 말해서 $m \times n$ 행렬과 $n \times p$ 행렬은 서로 곱할 수 있으며 그 결과는 $m \times p$ 행렬이 된다. 아주 흔한 경우는 $p = 1$인 경우이다. 학부 수준의 현대 대수에 대한 적절한 교재들은 모두 이에 대해 잘 설명하고 있다. 으레 그랬듯 나는 마이클 아틴의 『대수』를 추천하는데, '샴스 아웃라인 시리즈(Schaum's Outline Series)'에 포함된 프랭크 에이어스 주니어(Frank Ayres, Jr.)의 책『행렬(Matrices)』도 아주 좋다.

제10장 빅토리아 시대의 영국 수학

95. 뒤풀이 56 참조.

96. 드모르간은 1872년에 펴낸 『패러독스 묶음(*A Budget of Paradoxes*)』에서 같은 주제에 대한 다른 노래를 언급하며 다음과 같이 말했다 : "1800년대에 데카르트에 대한 비꼼 없이 뉴턴을 칭찬하는 것은 균형이 무너진 논리였다."

97. 이 표기법에 대한 영국인들의 애정은, 적어도 학교 교과서에서는 아직도 남아있다. 1960년대 초 영국의 한 좋은 환경의 남학교에서 나는 물리학과 응용 수학을 뉴턴의 점 표기법을 통해 배웠다.

98. 앞서 인용했던 스코틀랜드 사람 던컨 그레고리(Duncan Gregory, 1813~1844)는 이 말을 했을 즈음에야 수학에 매진하기로 결심했지만 이로부터 4년이 채 지나기 전에 세상을 떴다. 하지만 그는 불에게 아주 큰 영향을 미쳤다. 사실 나는 위에 인용한 구절을 그레고리의 원래 논문(Transactions of the Royal Society of Edinburgh, 14 : 208-216)이 아니라 불이 1844년 왕립협회에 제출했던 「해석학의 일반적 방법에 대해(On a General Method in Analysis)」라는 제목의 논문에서 따왔다.

99. 나폴레옹과의 전쟁 동안에 비상 수입으로 걸었던 세금도 마찬가지였다. 전쟁이 끝나자 개혁가 헨리 브로엄(Henry Brougham, 1778~1868)은 이 세금이 더 이상 필요 없다고 주장하면서 의회를 설득했다. 결국 이는 1816년에 폐지되었는데, 정부로서는 끔찍한 일이었지만 국민들은 크게 기뻐했다.

100. 나는 런던 대학교에 처음 발을 들여놓았을 때 "이곳은 유태인과 웨일스

인들이 세웠다"는 말을 들었다. 하지만 제임스 밀(James Mill, 1773~1836)과 토머스 캠벨(Thomas Campbell, 1777~1844)과 헨리 브로엄 등 대학의 창립 주동자들은 모두 스코틀랜드 출신들이었다. 그러나 창설에 필요한 자금은 이 도시의 중산층에게서 걷었으며, 그들 대부분은 유태인들과 감리교 신자들이었다.

101. 실제로는 서로 밀접한 관련이 있는 두 개의 함수로, 아래와 같은 미분방정식의 해들인데, 물리학의 몇몇 분야에서 나타난다.

$$\frac{d^2y}{dx^2} = xy$$

102. 이런 경우에 해당되려면 $N^2 - N$이 되는 년도에 태어나야 한다. 드모르간은 $N = 43$인 경우에 해당하는 1806년에 태어났다. 이후 이에 해당하는 년도는 1892, 1980, 2070년 등이 있다.

103. 한 예로는 윌리엄 제번스(William Jevons, 1835~1882)를 들 수 있다. 1911년판 브리태니커 백과사전의 드모르간에 대한 항목 참조.

104. 이 해에는 이른바 참혹했던 '감자 대기근(Potato Famine)'이 닥쳤다. 나는 아일랜드에 대한 영국 정부의 정책이 '신중하고' '지혜롭게' 펼쳐졌다고 믿을 만한 때는 없었다고 생각한다. 하지만 이 대학을 설립할 때만은 영국이 적어도 그렇게 하려는 시도는 했다고 하겠다. 아일랜드에서는 영국에서 그랬던 것보다 더욱 종교와 무관하고 누구에게나 열린 대학이 설립되기를 염원하는 목소리가 높았다. 이 새 대학은 바로 그런 염원에 대한 대답이었다.

105. 1930년대에 70대에 들어선 앨리시아는 위대한 기하학자 해럴드 콕세터와 함께 연구했다. 콕세터는 그의 책 『정규초다면체』에서 그녀에 대해 다음과 같은 내용의 기다란 서술을 남겼다 : "그녀의 아버지는 …… 그녀가 네 살 때 세상을 떴다. 따라서 그녀의 수학적 재능은 순수하게 유전적인 것이다. …… 정상적인 교육이 불가능한 상황이었지만 불 부인이 의사이자 신비주의자이며 사회적으로 급진적이고 괴짜인 제임스 힌턴(James Hinton, 1822~1875)과 우정을 나누며 잘 어울렸기 때문에 그녀의 집에는 사회적 개혁가들과 기인들이 끊임없이 드나들었다. 바로 이 시기에 힌턴의 아들 하워드(Howard)는 수많은 작은 나무 입방체들을 갖고 와서 라틴어로 이름을 붙이고 불의 어린 세 딸들에게 그것을 외우고 또 쌓아서 그 모양을 만들어 보도록 했다. 이때 18살이었던 앨리시아는 이 경험을 통해 사차원 기하학에 대해 매우 뛰어난 이해를 갖게 되었다. ……" 그런데 이 하워드의 정식 이름은 찰스 하워드 힌턴(Charles Howard Hinton, 1853~1907)으로, 사차원에 대한 고찰들을 토대로 책을 썼으며, 이는 에드윈 애벗의 『평평한 나라』에도 얼마간의 영향을 미쳤을 것으로 보인다.

수학 길잡이 5 : 체론

106. 체론에 심오하고도 난해한 결론들이 없다는 뜻은 아니다. 다만 그것들은 군론의 문제들처럼 쉽게 적용할 직접적인 대수적 방법을 제공하지 않으며, 대개 대수 기하적 방법으로 대치되곤 한다. 불행하게도 'field theory'라는 용어는 수학에서 완전히 다른 두 가지 의미로 쓰인다. 먼저 이는 바로 여기서 말하는 대수적 대상으로서의 체에 관한 이론을 뜻할 수 있다. 그리고 둘째로는 공간의 각 점마다 어떤 양, 곧 스칼라나 벡터 또는 이 밖

의 다른 기이한 양들이 부여된 상황을 다루는 이론을 뜻할 수 있다. '전자기장 이론(electromagnetic field theory)'이란 용어에서의 'field theory'는 둘째 경우에 해당한다.

107. 예를 들어 마이클 아틴과 같은 교재 저자들은 이 체의 원소들을 0, 1, 2가 아니라 0, 1, −1로 쓰기를 좋아한다. 이렇게 하면 어떤 셈은 직관적으로 이해하기가 더 쉽다. 예를 들어 "1 + 2 = 0" 대신 "1 + (−1) = 0"로 쓸 수 있기 때문이다. 하지만 "(−1) + (−1) = 1"과 같은 셈에서는 다시 곤란한 상황에 처한다.

108. 동시에 이것은 옛날을 돌아보면서 훨씬 개선한 것으로, 사실 현대적인 설명의 하나이다. 1830년에 나온 갈루아의 본래 논문은 '체'라는 용어를 쓰지 않았다(이 논문은 에드워즈 교수가 펴낸 『갈루아 이론』의 부록에 실려 있다). 이 용어는 1879년 리하르트 데데킨트(Richard Dedekind, 1831∼1916)가 처음 사용하기까지 아무런 대수적 의미를 갖지 못했다. 한편 나의 예는 F_9이 기약 이차방정식의 해를 F_3에 덧붙임으로써 만들어질 수 있음을 보여주는데, 이는 다음과 같은 일반적인 정리의 한 특별한 경우이다 : "만일 $q = p^n$이면 F_q는 F_p에 기약 n차방정식의 어떤 해를 덧붙여서 만들 수 있다."

제11장 여명의 결투

109. 이 웹사이트의 주소는 "dilip.chem.wfu.edu/Rothman/galois.html"이다.

110. 이 학술지의 이름은 《Journal de Mathématiques Pures et Appliquées》인데, 초창기에는 《Journal de Liouville》로 불렸다. 1836년에 창간된 이 학술지는 아직도 건재하며 "세계에서 두 번째로 오래된 수학 학술지"라고 자랑한다. 가장 오래된 수학 학술지는 독일 수학자 아우구스트 크렐레(August Crelle, 1780∼1855)가 1826년에 창간한 'Crelle's Journal'이다.

111. 어쩐 일인지 나는 오늘날 가환군을 아벨의 정리를 기리기 위해 아벨군(abelian group)이라고 부른다는 점을 깜박 잊고 본문에서 언급하지 못했다. 이로부터 다음과 같은 오래된 수학적 농담이 나왔다. "질문: 자줏빛이고 가환인 것은?" "답: 아벨 포도(Abelian grape)". 한편 아벨군을 다룰 때는 연산을 좀더 보편적인 곱셈이 아니라 덧셈을 채택하는 게 관행이다. 따라서 아벨군에서의 항등원은 대개 '0'(왜냐하면 임의의 원소 a에 대해 "$0 + a = a$"이므로), 그리고 임의의 원소 a의 역원은 $-a$로 나타낸다. 하지만 나는 이하의 논의를 단순히 하기 위해 이런 점들을 무시한다.

112. 리하르트 데데킨트는 1850년대 말에 괴팅겐에서 갈루아 이론에 대해 약간의 강의를 했다.

113. 더 정확히 말하면 D_3와 S_3는 동일한 추상군의 예들이다. 그림 길잡이 5-3에서 설명했던 2차 추상군은 단 하나밖에 없는데, 그 예로는 D_2와 S_2는 물론 C_2도 있다. 엄밀히 말하자면 D_3나 S_3나 C_2와 같은 표기들은 추상군들의 특수한 예들에 대한 이름일 뿐이므로, 'S_3군'이라는 표현을 삼가고 'S_3가 가장 낯익은 예인 군'이라고 말해야 한다. 하지만 이토록 엄밀한 표현을 쓰는 사람은 아무도 없다.

114. 나는 이에 대해 더 이상 자세히 다루지 않겠다. 아주 충실하고도 명료한 설명을 원한다면 영국 출신의 수학자 케이스 데블린(Keith Devlin)이 1999년에 펴낸 『수학 : 새 황금 시대(Mathematics : The New Golden Age)』를 참조하기 바란다. 최종적인 내용을 보고자 한다면, 높은 수준의 것이기는 하지만, 존 콘웨이 등이 1985년에 펴낸 『유한군 편람(The Atlas of Finite Groups)』(Clarendon Press, Oxford)을 참조하면 된다.

제12장 환의 여인

115. 정수와 다항식 사이의 닮은 점은, 적어도 명시적으로 지적되기로는, 1585년 네덜란드의 대수학자 시몬 스테빈(Simon Stevin, 1548~1620)이 최초로 알렸다. 나는 그에 대해 본문에서 이야기하지 못한 것이 아쉬운데, 그는 십진법의 열렬한 지지자로서 이를 유럽에 널리 알리는 데에 크게 기여했다. 이에 대해 펴낸 그의 책에 감명을 받은 미국의 제3대 대통령 토머스 제퍼슨(Thomas Jefferson, 17433~1826)은 하원 의원 시절인 1783년에 새로 태어난 미국은 십진법에 근거한 통화를 사용하자고 제안했다. '다임(dime)'이란 단어는 간접적이기는 하지만 스테빈의 업적에서 유래했다('다임'은 10센트(cent)를 나타내는 화폐 단위. — 옮긴이).

116. 이 대목에서 전문 수학자들의 분노의 외침이 들려오는 듯하다. 그렇다. 나는 여기서 지나치게 단순화했다. 하지만 아주 조금만 지나쳤을 뿐이다. 사실 환의 대수적 의미는 여기서 제시한 예에 나타난 것보다 조금 더 넓다. 예를 들어 $\mathbb{Z}$와 다항식환에는 곱셈에 대한 항등원(곧 '1')이 있지만 원칙적으로 환에는 이게 반드시 있을 필요가 없다. 또한 덧셈은 가환이어야

하지만 곱셈은 반드시 그럴 필요가 없다. 이 책은 교과서가 아니어서 나는 단지 일반적인 아이디어만 전달하고자 한다.

117. 환론이 내놓는 것으로 우리의 직관에 반하여 놀라울 정도인 한 예를 보자. 보통의 정수 a와 b를 이용하여 만든 $a + b\sqrt{5}$라는 수들로 이루어진 환에서는 $9 + 4\sqrt{5}$도 한 단원이다. 1을 이것으로 나누면 정확히 나누어떨어진다. 확인해 보기 바란다.

118. 정규소수를 쉽게 정의할 방법은 없지만, 가장 덜 어려운 방법은 다음과 같다. 어떤 소수가 B_{10}, B_{12}, B_{14}, B_{16}, ……, B_{p-3}과 같은 베르누이수의 분자를 나머지 없이 나누지 못하면 이를 정규소수라고 부른다. 베르누이수에 대해서는 §9.3과 뒤풀이 91에서 다루었다. 예를 들어 19는 정규소수일까? 이게 B_{10}, B_{12}, B_{14}, B_{16}과 같은 베르누이수의 분자를 나머지 없이 나누지 못하기만 하면 그렇다. 그 분자들은 5, 691, 7, 3617이며 이 모두는 19로 나누어 떨어지지 않는다. 따라서 19는 정규소수이다. 처음으로 나오는 비정규소수(irregular prime)는 37이다. 이것은 베르누이수 B_{32}의 분자 7,709,321,041,217을 나머지 없이 나눈다.

119. 이 책을 쓰는 2005년 4월 현재 중국이 이와 비슷하게 60년 전에 일본에게 당한 치욕 때문에 베이징에서 반일 폭동이 휘몰아치고 있다.

120. 이 도시는 현재 폴란드 서부에 있고 이름도 자리(Zari)로 바뀌었으며, 브레슬라우도 현재 폴란드의 도시 브로츠와프(Wrocslaw)가 되었다. 독일과 폴란드 사이의 국경은 제2차 세계 대전 이후 전체적으로 서쪽으로 옮겨졌다.

121. 또한 좋았고 오래된 독일 낭만주의도 흐른다. 크로네커는 "우리는 시인이다"라고 썼고, 바이어슈트라스는 "시인적 기질을 갖지 못한 수학자는 결코 진정한 수학자가 될 수 없다"라고 말했으며, 이밖에도 많다.

122. 증명. 결과가 다시 $\mathbb{Z}$가 되지 않는다고 가정하고, 어떤 정수 m과 n에 대해 만든 $15m + 22n$과 같지 않은 정수들을 k라고 부른다. 이제 $15m + 22n$을 $15m + (15 + 7)n$으로 쓰면 이는 다시 $15(m + n) + 7n$으로 고쳐 쓸 수 있다. 그러면 k는 이런 방식, 곧 15의 배수에 7의 배수를 더한 방식으로도 나타내질 수 없다. 그런데 여기서 내가 한 일을 살펴보자. 나는 처음의 15와 22라는 쌍을 그중 작은 수인 15와 이 두 수의 차이인 7의 쌍으로 바꾸었다. 그런데 이 일은 같은 방식으로 더 이상 진행할 수 없을 때까지 계속할 수 있다. 이는 아주 초보적인 산술로서 유클리드가 이미 증명한 것이다. 이렇게 계속하면 나는 결국 $(d, 0)$이라는 쌍을 얻게 되는데, 여기의 d는 본래 쌍에 있는 두 수의 최대공약수이다. 그런데 15와 22의 최대공약수는 1이다. 따라서 k는 어떤 정수 m과 n에 대해서든 $1 \times m + 0 \times n$의 형태로 표현될 수 없다. 하지만 이는 모순이다. 왜냐하면 분명 $k = 1 \times k + 0 \times 0$이기 때문이다. 그러므로 이상의 귀류법에 따라 애초의 결과는 $\mathbb{Z}$가 되어야 한다.

123. 나는 하낙(J. Hannak)이 1959년에 펴낸 『에마뉘엘 라스커 : 한 체스 대가의 삶(Emanuel Lasker : The Life of a Chess Master)』이라는 전기에 의존했는데, 내가 듣기로 이 책은 아주 평판이 좋다. 내가 가진 것은 하인리히 프랭켈(Heinrich Fraenkel)이 1959년에 펴낸 번역본으로 아인슈타인의 서문이 담겨 있다. 이는 삽화가가 레오나르도 다 빈치인 것과 견줄 정도로 높은 선망의 대상이라 하겠다(뒤풀이 43 참조).

124. 더글러스 파미(Douglas Parmee)가 번역한 펭귄 고전(Penguin Classics)판이 있다. 1974년에는 라이너 베르너 파스빈더(Rainer Werner Fassbinder)가 아주 분위기 있는 영화로 만들었다. 거기서 한나 스키굴라(Hanna Schygulla)가 에피, 볼프강 솅크(Wolfgang Schenck)가 그녀의 남편인 인스테텐 남작으로 나온다.

125. 독일어로는 다음과 같다. "Aber meine Herren, wir sind doch in einer Universitat und nicht in einer Badeanstalt." 힐베르트라는 인물은 좋아하지 않을 수 없다. 그에 관한 표준적인 영어판 전기로는 콘스턴스 리드(Constance Reid, 1918~)가 1970년에 펴낸 것이 있다.

126. 현대의 대수학자들에게 '가환'과 '비가환'은 서로 다른 응용성을 가진 두 가지 대수의 독특한 풍미를 전해준다. 나는 그 차이를 이와 같은 개략적인 역사를 담은 책에서 제대로 전달해줄 수 없다. 따라서 나는 기본적 개념을 이해하는 데 필요한 수준 이상의 차이에 대해서는 파고들지 않을 생각이다.

127. 이유는 모르지만 이는 편집자에게 보내는 편지 형식으로 쓰였다. "고(故) 에미 뇌터(The Late Emmy Noether)", 뉴욕타임스, 1935년 5월 5일.

수학 길잡이 6 : 대수 기하학

128. 타원, 포물선, 쌍곡선을 뜻하는 ellipse, parabola, hyperbola라는 용어들은 모두 아폴로니오스(Apollonios, BC262?~200?)가 만들었다.

129. 무한원점의 개념은 실제로는 1610년 무렵 천문학자 요하네스 케플러에 의해 수학에 전해졌다. 하지만 그 연원은 원근법의 문제를 해결했던 르네상스 시대의 화가들에 있을 게 분명하다. 케플러는 직선을 중심이 무한대에 있는 원으로 여겼는데, 이는 이런 아이디어가 사뭇 자연스럽게 떠오를 수 있는 광학에 대한 그의 연구에서 유래했을 것으로 보인다.

130. 사실 모든 저자들이 이 용법을 따르지는 않는다. 예를 들어 마일스 리드(Miles Reid, 1948~)는 『대학 대수 기하학(Undergraduate Algebraic Geometry)』(London Mathematical Society Student Texts #12, Cambridge University Press, 1988)이란 책에서 일반적인 비동차이차 다항식(inhomogeneous quadratic polynomial)을 $ax^2 + bxy + cy^2 + dx + ey + f$ 라고 썼는데, 이 점만 아니었다면 이는 아주 훌륭한 책이라고 할 것이다.

131. 미네소타 대학교(University of Minnesota)의 기하학센터(Geometry Center)에서는 〈아웃사이드 인(Outside In)〉이라는 비디오를 판매하고 있는데, 여기에는 위상 수학에 관한 20세기의 가장 경이로운 발견들 가운데 하나라고 할 '구의 안팎 뒤집기'를 보여주는 장면이 들어 있다. 인터넷에서도 이를 보여주는 간단한 동영상을 찾을 수 있지만 위상 수학에 대해 조금이라도 배우고자 한다면 이 비디오 전체를 사서 보기를 추천한다. 한동안 나는 저녁 식사 손님들과의 화젯거리로 삼기 위해 이것을 보여주곤 했는데, 다만 사교적 관점에서 볼 때 아주 성공적이지는 못했다.

132. 이렇게 점 하나를 덧붙여서 얻는 것은 바로 리만 구면(Riemann sphere)이다. 여기에는 무한원점이 하나뿐인데, 복소함수를 다룰 때 아주 유용하다.

제13장 기하의 부활

133. 칸트의 아이디어는 기하학에서의 해석적/종합적 이분법의 궁극적 원천이었다. 칸트는 해석적 사실의 진실성은 순수하게 논리적으로 증명될 수 있으므로 바깥세상의 다른 근거가 불필요하다고 말함으로써 어떤 '다른 수단'에 의해 알려지는 종합적 사실과 구별했다. 칸트에 이르기까지 철학자들은 이 '다른 수단'이란 우리가 바깥세상과 상호 작용하여 얻는 실제적 경험을 뜻한다고 여겨왔다. 하지만 칸트는 이를 부정했다. 그의 형이상학에 따르면 해석적인 게 아니면서도 경험과 무관한 진리가 있다. 그는 유클리드 기하학이 이런 종류의 것으로 종합적이지만 경험에서 도출되지 않는다고 생각했다. 나는 이 설명에서 중간의 몇 단계를 생략했는데, 어쨌든 이렇게 하여 고전적인 그리스 수학과 19세기 초 종합 기하학 사이에 연결고리가 만들어졌다.

134. 참 아찔하다. 게다가 시소이드(cissoid), 콘코이드(conchoid), 에피트로코이드(epitrochoid), 리마콘(limacon), 렘니스케이트(lemniscate)와 같은 여러 가지 특수한 곡선들도 있다. 예를 들어 렘니스케이트는 '8'자 모양의 곡선이다. 첨점(cusp)은 곡선 중에 있는 뾰족한 점을 가리키는데, 예를 들어 '3'자는 가운데 부분에 첨점이 하나 있다. 마디(node)는 곡선이 자신과 교차하는 부분이며, 렘니스케이트에는 가운데 부분에 하나의

마디가 있다. 케일리언(Cayleyan)과 헤시언(Hessian)과 스타이너리언(Steinerian)은 주어진 곡선들을 다양하게 변화시켜 얻는 곡선들이다.

135. 이차원 기하학을 위하여 동차좌표를 구현하는 방법에는 사실 여러 가지가 있다. 그중 하나는 아리얼좌표(areal coordinates)이다. 먼저 평면에 세 직선을 그려 삼각형을 만든다. 그 안의 한 점에서 세 꼭짓점으로 직선을 그으면 본래 삼각형은 세 개의 작은 삼각형으로 나누어지는데, 이 각각은 처음 택했던 한 점을 꼭짓점으로 가지며 이 점과 마주보는 변들은 본래 삼각형의 세 변이다. 이 작은 삼각형들의 영역에 적절한 부호를 붙이면 동차좌표로 훌륭하게 쓰일 수 있다. 아리얼좌표는 뫼비우스의 중심좌표(barycentric coordinates)를 간단히 꾸민 것이다. 중심좌표는 어떤 삼각형의 세 꼭짓점에 적당한 무게를 가진 추를 하나씩 달아서 그 안에서 선택한 점이 무게중심이 되도록 했을 때, 이 추들의 무게를 이용하여 그 점의 위치를 규정하는 좌표이다. 삼차원 이상의 공간에서도 비슷한 좌표를 만들 수 있지만 이를 다루는 데 필요한 계산은 급속히 복잡해진다.

136. 이 1888년의 결과는 힐베르트의 기저 정리(Hilbert's Basis Theorem)라고 불리는데, 고등 대수 또는 현대 대수 기하학에 관한 좋은 교재들에서 이 이름으로 찾아볼 수 있다.

137. 수학적으로 잘 준비된 학생들에게는 『대수 기하학에의 초대(An Invitation to Algebraic Geometry)』(Smith, Kahanpaa, Kekalainen, and Traves)(Springer, 2000)를 권한다. 이 책은 필수적 사항들을 빠짐없이 최신의 스타일로 다루고 있으며 연습문제도 풍부하다! 눌스텔렌사츠는 21페이지에 나온다.

138. 마이클 아틴은 자신이 쓴 교재에서 "나는 이 시답잖은 용어가 어디서 유래했는지 모른다"고 썼다. 나도 그 유래는 모르겠는데, 다만 나는 이게 그토록 시답잖게 여겨지는 않으며, 특히 예컨대 '눌스텔렌사츠'라는 용어에 비하면 더욱 그렇다. 수학 용어들의 최초 용례들을 수록한 제프 밀러(Jeff Miller)의 유용한 웹사이트에 따르면 그 범인은 이탈리아의 기하학자 에우제니오 벨트라미(Eugenio Beltrami, 1835~1899)로서 1869년의 일이라고 한다. 나는 벨트라미의 『Opere Matematiche』(Milano, 1911)에서 이 해에 나온 논문들을 조사해 보았지만 나는 이 용어를 찾지 못했다. 그러나 나는 이탈리아어를 모르므로 내가 못 찾았다고 해서 이를 부정적으로 단정할 수는 없다.

139. 나는 19세기 중반부터 기하학이 복소수좌표(complex-number coordinates)를 사용하기 시작했다는 사실을 언급하지 않고 지나쳤다. 처음 대할 경우 이는 개념적으로 익숙하기가 쉽지 않으며, 내가 그냥 지나쳤던 이유도 여기에 있다. 복소수를 좌표와 계수로 받아들일 경우의 한 귀결에는 직선이 자신과 수직일 수 있다는 게 있다! 보통의 직교좌표에서 기울기가 m_1과 m_2인 두 직선은 $m_1 \times m_2 = -1$일 때 서로 직각으로 교차한다. 그러므로 기울기가 i인 직선은 자신과 수직이 된다. 이와 비슷하게 고등 대수기하학을 가르치는 사람들은 해석학을 배우면서 복소수평면(complex-number plane)과 갓 씨름하고 나온 학부생들이 복소수선(complex-number line)에 처음 마주칠 때 "뭐라고요?"라고 외치는 순간을 즐긴다. 이것은 복소수로 좌표가 매겨진 일차원 공간이다. 독자 여러분도 이것을 혼란스럽게 여길 텐데, 사실 그럴 수밖에 없다.

140. 소설가 올더스 헉슬리(Aldous Huxley, 1894~1963)는 20세기 중반에

리만 곡면을 이용하여 한 장면을 꾸며냈다. 헉슬리의 소설 『멋진 신세계(Brave New World)』를 본 독자들은 포드 기원(After Ford) 632년에 시민들이 리만 곡면 테니스를 즐긴다는 장면이 있음을 되새길 수 있을 것이다(이 소설에서 사람들은 헨리 포드(Henry Ford, 1863∼1947)가 자동차의 대량 생산 시대를 연 1908년을 기념하여 이 해를 기원으로 삼는다. — 옮긴이).

141. 구스타프 로흐(Gustav Roch, 1839∼1866)는 1861년에 괴팅겐에서 리만의 지도를 받으며 공부했다. 하지만 그는 27살도 채 되지 않은 젊은 나이로 삶을 마쳤는데, 이는 리만이 세상을 뜬 지 불과 넉 달 만이었다.

142. 그렇기는 하지만 스톱하우그는 가끔씩 나의 상상력을 자극하는 교묘한 문학적 솜씨를 드러낸다. 나는 리처드 댈리(Richard Daly)의 번역본을 보았는데, 리가 학창 시절에 하이킹을 갔을 때의 일에 대해 스톱하우그는 다음과 같이 썼다. "길을 따라 가던 중에 그들은 산에서 아름답고 재치 넘치는 세 사람의 우유 아낙네들을 만났다. 리에 따르면 그녀들은 온갖 불필요한 수줍음 같은 것은 전혀 보이지 않았다. 하지만 그들이 그 여름에 요툰헤이멘산지(Jotunheimen)(노르웨이 남부의 산악 지대. — 옮긴이)의 어느 정도까지 깊이 들어갔는지는 분명치 않다."

143. 면목 없지만 나는 또 다시 지나치게 단순화했다. 사실 클라인은 신축(dilatation), 곧 평면 전체를 균일하게 늘이거나 줄이는 작용을 포함시키더라도 도형들은 크기만 달라질 뿐 모양은 변하지 않으므로 유클리드의 가정들은 여전히 참이라는 점을 알고 있었다. 하지만 나는 이 문제를 무

시할 것이다. 더 깊이 알고 싶은 독자들은 해럴드 콕세터가 1961년에 펴낸 고전적인 교재 『기하학(Geometry)』의 제5장을 참조하기 바란다.

144. 독일어로는 -en이 -er로 바뀐 '에를랑거 프로그람(Erlanger Programm)'이라고 부른다. 그런데 이 용어가 그대로 전해져서 영어로도 '에를랑거 프로그램(Erlanger program)'이라고 부르는 경우가 많이 눈에 띈다. 내 생각에 이는 잘못인 것 같다. 하지만 이미 너무 널리 퍼졌기에 불평해 봐야 소용이 없다.

145. 아주 간단히 말하자면 리군은 매끈함(smoothness)이라는 중요한 성질을 가진 어떤 일반적인 n차원 다양체에서의 연속적인 변환들로 이루어진 군을 가리킨다. 리 대수(Lie algebra)는 §길잡이 4.6에서 정의한 뜻으로서의 대수, 곧 벡터끼리 곱하는 방법을 가진 벡터공간에 속한다. 리 대수에서의 벡터 곱셈은 리군에서 자연스럽게 유도되는데 보기에는 사뭇 기이하지만 고등 미적분의 응용들에서 매우 유용한 것으로 밝혀졌다.

146. 미국의 수학자 줄리언 쿨리지(Julian Coolidge, 1873~1954)가 1940년에 펴낸 『기하학적 방법의 역사(History of Geometrical Methods)』를 논평한 글에서 네델란드의 수학자 더크 스트루이크(Dirk Jan Struik, 1894~2000)가 이렇게 불렀다.

147. 미국의 제30대 대통령인 캘빈 쿨리지(John Calvin Coolidge, 1872~1933)는 가난한 집안 출신이었는데 언젠가 브루클린의 상류층 출신인 줄리언 쿨리지와 어떤 관계가 있는지에 관한 질문을 받자 아주 짧게 "아

무 관계도 없다고 합니다"라고 대답했다. 하지만 사실 미국의 모든 '쿨리지'들은 매사추세츠주의 워터타운(Watertown)에서 살았던 존 쿨리지(John Coolidge, 1604~1691)의 다섯 아들들의 후손들이다. 제30대 대통령 캘빈 쿨리지는 그 둘째 아들 사이먼(Simon)의 8대 후손이며, 수학자 줄리언 쿨리지는 다섯째 아들인 조나단(Jonathan)의 7대 후손이다. 그러므로 캘빈 쿨리지와 줄리언 쿨리지는 서로 17촌 관계인 셈이다. 줄리언 쿨리지의 할머니는 제3대 대통령 토머스 제퍼슨의 손녀였다.

제14장 대수적 이것, 대수적 저것

148. 두 대상을 적절한 관리 아래 늘이거나 줄일 때 "위상적으로 동등하다"고 말하는 것도 좋지만 이보다는 뭔가 더 명확한 용어로 나타낼 필요가 많다. 이에 대해 흔히 쓰는 용어는 위상동형(homeomorphic)이다. 다만 여기에는 좀 더 이야기할 게 있는데, 이 책은 교양서적이므로 나는 간단히 하기 위해 그냥 "위상적으로 동등하다"는 표현을 쓰기로 한다.

149. C_∞는 '무한순환군(infinite cyclic group)'이라고 부른다. 복합연산을 곱셈기호로 나타낸다면 C_∞는 한 원소 a의 모든 정수 거듭제곱들, 곧 ……, $a^{-3}, a^{-2}, a^{-1}, 1, a, a^2, a^3,$ ……로 구성되어 있다. $a^2 \times a^5 = a^7$라는 예에서 보듯 a의 두 거듭제곱의 곱은 지수를 더하면 되므로 C_∞의 또 다른 예는 덧셈이라는 연산을 사용하는 통상적인 정수 집합 $\mathbb{Z}$ 안의 정수들로 이루어진 군이다. 이런 이유 때문에 원환면의 기본군을 $\mathbb{Z} \times \mathbb{Z}$로 나타내는 자료도 가끔씩 눈에 띄는데, $\mathbb{Z}$는 군이 아니라 환이므로 좀 더 주의 깊게 $\mathbb{Z}^+ \times \mathbb{Z}^+$로 쓰기도 한다.

150. 또한 때로는 3구면(three-sphere)으로 부르기도 한다. 그런데 이 용어는 쉽게 마음에 와 닿지 않으며 특히 비수학자들에게는 더욱 그렇다. 여기서의 '3'은 삼차원 공간에 사는 이차원의 면을 가진 통상적인 구의 차원을 가리키는가 아니면 사차원 공간에 살면서 우리는 시각화할 수 없는 삼차원의 표면을 가진 초구면의 차원을 가리키는가? 리만이 어떤 다양체(곧 공간) 안에 있는 관점에서 그 다양체를 탐구하도록 가르친 이래 수학자들은 위의 둘째 의미로 여겨왔다. 하지만 이차원의 곡면으로 둘러싸인 삼차원의 구를 주로 보아온 일반인들에게는 첫째 의미가 더 그럴 듯하게 들린다.

151. 브로우베르의 부동점 정리와 혼동되지만 이와 관련된 정리에는 독일의 위상 수학자 하인즈 호프(Heinz Hopf, 1894~1971)가 얻어낸 게 있다. 이에 따르면 지구의 표면에서는, 영속적이지는 않지만, 바람이 전혀 불지 않는 곳이 언제나 적어도 한 곳은 존재한다. 이와 동등한 다른 예로는 다음과 같은 게 있다. 어떤 구의 표면이 짧은 길이의 털로 덮여 있는데 빗질을 해서 이 털을 모두 한 방향으로 눕히려고 해보자. 그러면 아무리 해봐도 적어도 한 군데에서는 '소용돌이'가 만들어져서 털을 모두 한 방향으로 눕힐 수는 없다. 이것이 묘하게 와전되어 오늘날까지 수학과의 많은 학부생들은 이를 '고양이 항문 정리(the cat's anus theorem)'라고 부르기도 한다. 이에 관한 문구에서 거북스런 것은 삭제하고 말하면 "모든 고양이에는 필히 항문이 있다"라고 요약된다.

152. 다만 철학자 니본(G. T. Kneebone)의 다음 말은 여기에 수록해둘 필요가 있다. "수학에 대한 칸트의 생각은 오래 전에 폐기되었다. 또한 그의 생각과 직관주의자의 관점에 어떤 밀접한 관계가 있다고 보는 것도 아주

잘못된 것이다. 하지만 칸트와 같은 직관주의자가 수학적 진리의 원천이 추상적 개념들을 이성적 추론이 아니라 직관에 있다고 보았다는 점은 사뭇 중요한 의의를 지닌다." 『수리 논리학과 수학 기초론(Mathematical Logic and the Foundations of Mathematics)』 249p 참조.

153. 이 문제는 §14.2에서 이야기했던 푸앵카레 추측과 같이 미국의 클레이수학연구소 각각 백만 달러의 현상금을 내건 7대 난제의 하나로, 영국 수학자 브라이언 버치(Bryan Birch, 1931 ~)와 피터 스위너튼-다이어(Peter Swinnerton-Dyer, 1927 ~)가 내놓았다. 이 7개 문제 모두에 대한 자세한 내용은 케이스 데블린이 2002년에 펴낸 『수학의 밀레니엄 문제들(The Millennium Problems)』 참조.

154. 이 수열의 극한값이 $\sqrt{2}$라는 사실의 증명 : 항들을 만드는 규칙에 따르면 이 수열의 어떤 항이 $\dfrac{a}{b}$이면 그 다음 항은

$$\frac{a+2b}{a+b},$$

와 같고, 이는

$$\frac{(a+b)+b}{a+b},$$

와 같으며, 또 이는

$$1+\frac{b}{a+b},$$

인데, 이는

$$1+\frac{1}{1+\frac{a}{b}},$$

이고, 이는 다음과 같이 쓸 수 있다.

$$1 + \cfrac{1}{1 + (\text{이전 항})}$$

이 수열이 어떤 극한값으로 수렴한다면 이웃한 항들의 값은 갈수록 더욱 비슷해진다. 따라서 예를 들어 몇 조 번째의 항에서는 아래처럼 써도 될 것이다.

$$x = 1 + \cfrac{1}{1 + x}$$

이 식을 정리하면 $x^2 = 2$라는 이차방정식이 나오며, 그 양의 근은 바로 $\sqrt{2}$여서 증명은 끝난다. 다만 이 증명은 엄밀한 것은 아닌데, 그 주된 이유는 "이 수열이 어떤 극한값으로 수렴한다면 ……"이라는 가정 때문이다.

155. 독일어 원문은 다음과 같다 : "Man muss jederzeit an Stelle von 'Punkten, Geraden, Ebenen', 'Tische, Stühle, Bierseidel' sagen können." 힐베르트의 말들은 참으로 인용할 만 하다.

156. 힐베르트는 은퇴하고 2년이 지난 1932년 독일 출신의 러시아 수학자 스테판 콘-포센(Stefan Cohn-Vossen, 1902~1936)과 공저로 이 책을 펴냈다.

157. 리와 마찬가지로 베유도 1939년 12월 핀란드에서 수학에 관한 노트와 서신들이 암호화된 통신문이라는 오해를 받아 간첩으로 체포되는 불행을 겪었다. 나중에 석방되어 프랑스로 돌려보내졌지만 그는 다시 병역을 회피했다는 이유로 구금되었다.

제15장 보편산술에서 보편대수로

158. 유려하고도 명료한 글솜씨로 수학의 대중화에 기여하고 있는 하버드 대학교의 수학 교수 배리 마주르(Barry Mazur, 1937 ~)는 미국수학회보 2004년 11월호에서 대수학과는 거리가 있는 독자들을 위해 '계기 공동성(motivitic cohomology)' 등의 용어에서 쓰이는 '계기(motive)'에 대해 명확히 설명하고자 했다. 나는 그의 이 글이 할 수 있는 데까지 했다고 보는데 다음과 같이 시작한다 : "연결된 유한 복합단순체 X의 대수적 위상 수학은 그 일차원 공동성을 통해 얼마나 파악될까?"

159. 미국수학회의 분류 번호에 따르면 이 13가지는 다음과 같다 : (06) 순서, 격자, 순서대수구조(Order, lattices, ordered algebraic structures); (08) 일반적 대수 체계(General algebraic systems); (12) 체론과 다항식(Field theory and polynomials); (13) 가환환과 대수(Commutative rings and algebras); (14) 대수 기하학(Algebraic geometry); (15) 선형대수, 다중선형대수, 행렬이론(Linear and multilinear algebra, matrix theory); (16) 결합적 환과 결합적 대수(Associative rings and algebras); (17) 비결합적 환과 비결합적 대수(Nonassociative rings and algebras); (18) 범주론, 상동대수(Category theory, homological algebra); (19) K-이론(K-theory); (20) 군론과 그 일반화(Group theory and generalizations); (22) 위상군과 리군(Topological groups, Lie groups); (55) 대수적 위상 수학(Algebraic topology).

160. 맥레인은, 나는 잘 알지 못하는 근거를 토대로, 조지 버코프의 생각이 적

어도 부분적으로는 실업자들이 넘쳤던 1930년대에 널리 퍼진 단순한 애국주의에서 영향을 받았을 것이라면서 다음과 같이 말했다 : "하버드 대학교 시절 조지 버코프는 …… 유럽에서 피난 와 그곳에 자리를 잡은 사람들이 다른 곳에 비해 상대적으로 적었기 때문에 우리의 젊은 미국 학자들을 돌보는 데에 더욱 신경을 써야 할 것으로 느꼈다."「더 수학적인 사람들(More Mathematical People)」(1990)(Donald J. Albers, Gerald L. Alexanderson, and Constance Reid, Eds.)에서 발췌.

161. 시카고 대학교의 리처드 스완(Richard Swan) 교수는 다음과 같은 흥미로운 역사적 언급을 남겼다 : "연동군은 1932년 체코 수학자 에두아르드 체크(Eduard Cech, 1893~1960)가 처음 발견했다. 하지만 그는 이게 주로 가환이란 사실을 깨닫고 별로 흥미롭지 않으리라 여겨 논문을 철회했다. 하지만 몇 년 뒤 폴란드 수학자 위톨드 후레위츠(Witold Hurewicz, 1904~1956)가 재발견했으며, 최종적인 영예는 후레위츠가 차지하게 되었다."

162. 'pentatope(오방체)'란 용어는 해럴드 콕세터(Harold Coxeter, 1907~2003)가 그의 책 『정규초다면체(Regular Polytopes)』의 제7장에서 처음 사용했다. 나는 이 용어를 다른 곳에서 본 적이 없어서 얼마나 널리 쓰이는지 잘 모르며, 스크래블(Scrabble) 게임에서 살아남으리라고 생각되지도 않는다(스크래블 게임은 장기판과 비슷한 판 위에서 글자가 쓰인 조각들을 배열하여 단어를 만드는 놀이이다. — 옮긴이). 여기 본문에 보인 그림은 선분들로 만든 오방체를 사차원에서 이차원으로 투영한 것으로, 그 구조를 이해하는 데에 대한 약간의 힌트는 줄 수 있지만 적절한 그림이라고 보기는 어렵다.

163. 쌍대성(duality)의 개념과 관련된 조작들은 기하학의 도처에서 발견되는데, 삼차원 기하학의 고전적 예인 플라톤 입체(Platonic solid)(삼차원 공간에서 존재할 수 있는 정다면체로, 곧 이어 열거되는 5가지뿐이다. — 옮긴이)들은 이 개념을 잘 설명해준다. 면이 6개, 꼭짓점이 8개, 모서리가 12개인 정육면체는 면이 8개, 꼭짓점이 6개, 모서리가 12개인 정팔면체의 쌍대이다. 면이 12개, 꼭짓점이 20개, 모서리가 30개인 정십이면체는 면이 20개, 꼭짓점이 12개, 모서리가 30개인 정이십면체의 쌍대이다. 면이 4개, 꼭짓점이 4개, 모서리가 6개인 정사면체는 그 자신의 쌍대이다. 한편 나는 역사적 진실이라는 관점에서 볼 때 이와 관련하여 군의 성질들에 주목하면 여러 이점이 있다는 사실을 지적한 사람이 에미 뇌터였다는 점을 밝히는 게 좋을 것으로 여겨진다. 이전의 연구자들은 상동군을 약간 다른 용어들로 서술했다.

164. 'universal algebra(보편대수)'라는 용어의 역사적 기원은 흥미롭게도 버트런드 러셀과 『수학원리(Principia Mathematica)』를 함께 쓴 영국의 수학자이자 철학자인 앨프레드 화이트헤드(Alfred Whitehead, 1861~1947)가 1898년에 펴낸, 이 용어가 들어간 제목의 책까지 거슬러 올라간다. 에미 뇌터도 이 말을 사용했다. 하지만 이 책에서 나의 용법은 가벼운 암시 정도의 것으로, 화이트헤드의 것처럼 엄밀하지 않으며, 뇌터나 다른 사람들의 것과도 별 상관이 없다.

165. 내가 알기로 대중문화에서 범주론이 나온 예는 2001년의 영화 〈뷰티풀 마인드(A Beautiful Mind)〉에서의 한 장면뿐이다. 거기에서 한 학생이 존 내쉬(John Nash, 1928~)에게 "갈루아 확장(Galois extension)들은 사실 공간을 덮는 것과 같습니다!"라고 말한다. 그러자 샌드위치를 먹고

있던 다른 학생이 다음과 비슷한 말들을 중얼거린다 : "…… 함상 …… 두 범주 ……." 여기에 숨은 암시는 갈루아 확장과(체에 관한 수학 길잡이 5 참조) 위상 수학적 관념인 공간 덮기가 함상에 의해 서로 사상될 수 있는 두 개의 범주라는 것으로 여겨지는데, 이는 사뭇 날카로운 통찰이라고 하겠다.

166. 앨린 잭슨(Allyn Jackson)은 당시 그로탕디에크와 함께 생활했던 저스틴 범비(Justine Bumby)가 전해준 다음과 같은 시사적인 말을 인용했다 : "그에게 수학을 배우는 학생들은 아주 진지했고 규율을 아주 잘 지켰으며 열심히 공부했다. …… 한편 그는 종일 음악만 들으며 빈둥거리는 식으로 반문화적 분위기에 젖은 사람들과도 만났다."

167. 그로탕디에크 전기 프로젝트. 사이트 주소 : www.fermentmagazine.org/home5.html.

168. 로렌츠군과 겔만이 하드론들을 분류하는 데에 썼던 군은 모두 전문 용어로는 3차의 특수 단성군(special unitary group)이라고 부른다. 이 군은 행렬들로 나타낼 수 있는데, 다만 이 행렬들은 복소수들로 만든다.

169. 다만 기록을 위해 남겨둔다면 그 정의는 다음과 같다 : "완전 비대칭 비틀림을 가진 등거리연동에 대해 평행인 스피너를 허용하는 리만 다양체 (A Riemannian manifold admitting parallel spinors with respect to a metric connection having totally skew-symmetric torsion)".

170. 중국 광동성에서 1949년에 태어난 야우는 필즈상과 크라푸르드상을 모두 받은 혁명아였다. 그의 집안은 1960년대 초의 대기근과 혼란을 피해 홍콩으로 건너갔는데, 그는 거기서 일찍부터 수학 교육을 받았다. 현재 그는 하버드 대학교의 수학 교수로 있다.

171. 《*American Mathematical Monthly*》, 108(7)에 '20세기의 수학(Mathematics in the 20th Century)'이란 제목으로 출간되었다.

172. 여기의 의미는 뉴턴이 절대 공간을 주장한 사람임에 비하여 라이프니츠는 다음과 같은 옛 노래에 담긴 관점에 기운 사람이었다는 것이다.

> 공간은
> 만물이 한 곳에 있지 못하도록 하는 것이라네.

173. 흔히 아인슈타인이 물리학에서 모든 절대성을 추방하고 우리를 상대성의 세계로 이끌었다고 말하지만 이는 오해이다. 사실 아인슈타인은 그런 일을 한 적이 전혀 없다. 실제로 그는 뉴턴만큼이나 철저한 절대주의자였다. 아인슈타인이 절대 시간과 절대 공간을 추방한 것은 맞지만 이에 대신하여 그는 절대적인 시공간을 들여왔다. 현대물리학에 관한 적절한 수준의 좋은 교양서적들에서 이 점을 쉽게 찾아볼 수 있다. 여담이지만 아인슈타인의 가까운 친구였던 쿠르트 괴델도 엄격한 플라톤주의자였으며, 이 두 사람은 모두 음에 속했다.

그림 출처

출처를 밝히지 않았든지 문서의 출처만 밝힌 그림들은 내가 보기에 공개된 것들로 여겨지거나 저작권자를 찾을 수 없었던 것들이다.

저작권법에 대해 지은이보다 더 민감한 사람은 없으며, 따라서 나는 이 책의 그림과 사진들을 정당한 저작권자의 허가를 받고 싣기 위해 최선의 노력을 기울였다. 하지만 그런 저작권자들을 제대로 찾기란 쉬운 일이 아니다. 특히 인터넷에 올려져 있는 것들로 아무도 그 출처를 밝히지 않은 것들은 더욱 그렇다.

따라서 어느 분이든 이 책에 실린 그림에 대해 정당한 권리를 주장하는 분이 계신다면 직접 내게 또는 이 책의 출판사를 통해 알려 주시길 바라며, 그럴 경우 나는 기꺼이 그리고 재빨리 상응하는 조처를 취할 것임을 밝혀 둔다.

Neugebauer : Courtesy of the John Hay Library at Brown University, Providence, Rhode Island.

Hypatia : Painting by Charles William Mitchell (1854-1903), reproduced by permission of Tyne & Wear Museums, Newcastle upon Tyne, England.

Cardano : From the frontispiece of Cardano's *The Great Art, or The Rules of Algebra*. I have actually taken it from the M.I.T. Press edition of that work, translated and edited by T. Richard Witmer (Cambridge, Massachusetts, 1968).

Viète : From the frontispiece of *François Viète* : *Opera Mathematica*, recognita Francisci A. Schooten ; Georg Olms Verlag ; Hildesheim (New York, 1970).

Descartes : An engraving by an artist unknown to me, taken from Franz Hals's 1649 painting, which is in the Louvre, Paris.

Newton : An 1868 engraving by Thomas Oldham Barlow from the 1689 portrait by Godfrey Kneller, which is in the Wellcome Library, London.

Leibniz : Engraving from a painting in the Uffizi Gallery, Florence.

Ruffini : Taken from the frontispiece of *Opere Matematiche di Paolo Ruffini*, Vol. 1, Tipografia Matematica di Palermo, Italy (1915).

Cauchy : From the portrait by J. Roller (ca. 1840), by permission of École Nationale des Ponts et Chaussées, Champs-sur-Marnes, France.

Abel : From *Niels-Henrik Abel* : *Tableau de Sa Vie et Son Action Scientifique* by C.-A. Bjerknes ; Gauthier-Villars (Paris, 1885).

Galois : "Portrait d'Évariste Galois a quinze ans," from the *Annales de l'École Normale Superieure*, 3c série, Tome XIII (Paris, 1896).

Sylow : University of Oslo library, Norway.

Jordan : Taken from *Oeuvres de Camille Jordan*, Vol. 1, edited by J. Dieudonne ; Gauthier-Villars & Cie., Editeur-Imprimeur-Libraire (Paris, 1961).

Hamilton : Portrait by Sarah Purser (from a photograph) ; courtesy of the library of the Royal Irish Academy, Dublin.

Grassmann : Taken from *Hermann Grassmanns Gesammelte Mathematische -und Physikalische Werke*, Chelsea Publishing Company (Bronx, New York, 1969). By permission, American Mathematical Society.

Riemann : Courtesy of the Staatsbibliothek zu Berlin, Preussischer Kulturbesitz.

Abbott : Courtesy of City of London School.

Plücker : From *Julius Plückers Gesammelte Mathematische Abhandlungen*, edited by A. Schoenflies, Druck und Verlag von B. G.

Teubner (Leipzig, Germany, 1895).

Lie : Portrait by Joachim Frich, courtesy of the University of Oslo, Norway.

Klein, Dedekind, Hilbert, Noether : Courtesy of Niedersächsische Staats- und Universitätsbibliothek, Göttingen, Germany ; Abteilung für Handschriften und seltene Drucke.

Lefschetz : By permission of the Department of Rare Books and Special Collections, Princeton University Library, New Jersey.

Zariski, Grothendieck : Courtesy of the Archives of the Mathematisches Forschungsinstitut Oberwolfach, Germany.

Mac Lane : University of Chicago Library.

The Calabi-Yau illustration (Figure 15-3) was created by Jean-François Colonna of the Centre de Mathématiques Appliquées at the École Polytechnique in Paris. It is reproduced here with his permission.

옮긴이의 말

각자 이른바 '수학'이란 학문을 처음 배우기 시작했던 때부터 어느 정도의 세월을 잠시 돌이켜 보자.

맨 처음 초등학교 시절에는 우선 숫자를 익히고, 다음으로 덧셈과 뺄셈을 배운다. 그리고 이어서 곱셈과 나눗셈을 배운다. 이렇게 한참 동안 수를 자유롭게 다루는 기초적인 계산법들을 배운 뒤, 실생활과 관련된 여러 가지 문제들을 푼다. 다음으로 또 중요한 것은 기하와 관련된 분야이다. 여기서는 맨 처음에 직선을 갖고 길이를 재는 것부터 배운 뒤, 사각형의 넓이에 이어, 삼각형, 원 등의 넓이, 그리고 이어서 다른 여러 가지 도형들의 여러 가지 성질들에 대해서 배운다.

그런데 이 다음 단계는 무엇일까? 다시 어렴풋한 기억을 더듬어 생각해 보면 이 다음 단계는 바로 '방정식(equation 등식)'이라는 주제이며, 이때를 계기로 우리 각자의 수학적 경험은 커다란 도약을 이루게 된다. 사람마다 구체적인 기억은 다르겠지만, 옮긴이의 경험에서 방정식은 기이함과 경이로움과 두려움과 신비로움 등이 복잡하고도 묘하게 얽힌 대상이었던 것 같다. 그리고 그 핵심에는 바로 'x'라는 '미지수'가 자리 잡고 있었다.

자, 우리가 여기에서 할 일은 무엇인가? 알고자 하는 게 무엇인가? 그것을 알고자 하지만 아직 모른다. 그러니 우선 '미지수'라 부르고 'x'라고 쓰자. 그런 다음 문제의 뜻에 맞추어 이 미지수를 주인공으로 삼는 방정식을 세우자. 그리고 방정식을 푸는 일반적인 절차에 따라 이 미지수를 구한다. 그러면 보라! 조금 전에는 짙은 안개에 싸여 과연 바라는 대로 얻어질까 마음 조리게 했던 그 미지수가 홀연 어떤 뚜렷한 값을 갖고 나타난다. 이것이 방정식이라는 주제의 전반적인 모습이며, 이는 수학에서 참으로 중요한 지위를 차지한다. 그리하여 이후 중고등학교와 대학교를 거치는 동안 우리는 점점 더 심원한 수학을 배우게 되지만, 이 모든 여정에서 방정식의 추억과 경험은 마치 북극성과도 같이 우리의 마음속에서 정신적인 안내자와 후원자의 역할을 한다.

여기서 이처럼 각자의 수학적 경험을 돌이켜 보고자 하는 이유는 이와 같은 지극히 개인적인 경험들이 놀랍게도 미지수를 중심으로 하는 인류의 수학적 경험과 커다란 맥락에서 아주 긴밀하게 호흡을 같이 한다고 여겨지기 때문이다. 이를테면 생물학에 나오는 "개체발생은 계통발생을 되풀이한다"는 명제가 수학이라는 추상적 분야에서도 잘 작용하는 모습을 보는 듯하다.

그런데 생물의 진화 역사를 보면 맨 처음 하나의 세포가 만들어지기까지가 가장 힘들고도 오랜 세월이 걸렸던 과정임이 드러난다. 그리고 두 번째로는 인간이라는 지적 생명체가 등장하는 때가 또 다른 중요한 계기임을 알 수 있다. 수학에서는 기억할 수도 없는 아득한 고대의 어느 날 인류가 수에 대한 관념을 처음으로 떠올린 때가 여기의 첫 번째 계기에 상응하고, 두 번째 계기에는 바로 수를 문자로 대신하는 문자기호의 성립이

상응한다고 하겠다. 생물의 진화 과정에서 이런 적절한 계기가 주어질 때마다 이전에 비해 눈부신 도약이 이루어졌던 것과 마찬가지로, 수학에서도 이 두 계기에서 폭발적인 발전이 이루어졌다.

이 책은 'x'로 대표되는 '미지수'라는 개념을 제목으로 내세우면서, 위의 두 번째 계기를 핵심으로 하는 수학의 가장 기본적인 분야의 하나인 '대수(代數 algebra)'에 대해 섭렵한다. 여기서 '대수'는 "수를 대신한다"는 뜻을 담고 있어서 그 원어인 'algebra'의 직역은 아니다. 하지만 어떤 의미로는 이 원어보다 이 분야를 더 잘 꿰뚫고 있는 용어라고 말할 수 있다(참고로 '대수(對數)'는 '로그'를 가리킨다는 점에 유의).

숫자를 문자로 대신한다는 아이디어 자체는 고대 그리스 시대부터 이미 그 흔적을 찾을 수 있다. 그러나 그 이전에는 물론 이후 상당한 세월이 흐르기까지 수학은 기본적으로 실생활과 밀접한 관련을 가진 '산술'의 영역에 머물렀다. 하지만 중세의 암흑기가 지나고 인간의 정신이 다시 깨어나는 르네상스에 접어들면서 이런 틀도 깨어지기 시작했다. 그리하여 수학은 지은이가 강조한 '추상화'의 시대로 접어들었으며, 그 필연적 태동과 전개가 바로 '수의 추상화'라고 할 수 있는 '문자기호의 성립'에 의하여 이루어졌다.

대수는, 무엇보다 먼저, 인간의 수학적 사고의 수고를 엄청나게 덜어주었다. 단적인 예로 중학 시절에 누구나 배우며, 이후 수학의 모든 분야에서 매우 중요하게 쓰이는 '이차방정식의 근의 공식'을 보자.

$$\text{이차방정식의 근의 공식} : x = \frac{-b \pm \sqrt{b^2 - 4ac}}{2a}$$

만일 이것을 문자기호의 도움 없이 말로 풀어쓴다면 얼마나 까다로울까? 표현하기도 어렵지만, 그것을 듣거나 읽고 배우는 사람이 이를 이해하고 숙지하고 사용에 숙달하는 일은 더욱 힘들 게 뻔하다. 하지만 이것은 아주 간단한 예에 지나지 않는다. 이보다 단지 한 차수 높아질 뿐이지만 본문 84쪽에 나오는 삼차방정식의 근의 공식을 보면 그 어려움을 더욱 깊이 절감할 수 있다. 실제로 이것을 처음 알아낸 이탈리아의 수학자 니콜로 타르탈리아(Nicolo Tartaglia, 1500?~1557)는 아직 문자기호가 완비되지 않았던 시대라서 이를 '25줄에 이르는 시'로 표현할 수밖에 없었는데, 그 길이는 책의 한 페이지를 온통 차지할 정도였다. 그러나 이후 프랑스의 프랑수아 비에트(François Viéte, 1540~1603)와 르네 데카르트(René Descartes, 1596~1650)를 필두로 여러 수학자들이 노력한 끝에 대수의 기초가 정립되었고, 그 탁월한 편리함에 힘입어 수학은 눈부신 발전을 거듭했다.

그런데 대수의 영향력은 이와 같은 실용적 차원에 머물지 않았다. 대수는 수를 대신한다는 생각에서 출발했지만 일단 시작하고 보니 인간의 상상력은 이를 추상화라는 더 높은 차원으로 끌어올리게 되었다. 그리고 여기에서는 단지 '수'뿐 아니라 다른 수많은 '수학적 대상'들까지도 문자로 대신하는 상황을 맞게 되었다.

그 대표적인 예로는 '군(group)'을 들 수 있는데, 군은 어떤 한 연산에 대한 항등원과 역원의 존재, 결합 법칙과 닫힘성의 성립이라는 네 조건을 충족하는 대상들의 집합이면 그 범위에 아무런 제한이 없다. 군은 수학사상 가장 큰 비극의 주인공이라 할 수 있는 프랑스의 천재 수학자 에바리스트 갈루아(Évariste Galois, 1811~1832)가 그 기초를 닦았다. 그런데 그가 군으로 나타내고자 했던 대상은 수가 아니라 '문자들의 치환(permutation)'이라는 추상적 연산이었다. 이런 배경에서 탄생한 군론은 이른바 추상대수(학)(abstract algebra)이라는 분야의 서막이 되었을 뿐 아니라, 오늘날에 이르도록 그 응용 범위를 계속 넓혀 가는 중요한 도구가 되었다.

한편 대수의 영향력은 이와 약간 다른 관점에서도 주목할 만하다. 현대 대수의 창시자 가운데 한 사람인 데카르트는 고대 그리스 이래 '산술'과 '기하'라는 두 분야로 뚜렷이 나뉘어온 수학을 '대수'를 이용하여 하나로 통합하는 위대한 업적을 남겼다. 이전까지 수학은 대략 기하의 주도 아래 진행되어 왔다. 고대 그리스의 만능인 플라톤(Platon, BC429?~347)은 스스로 세운 아카데메이아(Akadēmeia, Academy의 어원)의 현판에 "기하를 모르는 사람은 들어오지 말라"라고 썼다. 당시 기하는 수학의 대표인데, 이게 모든 학문의 기초라고 여겼기 때문이었다. 그런데 데카르트의 업적을 계기로 대수가 이후 수학의 흐름을 주도하게 되었고, 이런 경향은 거의 19세기 중반까지 계속되었다.

하지만 고대 이래 '절대적 진리'의 전형처럼 여겨져 왔던 유클리드 기하학의 공리들이 단지 평면이라는 예외적 상황에서만 성립하는 '상대적 진리'에 지나지 않는다는 놀라운 인식의 전환이 이뤄짐에 따라 기하에 대한 관심이 되살아났다. 그리하여 이른바 '비유클리드 기하학'이 탄생했으며, 여기서는 이전보다 훨씬 복잡한 곡면들은 물론 차원의 한계도 뛰어넘어 종래의 기하학으로는 도저히 다룰 수 없는 영역으로 접어들게 되었다. 따라서 이후의 연구는 대수와 기하가 결합해서 진행되어야 한다는 게 필연적이게 되었고, 이런 흐름이 20세기를 관류하여 오늘날까지 이르고 있다.

비유클리드 기하학의 창시자 가운데 한 사람인 러시아의 수학자 니콜라이 로바체프스키(Nikolay Lobachevsky, 1792~1856)는 "아무리 추상적이라도 언젠가 실제 세계의 현상에 적용되지 않을 수학 분야는 존재하지 않는다"는 말을 남겼다. 당시로서는 혁명적이었던 자신의 이론이 뜬구름처럼 너무 비현실적이라는 비판에 대한 반론으로 내놓았던 모양이다. 그의 예언이 적중했다고나 할까, 그의 뒤를 이어 더욱 발전시킨 독일 수학자 베른하르트 리만(Bernhard Riemann, 1826~1866) 등의 업적에 힘입어 새로운 기하학은 알베르트 아인슈타인(Albert Einstein, 1879~1955)의 일반 상대성 이론을 비롯한 현대의 첨단 과학 분야에 널리 응용되고 있다.

이처럼 현실과 추상 사이의 경계를 넘나들며 발전해온 대수의 모습을 보노라면 "과연 현실과 추상 사이의 진정한 경계는 어디인가? 또는 그런 경계라는 게 정말로 있는가?"라는 심원한 철학적 의문이 스며들어옴을 느낀다. 그리고 이와 관련하여 "과연 수는 실체인가 상상의 산물인가? 나아가 수를 넘어서는 수많은 수학적 대상들의 본질은 또 어떤가?"와 같은 문제들도 새삼스럽게 고개를 내민다. 지은이는 이 책에서 대수의 역사를 세로로, 대수의 관련 분야를 가로로 엮어 가며, 그 깊이 쪽으로 이와 같은 철학적 문제들도 적절한 수준에서 흥미롭게 다루고 있다. 그 자세한 내용들은 본문을 통해 습득하고, 개인적 노력을 통해 다지기를 기대하며, 이 책이 그와 같은 수학적 소양의 증진에 많은 도움이 되기를 바라마지 않는다.

2009년 5월, 향림골에서 고중숙

찾아보기

1

1의 거듭제곱근 Roots of unity
    17제곱근 seventeenth 153
    n제곱근 nth 299, 150~152
    n차 원시근 primitive nth 154, 448~449
    p제곱근 pth 302, 311~312
    네제곱근 fourth 150, 293
    다섯제곱근 fifth 150~151, 153, 175
    복소수 complex numbers 149~155
    성질 properties 154
    세제곱근 cube 85~86, 149, 150, 151, 154, 263, 294
    여섯제곱근 sixth 154, 263, 264
7대 난제 Millennium Prize Problems 381, 477

A

Acnode 352
ℂ 복소수(*Complex numbers*) 참조
ℕ 자연수(*Natural numbers*) 참조
n차 순환군 Cyclic group of order n 299
p겹 수 p-Adic numbers 390~393, 411, 477
ℚ 유리수(*Rational numbers*) 참조
ℝ 실수(*Real numbers*) 참조
ℤ 정수(*Integers*) 참조

ㄱ

가우스, 카를 (Karl Gauss) 54, 145, 152~153, 157, 159, 170, 173~174, 177, 198, 213, 220, 230, 289, 306, 314~315, 347, 349, 350, 377, 389, 393, 448, 455, 458

가우스 소거법 Gaussian elimination 220, 458
가우스 정수 Gaussian integers 308
가우스환 Gaussian ring 309
가즈나 왕조 Ghaznavid dynasty 76
가톨릭 Catholics 119, 171
가환성 Commutativity 468
    교환법칙 rule 193
    복소수 complex numbers 203, 263, 273
    아벨군 Abelian groups 464
    체에서의 - in fields 270
    환 rings 324, 355, 411
갈루아, 에바리스트(Évariste Galois) 177, 252, 264~265, 271~272, 278~280, 282~283, 285~289, 290, 291, 293, 294, 295, 296, 372, 388, 410
갈루아 이론 Galois theory 147, 271, 278~279, 286, 296, 372
갈릴레이, 갈릴레오(Galileo Galilei) 127
갠디, 로빈(Robin Gandy) 413
겔만, 머리(Murray Gell-Mann) 425~426, 482
결합법칙 Associative rule 193, 290
계기 공동성 Motivic cohomology 9, 479
계승 Factorials 168, 222
고등과학연구소(미국) Institute for Advanced Study 415
고등과학연구소(프랑스) Institut des Hautes Etudes Scientifiques (IHES) 415, 417, 421
고르단, 파울(Paul Gordan) 353~354
고르단 문제 Gordan's problem 354
고리양자중력 Loop quantum gravity 426
고리의 묶음 Loop-families 379~380
고양이 항문 정리 Cat's anus theorem 476
곱셈 Multiplication
    결합법칙 associative rule 205
    벡터 vectors 182, 189, 192~193
    복소수 complex numbers 25, 117, 200~203, 232
    부호 규칙 rule of signs 20
    사원조 quadruplets 203
    삼원조 triplets 201~203
    체 fields 278
    행렬 matrices 215, 232, 233, 458~459
    행렬식 determinants 229~231
공자(孔子, Confucius) 457
과학아카데미 Academie des Sciences 286, 287, 288, 346, 419, 449
괴델, 쿠르트(Kurt Gödel) 483

괴테(Johann Wolfgang von Goethe) 239
괴팅겐수학연구소 Mathematical Institute at Göttingen 37, 394
구상 Morphisms 411
구성동(丘成桐, Shing-Tung Yau) 427
구성주의 Constructivism 387
구스타브 2세(Gustav II) 127
「구장산술」 *Nine Chapters on the Art of Calculation* 217, 218, 219, 220, 227
국제수학자대회 International Congress of Mathematicians 419
군과 군론 Groups and group theory 10, 364
    1의 p제곱근 pth roots of unity 292, 302, 311~312
    n!차 대칭군 symmetric group of order $n!$ 299
    n차 순환군 cyclic group of order n 299
    가환군(아벨군) commutative (Abelian) 293, 295, 464
    갈루아 이론 Galois theory 124, 271, 278~279, 286, 296, 372
    결합성 associativity 290~291
    공리 axioms 290~291, 304
    구조 structure 293~296, 297, 402
    기본군 fundamental 380, 383, 406, 475
    단순군 simple groups 302~303
    단순체 simplexes 407~408
    닫힘(성) closure 290
    라그랑주 정리 Lagrange's theorem 167, 168~169, 298
    리군 Lie group 372, 400, 425~426, 474
    무한군 infinite groups 367~368, 475
    변환 transformations 300, 365, 371~372, 410
    부분군 subgroups 293~294, 297~298
    부분군의 지표 index of the subgroup 294
    분류 taxonomy 299~303
    불변량 invariants 368~369
    사원수군 quaternion group 213, 302
    상동군 homology groups 407~409
    생성원 generators 301
    실로우 p부분군 Sylow p-subgroup 298
    에를랑겐 프로그램 Erlangen program 370~372
    -에서의 항등원 unity in 290
    역원 inverse elements 291
    연동군 homotopy groups 406~407, 408, 480
    연속군 continuous groups 372~373
    위상 수학에서의 - in topology 382~383
    유클리드 평면의 등거리 변환 isometries of Euclidean plane 367~369

유한군 finite groups　298, 302~303, 367, 371, 372
　　응용 applications　390, 423
　　자명군 trivial　380~381
　　정규부분군 normal subgroup　294~296, 299, 301, 302, 304, 410
　　정이면체군 dihedral groups　299~300, 367
　　좌잉여류와 우잉여류 left and right cosets　295
　　지표 2의 교대군 alternating group of index　299
　　차(次) order　291~292, 293
　　창시자들 founders　178~179, 242~243
　　치환과 - permutations and　178, 262~264, 278~279, 290~291, 293~295, 297, 299, 301, 365
　　케일리표 Cayley tables　262~264, 290, 291
　　클라인4군 Klein 4-group　293
　　확장 extensions　406
굽타 왕조 Gupta dynasty　68
그라스만 대수 Grassmann algebras　191, 207
그레고리, 던컨(Duncan Gregory)　237, 248, 396, 460
그레이브스, 존(John Graves)　204~205
그로탕디에크, 알렉산더(Alexander Grothendieck)　403, 409, 414~422, 482
그로테펜트, 게오르크(Georg Grotefend)　434
그룬월드, 에릭(Eric Grunwald)　429~430
그리스도 단성설 Monophysitism　67, 437
(고대)그리스 수학 Greek (ancient) mathematics　49, 72, 470
기독교 Christianity　64~65, 80, 196, 438
기번, 에드워드(Edward Gibbon)　63, 65
기브스, 조지아(Josiah Gibbs)　211~212, 423
기약방정식 Irreducible equations　276, 441
(벡터공간의)기저 Basis, in vector space　188~189
『기하학(*La géométrie*)』　128, 129, 145
『기하학의 기초(*The Foundations of Geometry*)』　396, 399
끈이론 String theory　426, 427

ㄴ

나눗셈 Division
　　벡터 vectors　193
　　복소수 complex numbers　25
　　부호 규칙 rule of signs　20
나눗셈 다원환 Division algebra　270
나이팅게일, 플로렌스(Florence Nightingale)　235
나폴레옹 1세(Napoleon I)　241

나폴레옹 전쟁 Napoleonic Wars 313
낙하굉(落下閎, Luoxia Hong) 457
낭트 칙령 Edict of Nantes 118
내쉬, 존(John Nash) 481
내힌, 폴(Paul Nahin) 212
네브카드네자르(Nebuchadnezzar) 434
네스토리우스파(派)(이단) Nestorian heresy 438
네이피어, 존(John Napier) 133
노이게바우어, 오토(Otto Neugebauer) 37, 38, 40, 41, 43, 46, 393~394
논리학의 대수화 Logic, algebraization of 245~259
뇌터, 막스(Max Noether) 319, 320
뇌터, 에미(Emmy Noether) 37, 320~326, 353~354, 399, 400, 405, 425, 468, 481
뇌터, 프리츠(Fritz Noether) 323, 326
눌스텔렌사츠(영점 정리) Nullstellensatz (Zero Points Theorem) 355~358, 396, 397, 423, 471, 472
뉴먼, 제임스(James Newman) 45
뉴턴 경(卿), 아이작(Sir Isaac Newton) 10, 126, 131, 134~136, 139, 141, 142, 144, 162, 177, 225, 238~239, 240, 241, 242, 250, 447, 450, 451, 460, 483
뉴턴 정리 Newton's theorem 136, 139, 140, 141
니본(G. T. Kneebone) 476
니부어, 카르스텐(Carsten Niebuhr) 434
니체, 프리드리히(Friedrich Nietzsche) 386
닐, 존(John Neal) 454

ㄷ

(피사의) 다르디(Dardi of Pisa) 100
다 빈치, 레오나르도(Leonardo da Vinci) 443, 467
다 코이, 주안 데 토니(da Coi, Zuanne de Tonini) 106
다면체 Polyhedra 213, 343
다발로스, 알폰소(Alfonso d'Avalos) 108~109
다양체 개념 Variety concept 355
다양체 Manifolds 10, 356~358, 362, 363, 372, 400, 406, 407~408, 409, 482
다차원 기하학 Multidimensional geometry 257, 335~337
다타(주어진 것) *data* ("things given") 27, 123
다항방정식 Polynomial equations
    n차 - nth-degree 158
    근의 대칭성 symmetries of solutions 124, 141~142, 160, 161~162
    대수(학)의 근본 정리와 - FTA and 144~145
    분류 classification 72, 100
    유리수해 rational-number solutions 60, 389

이항과 소거 completion and reduction　70～71
　　　전개와 인수분해 expansion and factorization　60, 152
다항식 Polynomials
　　　계수(주어진 것) coefficients (givens)　27
　　　기본대칭 elementary symmetric　139～141, 138～141
　　　기약 "irreducible"　114～116
　　　대수에서의 중요성 importance in algebra　28
　　　대칭 symmetric　136～144, 168
　　　디오판토스 해석학 Diophantine analysis　48
　　　만드는 방법 recipe for　28
　　　문자기호 literal symbolism　26～28
　　　미지수(다타) unknowns (data)　27
　　　미지수의 거듭제곱 powers of unknowns　27
　　　벡터공간 vector space　188～190, 191, 193
　　　부분적으로 대칭 partially symmetric　162
　　　비대칭 asymmetric　137, 162
　　　삼차 cubic　114, 116
　　　성질 properties　307
　　　어원 etymology　26
　　　-의 그래프 graphs of　83～85, 114
　　　-의 불변량 invariants of　352～354, 410
　　　이차 quadratic　83～84, 177
　　　이차 형식의 결합 composition of quadratic forms　177
　　　정수와 - integers and　307, 465
　　　정의 defined　26
달랑베르, 장(Jean d'Alembert)　143
대수 Algebra
　　　어원 etymology　63, 67
　　　-에 대한 기하학적 접근 geometric approach to　49～50, 123～124
　　　-와 구별되는 해석학 analysis distinguished from　8
　　　-의 미래 future of　428～430
　　　-의 아버지 father of　47, 60～62
　　　정의 defined　8
　　　주제들의 분류 classification of topics　403, 479
　　　첫 강의 first lecture　100
　　　초기 교재들 early textbooks　51, 56, 60, 70, 92, 93, 99, 103～104, 115～117, 122, 124～126, 129～130
　　　추상화로서의 - as abstraction　9～10, 315, 395～400
대수 Algebras
　　　n차원 n-dimensional　210

괄호로 묶은 삼원조에 대한 - for bracketed triplets　201～203
　　　-로서의 사원수 quaternions as　204～205
　　　-로서의 실수 real numbers as　215
　　　-로서의 팔원수 octonions as　204, 455
　　　그라스만 Grassmann　191, 207～208
　　　나눗셈 다원환 division algebra　270
　　　리 Lie　474
　　　복소수의 - of complex numbers　192～193, 198～201, 214～215, 232
　　　분류 classification　215
　　　비가환 noncommutative　204, 455
　　　영벡터 인수분해 zero vector factorization　214
　　　(다원환)정의 defined　192
　　　클리포드 Clifford　210
　　　행렬 matrices　232-233
「대수곡면(*Algebraic Surfaces*)」　399
대수구조의 일반 이론 General theory of algebraic structures　411
대수 기하학 Algebraic geometry 환(*Rings*)과 환론(*ring theory*)도 참조
　　　공리적 접근법 axiomatic approach　315, 324, 396～400, 405～406
　　　눌스텔렌사츠(영점 정리) Nullstellensatz (Zero Points Theorem)　355～358, 397, 471, 472
　　　다양체의 개념 variety concept　355～356
　　　동차좌표 homogeneous coordinates　206, 337, 341, 346, 348, 352, 353, 471
　　　무한원선 line at infinity　338
　　　무한원점 points at infinity　334～336, 469
　　　변환 transformations　340～341, 367～369
　　　불변량 invariants　331～333, 340, 352～353
　　　사영 projective　336, 339, 340, 345, 346, 364, 369, 395
　　　삼차원 three-dimensional　335～336
　　　선 기하(학) line geometry　341～342, 348, 364
　　　쌍곡(선) hyperbolic　369
　　　에를랑겐 프로그램 Erlangen program　370～371, 395, 474
　　　-에서의 대칭성 symmetry in　337～338, 340, 341
　　　원뿔곡선 conic sections　328～337, 346, 352
　　　응용 applications　376
　　　점들에 곡선 맞추기 fitting curves to points　228～229
　　　타원의 이심률 eccentricity of ellipse　332
　　　표기 notation　329～330, 333～335
　　　행렬 matrices　333, 340
　　　행렬식 determinants　333, 340
대수(학)의 근본정리 Fundamental theorem of algebra (FTA)　144～145, 358

-의 증명 proof of   145～147
『대수의 새 발견(*New Discoveries in Algebra*)』 126
대수적 닫힘(성) Algebraic closure   147, 270, 290
대수적 수 Algebraic numbers   388
대수적 수론 Algebraic number theory   60, 355, 400
    p겹 수 p-adic numbers   390～393, 411
    버치와 스위너튼-다이어 추측 Birch and Swinnerton-Dyer conjecture   389
    정의 defined   388
대수적 위상 수학 Algebraic topology
    계기 공동성(motivitic cohomology)   9, 479
    고리들 loop families   379
    고양이 항문 정리 cat's anus theorem   476
    공간의 (자기)연속 사상 mapping a space into itself   384～385
    구면의 - of spheres   377～378, 380～381
    기본군 fundamental groups   380, 383, 406, 475
    레프셰츠의 부동점 정리 Lefschetz's fixed-point theorem   398
    리만 곡면의 - of Riemann surfaces   377～378, 476
    뫼비우스(리스팅)의 띠 Möbius (Listing) strip   339, 377
    변환 transformations   340
    불변량 invariants   383, 384
    브로우베르의 부동점 정리 Brouwer's fixed-point theorem   384～385, 476
    사영평면 projective plane   339
    원환면의 - of toruses   378～380
    위상동형사상 homeomorphism   378, 475～476
    응용 applications   423～424
    점집합(해석적) 접근법 point-set (analytical) approach   383
    조르당 고리 Jordan loops   379～380
    차원 dimensionality   381, 383, 384
    초구면 hyperspheres   381, 476
    푸앵카레 추측 Poincaré conjecture   381, 477
    함수론 function theory   361, 376, 382, 410, 470
『대수학 개론(*l'Algebra*)』   115～116, 117～118
대칭(성) Symmetry   299
    $n!$차의 군 group of order $n!$ 125～126, 162, 163, 277～278
    다항방정식에서 근과 계수들의 - of coefficients and solutions in polynomial equations   337～338, 340, 341
    대수 기하학에서의 - in algebraic geometry
    원리들 principles   226
대칭함수 Symmetric functions   126, 162～163, 451, 456
대학교 Universities

괴팅겐 Göttingen 319, 321~324, 354, 359, 366, 377, 396, 425, 434
런던 London 234, 243, 244, 460
몽펠리에 Montpellier 421
미네소타 Minnesota 469
미시간 Michigan 54, 406
버지니아 Virginia 234
베를린 Berlin 175, 319
본 Bonn 348
볼로냐 Bologna 105
상파울루 São Paulo 399
성앤드류 (그리고 수학 웹사이트) St. Andrews (and math website) 450
시카고 Chicago 13
쾨니히스베르크 Königsberg 396
크리스티아나(오슬로) Christiana (Kristiana, Oslo) 173, 297, 364
튀빙겐 Tubingen 209
하이델베르크 Heidelberg 319
단리 경(卿)(Lord Darnley) 102
「더 평평한 나라(*Flatterland*)」 196
덧셈 Addition
　벡터 vectors 184, 188~190
　복소수 complex numbers 24
　정수 integers 380, 475
　체 fields 271~272
　행렬 matrices 232
　행렬식 determinants 229
데데킨트, 리하르트(Richard Dedekind) 314, 315, 317, 318, 320, 361, 463, 464
데카르트, 르네(René Descartes) 113, 126~131, 133~134, 142, 145, 179, 225, 239, 250, 329, 346, 386, 460
데카르트 좌표(직교좌표) Cartesian coordinate system 127, 212, 329, 333~335, 341, 355, 472
델 페로, 스키피오네(Scipione del Ferro) 105, 111, 115
독일 Germany
　나치집권기 Nazi period 37, 319, 326, 393~394
　-에서 여성의 지위 women's status in 320~326
　-의 수학 문화 mathematical culture in 129, 174, 206~210, 239, 314~315, 322, 353~354, 405
　코시스트와 코식아트 Cossists and Cossick art 129, 443
동로마 제국(비잔틴제국) Byzantine empire 66, 67, 69, 76~77, 95, 443
동차성 법칙 Homogeneity, law of 123, 128
동차좌표 Homogeneous coordinates 206, 337, 341, 346, 348, 352~353, 355, 471

「둥근 나라(Sphereland)」 196
듀드니, 알렉산더(Alexander Dewdney) 196
듀모텔, 스테파니(Stéphanie Dumotel) 288
드모르간(Augustus de Morgan) 234, 238, 241~248
드무아브르정리 De Moivre's theorem 143
들리뉴, 피에르(Pierre Deligne) 417
(유클리드 평면의)등거리 변환 Isometries of Euclidean plane 368
디리클레, 레조이네(Lejeune Dirichlet) 306, 314
디오클레티아누스(Gaius Aurelius Valerius Diocletianus) 64
디오판토스 Diophantos 47~90, 51~54, 56~64, 71~74, 78, 80, 98, 115, 122, 130, 217, 305, 389, 423, 435, 443,
디오판토스 해석학 Diophantine analysis 48, 58
디즈니, 월트(Walt(er) Disney) 454
디즈니, 캐서린(Catherine Disney) 199

ㄹ

라그랑주(Joseph-Louis Lagrange) 164~165, 167, 169, 175, 251, 286, 449
라그랑주 정리 Lagrange's theorem 167~169, 294, 297~298
라메, 가브리엘(Gabriel Lamé) 306, 309~310, 402
라스커, 에마누엘(Emanuel Lasker) 318~319, 467
라스커-뇌터 정리 Lasker-Noether theorem 319, 320
라이프니츠, 고트프리트(Gottfried Leibniz) 10, 131, 142, 145, 225~226, 228, 239, 240, 250, 483
라플라스, 피에르(Pierre Laplace) 143, 286
라플라스 방정식 Laplace's equation 143
란다우, 에드문트(Edmund Landau) 37, 325
램포이드 첨점(尖點) Ramphoid cusp 352
랭, 서지(Serge Lang) 401
러셀, 버트런드(Bertrand Russell) 258~259, 385, 436, 481
러커, 루디(Rudy Rucker) 196, 453
런던 유니버시티 칼리지 University College London 243~244
런던천문학회 Astronomical Society of London 242
레비-치비타, 툴리오(Tullio Levi-Civita) 373
레어드 경(卿), 오스틴(Sir Austen Layard) 36
레코드, 로버트(Robert Recorde) 443
레프셰츠, 솔로몬(Solomon Lefschetz) 256, 382, 397~398
레프셰츠의 부동점 정리 Lefschetz's fixed-point theorem 398
렘니스케이트 Lemniscate 352, 470
로그 Logarithms 133
로렌츠군 Lorentz group 482

로렌츠 변환 Lorentz transformation 322, 340, 424
로린슨 경(卿), 헨리(Sir Henry Rawlinson) 69
로마 제국 Roman Empire 47, 51, 63～65, 66, 68, 69, 94, 436
로바체프스키, 니콜라이(Nikolay Lobachevsky) 205, 346, 347～348, 369
로버, 프랜시스(Francis Lawvere) 413
로센리히트, 맥스웰(Maxwell Rosenlicht) 401
로스먼, 토니(Tony Rothman) 283, 285
로피탈, 기욤(Guillaume l'Hopital) 255
로흐, 구스타프(Gustav Roch) 473
롤리 경(卿), 월터(Sir Walter Raleigh) 130
롱펠로우, 헨리(Henry Longfellow) 454
「루바이야트(*Rubaiyat*)」 75
루이 필리프(Louis Philippe) 284, 287
루일리어, 시몬(Simon l'Huilier) 383
루피니, 파올로(Paolo Ruffini) 157, 169～170, 171, 172, 175, 207, 251, 450
르레이, 장(Jean Leray) 409, 415～416
르장드르, 앙드리앵 마리(Adrien Marie Legendre) 306
리, 소푸스(Sophus Lie) 254, 364, 383
리군 Lie group 372, 400, 425～426, 474, 479
「리그베다(*Rig Veda*)」 209
리들러, 앤(Ann Ridler) 453
리마콘 Limaçon 352, 470
리만, 베른하르트(Bernhard Riemann) 213, 253, 314, 351, 358, 361, 362, 369, 373, 377, 395, 410, 425, 426, 473
리만 가설 Riemann hypothesis 433, 452
리만 곡면 Riemann surfaces 359～362, 426, 473
리만 구면 Riemann sphere 470
리만-로흐 정리 Riemann-Roch theorem 361
리스커, 로이 Lisker, Roy 422
리스팅, 요한(Johann Listing) 377, 382
리우빌, 조제프(Joseph Liouville) 289, 296, 297, 309～311, 314
리카티 방정식 Riccati equation 456
린데만, 페르디난트(Ferdinand Lindemann) 389
린드, 알렉산더(Alexander Rhind) 45
린드 파피루스 Rhind Papyrus 37, 45

□

마리노스(Marinos, 5세기 무렵) 436
마주르, 배리(Barry Mazur) 416, 479
만지케르트 전투 Manzikert, Battle of 76, 80

망각 함상 Forgetful functor　412
매스매티카 Mathematica　343
맥레인, 선더스(Saunders MacLane)　256, 403～406, 409, 411, 413, 479
맥스웰, 제임스(James Maxwell)　211
맥콜, 휴(Hugh McColl)　259
머리, 찰스(Charles Murray)　449
메리(Mary Queen of Scots) 스코틀랜드 여왕　102
메소포타미아 Mesopotamia　31～34 *바빌로니아인(Babylonians)*도 참조
　쐐기문자로 쓰여진 수학 문서 cuneiform mathematical texts　36, 37, 38, 40
　역사 history　33～35, 48, 75～77, 433～434
메이플 Maple　343
면상학 Metoposcopy　102
모듈 Module　317, 409
모샨, 레옹(Léon Motchane)　415
뫼비우스, 아우구스트(August Möbius)　206, 208, 346, 377
뫼비우스의 띠 Möbius strip　343, 377, 399
무리수 Irrational numbers　22, 49, 55, 58, 79, 150, 204, 273, 393
무와히드 왕조 Muwahid dynasty(알모하드 왕조 Almohad dynasty)　94
무한군 Infinite groups　367
무한원선 Line at infinity　336, 338
무한원점 Points at infinity　334～336, 338～339, 469, 470
무함마드(Muhammad)　67, 438
문자기호 Literal symbolism　158 *표기법(Notation systems)*도 참조
　x　13, 53, 129～130
　-과 추상화 and abstraction　10
　고대 그리스 ancient Greek　51, 56, 80, 122, 130, 435～436
　논리학에서의 - in logic　179
　데카르트의 기여 Descartes' contribution　129～130, 134, 142, 179
　발명 invention　113, 423
　비에트의 기여 Viète's contribution　122～123, 130, 142, 179
　영 zero　57
　중국 Chinese　227
　채택 adoption　11, 122～124
물리학에 대한 대수의 응용 Physics, applications of algebra to　210
미국수학회 American Mathematical Society　401, 403, 479
미분 기하학 Differential geometry　214, 362
미분방정식 Differential equations　143, 248, 372, 383, 461
미분화 유체론 Unramified class field theory　9, 401, 402
미셸, 루이스(Louis Michel)　417
미시간 파피루스620 Michigan Papyrus 620　620 54, 436

미적분(또는 계산·연산) Calculus 8, 135, 142, 158, 225, 227, 240, 344, 371, 372, 410
미지수 Unknown quantity
    다항식에서의 - in polynomials 27
    수메르인 Sumerian 42～43
미지수의 차수 Powers of unknowns 26, 51～52
미첼, 찰스(Charles Mitchell) 437
미카엘 7세(Michael VII) 443
(무게와 길이에 관한)미터법 Metric system of weights and measures 165
밀, 제임스(James Mill) 461
밀라노 칙령 Edict of Milan 64

ㅂ

바그다드 Baghdad 67～70, 74, 76, 77
바빌로니아인 Babylonians 36, 38, 39, 42, 43, 74, 79, 98
    문제들 problem texts 40～41
    수 체계 number system 38～39, 41～43
    수학 mathematics 37～44
    제1왕조 first empire 34, 36
    제2왕조 second empire 434
    천문학 astronomy 36
바이어슈트라스, 카를(Karl Weierstrass) 215, 314, 395, 467
바일, 헤르만(Hermann Weyl) 9, 325, 394, 399
반 루멘, 아드리안(Adriaan van Roomen) 121
반종교 개혁 Counter-Reformation 104
발자크, 오노레 드 (Honoré de Balzac) 284
방데르몽드, 알렉산더-테오필(Alexandre-Théophile Vandermonde) 159～160, 163～167, 175, 450
방정식(등식) Equations 다항방정식(*Polynomial equations*)도 참조
    -의 이론 theory of 142
    정의 defined 54～55
배분법칙 Distributive law 201
배비지, 찰스(Charles Babbage) 241
버거, 디오니스(Dionys Burger) 196
버치와 스위너튼-다이어 추측 Birch and Swinnerton-Dyer conjecture 398
버코프, 가렛(Garrett Birkhoff) 403, 405, 406, 409
버코프, 조지(George Birkhoff) 405, 479～480
범주론 Category theory 403, 409, 410, 411, 412, 413, 419, 424, 428, 479, 481
베르누이, 야콥(Jacob Bernoulli) 227
베르누이, 요한(Johann Bernoulli) 135
베르누이수 Bernoulli numbers 227, 457, 458, 466

베르덴(Bartel Leendert van der Waerden) 12, 47, 72, 100, 203, 324, 387, 405~406, 452
베를린아카데미 Berlin Academy 165, 311
베버, 하인리히(Heinrich Weber) 315, 361
베살리우스, 안드레아스(Andreas Vesalius) 101
베유, 앙드레(Andre Weil) 399~400, 415, 478
베티, 엔리코(Enrico Betti) 373
벡터 Vectors
    나눗셈 dividing 193
    덧셈 adding 184, 188 189
    벡터 곱하기 multiplying by vectors 192, 207, 474
    스칼라 곱하기 multiplying by scalars 190
    역 inverse 182, 183, 188
    영벡터의 소인수분해 factorization of zero vector 214
    특징 characteristics 182
벡터공간 Vector space 180
    n차원 - n-dimensional 190, 232
    기저 basis 188, 189, 193, 207, 273~274
    내적(스칼라곱) inner (scalar) product 191
    다양체에의 연결 attaching to a manifold 409
    다항식 표현 polynomial representations 190, 191, 192~193
    대수 algebras 190~191, 192~193, 207, 210, 474
    모듈 module 317, 409
    부분 공간 subspace 207
    사영 projections 190~191, 207
    사입 embedding 190
    사차원 - four-dimensional 204
    선형범함수 linear functional 191
    선형변환 linear transformations 190
    -으로서의 복소수 complex numbers as 192~193
    -으로서의 확대체 extended field as 276
    -의 차원 dimension of 193, 207, 273~274
    일차종속과 일차독립 linear dependence and independence 185~187, 188, 189, 207
    추상 abstract 214
    행렬 matrices 232
벡터 해석(학) Vector analysis 211
벤, 존(John Venn) 257
벨, 에릭(Eric Bell) 171, 282, 285~286, 310, 451
벨트라미, 에우제니오(Eugenio eltrami) 373, 472

변환 Transformations
　　군 groups   299~300, 365, 371, 474
　　대수 기하학에서의 - in algebraic geometry   340~341
　　등거리 변환 isometries   340, 367~368, 371
　　로렌츠 Lorentz   322, 340, 424
　　리군 Lie group   474
　　뫼비우스 Möbius   340
　　사영 projective   340
　　아핀 affine   340
　　위상 topological   340
보로, 조지(George Borrow)   453
보에보드스키, 블라디미르(Vladimir Voevodsky)   417
보여이, 야노시(János Bolyai)   205, 346, 348, 369
보타, 폴-에밀(Paul-Émile Botta)   36
보편구성 Universal constructions   404
보편대수 Universal algebra   411, 481
「보편산술(*Arithmetica Universalis*)」(영어로는 Universal Arithmetic)   135
보편산술 Universal arithmetic   10, 136, 177
복소 변수론 Complex variable theory   341
복소수 Complex numbers (C)
　　1의 거듭제곱근 roots of unity   149~155
　　'큰' "big"   145~146
　　가우스 정수 Gaussian integers   308
　　가환성 commutativity   230, 270
　　곱셈 multiplying   25, 116, 200, 232~233
　　대수로서의 - as an algebra   192~193, 200~201
　　대수적 닫힘(성) algebraic closure   148
　　-로서의 실수 real numbers as   145
　　리만 곡면 위의 - on Riemann surfaces   360
　　발견과 수용 discovery and acceptance   104, 110, 114, 116, 117, 124 130, 142~143, 150, 158, 198, 240
　　벡터공간으로의 - as vector space   192~193
　　사원조 quadruplets   203
　　삼원조 triplets   201~203
　　삼차방정식에서의 - in cubic equations   83, 86, 104~105, 107, 110
　　성질 properties   23~26, 147~148, 190~191, 270~271
　　-의 세제곱근 cube roots of   86~87
　　-의 행렬 표현 matrix representation of   233
　　절댓값 modulus   26, 146
　　좌표 coordinates   395, 425

환 rings   310
복소수선 Complex-number line   472
복소수평면 Complex-number plane   145, 359, 472
    원분점 cyclotomic points   151, 153, 448
봄벨리, 라파엘(Rafael Bombelli)   114~118, 124
부분군 Subgroups   293~299
부분정렬집합 Posets   404
부정방정식 Indeterminate equations   54, 55, 56, 57
부호 규칙 Rule of signs   20, 23, 59, 116~117
분수 Fractions   20
    바빌로니아인 Babylonian   38
분해방정식 Resolvent equations   167, 169
불, 조지(George Boole)   179, 243, 247, 248, 258
불변량 Invariants   234, 352, 353, 354, 368~369, 370, 371, 383
브라마굽타(Brahmagupta)   69
브로엄, 헨리(Henry Brougham)   460, 461
브로우베르, 루이첸(Luitzen Brouwer)   384, 385~388, 391
브로우베르의 부동점 정리 Brouwer's fixed-point theorem   384
브리오스키, 프란체스코(Francesco Brioschi)   373
브린마워 대학 Bryn Mawr College   326
브링, 에를란드(Erland Bring)   457
비가환성 Noncommutativity   178, 233, 262, 425, 468
    대수 algebras   233, 255
    사원수 quaternions   302
비너, 헤르만(Hermann Wiener)   396
비드만, 요하네스(Johannes Widman)   100
비숍, 에렛(Errett Bishop)   387
비스마르크, 오토(Otto Bismarck)   320
비에트, 프랑수아(François Viète)   26, 113, 119~124, 126, 127, 128, 130, 141, 142, 144, 162, 179, 250, 445, 446
비옥한 초승달 Fertile Crescent   32, 44, 46
비유클리드 기하학 Non-Euclidean geometry   205, 296, 346, 348, 395
비트겐슈타인, 루트비히(Ludwig Wittgenstein)   37
빅토리아, 아우구스타(Augusta Viktoria)   320
빌헬름 2세(Wilhelm II)   320, 323, 325
뺄셈 Subtraction   19
    복소수 complex numbers   24

ㅅ
『사고의 법칙(*The Laws of Thought*)』   258

사르곤 대왕(Sargon the Great) 33~35
사바흐, 하산(Hasan Sabbah) 77, 439
사영 기하학 Projective geometry 336, 345, 346, 348, 364, 369, 395
사영평면 Projective plane 339
사원수 Quaternions 204, 205, 207, 210~214, 296, 386, 423, 456
    대수로서의 - as an algebra 203, 204
    비가환성 noncommutativity 204, 233, 270
    -의 행렬 표현 matrix representation of 233
「사원수 강의(*Lectures on Quaternions*)」 208
사원수군 Quaternion group 302
사원수 대전 Great Quaternionic War 212
사원조 Quadruplets 191, 203
사차방정식 Quartic equations 59
    계수와 근들의 대칭성 symmetry of coefficients and solutions 125
    대수해 algebraic solution 174, 175, 176
    분해식 resolvent 167
삭스, 에이브러햄(Abraham Sachs) 38, 40, 41, 43
「산반서(*Liber abbaci*)」 93~96
「산술연구(*Disquisitiones Arithmeticae*)」 152, 177, 230
「산술집성(*Summa de arithmetica*)」 파치올리(Pacioli) 99, 104
산업 혁명 Industrial Revolution 143, 242
삼각법 Trigonometry 122, 133, 143, 446
삼선좌표 Trilinear coordinates 352
삼원조 Triplets
    -에 대한 계산 an algebra for 201~203
    치환 permutation
삼차다항식 Cubic polynomials 84, 114
삼차방정식 Cubic equations
    1의 세제곱근 roots of unity 86, 149, 151~152, 161~162, 166
    계수들과 근들의 대칭성 symmetry of coefficients and solutions 142
    고대 그리스의 해 Greek solutions 50, 59
    기약의 경우 irreducible case 87, 441
    대수해 algebraic solutions 82, 169, 175
    델 페로의 해 del Ferro's solution 107, 111~112
    분류 classification 78
    분해식 resolvent 166~167, 169
    삼각법 해 trigonometric solution 124
    -에서의 복소수 complex numbers in 82, 86~87, 104, 107, 110
    유형(파치올리의 분류) types (Pacioli's classification) 104~105
    -의 판별식 discriminants of 87, 107

일반해들의 치환 permutation of general solutions　164, 165
　　　일반해의 증명 proof of general solution　87～89
　　　축약 depressed (reduced)　82, 89, 161, 166
　　　피보나치의 분석과 해 Fibonacci's analysis and solution　97～99
　　　피오르-타르탈리아 대결 Fiore-Tartaglia duel　106～107, 108
　　　하이얌의 - Khayyam's　78～79, 249
상동론 Homology theory　407～408
상수항 Constant term　53, 71, 146
상앙(商鞅, Shang Yang)　218
상트페테르부르크과학아카데미 St. Petersburg Academy of Sciences　346
샐먼, 조지(George Salmon)　352～353
생베낭, 장 클로드(Jean Claude Saint-Venant)　208
샤, 말리크(Malik Shah)　7, 439
샤를 10세(Charles X)　284, 287
샤를 9세(Charles IX)　119, 120
서슬린, 안드레이(Andrei Suslin)　402
선 기하(학) Line geometry　342, 348～349, 364
선나라 Lineland　195
선형범함수 Linear functional　191
선형변환 Linear transformations　190, 230～231
선형확장이론 Linear extensions, theory of　207
성바르톨로메오의 학살(Massacre de la Saint-Bartholomew) St. Bartholomew's Eve massacre　119～120
세그레, 코라도(Corrado Segre)　374, 394
세르, 장-피에르(Jean-Pierre Serre)　409, 416
세르주, 빅토르(Victor Serge)　418
세베리, 프란체스코(Francesco Severi)　374, 394
세브너스(시아파의 한 파벌) "Seveners" Shiites　438～439
세키고와(또는, 세키 다카카즈 Seki Takakazu, 關孝和)　226～228
셀주크 Seljuk　76
셰익스피어, 윌리엄(William Shakespeare)　101, 446
소수 Primes
　　　그로탕디에크 Grothendieck's　417
　　　-를 위한 유한체 finite fields for　272
　　　비정규 irregular　466
　　　-의 거듭제곱 powers of,　319
　　　-의 원시근 primitive root of　448～449
　　　p겹 수 p-adic numbers　390～393, 411
　　　정규 regular　311, 313, 466

페르마의 마지막 정리 Fermat's Last Theorem 59, 225, 305, 306, 308, 309, 310, 311, 313, 350, 400
소수점 Decimal point 113
(정)수론 Number theory 48, 74, 150, 154, 155, 308, 389 대수적 수론(*Algebraic number theory*)도 참조
『수론서(*Arithmetica*)』 51, 56, 61, 71, 305
수메르어와 수학 Sumerian language and mathematics 34, 40, 43
수와 수체계 Numbers and number systems.
 60진법 sexagesimal system 38, 98
 (겹겹이 포개 있는)러시아 인형 nested Russian dolls 18
 (인도)아라비아 숫자 Arabic(Hindu) numerals 69, 95, 98
 가산(셀 수 있는) - countable 19, 21〜23, 432
 기하학적 표현 geometric representations 188
 나눗셈에서의 닫힘성 closed under division 19
 바빌로니아 - Babylonian 34〜36, 48
 백만 million 443
 부호 규칙 rule of signs 20〜23
 뺄셈에서의 닫힘성 closed under subtraction 19
 십진법 decimal system 98, 465
 암기법 mnemonic 19
 조밀성 dense 20〜22, 149
 추상화 abstraction 9〜11
『수학비행사(*Mathenauts*)』 453
수학의 기초 Foundations of mathematics 243, 259
『수학의 아이디어(*Ideae mathematicae*)』 121
수학적 대상 Mathematical objects 177, 192, 431
순수응용수학지 *Journal of Pure and Applied Mathematics* 174
쉬케, 니콜라스(Nicolas Chuquet) 100
쉴래플리, 루트비히(Ludwig Schläfli) 213
실로우, 루드비(Ludwig Sylow) 252, 296〜298, 364
실로우 p부분군 Sylow p-subgroup 297〜298
슈발리에, 오귀스트(Auguste Chevalier) 283, 288
스완, 리처드(Richard Swan) 13, 480
스웨덴왕립과학아카데미 Royal Swedish Academy of Sciences 419
스칼라 Scalars 181
스칼라곱 Scalar product 189
스타이너리언 Steinerian 352, 471
스타이니츠, 윌리엄(William Steinitz) 319
스탈린, 요제프(Joseph Stalin) 320
스테빈, 시몬(Simon Stevin) 465

스토트, 앨리시아 불(Alicia Boole Stott) 257
스튜어트, 이언(Ian Stewart) 196
스피너 Spinors 210
스피노드 Spinode 352
시게요시 모리(Sigeyosi Mori, 毛利重能) 227
시계 산술 Clock arithmetic 390〜391
시공간 Space-time 425〜426
시소이드 Cissoid 352, 470
신축 Dilatations 473
신플라톤주의 Neoplatonism 65, 436
실베스터, 제임스(James Sylvester) 448
실수 Real numbers (ℝ)
    대수로서의 - as an algebra 214〜215
    명예 복소수로서의 - as "honorary" complex numbers 24, 145
    발견 discovery 22
    성질 properties 22〜24, 270, 432
    점으로서의 - as points 198
실직선 Real line 23
십자군 Crusades 77, 80, 96, 439
쌍곡선 Hyperbolas 329, 348, 369, 468
쌍대성 개념 Duality concept 481
쐐기문자(설형문자) Cuneiform
    수학 문서 mathematical texts 36, 37〜41, 48
    쓰기 writing 34〜37
    읽기 reading 35
    플림프턴322판 Plimpton 322 tablet 38
    현대적 구문과의 비교 modern problem texts compared 23

ㅇ

아르키메데스(Archimedes) 47, 50, 78, 112
아르틴, 에밀(Emil Artin) 405
아리스토텔레스(Aristoteles) 245〜246, 413
아리얼좌표(areal coordinates) 471
아메스 Ahmes 44〜45
아바스 왕조 Abbasids 67〜69
아벨, 닐스(Niels Abel) 157, 159, 172〜178, 207, 251, 297, 451〜452 464
아브라함 Abraham 32, 434
아이젠슈타인, 페르디난트(Ferdinand Eisenstein) 314
아인슈타인, 알베르트(Albert Einstein) 322〜3, 326, 362, 405, 467, 483
아일렌버그, 사무엘(Samuel Eilenberg) 406 409 410, 411, 413

아카드어와 저술 Akkadian language and writings 34~35, 37, 40, 43
아티야 경(卿), 마이클(Sir Michael Atiyah) 417, 428~430
아틴, 마이클(Michael Artin) 448, 459, 463
아폴로니오스(Apollonios) 468
알고리듬 Algorithms 39, 42, 43, 45, 70
알렉산드리아(이집트) Alexandria, Egypt 47, 50~52, 61, 64, 65, 66~69
알리(Ali) 67~68, 438
알마문(al-Mamun) 69
알물크, 니잠(Nizam al-Mulk) 77
알 아바스(al-Abbas) 67
알자야니, 무함마드(Muhammad Al-Jayyani) 74
알콰리즈미(al-Khwarizmi) 48, 67, 68, 70~75, 78, 94
암호해독 Code breaking 121, 424
암흑시대(중세)Dark Ages 80
앙리 3세(Henri III) 120
앙리 4세(Henri IV) 120~121
애벗, 에드윈(Edwin Abbott) 194, 196, 462
앤더슨, 알렉산더(Alexander Anderson) 124, 126
야코비 다양체 Jacobian variety 9, 401, 402
양수 Positive numbers 23, 59, 72
양자론 Quantum theory 200, 424, 426
에드워드 6세(Edward VI) 102
에드워즈, 해럴드(Harold Edwards) 387
에르미트, 샤를(Charles Hermite) 314
에를랑겐 대학교 Erlangen University 319, 321, 353, 354
에를랑겐 프로그램 Erlangen program 370~373, 376, 395
에버리스트 경(卿), 조지(George Everest) 246
에어리, 조지(George Airy) 244
에이어스 주니어, 프랭크(Frank Ayres, Jr.) 459
에콜폴리테크니크 École Polytechnique 286, 346, 379
에콜프레파라토르 École Preparatoire (Normale) 286
『에피 브리스트(*Effi Briest*)』 321
에피트로코이드 Epitrochoid 351, 352, 470
엔리케스, 페데리고(Federigo Enriques) 375, 394
엠이론 M-theory 426
역선(力線)의 개념 "Lines of force" concept 211, 456
역함수 Inverse functions 359~360
연산자 Operator 200, 240
연속군 Continuous groups 254, 372~3, 283
영 Zero

가산성 countability 22~23
다항식에서의 상수항 constant term in polynomials 146~147
발견 discovery 19
벡터 vector 182, 184~188, 193, 214
  -으로 나누기 division by 23, 214
자릿수 표시 position marker 39
영국과학진흥연합회(British Association for the Advancement of Science) 176, 242
영국의 수학 문화 British mathematical culture 133~135, 142~, 206, 212, 238~243, 413, 453, 460
오도아케르(Odoacer) 438
오레스테스(Orestes) 65
오방체 Pentatope 408, 480
오일러, 레온하르트(Leonhard Euler) 143, 145, 150, 154, 158, 159, 165, 175, 306, 308, 449, 450
오일러수 Euler's number 332, 334
오차방정식 Quintic equations
  과약 severely depressed 451
  대수해 algebraic solution 90, 141~142, 169, 176~177
  분해식 resolvent 167~168
  수치해 numerical solution 156, 158
  -의 기본대칭다항식 elementary symmetric polynomials in 139, 140~141
  일반해의 불능성에 대한 증명 proving unsolvability of general equation 157, 159, 169, 171, 172, 173, 175~176, 302
오트레드, 윌리엄(William Oughtred) 133
  온라인 정수열 사전 Online Encyclopedia of Integer Sequences 92
와일즈, 앤드루(Andrew Wiles) 56, 311, 400,
완성된 무한 Completed infinities 386
왕권신수설 Divine Right of Kings 451
왕립학회 Royal Society 135, 170, 248, 351, 447, 449
우마르(Umar) 67
우마이야 왕조 Umayyad dynasty 67
우스만(Uthman) 67
워링, 에드워드(Edward Waring) 450~451
원격작용 Action at a distance 456
『원론(*The Elements*)』 49, 106, 219
원분점 Cyclotomic points 151~152, 153, 449
원분정수 Cyclotomic integers 311, 312, 393
원뿔곡선 Conics 328~342, 346~353 395
원점 Origin
  벡터공간의 - in vector space 182

복소평면의 - in complex plane　26
월리스, 존(John Wallis)　133
월시, 제임스(James Walsh)　91, 96
웨더번, 조셉(Joseph Wedderburn)　215
웨슨, 로버트(Robert G. Wesson)　33
위고, 빅토르(Victor Hugo)　283, 284
위그너, 유진(Eugene Wigner)　424
위그노 Huguenots　118~119, 120, 445, 446
위너, 노버트(Norbert Wiener)　325
『위대한 술법(*Ars magna*)』　104, 110, 112, 115
위상동형 Homeomorphism　475
위상 수학 Topology 대수적 위상 수학(*Algebraic topology*)도 참조
　　-에 대한 비디오 video on　469
　　정의 defined　9, 376~378
　　창시자들 founders　377, 382
『위치해석(*Analysis situs*)』　382
유교 Confucianism　219
유리수 Rational numbers (Q)　55, 58, 60
　　성질 properties　20, 21, 270, 388, 432
　　-의 분수체 fraction field of　392
　　-의 완비화 completion of　393
유리식 Rational expressions　28
유리함수 Rational function　280~281, 314, 450
유방(劉邦, Liu Bang)　218
유체론 Class field theory　401~402
유클리드(Euclid, BC300년 무렵)　49~50, 106, 219, 432, 449, 467
유클리드 기하학 Euclidean Geometry. 대수 기하학(*Algebraic geometry*)·해석 기하학(*Analytical geometry*)·비유클리드 기하학(*Non-Euclidean geometry*)도 참조
　　1의 n제곱근 nth roots of unity　150~151, 154
　　대수에 대한 고대 그리스인들의 접근법 ancient Greek approach to algebra　48~49, 122~123
　　초다면체의 - of polytopes　213~214
　　칸트의 철학 Kant's philosophy　347~348, 470
유태인 Jews　37, 65, 97, 326, 393~394, 397~399, 418~419, 434, 436, 460~461
유한(갈루아)체 Finite (Galois) fields　271~272
유한군 Finite groups　298, 367, 371, 372, 465
음수 Negative numbers　47, 78, 101, 110, 122
　　발견과 수용 discovery and acceptance　19, 41, 59, 115, 124, 130, 239~240
　　성질 properties　24, 83, 308
　　모든 whole　55

이데알 Ideal 255, 305, 310〜312, 315〜318, 319, 324, 356〜8, 410
이데알인수 Ideal factor 310〜312, 361
이란 Iran 35 페르시아인(Persian)도 참조
이븐 알 아스, 아므르(Amr ibn al-'As) 67
이븐 압달무탈립(ibn Abd-al-Muttalib) 67
이븐 쿠라, 타비트(Thabit ibn Qurra) 74
이슬람 Islam 76
(고대)이집트인 Egyptians, ancient 31〜32, 37
    수학 Mathematics 44〜45, 48
이차다항식의 영집합 Quadratic polynomials, zero set of 330
이차방정식 Quadratic equations
    -과 원뿔곡선 and conics 328, 332
    근들의 대칭성 symmetry of solutions 124〜125, 160
    기약 irreducible 276, 441, 463
    대수해 algebraic solution 81〜86, 90, 104, 160, 162, 434
    디오판토스의 해 Diophantus's solution 56〜58
    바빌로니아인 Babylonian 40, 70, 79
    알콰리즈미의 해 al-Khwarizmi's solutions 70〜71
    -에 응용된 체론 field theory applied to 273〜276, 462〜463
    유클리드의 명제 28번과 29번 Euclidean Propositions 28 and 29 49〜50
이탈리아의 수학 문화 Italy, mathematical culture in 91〜107, 115〜118, 373〜375
이항정리 Binomial theorem 93, 442
인도인 Indians (Asian)
    수체계 number system 19, 69, 70, 95
인수분해 또는 소인수분해 Factorization
    다항방정식 polynomial equations 23, 60, 152
    영벡터 zero vector 362〜363
    원분정수의 - of cyclotomic integers 310, 393
    유일하지 않은 - non-unique 402
    유일한 - unique 309〜311
    정수의 - of integers 318
일반 상대성 이론 General theory of relativity 214, 322〜323, 362, 425
일본의 수학 문화 Japan, mathematical culture 225, 226〜228
일차독립 Linear independence 114, 185〜186, 187〜189, 207
(유한체가 응용된)일차방정식 Linear equations, finite fields applied to 273〜275
일차연립방정식 Simultaneous linear equations 59, 216, 219〜220, 222〜223, 225〜226, 228〜229
일차종속 Linear dependence 184〜187, 207
잉여류 Cosets 295

ㅈ
자리스키, 오스카(Oscar Zariski) 256, 397~399, 400, 416, 426
자연수 Natural numbers (N)
    성질 properties 19, 21~23, 432
자연적 동등성 Natural equivalences 409
전기시대 Electrical Age 210
전자기장 개념 Electromagnetic field concept 210
절댓값 Modulus
    괄호로 묶은 삼원조의 - of bracketed triplet 201
    복소수 complex numbers 25~26, 146
절댓값 법칙 Moduli, law of 201
점 나라 Pointland 195
점성술 Astrology 102, 444
정규부분군 Normal subgroup 294~296, 299, 301~302, 304, 410
『정규초다면체(*Regular Polytopes*)』 455, 462, 465, 480
정수 Integers (Z)
    5겹 5-adic 390~392
    가우스 Gaussian 308~309
    나눗셈 division 308
    다항식과 - polynomials and 307, 465
    덧셈 addition 380, 475
    성질 properties 19~21 22, 305, 306, 307
    소인수분해 factorization 307~309
    -에서의 이데알 ideals in 314~315, 467
    온라인 정수열 사전 *Online Encyclopedia of Integer Sequences* 92
    원분 cyclotomic 311~312, 393
    원환면 기본군에서의 -in fundamental group of a torus 475
(자와 컴퍼스만 사용한)정십칠각형의 작도 Reguar heptadecagon, ruler-and-compass construction 153
정역 Integral domain 411~412
정이면체군 Dihedral groups 299, 300, 367
제1차 세계 대전 World War I 318, 323, 324, 398
제곱근 함수 Square root function 359, 360
제곱 함수 Squaring function 359~360
제러드, 조지(George Jerrard) 176
제르맹, 소피(Sophie Germain) 306
제임스 2세(James II) 447
제퍼슨, 토머스(Thomas Jefferson) 465, 475
조르당, 카미유(Camille Jordan) 252, 365, 378

조르당 고리 Jordan loops 379, 380
조지 웰스, 허버트(Herbert George Wells) 197
조합수학 Combinatorial math 382〜383
존스홉킨스 대학교 Johns Hopkins University 399
존슨, 아트(Johnson, Art) 74
종합 기하학 Synthetic geometry 345, 346, 470
중국 China
    네스토리우스파(派) Nestorians 437〜438
    수학 문화 mathematical culture 69
    언어 language 457
    전한(前漢)왕조 217〜218
    진(秦)왕조 218
중세 Middle Ages 75, 438
「중심계산(*The Barycentric Calculus*)」 206
중심좌표 Barycentric coordinates 471
지라르, 알베르(Albert Girard) 126
직관주의 Intuitionism 385, 386〜387, 388, 476〜477
집합과 집합론 Sets and set theory 291, 315, 317, 385, 386, 406, 413

ㅊ

차원 Dimensionality 210
    n차원대수 n-dimensional algebras 210
    공상 fiction 194〜198, 453〜454
    다차원 기하학 multidimensional geometry 248, 336, 337
    벡터공간의 - of vector space 188〜190, 193, 204〜210, 213〜214
    위상적 불변량으로서의 - as topological invariant 382〜384
    체 fields 274
천문학 Astronomy 36, 49, 70, 74, 219, 423, 446
첨점(尖點) Cusps 352, 470
체와 체론 Fields and field theory
    p겹 수 p-adic numbers 391
    가환성 commutativity 270
    곱셈표 multiplication tables 276〜279
    공리 axioms 270, 304, 462〜463
    규칙 rules 270
    극한 limits 270〜272, 274, 279
    근체의 치환 permutations of solution fields 276〜279
    닫힘 규칙 closure rule 270
    덧셈표 addition table 271
    벡터공간으로서의 체 as vector space 274

분류 class　401~402
　　성질 properties　270, 391
　　예 examples　270
　　유리수의 분수체 fraction field of rational numbers　391
　　유리함수체 rational-function field　280~281, 315
　　유한(갈루아)체 finite (Galois) fields　271, 272, 274, 400
　　-으로 방정식 풀기 solving equations with　272~273, 276, 463
　　차원 dimensionality　274
　　함수체 function fields　9, 280~281, 315
　　확대체 extension fields　272~274, 276~277, 280, 463, 480~481
체크, 에두아르드(Eduard Cech)　480
초고리 Hyper-loops　407
초구면 Hyperspheres　381, 407, 476
초다면체 Polytopes　213
초대칭끈이론 Supersymmetric string theory　426
초복소수 Hypercomplex numbers　198, 203, 215
초사상 Hyper-mappings　411
초월수 Transcendental numbers　389
추상화 Abstraction
　　문자기호 literal symbolism　10~11
　　범주론(category theory)　409
　　수 numbers　8
치환 Permutations
　　-과 군론 and group theory　178
　　군의 구조 structure of groups　262~265, 278~280, 290, 293, 296~298, 301, 365
　　근체의 - of solution fields　248
　　삼차방정식 cubic equations　160~163, 166~167, 169
　　순환 표기 cycle notation　260~261
　　-을 이용한 방정식 풀기 solving equations using　160~163, 166~168, 175, 278, 297~298
　　이차방정식 quadratic equations　160
　　짝수와 홀수 even and odd　222~224
　　케일리표 Cayley tables　262~263, 290~291
　　합성 compounding　177, 178, 203, 263, 290
　　항등 identity　138, 162, 260~261, 278
　　행렬 matrix　222~224, 233

ㅋ

카르납, 루돌프(Rudolf Carnap)　413

카르다노, 지롤라모(Girolamo Cardano)　99, 101～105, 107～116, 118, 225, 249, 444～445
카르다노, 지암바티스타(Giambatista Cardano)　103
카르탕, 앙리(Henri Cartan)　410, 419
카를 5세(Karl V)　103, 109, 118, 444
카스텔누오보, 구이도(Guido Castelnuovo)　374, 394, 398～399
카토-캉브레지 조약 Treaty of Cateau-Cambresis　118
카트린 드 메디시스(Catherine de Médicis)　119
칸토어, 게오르크(Georg Cantor)Cantor, Georg　386
칸트, 임마누엘(Immanuel Kant)　205, 347, 386, 413, 470, 476～477
칼라비, 유지니오(Eugenio Calabi)　427
칼라비 추측 Calabi conjecture　427
캘러, 에리히(Erich Kähler)　426
캘리포니아 공과대학 California Institute of Technology(Caltech)　425
캠벨, 토머스(Thomas Campbell)　461
컬럼비아 대학교 Columbia University　38
케라토이드 첨점 Keratoid cusp　352
케일리, 아서(Arthur Cayley)　206, 234, 243～244, 248, 252, 259～260, 262, 264, 265, 291, 293, 297, 353～365, 426, 455
케일리수 Cayley numbers　455
케일리언 Cayleyan　352, 471
케일리표 Cayley tables　262～264, 290～291, 300
케임브리지 대학교 Cambridge University　134～135, 141, 450
케임브리지수학지 *Cambridge Mathematical Journal*　248
케임브리지철학회 Philosophical Society of Cambridge　242
케플러, 요하네스(Johannes Kepler)　229, 469
케플러 법칙 Kepler's laws,　229
켈빈 경(卿), Lord Kelvin)　212, 248
「코노이드와 스페로이드에 대하여(*On Conoids and Spheroids*)」　50
코보리, 아키라(Akira Kobori)　226
코시, 오귀스탱(Augustin Cauchy)　169～172, 175～176, 178, 203, 208, 231, 233, 251, 286～287, 298, 310, 315, 395, 402, 450～451
'코시스트'와 '코식아트' Cossists and Cossick art　443
콕세터, 해럴드(Harold Coxeter)　455, 462, 474, 480
콘스탄티누스 1세(Constantinus I)　64
콘웨이, 존 (John Conway)　48, 434, 456～457, 465
콘코이드 Conchoid　352, 470
콜베르, 장-밥티스트(Jean-Baptiste Colbert)　449
콰에시타(찾는 것) *quaesita* ("things sought")　10, 27, 123, 129～130
쿠랑, 리처드(Richard Courant)　37

쿠랑연구소 Courant Institute　387
쿠머, 에른스트(Ernst Kummer)　255, 310～314, 317, 350～351
쿨리지, 줄리언(Julian Coolidge)　474～475
퀸스 칼리지(코크) Queen's College, Cork　248
크라이스트 칼리지(케임브리지) Christ's College, Cambridge　241
크라푸르드상 Crafoord Prize　419, 483
크래머, 가브리엘(Gabriel Cramer)　228
크래머 공식 Cramer's rule　228, 458
크레모나, 루이지(Luigi Cremona)　373
크렐레, 아우구스트(August Crelle)　174, 464
크로네커, 레오폴트(Leopold Kronecker)　314, 386, 390, 448, 467
크루노드, Crunode　352
크리스티나(Christina)　131
클라인, 펠릭스(Felix Klein)　354, 364～366, 368～369, 371～374, 376, 395, 397, 473
클라인4군 Klein 4-group　293
클레이수학연구소 Clay Mathematics Institute　381, 477
클리포드, 윌리엄(William Clifford)　210
클리포드대수 Clifford algebras　210
키루스 대왕 Cyrus the Great　35
(알렉산드리아의)키릴로스(Kyrillos)　65
키즐릭(S. B. Kizlik)　431
킹스 칼리지(케임브리지) Kings College, Cambridge　351
킹슬리, 찰스(Charles Kingsley)　437

ㅌ

타르탈리아, 니콜로(Nicolo Tartaglia)　106～112, 445
타원 Ellipses　329～333, 340, 468
『타임머신(*The Time Machine*)』　197
텐서 Tensors　114, 191, 214, 373, 425
토끼 수 문제 Rabbit number problem　93, 96
톰슨, 존(John Thompson)　401
투르크 제국 Turkish empire　75～76
틸버스(시아파의 한 파벌) "Twelvers" Shiites　438～439
트리니티 칼리지(더블린) Trinity College, Dublin　199～200
트리니티 칼리지(케임브리지) Trinity College, Cambridge　234, 241～242, 244
특성함수 Characteristic function　200
특수 상대성 이론 Special theory of relativity　322, 341, 424

ㅍ

파쉬, 모리츠(Moritz Pasch)　395

파치, 안토니오 마리아(Antonio Maria Pazzi)　115
파치올리, 루카(Luca Pacioli)　99, 104~105, 443
팔라스(소행성) Pallas (asteroid)　220, 458
팔레르모의 요하네스 Johannes of Palermo　97
팔레스타인 Palestine　32~33, 44, 76
팔원수 Octonions　204, 455~456
패러데이, 마이클(Michael Faraday)　210, 456
「패러독스 묶음(*A Budget of Paradoxes*)」　245, 460
퍼스, 벤저민(Benjamin Peirce)　215, 259
퍼스, 찰스(Charles Peirce)　259
페라리, 로도비코(Lodovico Ferrari)　111~113
페렐만, 그리고리(Grigori Perelman)　381
페르마, 피에르 드(Pierre de Fermat)　55~56, 305
페르마의 마지막 정리 Fermat's Last Theorem　59, 255, 305~306, 308~311, 313, 350, 400
페르시아인 Persians　75, 77, 437
페식, 피터(Peter Pesic)　451~452
페아노, 주세페(Giuseppe Peano)　259, 395
페이트, 월터(Walter Feit)　401
페트리, 존(John Petrie)　455
펠리프 2세(Felipe II) 에스파냐 왕　119, 121
펫시니스, 톰(Tom Petsinis)　282
평면 Flat plane　25
평면곡선 Plane curves　348
「평면 우주(*The Planiverse*)」　196
「평평한 나라(*Flatland*)」　194~197, 205, 253, 462
포겔, 쿠르트(Kurt Vogel)　47, 61, 442
포물선 Parabola　329, 332, 468
포이어바흐, 카를(Karl Feuerbach)　346
폰타네, 테오도르(Theodor Fontane)　321
퐁슬레, 장-빅토르(Jean-Victor Poncelett)　345~346, 348, 374, 415
표기법 Notation systems 문자기호(*Literal symbolism*)도 참조
　　거듭제곱의 - for powers　100
　　곱셈기호 multiplication sign　133
　　괄호 brackets　118
　　논리학에서의 - in logic　245~247
　　다항식에서의 - in polynomials　26~28
　　대수 기하학 algebraic geometry　328, 333
　　덧셈과 뺄셈 기호 plus and minus signs　100, 129, 443
　　데카르트식 - Descartes'　129~130, 134

등호 기호 equals sign　130, 444
　　디오판토스식 - Diophantine　52~54, 56~57, 60~61, 98, 130, 435
　　미분의 뉴턴식 및 라이프니츠식 표기법 calculus dots and d's　239~240, 242, 460
　　소수점 decimal point　133
　　속이 빈 글자 hollow letters　18, 198
　　위 첨자 superscripts　100, 129
　　유클리드의 접근법 Euclidean approach　49~50
　　이슬람 대수학자들 Muslim algebraists　98~99
　　제곱근기호 square root sign　129
　　지수(거듭제곱) exponentiation　129
　　치환 - for permutations　260~264
　　치환의 순환 표기 cycle notation for permutations　260~264
　　파치올리의 - Pacioli's　99~100
표현 Representation　402
푸리에, 장 (Jean Fourie)　143, 286
푸아송(Siméon-Denis Poisson)　287~288
푸아티에 대학교 Poitiers University　119, 127
푸앵카레, 앙리(Henri Poincaré)　254, 379~384, 389, 407
푸앵카레 추측 Poincaré conjecture　381, 477
프랑수아 1세　118
프랑스 대학 College de France　416, 421
프랑스의 수학 문화 France, mathematical culture in　113~114, 118~131, 159, 165~170, 239, 241, 286~288, 314~315
프랑스학술원 French Institute　169, 231, 233
프랑스 혁명 French Revolution　127, 159, 164, 169, 288, 347
프랭크넬슨콜상 Frank Nelson Cole Prize　9, 401
프레게, 고틀로프(Gottlob Frege)　259
프렌드, 윌리엄(William Frend)　240~241
프로스트, 퍼시벌(Percival Frost)　351~352
프리드리히 2세(Friedrich II)　92, 96~96, 143
프린스턴 대학교 Princeton University　398
프셀로스, 미카엘(Michael Psellos)　443
프톨레마이오스 1세(Ptolemaeos I)　50
플라톤(Platon)　50, 436
플라톤 입체 Platonic solids　481
「플로스(*Flos*)」　97, 443
플로티노스(Plotinos)　436
플뤼커, 율리우스(Julius Plücker)　254, 342, 346, 348, 351, 364~365, 374
피보나치(Fibonacci)　92~94, 96~99,
피보나치 수열 Fibonacci sequence　92~93, 441

피사의 레오나르도 Leonardo of Pisa 92~94 피보나치(*Fibonacci*) 참조
피사의 사탑 Leaning Tower of Pisa 442
피오르, 안토니오 마리아(Antonio Maria Fior) 105~108, 111
피콕, 조지(George Peacock) 237, 241~242, 244, 396, 406
피타고라스 삼중수 Pythagorean triples 38
피타고라스(Pythagoras) 49, 273
피타고라스 정리 Pythagoras's theorem 26, 38, 433, 440
필즈상 Fields Medal 381, 416~417, 419, 483
피츠제럴드, 에드워드(Edward FitzGerald) 75

ㅎ

하드론(강입자) Hadrons 425, 482
하버드 대학교 Harvard University 374, 405, 475, 480, 483
하세, 헬무트 하세(Helmut Hasse) 393~394
하우스먼, 알프레드(Alfred Housman) 75
하이얌, 우마르(Umar Khayyam) 75~80, 94, 97, 249
하이젠베르크, 베르너(Werner Heisenberg) 425
하이젠베르크의 불확정성 원리 Heisenberg's uncertainty principle 453
함무라비(Hammurabi) 34~38, 42~44, 48 434
함부르크 대학교 Hamburg University 405
함상 Functors 404, 411~413, 482
함수 Functions 8, 174
　　미분방정식에서의 - in differential equations 372
　　-의 이론 theory of 361, 377, 382, 410, 470
　　특성 characteristic 200
함수체 Function fields 9, 280~281, 315
항등치환 Identity permutation 138, 162, 260~261, 278
해결 가능성 Solvability 297, 401~402
해리엇, 토머스(Thomas Harriot) 130, 133~134, 235, 446
해밀턴 경(卿), 윌리엄(Sir William Hamilton) 246
해밀턴 경(卿), 윌리엄 로원(Sir William Rowan Hamilton) 193, 199, 246, 253, 386
해밀턴, 존(John Hamilton) 102
해밀턴 연산자 Hamiltonian operator 200
해석기하(학) Analytical geometry 129, 336, 345~346, 348, 352
　　물리적 모델 physical models 343~344, 349~351
　　평면곡선 plane curves 348~349
해석학 Analysis 8, 142, 174, 361, 382, 383, 395, 410
『해석학 입문(*In artem analyticem isagoge*)』 122
해석학회 Analytical Society 241, 242
행렬 Matrices 10, 179, 402, 403, 425

가우스 소거법 Gaussian elimination 220, 458
계승 factorials 222
고대 중국의 기원 ancient Chinese origins 217
곱셈 multiplication 215, 232, 233, 458~459
대수 algebras 231
대수 기하학과 - algebraic geometry and 333, 340
덧셈과 뺄셈 addition and subtraction 232
-로 표현된 복소수 complex numbers represented by 232
-로 표현된 사원수 quaternions represented by 212, 233
발견 discovery 224, 242, 259
원뿔곡선에 대한 - for conic equation 333
응용 applications 424
정의 defined 233~234
치환 permutations 222~224, 233
항들의 부호 signs of terms 222~224
행렬식 determinants 224, 229~231, 232, 333
행렬식 Determinants 260
    곱셈 multiplying 229~231
    대수 기하학에서의 - in algebraic geometry 333, 340
    덧셈 adding 229
    발견 discovery 225
    방데르몽드 Vandermonde 159~160
    상호 작용 interactions 229
    연립방정식 풀이에서의 - in solving simultaneous linear equations 225~226
    -의 이론 theory of 190~191, 231
    정의 defined 224, 232
    행렬의 - of matrices 224, 231~232, 233, 333
허셜, 존(John Frederick William Herschel, 1792~1871) 241
허수 Imaginary numbers 24, 60, 110
허스트, 토머스(Thomas Hirst) 235
헉슬리, 올더스(Aldous Huxley) 472~473
헤라클리우스(Heraclius) 66, 67, 437
헤르만 그라스만(Hermann Grassmann) 207~213, 253, 425~426
헤비사이드, 올리버(Oliver Heaviside) 211, 212, 423
헤시언 Hessian 352, 471
헨젤, 쿠르트(Kurt Hensel) 389, 390, 393, 400
헬름홀츠, 헤르만(Hermann Helmholtz) 314
헴스케르크, 마틴(Martin Heemskerck) 61
현장(玄奘, Xuan-zang) 69
호프, 하인즈(Heinz Hopf) 476

홀름보, 베른트(Bernt Holmboë)   173
『광연론(*Ausdehnungslehre*)』   207, 208, 213
확대체 Extension fields   272, 274, 276, 280
환과 환론 Rings and ring theory   179, 373
  5겹 정수의 - of 5-adic integers   390～391
  가우스환 Gaussian ring   309
  가환 commutative   324, 355, 479
  내부 구조 internal structure   316～317, 324, 355～357
  뇌터환 Noetherian ring   317, 319, 320
  단원 units   309, 466
  단항이데알 principal ideal   317
  라스커환 Lasker ring   319
  복소수의 - of complex numbers   315, 317, 355～357
  부분환 subring   316, 356
  불변량 invariants   410
  성질 properties   307～308, 315～316, 465～466
  -에서 소인수분해의 유일성 unique factorization in   309, 310
  응용 applications   305, 318
  이데알 ideal   255, 305, 311, 315～318, 324, 356, 410
  정의 defined   315～316
  준소이데알 primary ideal   319
  페르마의 마지막 정리와- Fermat's Last Theorem and   305～306, 310
회교도 Muslims *이슬람*(*Islam*)도 참조
  수니파 Sunnis   67, 75, 76
  시아파 Shias   67, 75, 76, 94, 438～439
  아사신파 Assassins   439
  이맘 Imams   438～439
  이스마일파 Ismailites   76, 439
  중세 수학 medieval mathematics   69, 70, 73～75, 78, 80, 94, 97, 423
후레위츠, 위톨드(Witold Hurewicz)   480
휘스턴, 윌리엄(William Whiston)   135
히라쿠 나카지마(中島啓, Nakajima Hiraku)   402
히스 경(卿), 토머스(Sir Thomas Heath)   49
히틀러, 아돌프(Adolf Hitler)   319, 394
히파티아(Hypatia)   65～66, 249, 306, 437
힉소스 왕조 Hyksos dynasty   44
힌턴, 제임스(James Hinton)   462
힌턴, 찰스 하워드(Charles Howard Hinton)   462
힐베르트, 다비트(David Hilbert)   322, 323, 353, 354, 389, 396, 423, 425
힐베르트의 기저 정리 Hilbert's Basis Theorem   471

도·서·출·판·승·산·에·서·만·든·책·들

19세기 산업은 전기 기술 시대, 20세기는 전자 기술(반도체) 시대, 21세기는 양자 기술 시대입니다. 미래의 주역인 청소년들을 위해 21세기 **양자 기술**(양자 컴퓨터, 양자 암호, 양자 정보, 양자 철학 등) 시대를 대비한 수학 및 양자 물리학 양서를 계속 출간하고 있습니다.

수학

평면기하학의 탐구문제들 제1권

프라소로프 지음 | 한인기 옮김 | 328쪽 | 20,000원

러시아의 저명한 기하학자 프라소로프 교수의 역작으로, 평면기하학을 정리나 문제해결을 통해 배울 수 있도록 체계적으로 기술한다. 이 책에 수록된 평면기하학의 정리들과 문제들은 문제해결자의 자기주도권인 탐구활동에 적합하고록 체계화했기 때문에 제시된 문제들을 스스로 해결하면서 평면기하학 지식의 확장과 문제해결 능력의 신장을 경험할 수 있을 것이다.

문제해결의 이론과 실제

한인기, 꼴랴긴 YU. M. 공저 | 208쪽 | 15,000원

입시 위주의 수학교육에 지친 수학교사들에게는 '수학 문제해결의 가치'를 다시금 일깨워 주고, 수학 논술을 준비하는 중등학생들에게는 진장한 문제해결력을 길러 줄 수 있는 수학 탐구서.

유추를 통한 수학탐구

P. M. 에르든예프, 한인기 공저 | 272쪽 | 18,000원

유추는 개념과 개념을, 생각과 생각을 연결하는 징검다리와 같다. 이 책을 통해 우리는 '내 힘으로' 수학하는 기쁨을 얻게 된다.

불완전성 : 쿠르트 괴델의 증명과 역설

레베카 골드스타인 지음 | 고중숙 옮김 | 352쪽 | 15,000원

괴델은 독자적인 증명을 통해 충분히 복잡한 체계, 요컨대 수학자들이 사용하고자 하는 체계라면 어떤 것이든 참이면서도 증명불가능한 명제가 반드시 존재한다는 사실을 밝혀냈다. 레베카 골드스타인은 괴델의 정리와 그 현란한 귀결들을 이해하기 쉽도록 펼쳐 보임은 물론 괴팍스럽고 처절한 천재의 삶을 생생히 그려 나간다.
간행물윤리위원회 선정 '청소년 권장 도서'
2008 과학기술부 인증 '우수과학도서' 선정

리만 가설 : 베른하르트 리만과 소수의 비밀

존 더비셔 지음 | 박병철 옮김 | 560쪽 | 20,000원

수학의 역사와 구체적인 수학적 기술을 적절하게 배합시켜 '리만 가설'을 향한 인류의 도전사를 흥미진진하게 보여 준다. 일반 독자들도 명실공히 최고 수준이라 할 수 있는 난제를 해결하는 지적 성취감을 느낄 수 있을 것이다.
2007 대한민국학술원 기초학문육성 '우수학술도서' 선정

오일러 상수 감마

줄리언 해빌 지음 | 프리먼 다이슨 서문 | 고중숙 옮김 | 416쪽 | 20,000원

수학의 중요한 상수 중 하나인 감마는 여전히 깊은 신비에 싸여 있다. 줄리언 해빌은 여러 나라와 세기를 넘나들며 수학에서 감마가 차지하는 위치를 설명하고, 독자들을 로그와 조화급수, 리만 가설과 소수정리의 세계로 끌어들인다.
2009 대한민국학술원 기초학문육성 '우수학술도서' 선정

허수 : 시인의 마음으로 들여다본 수학적 상상의 세계

배리 마주르 지음 | 박병철 옮김 | 280쪽 | 12,000원

수학자들은 허수라는 상상하기 어려운 대상을 어떻게 수학에 도입하게 되었을까? 하버드대학교의 저명한 수학 교수인 배리 마주르는 우여곡절 많았던 그 수용과정을 추적하면서 수학에 친숙하지 않은 독자들을 수학적 상상의 세계로 안내한다.

소수의 음악 : 수학 최고의 신비를 찾아

마커스 드 사토이 지음 | 고중숙 옮김 | 560쪽 | 20,000원

소수, 수가 연주하는 가장 아름다운 음악! 이 책은 세계 최고의 수학자들이 혼돈 속에서 질서를 찾고 소수의 음악을 듣기 위해 기울인 힘겨운 노력에 대한 매혹적인 서술이다. 19세기 이후부터 현대 정수론의 모든 것을 다룬다. 일반인을 위한 '리만 가설', 최고의 안내서이다.
제26회 한국과학기술도서상(번역부문)
2007 과학기술부 인증 '우수과학도서' 선정,
아·태 이론물리센터 선정 '2007년 올해의 과학도서 10권'

뷰티풀 마인드

실비아 네이사 지음 | 신현용, 승영조, 이종인 옮김 | 757쪽 | 18,000원

21세 때 MIT에서 27쪽짜리 게임이론의 수학 논문으로 46년 뒤 노벨경제학상을 수상한 존 내쉬의 영화 같았던 삶. 그의 삶 속에서 진정한 승리는 정신분열증을 극복하고 노벨상을 수상한 것이 아니라, 아내 앨리사와의 사랑으로 끝까지 살아남아 성장했다는 점이다.

간행물윤리위원회 선정 '우수도서', 영화 〈뷰티풀 마인드〉 오스카상 4개 부문 수상

우리 수학자 모두는 약간 미친 겁니다

폴 호프만 지음 | 신현용 옮김 | 376쪽 | 12,000원

83년간 살면서 하루 19시간씩 수학문제만 풀었고, 485명의 수학자들과 함께 1,475편의 수학논문을 써낸 20세기 최고의 전설적인 수학자 폴 에어디쉬의 전기.

한국출판인회의 선정 '이달의 책', 론 - 폴랑 과학도서 저술상 수상

무한의 신비

애머 악첼 지음 | 신현용, 승영조 옮김 | 304쪽 | 12,000원

고대부터 현대에 이르기까지 수학자들이 이루어 낸 무한에 대한 도전과 좌절. 무한의 개념을 연구하다 정신병원에서 쓸쓸히 생을 마쳐야 했던 칸토어와 피타고라스에서 괴델에 이르는 '무한'의 역사.

물리

엘러건트 유니버스

브라이언 그린 지음 | 박병철 옮김 | 592쪽 | 20,000원

초끈이론과 숨겨진 차원, 그리고 궁극의 이론을 향한 탐구 여행. 초끈이론의 권위자 브라이언 그린은 핵심을 비껴가지 않고도 가장 명쾌한 방법을 택한다.

〈KBS TV 책을 말하다〉와 〈동아일보〉〈조선일보〉〈한겨레〉 선정 '2002년 올해의 책'

우주의 구조

브라이언 그린 지음 | 박병철 옮김 | 747쪽 | 28,000원

'엘러건트 유니버스'에 이어 최첨단의 물리를 맛보고 싶은 독자들을 위한 브라이언 그린의 역작! 새로운 각도에서 우주의 본질에 관한 이해를 도모할 수 있을 것이다.
〈KBS TV 책을 말하다〉 테마북 선정, 제46회 한국출판문화상(번역부문, 한국일보사), 아·태 이론물리센터 선정 '2005년 올해의 과학도서 10권'

초끈이론의 진실 : 이론 입자물리학의 역사와 현주소

피터 보이트 지음 | 박병철 옮김 | 456쪽 | 20,000원

초끈이론은 탄생한 지 20년이 지난 지금까지도 아무런 실험적 증거를 내놓지 못하고 있다. 그 이유는 무엇일까? 입자물리학을 지배하고 있는 초끈이론을 논박하면서 (그 반대진영에 있는) 고리 양자 중력, 트위스터 이론 등을 소개한다.
2009 대한민국학술원 기초학문육성 '우수학술도서' 선정

아인슈타인의 우주 : 알베르트 아인슈타인의 시각은 시간과 공간에 대한 우리의 이해를 어떻게 바꾸었나

미치오 카쿠 지음 | 고중숙 옮김 | 328쪽 | 15,000원

밀도 높은 과학적 개념을 일상의 언어로 풀어내는 카쿠는 이 책에서 인간 아인슈타인과 그의 유산을 수식 한 줄 없이 체계적으로 설명한다. 가장 최근의 끈이론에도 살아남아 있는 그의 사상을 통해 최첨단 물리학을 이해할 수 있는 친절한 안내서 역할을 할 것이다.

타이슨이 연주하는 우주 교향곡 1, 2권

닐 디그래스 타이슨 지음 | 박병철 옮김 | 1권 256쪽, 2권 264쪽 | 각권 10,000원

모두가 궁금해하는 우주의 수수께끼를 명쾌하게 풀어내는 책! 10여 년 동안 미국 월간지 〈유니버스〉에 '우주'라는 제목으로 기고한 칼럼을 두 권으로 묶었다. 우주에 관한 다양한 주제를 골고루 배합하여 쉽고 재치 있게 설명해 준다.
아·태 이론물리센터 선정 '2008년 올해의 과학도서 10권'

아인슈타인의 베일 : 양자물리학의 새로운 세계

안톤 차일링거 지음 | 전대호 옮김 | 312쪽 | 15,000원

양자물리학의 전체적인 흐름을 심오한 질문들을 통해 설명하는 책. 세계의 비밀을 감추고 있는 거대한 '베일'을 양자이론으로 점차 들춰낸다. 고전물리학에서부터 최첨단의 실험 결과에 이르기까지, 일반 독자를 위해 쉽게 설명하고 있어 과학 논술을 준비하는 학생들에게 도움을 준다.

갈릴레오가 들려주는 별 이야기 : 시데레우스 눈치우스

갈릴레오 갈릴레이 지음 | 앨버트 반 헬덴 해설 | 장헌영 옮김 | 232쪽 | 12,000원

과학의 혁명을 일궈 낸 근대 과학의 아버지 갈릴레오 갈릴레이가 직접 기록한 별의 관찰일지. 1610년 베니스에서 초판 550권이 일주일 만에 모두 팔렸을 정도로 그 당시 독자들에게 놀라움과 경이로움을 안겨 준 이 책은 시대를 넘어 현대 독자들에게까지 위대한 과학자 갈릴레오 갈릴레이의 뛰어난 통찰력과 날카로운 지성을 느끼게 해 준다

퀀트 : 물리와 금융에 관한 회고

이매뉴얼 더만 지음 | 권루시안 옮김 | 472쪽 | 18,000원

'금융가의 리처드 파인만'으로 손꼽히는 금융가의 전설적인 더만! 그가 말하는 이공계생들의 금융계 진출과 성공을 향한 도전을 책으로 읽는다. 금융공학과 퀀트의 세계에 대한 다채롭고 흥미로운 회고. 수학자 제임스 시몬스는 70세의 나이에도 1조 5천억 원의 연봉을 받고 있다. 이공계생들이여, 금융공학에 도전하라!

파인만의 물리

파인만의 과학이란 무엇인가

리처드 파인만 강연 | 정무광, 정재승 옮김 | 192쪽 | 10,000원

'과학이란 무엇인가?' '과학적인 사유는 세상의 다른 많은 분야에 어떻게 영향을 미치는가?'에 대한 기지 넘치는 강연을 생생히 읽을 수 있다. 아인슈타인 이후 최고의 물리학자로 누구나 인정하는 리처드 파인만의 1963년 워싱턴대학교에서의 강연을 책으로 엮었다.

파인만의 물리학 강의 I

리처드 파인만 강의 | 로버트 레이턴, 매슈 샌즈 엮음 | 박병철 옮김 | 736쪽 | 양장 38,000원 | 반양장 18,000원, 16,000원(I-I, I-II로 분권)

40년 동안 한 번도 절판되지 않았던, 전 세계 이공계생들의 필독서, 파인만의 빨간 책. 2006년 중3, 고1 대상 권장 도서 선정(서울시 교육청)

파인만의 물리학 강의 II

리처드 파인만 강의 | 로버트 레이턴, 매슈 샌즈 엮음 | 김인보, 박병철 외 6명 옮김 | 800쪽 | 40,000원

파인만의 물리학 강의 I에 이어 우리나라에서 처음으로 소개하는 파인만 물리학 강의의 완역본. 주로 전자기학과 물성에 관한 내용을 담고 있다.

파인만의 물리학 강의 III

리처드 파인만 강의 | 로버트 레이턴, 매슈 샌즈 엮음 | 김충구, 정무광, 정재승 옮김 | 511쪽 | 30,000원

오래 기다려 온 파인만의 물리학 강의 3권 완역본. 양자역학의 중요한 기본 개념들을 파인만 특유의 참신한 방법으로 설명한다.

파인만의 물리학 길라잡이 : 강의록에 딸린 문제 풀이

리처드 파인만, 마이클 고틀리브, 랠프 레이턴 지음 | 박병철 옮김 | 304쪽 | 15,000원

파인만의 강의에 매료되었던 마이클 고틀리브와 랠프 레이턴이 강의록에 누락된 네 차례의 강의와 음성 녹음, 그리고 사진 등을 찾아 복원하는 데 성공하여 탄생한 책으로, 기존의 전설적인 강의록을 보충하기에 부족함이 없는 참고서이다.

파인만의 여섯 가지 물리 이야기

리처드 파인만 강의 | 박병철 옮김 | 246쪽 | 양장 13,000원,
반양장 9,800원

파인만의 강의록 중 일반인도 이해할 만한 '쉬운' 여섯 개 장을 선별하여 묶은 책. 미국 랜덤하우스 선정 20세기 100대 비소설 가운데 물리학 책으로 유일하게 선정된 현대과학의 고전. 간행물윤리위원회 선정 '청소년 권장 도서'

일반인을 위한 파인만의 QED 강의

리처드 파인만 강의 | 박병철 옮김 | 224쪽 | 9,800원

가장 복잡한 물리학 이론인 양자전기역학을 가장 평범한 일상의 언어로 풀어낸 나흘간의 여행. 최고의 물리학자 리처드 파인만이 복잡한 수식 하나 없이 설명해 간다.

발견하는 즐거움

리처드 파인만 지음 | 승영조, 김희봉 옮김 | 320쪽 | 9,800원

인간이 만든 이론 가운데 가장 정확한 이론이라는 '양자전기역학(QED)'의 완성자로 평가받는 파인만. 그에게서 듣는 앎에 대한 열정.
문화관광부 선정 '우수학술도서', 간행물윤리위원회 선정 '청소년을 위한 좋은 책'

신간 및 근간

수학재즈

에드워드B. 버거, 마이클 스타버드 지음 | 승영조 옮김 | 352쪽 |
17,000원 (신간)

왜 일기예보는 항상 틀리는지, 왜 증권투자로 돈 벌기가 쉽지 않은지, 왜 링컨과 존F.케네디는 같은 운명을 타고 났는지, 이 모든 것을 수식 없는 수학으로 설명한 책. 저자는 우연의 일치와 카오스, 프랙털, 4차원 등 묵직한 수학 주제를 가볍게 우리 일상의 삶의 이야기로 풀어서 들려준다.

블랙홀을 향해 날아간 이카로스 이야기

브라이언 그린 지음 | 박병철 옮김 | 40쪽 | 12,000원 (신간)

세계적인 물리학자이자 베스트셀러 '엘러건트 유니버스'의 저자, 브라이언 그린이 쓴 첫 번째 어린이 과학책. 저자가 평소 아들에게 들려주던 이야기를 토대로 쓴 "우주여행 이야기"로, 흥미진진한 모험담과 우주 화보집이라고 불러도 손색이 없을만큼 화려한 천체 사진들이 아이들을 우주의 세계로 매혹시킨다.

무한 공간의 왕

시오반 로버츠 지음 | 더글라스 R. 호프스태터 서문 | 안재권 옮김 | 668쪽 | 25,000원 (신간)

20세기 최고의 기하학자, 도널드 콕세터의 전기이다. 고전기하학과 현대기하학을 결합시킨 선구자이자 개혁자인 콕세터는 콕세터군, 콕세터 도식, 정규초다면체 등 혁신적인 이론을 만들어 내며 수학과 과학에서 대칭에 관한 연구를 심화시킨 인물이다. 예술적인 과학적인 콕세터의 연구를 감동적인 인생사와 결합해 낸 이 책은 매속적인 기하학의 세계로 여러분을 안내할 것이다.

아름다움은 왜 진리인가 (원서명 : Why Beauty Is Truth)

이언 스튜어트 지음 (근간)

수많은 천재들을 매료시킨 수학의 아름다움은 대체 어떤 것인가? 베스트셀러의 저자이자 세계적인 수학자 이언 스튜어트가 이번에는 대수(algebra)의 구조적인 아름다움이 발견되어 온 역사를 이야기한다. 저자는 근대 수학의 가장 위대한 성취를 이끌어낸 힘은 "대칭(symmetry)"의 아름다움이었다고 말한다. 수학사의 맥락 속에서 대수의 핵심 개념인 "대칭"을 매력적으로 소개하고 있다.

THE ROAD TO REALITY : A Complete Guide to the Laws of the Universe

로저 펜로즈 지음 | 박병철 옮김 (근간)

지금껏 출간된 책들 중 우주를 수학적으로 가장 완전하게 서술한 책. 수학과 물리적 세계 사이에 존재하는 우아한 연관관계를 복잡한 수학을 피해 가지 않으면서 정공법으로 설명한다. 우주의 실체를 이해하려는 독자들에게 놀라운 지적 보상을 제공한다.

미지수, 상상의 역사

1판 1쇄 펴냄 2009년 11월 24일
1판 2쇄 펴냄 2011년 12월 7일

지은이 | 존 더비셔
옮긴이 | 고중숙
펴낸이 | 황승기
마케팅 | 송선경, 황유라
편 집 | 김지혜, 곽지은, 김슬기
디자인 | 미래미디어
펴낸곳 | 도서출판 승산
등록날짜 | 1998년 4월 2일
주 소 | 서울시 강남구 역삼동 723번지 혜성빌딩 402호
전화번호 | 02-568-6111
팩시밀리 | 02-568-6118
이메일 | books@seungsan.com
웹사이트 | www.seungsan.com

ISBN 978-89-6139-029-3   03410

「이 도서의 국립중앙도서관 출판시도서목록(CIP)은 e-CIP 홈페이지(http://www.nl.go.kr.ecip)에서 이용하실 수 있습니다. (CIP제어번호 : CIP2009003546)」

- 값은 뒤표지에 있습니다.
- 도서출판 승산은 좋은 책을 만들기 위해 언제나
  독자의 소리에 귀를 기울이고 있습니다.